W0358600

Wetter- und Klimakunde

Wetter- und Klimakunde

Ein Lehrbuch der Agrarmeteorologie

Von Prof. Dr. Josef van Eimern, Göttingen
und Dr. Hans Häckel, Freising-Weihenstephan

4., überarbeitete Auflage
mit 106 Abbildungen und 38 Tabellen

Verlag Eugen Ulmer Stuttgart

CIP-Kurztitelaufnahme der Deutschen Bibliothek

Eimern, Josef van:
Wetter- und Klimakunde : e. Lehrb. d. Agrarmeteorologie/
von Josef van Eimern u. Hans Häckel. – 4., überarb. Aufl.
– Stuttgart: Ulmer, 1984.
bis 3. Aufl. u.d.T.: Eimern, Josef van : Wetter- und Klimakunde
für Landwirte, Gärtner, Winzer und Landschaftspfleger.
ISBN 3-8001-4053-5

NE: Häckel, Hans:

© 1979, 1984 Eugen Ulmer GmbH & Co.
Wollgrasweg 41, 7000 Stuttgart 70 (Hohenheim)
Printed in Germany
Einbandgestaltung: A. Krugmann
Satz: IBV Lichtsatz KG, Berlin
Druck: Offsetdruckerei Karl Grammlich, Pliezhausen
Bindung: Dieringer, Stuttgart

Vorwort

Boden und Luft sind der Lebensraum der Pflanzen, sowohl der wildwachsenden als auch der Kulturpflanzen. Um ein Höchstmaß an pflanzlicher Produktivität zu erzielen, muß der Mensch versuchen, die natürlichen Wachstumsfaktoren Boden und Luft so gut wie möglich auszunutzen und deren Schadwirkungen fernzuhalten. Andererseits ermöglicht es die Pflanzendecke, ob als Wald oder Grünland, auf Feldern oder in Grünanlagen, die Umwelt für Mensch und Tier gesund zu erhalten. Ein gutes Gedeihen unserer pflanzlichen Umwelt und hohe pflanzliche Erträge zu erreichen, setzt aber die Kenntnis der Vorgänge in der Atmosphäre, die wir als Wetter bezeichnen, und deren Wechselbeziehungen zwischen Boden, Luft und Pflanze voraus. Die Gesamtheit aller Witterungen, d. h. Zustände und Vorgänge der Atmosphäre, die an einem Standort im Laufe vieler Jahre mit einer für den Standort typischen Häufigkeit vorkommen, bestimmt dessen Klima, und dieses wiederum entscheidet über die Verbreitung der Pflanzenarten. Das Wetter sowie das Klima im großen und im kleinen zu kennen, ist daher für jeden, der es mit Pflanzen zu tun hat, unentbehrlich. Innerhalb der Meteorologie entstand die Agrarmeteorologie als eigener Wissenschaftszweig, dessen Aufgabe es ist, alle meteorologischen und klimatologischen Kenntnisse und Methoden für den Landwirt und Gärtner, den Winzer, Forstmann und Landschaftspfleger so einzusetzen, daß deren Produkte unter den gegebenen Umweltverhältnissen nach Menge und Qualität so wirtschaftlich wie möglich erzeugt bzw. Wald und Landschaft als Umwelt des Menschen so gut wie möglich gepflegt werden können.

Hierbei in bescheidenem Maße mitzuhelfen, ist der Zweck des vorliegenden Buches, das aus den Vorlesungen vor Studenten der Landwirtschaft, des Gartenbaues und der Landschaftspflege entstanden ist. Es wendet sich jedoch nicht nur an Schüler und Studenten. Es wird vielleicht jedem etwas bieten, der sich für Wetter und Klima in Beziehung zu unserer Umwelt interessiert. Den Lehrern an Landwirtschaftsschulen sei es eine Anleitung. Der Versuch, die Probleme und Ergebnisse der Agrarmeteorologie in ihrer Gesamtheit darzustellen, hätte den Rahmen des Buches gesprengt. Es wurde an Ergebnissen zwar so viel wie möglich gebracht. Wir haben uns jedoch bemüht, die Betonung mehr auf das Verstehen von Zusammenhängen zu legen und dabei allzu mathematisch-physikalische Darstellungen vermieden. Neben der Bedeutung des Wärme- und Wasserhaushaltes der Atmosphäre wird die Entstehung des Wetters und seiner Vorhersage behandelt. Großer Wert wurde auf die genaue Beobachtung und Messung meteorologischer Größen gelegt, ist dies doch eine Voraussetzung für die Anwendung dieser Größen in der Landwirtschaft oder für die Steuerung des Klimas in besonderen Räumen wie im Gewächshaus. Eine eingehende Beschreibung der Groß- und Kleinklimazonen schien uns ebenso wichtig, wie aufzuzeigen, wie Wetterschäden an Pflanze und Boden verhütet oder gemildert werden können. Beispiele agrarmeteorologischer Beratung zeigen, wie meteorologische und klimatologische Daten der landwirtschaftlichen Praxis im Alltag dienen können. Dem Anhang wurden mehrere Tabellen beigefügt, die es u. a.

ermöglichen, selbst Beregnungsdaten zu bestimmen. Es ist wohl verständlich, daß nur noch die neuen Maßeinheiten verwendet wurden. Zur Erleichterung des Verständnisses werden dazu im Kapitel „Meteorologische Meßtechnik“ kurze Einführungen gegeben und im Tabellenanhang die Zusammenhänge formelmäßig aufgezeigt. Für den, der sich eingehender unterrichten oder beraten lassen will, sei das Verzeichnis des Schrifttums bzw. der agrarmeteorologischen Dienststellen eine Hilfe.

Die Wandlungen, welche Landwirtschaft und Gartenbau laufend erfahren haben, aber auch der Fortschritt in der Agrarmeteorologie machten abermals eine gründliche Überarbeitung des Buches erforderlich. Allen, die uns früher und jetzt dabei geholfen haben durch Rat und Tat, haben wir zu danken. Besonderer Dank gilt dem Zentralamt des Deutschen Wetterdienstes, vor allem aber den Kollegen Dr. H. Aichele†, Dr. E. Brandtner, G. Horney†, Dr. E. King, Prof. Dr. W. Müller, Dr. H. Schrödter und Dr. R. Weise†, nicht zuletzt aber dem Verlag.

Göttingen und Freising-Weihenstephan, im Frühjahr 1984

Josef van Eimern
Hans Häckel

Inhaltsverzeichnis

1 Die Lufthülle

1.1 Die Zusammensetzung der Atmosphäre

Die Luft ist ein Gemisch aus verschiedenen Gasen. Die Luftdurchmischung ist so groß, daß der Anteil der einzelnen Gase bis etwa 100 km Höhe immer und überall gleich bleibt. Lediglich der Wasserdampf, der fast ausschließlich auf die Troposphäre beschränkt ist, und in Bodennähe das Kohlendioxid (CO_2) sowie die vom Boden stammenden Beimengungen unterliegen großen Schwankungen.

78,1% des Volumens der trockenen Luft bestehen aus **Stickstoff** (N_2), einem Gas, das wohl seit der Erkaltung der Erdkruste ein Hauptbestandteil der Atmosphäre ist. Der Stickstoff geht in der Atmosphäre normalerweise keine Verbindung mit anderen Stoffen ein, außer in der Hitze der Blitzentladungen mit Wasserstoff zu Ammoniak. Nur einige Bodenbakterien, wie die Knöllchenbakterien an den Leguminosenwurzeln, können den Stickstoff der Bodenluft verwerten.

Der **Sauerstoff** (O_2), dessen Anteil fast 21% ausmacht, ist für alle Verbrennungsprozesse notwendig, die ohne den Stickstoff in reinem Sauerstoff aber viel zu rasch vor sich gehen würden. Mensch, Tier und Pflanze benötigen den Sauerstoff zur Atmung. Das gleiche gilt für die Zersetzung des organischen Materials im Boden. Sauerstoff dürfte vor 3 Mrd. Jahren in der Uratmosphäre, die zunächst eine fast reine CO_2-N_2-Atmosphäre war, noch nicht vorhanden gewesen sein. Erst mit den ersten Formen des Lebens begann sich der Sauerstoff zu bilden, und als so viel Sauerstoff da war, um die schädliche Ultraviolettstrahlung der Sonne abzuhalten, konnte sich Leben auch außerhalb des Wassers entfalten, weiter O_2 bilden und CO_2 abbauen. Der heutige Sauerstoffgehalt der Erdatmosphäre hat seine Existenz somit der sich dann entwickelnden Pflanzenwelt zu verdanken, welche gleichzeitig CO_2 abbaute.

In der Luft kommt Sauerstoff auch als **Ozon** (O_3) vor, jedoch sehr wenig in Bodennähe. Ozon bildet sich aus normalem Sauerstoff unter der Einwirkung der ultravioletten Strahlung der Sonne, vorwiegend in Höhen um 30 km. Es bewahrt alles Leben auf der Erde vor einer schädigenden UV-Strahlung. Nach Gewittern steigt der Ozongehalt aber auch in Bodennähe etwas an, zusätzlich entsteht etwas O_3 in der verunreinigten Luft der Großstädte, wo sich das NO_2 (Stickstoffdioxid) der Autoabgase zu NO und O aufspaltet und das O mit O_2 sich zu O_3 vereinigen kann. Das Ozon wird bei Berührung an der Boden-, besonders der Waldoberfläche, vernichtet. Ozon ist in größerer Konzentration giftig, solche Konzentrationen werden in Bodennähe aber selten erreicht. Irrtümlich wird oft die von pflanzlichen Duftstoffen und Harzen angereicherte reine Waldluft als ozonhaltig bezeichnet.

Der Sauerstoff (O_2) steht in Bodennähe in enger Beziehung zum **Kohlendioxid** (CO_2), welches im Mittel nur zu etwa 0,03 Vol.-% (= 300 ppm = 300 Teile auf 1 Mio.) vorkommt. Wie der Wasserdampf fängt es einen Teil der ultraroten Sonnenstrahlung ab. Die Pflanzen nehmen durch die Blätter Kohlendioxid auf und verarbeiten es zu Zucker und Stärke. Was die Pflanzen Jahr für Jahr der Luft an CO_2 entziehen, wird durch die Atmung von Mensch, Tier und Pflanze, vor allem aber durch die Zersetzung des organischen Materials im Boden wieder an die Luft zurückgegeben. Wald- und Steppenbrände sowie die Vulkane sind ergiebige CO_2-Quellen. Durch Verbrauch fossiler Brennstoffe wie Kohle, Erdöl und -gas, durch zunehmende Entwaldung in den Tropen hat sich der CO_2-Gehalt seit 1900 auf über 330 ppm erhöht. Das Meerwasser, das etwa 4mal soviel Kohlendioxid in gelöster Form enthält wie die Luft und noch viel mehr als Karbonate und Bikarbonate bindet, verhindert ein rascheres Ansteigen des CO_2-Gehaltes der Luft. Die Bedeutung der CO_2-Zunahme für das Klima der Erde ist heute noch unklar, eine weitere Zunahme läßt das Klima aber nicht unbeeinflußt.

Trotz des in der ganzen Atmosphäre überall gleichen CO_2-Gehaltes sind in Bodennähe Tagesschwankungen bis über 100% des mittleren Gehaltes möglich, in Großstädten sind kurzzeitig Maxima bis weit über 1000 ppm möglich. Die Pflanzen entziehen der Luft am hellen Tage CO_2 für die Photosynthese, oft 2–4mal mehr als die Bodenatmung und die Atmung der Pflanzen (Respiration) gleichzeitig der Luft zurückgeben. Nachts sorgen letztere besonders bei Windstille für eine starke Anreicherung der bodennahen Luft mit CO_2. Mit der am Morgen bald einsetzenden Photosynthese und besonders der stärkeren Luftdurchmischung geht der CO_2-Gehalt im Bereich der Pflanzen rasch zurück und steigt erst wieder ab Sonnenuntergang. Tagsüber ist der CO_2-Gehalt im oberen Drittel geschlossener Pflanzenbestände meist geringer als unmittelbar am Boden und in der Luft darüber (Abb. 67, Seite 170). Der vertikale Luftaustausch schafft dann aus der Höhe das benötigte CO_2 an die Pflanzen heran. Aber auch bei windschwachem Wetter leiden die Pflanzen kaum unter CO_2-Mangel. Eine reichliche Düngung des Bodens mit organischem Material, welches zu verstärkter Bodenatmung führt, wirkt sich trotzdem günstig auf das Wachstum aus. Eine entscheidende Steigerung der Assimilationsleistung der Pflanzen ist aber nur durch eine CO_2-Begasung in Gewächshäusern möglich, wo der CO_2-Gehalt oft auf 1000 ppm gesteigert wird. Wesentlich höhere CO_2-Gehalte können hier aber schon wieder schädlich wirken. In der Bodenluft ist in der Regel der CO_2-Gehalt größer und der Sauerstoffgehalt geringer als in der Atmosphäre, wobei die Pflugsohle den Gasaustausch hemmen kann. Beide Gehalte unterliegen starken jahreszeitlichen Schwankungen unter dem Einfluß der Vegetationsdecke und sind auch stark vom Grad einer Bodenverkrustung abhängig.

Die in der Luft vorhandenen Edelgase (Argon u. a.), die fast 1% ausmachen, zeigen für das Wetter und die Lebewesen keine erkennbare Bedeutung. Doch die als **Luftverunreinigung** zu bezeichnenden gasförmigen, flüssigen und festen Beimengungen der Luft haben in manchen Gegenden ein schon beängstigendes Ausmaß erreicht. Sie gelangen von der Erdoberfläche durch Brände, Verwehungen und Vulkane, vor allem aber durch die Industrie, den Verkehr und den Hausbrand in die Luft. An manchen Küsten können die Salzteilchen, die vom Meer in die Luft gelangen, pflanzenschädigend wirken. Auch Bakterien, Pollen und Sporen werden durch die Luft transportiert. Die festen Bestandteile sind vielfach als Kondensationskerne für die Wolkenbildung unentbehrlich. Die frische Meeresluft, die von Nordwesten tief in das europäische Festland eindringt, ist arm an solchen Teilchen. Die in solcher Luft hochreichende starke Luftdurchmischung erlaubt keine allzustarke Anreicherung in Bodennähe. Die vom Festland kommende Luft ist dagegen reicher an Beimengungen. Obwohl die westlichen Winde oft doppelt so häufig sind wie die östlichen, dürfen letztere bei Fragen der Luftreinhaltung in Großstädten nicht vernachlässigt werden. Die „Dunsthaube“ über vielen Industriestädten kann sich jedoch am stärksten ausbilden, wenn bei ruhigem Hochdruckwetter jeder Luftaustausch gehemmt ist. Bei windschwachem, wolkenarmen Wetter breitet sich jede Nacht eine im Winter oft tagelang anhaltende Kaltluftschicht am Boden aus, die sich mit allen Beimengungen anreichert. Der in Ballungszentren und großen Industrieregionen oft gefürchtete **Smog**, eine von Rauch und Nebel und sonstigen Verunreinigungen (Autoabgase) oft einschl. Ozon stark erfüllte Luft, weicht nur, wenn mit dem Wind ganz neue Luft herangeschafft wird.

Grünflächen und Wälder wirken der Luftverunreinigung entgegen, nicht nur, weil sie kaum Beimengungen erzeugen. Bäume und Sträucher filtern auch einen Teil der flüssigen und festen Beimengungen aus. Die rauhe Oberfläche der Wälder erleichtert auch die vertikale Durchmischung der Luft. Da die Verunreinigungen von der Erdoberfläche stammen, wird die Luft mit der Höhe immer reiner; das Hochgebirge kennt daher viel häufiger gute Fernsichten. Aber auch schon Anhöhen, die über die nächtliche Kaltluftschicht der Täler hinausragen, weisen gesündere Wohnbedingungen auf.

Zu den gefährlichsten Beimengungen gehört in zunehmendem Maße das **Schwefeldioxid** (SO_2), das in berechtigten Verdacht geraten ist, die verbreitet aufgetretenen Waldschäden mit verursacht zu haben. Der SO_2-Gehalt der Luft steht daher an vielen Stationen in Stadt und Land unter ständiger Kontrolle. Durch das SO_2, vom Südwestwind herangetrieben, hat sich der pH-Wert nordischer Gewässer vermindert. Nadelbäume sind noch empfindlicher als Laubbäume. Trockenablagerungen bleiben auf Nadeln mehr haften und werden bei nässendem Nebel oft zu schädlicher Säure. Flechten haben sich als Bioindikatoren erwiesen, sie fehlen, wo die Luft viel SO_2 und andere Schadstoffe enthält. Auch die pflanzenschädlichen Fluorverbindungen, Kohlenmonoxide und -wasserstoffe und Stickoxide sind heute nicht nur in der Luft der Ballungszentren nachzuweisen.

1.2 Die vertikale Gliederung der Atmosphäre

Die Atmosphäre läßt sich nach ihren Eigenschaften in mehrere Stockwerke gliedern. Die unterste Schicht nennt man die **Troposphäre** oder die Wetterschicht. Denn nur in ihr entstehen und vergehen die Wolken. Über ihr fehlt der Wasserdampf fast ganz. Da ein großer Teil der Sonnenstrahlung bis zur Erdoberfläche durchdringt und hier absorbiert wird, wird die Atmosphäre an der Erdoberfläche angeheizt. Die Temperatur nimmt daher in der Troposphäre mit der Höhe um etwa 6–8K/1000 m ab (K = Kelvin, Einheit für Temperaturdifferenz, s. auch Seite 102). Die Obergrenze der Troposphäre, die sog. **Tropopause**, unterliegt jahreszeitlichen und wetterbedingten Schwankungen. Sie liegt am Pol in 7–8 km, in den gemäßigten Breiten in 10–11 km und in den Tropen in etwa 17 km Höhe. An der Tropopause herrscht daher am Pol eine Temperatur um −45 °C, in mittleren Breiten von −50 bis −60 °C, am Äquator um −85 °C. Die Windgeschwindigkeit nimmt meist vom Boden bis zur Tropopause zu. Die untersten 1–1,5 km der Troposphäre nennt man auch die **Grundschicht** oder Peplosphäre, deren Obergrenze im Alpenvorland oft als scharfe Dunstgrenze von den Bergen aus zu sehen ist.

In der Troposphäre kommen oft auch Schichten bis zu einigen 100 m Mächtigkeit vor, in denen die Temperatur mit der Höhe zu- statt abnimmt. Eine solche Schicht, an deren Untergrenze sich oft Schicht- oder Haufenschichtwolken ausbreiten, nennt man eine **Inversion** oder eine Sperrschicht, weil sie den vertikalen Luftaustausch hemmt oder ganz unterbindet. In allen klaren, windschwachen Nächten breitet sich regelmäßig eine auf dem Boden aufliegende, bis zu einigen 100 m hoch reichende **Bodeninversion** aus. Wegen der häufigen Bodeninversionen ist die mittlere Tempe-

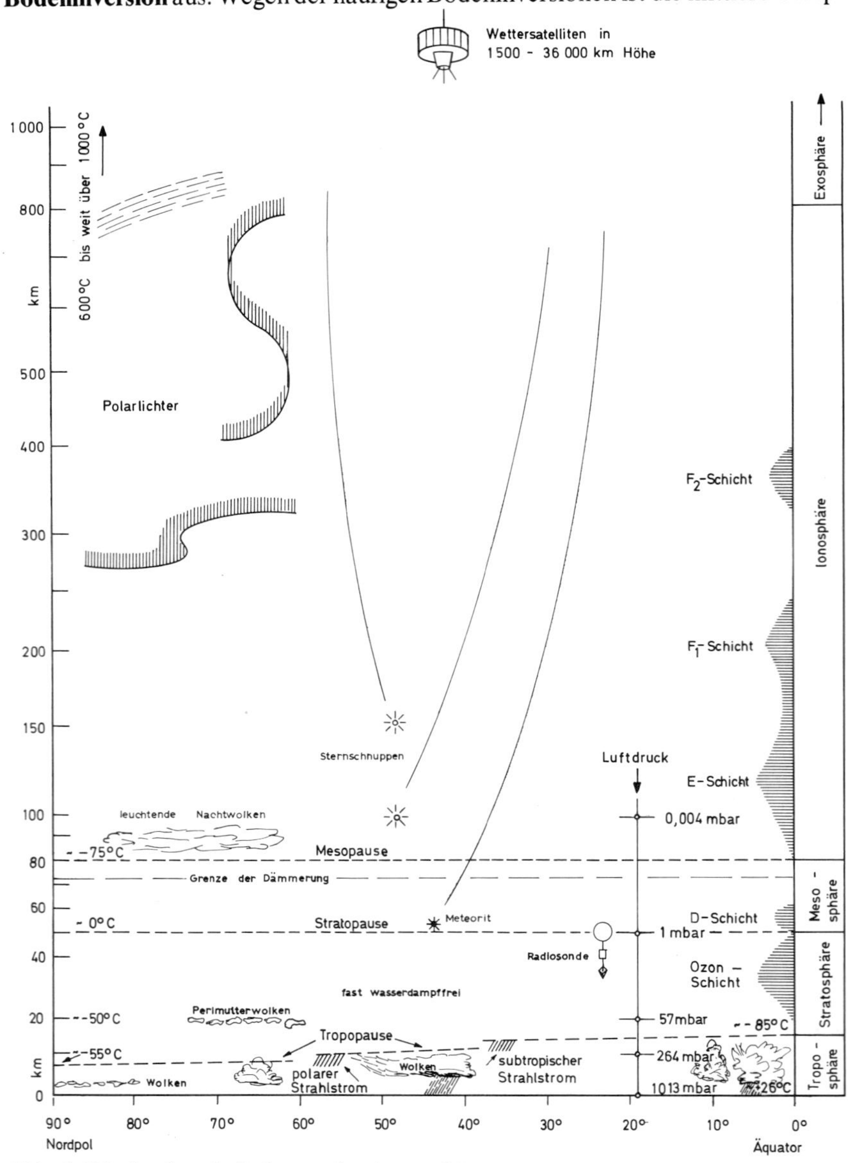

Abb. 1. Die Stockwerkgliederung der Atmosphäre.

raturabnahme mit der Höhe in der Grundschicht, besonders im Winter, geringer als in der übrigen Troposphäre.

Über der Troposphäre befindet sich die **Stratosphäre** bis zu etwa 50 km Höhe. Sie ist, von den seltenen Perlmutterwolken abgesehen, wolkenlos. Das Wetter in der Stratosphäre äußert sich jedoch in oft starken Temperaturänderungen bis zu 20 K an einem Tag, und es herrschen in ihr oft große Stürme. Der Luftaustausch zwischen Troposphäre und Stratosphäre geschieht vornehmlich im Bereich der **Strahlströme**. Das sind schmale, sich wellenförmig um den Erdball von West nach Ost bewegende Windbänder in mittleren Breiten, in denen Geschwindigkeiten von mehreren 100 km/h erreicht werden. Diese Ströme sind eng mit dem Wettergeschehen verbunden. Die Temperatur bleibt in der Stratosphäre zunächst mit der Höhe gleich; ab 25–30 km Höhe nimmt sie aber wieder zu, manchmal bis auf 50 °C, verursacht durch das Ozon, welches hier den größten Teil der ultravioletten Sonnenstrahlung absorbiert und so das Leben auf der Erde schützt. Vom Ozon abgesehen, hat sich die Zusammensetzung der Atmosphäre in der Stratosphäre und in der darüberliegenden, bis 80 km hoch reichenden **Mesosphäre** kaum verändert. An der Obergrenze der Mesosphäre ist die Temperatur aber wieder auf etwa −75 °C zurückgegangen. Gelegentlich treten hier in Zusammenhang mit Meteoritenstaub leuchtende Nachtwolken auf. Die durch verglühende Meteore erzeugten Sternschnuppen gelangen meist nur bis in die Mesosphäre.

Die Schicht oberhalb 80 km heißt **Thermosphäre**, weil in ihr die Temperatur mit der Höhe zunimmt und in 300 km Höhe 1000 °C erreichen kann. Jedoch ist die Luft hier so dünn, daß man eigentlich nicht mehr von Temperatur sprechen kann. Oberhalb der Mesosphäre entstehen durch die Sonnenstrahlen auch elektrisch geladene Teilchen, sog. Ionen, die sich auf mehrere Schichten konzentrieren. Die Schicht oberhalb der Mesosphäre heißt darum auch **Ionosphäre**. In ihr erstrahlen auch die Polarlichter. Die äußere Atmosphäre oder **Exosphäre** geht schließlich mit zunehmender Verdünnung ohne scharfe Grenze in den Weltraum über. Aus der unterschiedlichen Bremsung der die Erde oft noch in der Exosphäre umkreisenden Satelliten wissen wir jedoch von starken Schwankungen der Luftdichte in dieser Schicht.

1.3 Der Luftdruck

Eine kurze Einführung über den Druck als physikalische Größe steht auf Seite 101. Wenn wir die obere Grenze der Atmosphäre auch nicht genau angeben können, so ist uns ihre Gesamtmasse doch gut bekannt. Durch die Schwerkraft wird die Luft wie jeder andere feste oder flüssige Körper von der Erde angezogen, so daß die Luft mit einem Gewicht von etwa 10 Newton auf jedem Quadratzentimeter der Erdoberfläche lastet. Dieses Gewicht je Quadratzentimeter messen wir als Luftdruck, den schon Torricelli im Jahre 1643 auf einfache Art nachweisen konnte. Er füllte ein einseitig geschlossenes Glasrohr von etwa 1 m Länge mit Quecksilber, verschloß es, kehrte das Rohr um und tauchte es so in ein Gefäß mit Quecksilber. Sobald er den Verschluß entfernte, sank das Quecksilber im Rohr, bis es etwa 760 mm oberhalb des Quecksilberspiegels im Gefäß stehenblieb. Der Druck der Luft auf das Quecksilber im Gefäß hielt das Quecksilber in der Säule. Seitdem ist der Luftdruck durch die entsprechende Länge einer Quecksilbersäule (mm Hg) gemessen worden. Hätte TORRICELLI den Versuch mit Wasser durchgeführt, so hätte er eine ca. 10,3 m lange Säule erhalten. Da nun 1 cm^3 Quecksilber 13,6 g Masse enthält, der mittlere Luftdruck in Meereshöhe einer Quecksilbersäule von 76 cm entspricht, lastet auf jedem Quadratzentimeter der Erdoberfläche ein Gewicht von etwa 10,1 N, auf der ganzen Erdoberfläche lasten fast $5{,}2 \cdot 10^{15}$ Tonnen. Die amtliche Einheit des Luftdruckes ist heute das **Millibar**. 750 mm Hg = 750 Torr entsprechen 1000 mbar, oder 1 Torr ist gleich $^4/_3$ mbar. Der mittlere Luftdruck in Meereshöhe ist 1013,2 mbar (760 Torr).

Der Luftdruck kommt zwar durch die nach unten gerichtete Schwerkraft zustande, er wirkt jedoch nach allen Seiten genauso wie der Druck in einem aufgepumpten Reifen. Der Luftdruck kennzeichnet also den inneren Spannungszustand der Luft, unter dem sie steht.

Der Luftdruck ist aber nicht überall gleich. Er unterliegt räumlichen und zeitlichen Schwankungen. Je höher wir z. B. im Gebirge aufsteigen, um so geringer wird der uns umgebende Luftdruck, da die Menge der über uns befindlichen Luft immer weniger wird. In Bodennähe beträgt die Abnahme 1 mbar auf etwa 8 m. In 5,5 km Höhe ist der Luftdruck auf die Hälfte, in 11 km auf ein Viertel des Wertes in Bodennähe zurückgegangen. Etwa alle 5 $^1/_2$ km verringert sich der Luftdruck jeweils um die Hälfte. Über drei Viertel der Atmosphäre befinden sich also in der Troposphäre, 99% in den untersten 30 km. Die Druckabnahme mit der Höhe hängt allerdings auch von der Temperatur der Luft ab. In kalter Luft erfolgt sie rascher als in warmer. Wenn am Boden ein Luftdruck von 1000 mbar und in 5500 m von 500 mbar herrscht, so würde eine Erwärmung dieser Schicht um 1 K die 500-mbar-Fläche um rund 20 m anheben. Mit den Temperaturänderungen in der Atmosphäre sind somit, besonders in der Höhe, Luftdruckänderungen verbunden, was wiederum für die Entstehung von Wind und Wetter bedeutungsvoll ist.

barometrische Höhenformel:

$h - h_0 = R \cdot T \cdot \ln(p_0/p)$

h_0: Bezugshöhe mit Druck p_0
T: Temperatur (Konstanz über die gesamte Höhendifferenz angenommen; bei geringen Höhendifferenzen ≈ Durchschnitt beider T)
R: 29,27 m/grd

oder:

$p = p_0 \cdot e^{-\frac{h-h_0}{R \cdot T}}$

2 Der Wärmehaushalt der Atmosphäre

2.1 Vorbemerkungen

Die Atmosphäre ist einer Maschine vergleichbar, die ohne Unterbrechung arbeitet. Die Luft ist in immerwährender Bewegung. Sie nimmt durch Verdunstung Wasserdampf auf, der sich teilweise zu Wolken verdichtet, die wiederum Niederschlag liefern können. Eine Maschine vermag aber nur Arbeit zu leisten, wenn ihr Energie zugeführt wird. Diese stammt nahezu ausschließlich von der Sonne. Ein Motor braucht aber nicht nur einen Kraftspender, sondern auch einen Kühler. Nur durch Gegensätze wird die Bewegung sowohl im großen wie im kleinen aufrechterhalten. Diese Gegensätze sind in der Atmosphäre durch den unterschiedlichen Strahlungsgenuß der verschiedenen Klimazonen gegeben. Das Land wird anders erwärmt als das Wasser, und unterschiedliche Formen der Erdoberfläche und ihres Bewuchses erzeugen weitere Gegensätze. Unsere Betrachtungen wollen wir daher mit dem Wärmehaushalt der Atmosphäre, besonders nahe der Erdoberfläche, beginnen. Bevor das geschieht, seien einige Begriffe näher definiert.

Der Wärmezustand eines jeden Stoffes, also auch der Luft und des Bodens, wird durch seine **Temperatur** gekennzeichnet. Die Temperatur messen wir in Grad Celsius (°C) oder (absolute Grade) in Kelvin (K), wobei K = °C + 273,2° ist. Um den Wärmezustand, d. h. die Temperatur, zu ändern, muß Wärmeenergie aufgewendet oder abgegeben werden. Die gesetzliche Einheit der Wärmeenergie ist das Joule (J) = Wattsekunde (Ws) oder die Kilowattstunde (kWh). 1 kWh sind $3{,}6 \cdot 10^6$ J. Die früher verwendete Energieeinheit Kalorie (cal) entspricht 4,1868 J. 1 kWh entspricht 860,4 kcal. Damit sich ein Luftpaket oder eine Bodenschicht erwärmen kann, muß Wärmeenergie zugeführt werden, was auf verschiedene Weise möglich ist. Erhitzt man das eine Ende eines Eisenstabes, so wandert die Wärme innerhalb des Stabes zum anderen Ende. Die stärkere Bewegung der Moleküle im erhitzten Teil wird durch Stoß an die langsameren Nachbarmoleküle übertragen. Dieser Vorgang wird als **Wärmeleitung** bezeichnet. Er spielt in der Atmosphäre eine sehr untergeordnete Rolle, ist jedoch der wichtigste Vorgang der Wärmeübertragung im Boden.

Luft und Wasser sind beweglich. Wird Wasser in einem Topf auf einer Platte erhitzt, so kann man es im Topf aufsteigen sehen, wenn es künstlich gefärbt worden ist. Öffnen wir im Winter das Fenster eines geheizten Zimmers, so verläßt die warme Luft das Zimmer und die kalte Außenluft strömt herein. Dieser **Massenaustausch** ist ein wichtiger Weg, in der Atmosphäre Wärme zu transportieren. Wir nennen ihn **Konvektion**, wenn es sich um ein Auf- und Absteigen von Luft handelt, und **Advektion**, wenn die Wärme waagerecht transportiert wird. Über einer heißen Asphaltstraße wird die Konvektion am Flimmern der Luft direkt sichtbar.

Der Transport von Wasserdampf ist auch eine Art der Wärmeübertragung. Wenn Wasser an der Erdoberfläche verdunstet, so werden hierzu für jedes verdunstete Gramm Wasser rund 2500 J benötigt. Diese Energie wird als Kondensationswärme bei der Wolkenbildung wieder frei und kommt der Atmosphäre zugute. Auch bei der Taubildung wird die gleiche Energiemenge frei, bei der Reifbildung kommt zu diesem Betrag noch die Erstarrungswärme von 335 J/g hinzu.

Auch an den Grenzflächen, z. B. zwischen der Oberfläche des Bodens oder der Pflanzen und der Luft, ist ein Wärmeübergang möglich. Ist die Bodenoberfläche wärmer als die darüberstreichende Luft, so geht um so mehr Wärme an die Luft, je größer der Temperaturunterschied, je rauher die Bodenoberfläche und je stärker der Wind ist. Dies nennt man den **fühlbaren Wärmestrom** in die Luft im Gegensatz zum verborgenen oder **latenten Wärmeübergang**, der mit der Verdunstung des Wassers an den Oberflächen stattfindet. Auf die Bedeutung dieser Wärmeströme kommen wir im einzelnen noch zurück. Unsere weiteren Betrachtungen wollen wir jedoch mit der **Wärmestrahlung** beginnen, welche als einzige Wärmeübertragungsart keiner Materie bedarf.

2.2 Die Strahlung

2.2.1 Strahlungsgesetze, Licht und Pflanzen

Die Strahlung ist eine Energieübertragung zwischen zwei Körpern oder Oberflächen, welche auch durch den leeren Weltraum geht, wie es die Sonnenstrahlung zeigt. Es handelt sich um elektromagnetische Wellen, nur ist ihre Wellenlänge viel kürzer als die der Rundfunkwellen, aber noch merklich länger als die der Röntgen- und Gammastrahlen. Die Wellenlängen der Wärmestrahlen mißt man in Mikrometer (μm) = 1/1000 mm oder in Nanometer (nm), welche 1/1000 μm entsprechen. Je nach der Wellenlänge unterscheiden wir mehrere Wellenbereiche. Die von der Sonne ausgehende Strahlung nennen wir die **kurzwellige** Strahlung. Sie umfaßt zunächst die **ultraviolette** Strahlung von etwa 200–360 nm. Aber nur ein kleiner Teil der ultravioleten Strahlung mit Wellenlängen zwischen 300 und 360 nm dringt bis zum Erdboden vor. Strahlen der Wellenlänge 360–760 nm heißen **sichtbare** Strahlen. Mit ihnen wird nicht nur Wärmeenergie transportiert, das menschliche Auge nimmt diese Strahlen auch als Licht wahr. Das weiße Sonnenlicht ist nicht einheitlich. Wenn die Strahlen durch ein Glasprisma in einzelne Wellenlängen aufgeteilt werden, so sehen wir die Regenbogenfarben von Violett bis Rot. Nur wenn alle Farben gleichzeitig auftreffen, haben wir die Farbempfindung Weiß. Während die ultravioletten Strahlen chemisch wirksam sind, kann die Energie der sichtbaren Strahlen von den Pflanzen für die Assimilation verwendet werden. Das geschieht vor allem im Bereich der blauen Strahlen bei 420–470 nm und der roten Strahlen bei 670 nm, während die grünen Strahlen von den Blättern etwas mehr durchgelassen und reflektiert werden als die anderen sichtbaren Wellenlängen. Der größte Teil all dieser Strahlen wird jedoch absorbiert, d. h. in Wärme umgesetzt. Die ebenfalls nicht sichtbaren **infraroten** Strahlen der Sonne mit Wellenlängen zwischen 0,76 und 3 μm lassen sich nur durch ihre Wärmewirkung feststellen. Grüne Blätter reflektieren einen sehr beachtlichen Teil dieser Strahlung und lassen gleichzeitig sehr viel infrarote Strahlung durch. Nur wenige Prozent dieser Infrarotstrahlung werden vom grünen Blatt absorbiert. Die Sonne strahlt fast ausschließlich mit Wellenlängen bis zu 3 μm.

Je wärmer eine Fläche ist, um so stärker strahlt sie aus, und um so kürzer werden die Wellenlängen, die ausgestrahlt werden. Die von jedem Körper, auch von der Erdoberfläche oder unserer Haut ausgehende Wärmestrahlung hat nach dem Gesetz von WIEN ihre größte Intensität bei einer bestimmten Wellenlänge in Mikrometer, die man erhält, wenn man die Zahl 2884 durch die Temperatur der strahlenden Oberfläche in K dividiert. Die Strahlung der Sonne hat wegen ihrer Oberflächentemperatur von 6000 K ihre größte Intensität daher bei 0,5 µm im grünen Bereich. Die von der Erdoberfläche und von den auf ihr befindlichen Gegenständen ausgehende Strahlung hat ihre größte Intensität bei einer Wellenlänge um 10 µm und umfaßt den Bereich zwischen 3µm und 100 µm, welchen wir den **langwelligen** nennen. Daß ein Körper mit steigender Temperatur immer stärkere und zunehmend kurzwelligere Strahlen aussendet, zeigt der Ofen. Dieser sendet zunächst nur langwellige Strahlen, bei weiterer Erhitzung spüren wir die infraroten Wärmestrahlen, bis er schließlich auch rotes und sogar weißes Licht aussendet, je heißer er wird.

Die Pflanzen benötigen für die Assimilation **Licht**. Das ist aber nur insofern richtig, als die Pflanzen für die Assimilation nur die Energie verwenden können, die von Wellenlängen stammt, welche das menschliche Auge auch als Licht empfindet. Licht ist an sich nur ein Sinneseindruck unseres Auges, das für Strahlen der Wellenlängen um 550 nm (gelbgrün) die größte Empfindlichkeit besitzt, während gleich starke Strahlen größerer oder kleinerer Wellenlängen zunehmend schwächer empfunden werden. Dieses Maximum bei 550 nm liegt gerade zwischen den Wellenlängen 450 nm (blau) und 670 nm (orangerot), welche für die Assimilation durch das Chlorophyll der Blätter stärker absorbiert werden.

Die Einheit der Lichtstärke heißt Candela (cd), die Stärke einer ganz bestimmten Lichtquelle. Diese Lichtquelle erzeugt auf einer Fläche von 1 cm^2 in 1 m Entfernung die Beleuchtungsstärke 1 Lux (lx). Diese Größe läßt sich mit Photoelementen messen, welche fast die gleiche spektrale Empfindlichkeit haben wie das menschliche Auge. Es ist jedoch nicht statthaft, die Einheit Lux für farbige Strahlen bestimmter Wellenlängen zu verwenden. Das darf bei der Verwendung von künstlichen Lichtquellen in Gewächshäusern nicht übersehen werden. Lampen, die besonders in den Wellenlängen strahlen, die für die Assimilation wichtig sind, erzeugen geringere Luxwerte als Lampen gleicher Wattzahl mit einer Zusammensetzung wie die Sonnenstrahlen. Sie bewirken aber die gleiche, wenn nicht gar eine höhere Assimilationsleistung der Pflanzen. Luxmeter sind daher eigentlich nur bei natürlichem Licht statthaft, um einen Anhalt für den Strahlungsgenuß der Pflanzen zu bekommen.

Betrachten wir noch einige weitere Gesetzmäßigkeiten der Strahlen. Jede Oberfläche strahlt Wärmeenergie aus, je höher ihre Temperatur, um so mehr. Ein sog. schwarzer Körper, der die auf ihn auftreffende Strahlung aller Wellenlängen ganz absorbiert, also nichts reflektiert oder durchläßt, strahlt mit einer Intensität von $S = \sigma T^4\,Wm^{-2}$ oder $Jcm^{-2}\,min^{-1}$ ($\sigma = 5{,}67 \cdot 10^{-8}\,Wm^{-2}K^{-4}$ bzw. $3{,}46 \cdot 10^{-10}\,Jcm^{-}$ $min^{-1}K^{-4}$ T = Temperatur der strahlenden Oberfläche in K). Nicht „schwarze" Körper strahlen entsprechend $S = \varepsilon\sigma T^4$, wobei für alle Gegenstände, blanke Metalle ausgenommen, die Emissionskonstante ε bei Wellenlängen über 3 µm nahe 0,96 liegt.

Ansonsten, und das gilt besonders für die kurzwellige Sonnenstrahlung, kann jede Strahlung beim Auftreffen auf eine Fläche **reflektiert** werden, zum Teil wird sie auch **durchgelassen** wie sichtbares Licht durch Glas. Ein dritter Teil wird **absorbiert**, d. h. von der Oberfläche aufgenommen und in Wärme umgewandelt, wodurch sich die Temperatur der Oberfläche erhöht.

2.2.2 Die kurzwellige Sonnen- und Himmelsstrahlung

Die Sonne strahlt ununterbrochen Wärmeenergie in den Weltraum, fast 10^{25} kWh/d (d = lat. dies, Tag). Davon erhält die Erde rund $4{,}3 \cdot 10^{15}$ kWh/d. Die vom Mond und anderen Gestirnen zur Erde gelangende Strahlung verblaßt dagegen vollständig. Die Strahlung, die an der Obergrenze der Atmosphäre senkrecht auf eine Fläche von 1 cm^2 einfällt, beträgt etwa 8 Joule je Minute, entsprechend etwa 1,37 kW/m^2 oder 33,0 kWh/m^2d. Sie heißt **Solarkonstante.** Im Laufe eines 12stündigen Tages erhält jeder Quadratmeter an der Obergrenze der Atmosphäre am Äquator 10 kWh, am 24stündigen Mittsommertag am Pol sogar 12 kWh. Über längere Zeiträume und für die Erde insgesamt geht genausoviel Wärme durch Strahlung von der Erde in den Weltraum, wie ihr von der Sonne zugestrahlt wird. Wäre das nicht der Fall, so müßte sich das Klima auf der Erde ändern. Die Meere und die Atmosphäre werden dadurch dauernd in Bewegung gehalten, es entstehen und vergehen Wolken, weil der Strahlungsgenuß mit der geographischen Breite und jahreszeitlich schwankt.

Abb. 2 zeigt, was im Mittel für die ganze Erde mit der von der Sonne zugestrahlten Energie von 8,38 kWh/m^2d in der Atmosphäre und an der Erdoberfläche geschieht. Diese Zufuhr von der Sonne an der Obergrenze der Atmosphäre sei gleich 100.

Nur 31% der Sonnenstrahlung gelangt als direkte Sonnenstrahlung bis zur Erdoberfläche. 14% werden schon in der Atmosphäre absorbiert, dazu gehört besonders der größte Teil der ultravioletten Strahlung. 3% verschlucken die Wolken, die gleichzeitig 24% in den Weltraum reflektieren. Ein beachtlicher Teil (12%) wird auf dem Wege durch die Atmosphäre an den Luftteilchen zerstreut, etwa je zur Hälfte in den Weltraum und zur Erdoberfläche. Im Gegensatz zur direkten Sonnen-

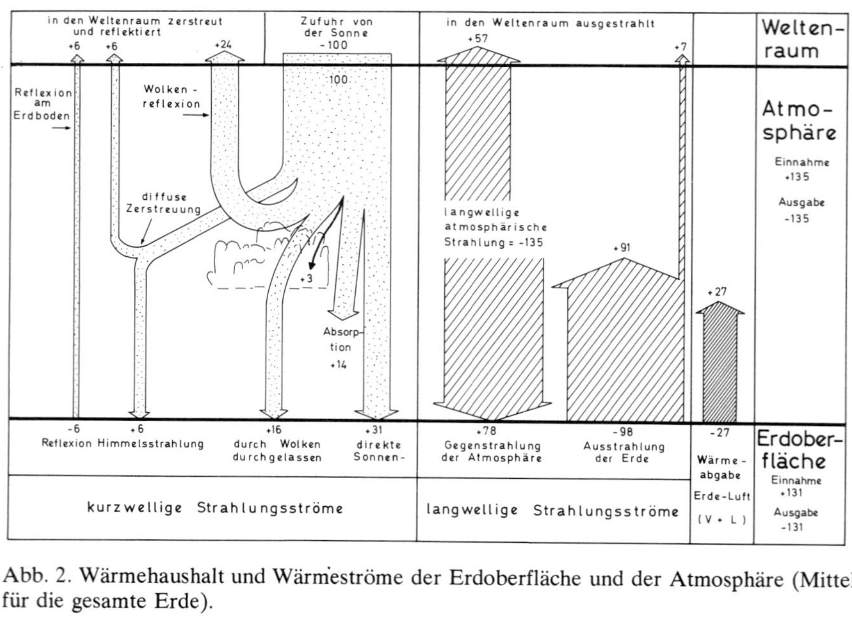

Abb. 2. Wärmehaushalt und Wärmeströme der Erdoberfläche und der Atmosphäre (Mittel für die gesamte Erde).

strahlung hat diese zerstreute Sonnenstrahlung keine bestimmte Richtung, sie geht in alle Richtungen. Sie heißt darum **diffuse Himmelsstrahlung**, die uns auch im Schatten und aus dem gesamten Himmelsgewölbe erreicht. Die diffuse Strahlung wird wie die direkte Sonnenstrahlung zur Erwärmung des Erdbodens verwendet und von den Pflanzen genauso zur Photosynthese ausgenutzt. Die Sonnenstrahlen werden jedoch nicht gleichmäßig zerstreut. Die blaue Strahlung wird stärker als die rote zerstreut. Daher erscheint nicht nur der Himmel blau, auch die Erde ist vom Mond aus gesehen ein blauer Planet.

Die Strahlung, die an den Wolken zum Boden reflektiert oder durch die Wolken bis zum Boden durchdringt (16%), ist ebenfalls diffus zerstreut. Von den 100% an der Obergrenze der Atmosphäre ankommenden Sonnenstrahlen werden somit 36% wieder in den Weltraum zerstreut oder reflektiert; wir nennen diesen Betrag die Albedo der gesamten Erde.

In der Atmosphäre selbst verbleiben unmittelbar 17% der Sonnenstrahlung, der Erdoberfläche verbleiben nach Abzug der Reflexion nur 47%. Diese Zahlen gelten für die Erdkugel insgesamt. Je nach dem Stand der Sonne schwanken die Anteile in weiten Bereichen. So wird die zum Boden gelangende direkte Sonnenstrahlung um so stärker in der Atmosphäre zerstreut und durch die Lufttrübung geschwächt, je flacher die Strahlen einfallen. Bei einer Sonnenhöhe von 30° ist der Weg durch die Atmosphäre doppelt so lang und bei 3° Höhe sogar 15mal so lang wie bei senkrecht stehender Sonne. Die eben auf- oder untergehende Sonne hat durch die Zerstreuung so viel Kraft verloren, daß das Auge unbeschadet die Sonnenscheibe betrachten kann. Das ist auch ein Grund, warum die am Äquator mittags senkrecht auf die Erde einfallende Sonnenstrahlung stärker ist als die senkrechte Bestrahlung einer Wand durch die eben aufgehende Sonne, obwohl der Einfallwinkel derselbe ist.

Bei tiefstehender Sonne wird die blaue Sonnenstrahlung schon fast ganz zerstreut, und nur noch gelbe und rote Strahlung gelangt direkt bis zu uns. Die Sonne

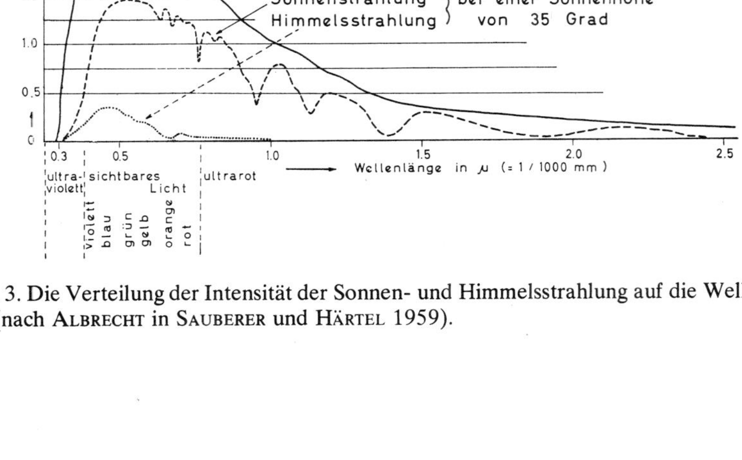

Abb. 3. Die Verteilung der Intensität der Sonnen- und Himmelsstrahlung auf die Wellenlängen (nach ALBRECHT in SAUBERER und HÄRTEL 1959).

geht daher rot auf und unter. In Abb. 3 sehen wir an der unteren Kurve, daß die Himmelsstrahlung ihre größte Intensität im blauen Bereich hat.

Die zum Erdboden gelangende direkte Sonnenstrahlung, die diffuse Himmelsstrahlung und die an den Wolken, besonders bei sommerlicher Haufenbewölkung zum Erdboden reflektierte Sonnenstrahlung faßt man als **Globalstrahlung** zusammen. Bei bedecktem Himmel ist die Globalstrahlung gleich der diffusen Himmelsstrahlung. Der Genuß der Erdoberfläche an direkter Sonnenstrahlung ändert sich

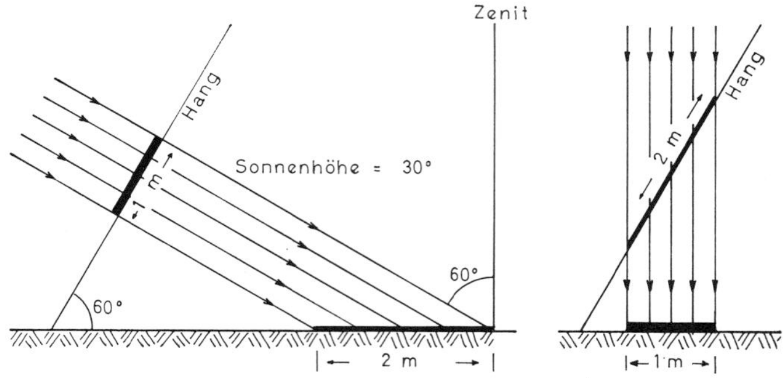

Abb. 4. Der Genuß an direkter Sonnenstrahlung bei verschiedenem Einfallswinkel der Strahlen.

im Laufe des Tages und Jahres, vom Äquator bis zum Pol je nach der Höhe der Sonne am Himmel. Auch der Strahlungsgenuß geneigter Flächen hängt davon ab, mit welchem Winkel die Strahlen auf die Fläche auftreffen. Je flacher die Strahlen einfallen, auf eine um so größere Fläche verteilt sich dann die Sonnenenergie, bei einem Winkel von 30° zwischen den Strahlen und der Fläche schon auf die doppelte Fläche. Ist I_0 die bei senkrechtem Einfall der Strahlen aufgenommene Energie und h der Winkel zwischen den Strahlen und der Fläche (= Sonnenhöhe für eine ebene Fläche), so geht der Strahlungsgenuß auf $I = I_0 \cdot \sin h$ zurück. Dieses Gesetz bestimmt den Tages- und den Jahresgang der Bestrahlung in den einzelnen geographischen Breiten, ist aber auch die Ursache für das unterschiedliche Klima der Hänge, Wände und Dächer.

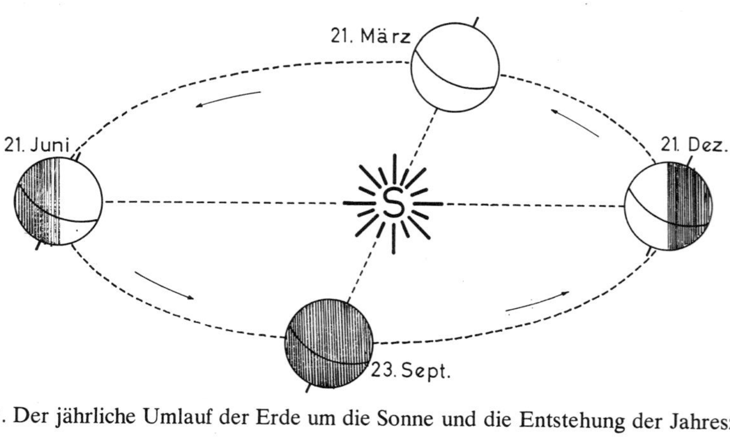

Abb. 5. Der jährliche Umlauf der Erde um die Sonne und die Entstehung der Jahreszeiten.

2.2.3 Die Jahreszeiten

Im Laufe des Jahres wechselt der mittägliche Sonnenhöchststand und schwankt die Tageslänge je nach der geographischen Breite. Damit ändert sich auch die von Sonne und Himmel direkt und diffus zugestrahlte Energie, welche am Erdboden auch noch durch die unterschiedliche Bewölkung Abwandlungen erfährt.

Die Erde dreht sich in 24 Stunden einmal um ihre eigene Achse und bewegt sich in einem Jahr auf einer nur wenig von der Kreisform abweichenden elliptischen Bahn um die Sonne. Stünde die Erdachse senkrecht zu der Ebene, in der sie die Sonne umläuft, so wären Tag und Nacht immer und überall 12 Stunden lang, die Sonne würde genau im Osten auf- und im Westen untergehen, und es gäbe keine Jahreszeiten. Doch die Erdachse ist unter einem Winkel von 66 ½° gegen die Umlaufebene um die Sonne geneigt. Diesen Winkel behält sie dauernd bei. Dadurch entstehen die Jahreszeiten mit ihren verschiedenen Tageslängen und Bahnen der

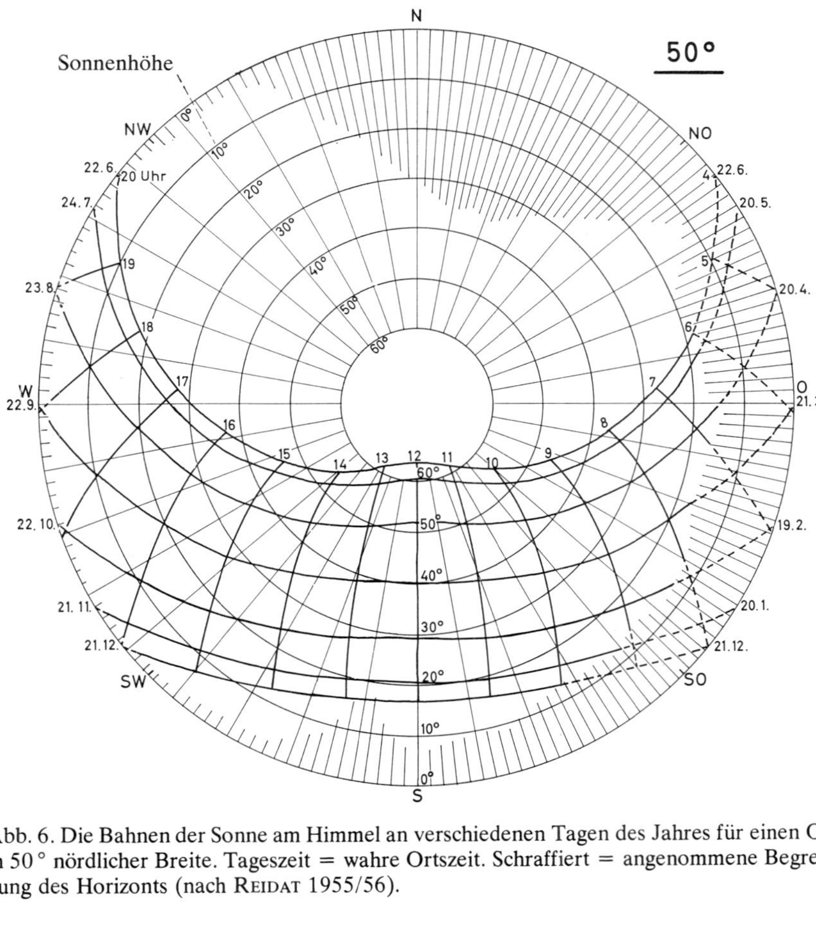

Abb. 6. Die Bahnen der Sonne am Himmel an verschiedenen Tagen des Jahres für einen Ort in 50° nördlicher Breite. Tageszeit = wahre Ortszeit. Schraffiert = angenommene Begrenzung des Horizonts (nach Reidat 1955/56).

Sonne am Himmel. Nur zur Zeit der Tag- und Nachtgleiche, am 21. März und 23. September, ist der Tag in allen geographischen Breiten 12 Stunden lang und die Mittagshöhe der Sonne ist gleich $90° - \varphi$ (φ = geographische Breite). Die Mittagssonne steht dann am Äquator im Zenit, während sie an den Polen am Horizont entlang läuft. Am Mittag des 21. Juni steht die Sonne aber nicht am Äquator, sondern in $23\,^1/_2°$ nördlicher Breite senkrecht am Himmel. In 50° nördlicher Breite beträgt ihre Mittagshöhe dann $90 - 50 + 23\,^1/_2 = 63\,^1/_2°$ und am Nordpol $23\,^1/_2°$. Am 22. Dezember dagegen steht die Mittagssonne in $23\,^1/_2°$ südlicher Breite im Zenit, in 50° nördlicher Breite aber nur $16\,^1/_2°$ ($= 90 - 50 - 23\,^1/_2$) hoch am Himmel. Die Bahnen der Sonne und damit die Mittagshöhe in 50° nördlicher Breite für andere Tage des Jahres sind Abb. 6 zu entnehmen. Diese Abbildung gestattet es, den Ort der Sonne am Himmel für jede Tages- und Jahreszeit für 50° Breite (Mainz) in wahrer Ortszeit abzulesen. Tab. 28 gibt die Sonnenauf- und -untergangszeiten in Mitteleuropa an.

Wie sehr die **Tageslänge** von Jahreszeit und geographischer Breite abhängt, geht aus Tab. 1 hervor. Für Pflanzen, welche in ihrer Blütenbildung sehr von der Tageslänge abhängen (Kurztag- und Langtagpflanzen), ist aber nicht nur die Tageslänge von Sonnenauf- bis -untergang wichtig. Vor dem Aufgang und nach dem Untergang der Sonne empfängt die Erde diffuse Himmelsstrahlung. Wenn die sog. bürgerliche **Dämmerung** beginnt, ist es definitionsgemäß morgens bei wolkenlosem Himmel schon so hell, daß man eine kleingedruckte Schrift lesen könnte. Während der bürgerlichen Dämmerung steht die Sonne weniger als 6,5° unter dem Horizont.

Tab. 1. Tageslängen (TL) und Gesamtdauer der morgendlichen plus der abendlichen bürgerlichen Dämmerung (D) in verschiedenen geographischen Breiten in Stunden und Minuten (Genauigkeit: ± 2 Minuten)

Nördl. Breite		0°	20°	40°	50°	60°	68°	90°
21. März	TL	12.07	12.07	12.09	12.10	12.14	12.18	24.00
	D	0.46	0.48	1.00	1.10	1.32	2.02	[1]
21. Juni	TL	12.06	13.25	15.01	16.22	18.53	24.00	24.00
	D	0.50	0.54	1.14	1.42	[1]	[1]	[1]
23. Sept.	TL	12.07	12.07	12.09	12.10	12.14	12.18	24.00
	D	0.46	0.48	1.00	1.10	1.32	2.02	[1]
22. Dez.	TL	12.06	10.53	9.20	8.04	5.52	0.00	0.00
	D	0.50	0.52	1.08	1.26	2.08	[2]	0.00

[1] Dauernd hell, [2] Polarnacht mit kurzer Mittagsdämmerung.
Die Tageslänge ist am Äquator sowie am 21. März und 23. September wegen der Lichtbrechung der Strahlen durch die Atmosphäre einige Minuten länger als genau 12 Stunden.

Bei wolkenlosem Himmel beträgt die Beleuchtungsstärke bei Beginn der bürgerlichen Dämmerung 1–2 lx, worauf die Pflanzen schon reagieren können. In 50° Breite erreicht die Beleuchtungsstärke bei wolkenlosem Himmel mittags im März und September Werte von etwa 87 klx. im Juni von 113 klx, im Dezember aber nur 28 klx.

Auch innerhalb Deutschlands sind die Unterschiede in der Tageslänge schon beachtlich. So dauert der längste Tag (21. Juni) in 48° Breite 16.00 Stunden, in 54° Breite 17.09 Stunden, umgekehrt währt der kürzeste Tag (22. Dezember) 8.24 Stunden bzw. 7.22 Stunden. Beziehen wir die Dauer der bürgerlichen Dämmerung in die helle Tageszeit mit ein, so sind die höheren Breiten den niederen Breiten gegenüber gar nicht einmal so sehr benachteiligt. Das gilt auch für den Genuß an Globalstrahlung.

Tab. 2. Mittlere Monats- und Jahressummen der Globalstrahlung in MJ/m^2 (1 MJ/m^2 = 0,278 kWh/m^2) (1961–1970, Kopenhagen 1955–1974).

Ort	Höhe	J	F	M	A	M	J	J	A	S	O	N	D	Jahr
Kopenhagen	6	55	116	261	406	558	636	572	466	317	166	64	40	3661
Hamburg	14	62	120	236	364	482	574	498	432	299	168	75	48	3358
Braunschweig	81	69	125	249	353	483	560	496	436	305	176	76	52	3380
Würzburg	259	95	162	288	406	538	592	579	486	363	222	97	76	3904
Freising	491	123	189	312	427	530	596	612	493	390	256	122	96	4146
Hohenpeißenberg	977	160	214	352	448	530	598	616	519	423	298	155	127	4440
Wien	203	93	144	275	430	550	591	607	495	362	227	95	74	3943
Locarno	379	178	243	416	510	620	665	713	596	425	303	154	151	4974

Die höheren Breiten erhalten in den Sommermonaten teilweise mehr Strahlung als die niederen Breiten, im Winter kommen sie allerdings erheblich zu kurz. An völlig wolkenlosen Tagen werden in Mitteleuropa im Juni bis zu 3300, im Dezember bis zu 400 J/cm^2d erreicht. Eine bessere Vorstellung von diesen Werten erhält man, wenn man bedenkt, daß mit einer Energie von 2500 J/cm^2 eine Wasserschicht von 10 mm Höhe verdunsten könnte. Der Unterschied im Genuß an Globalstrahlung zwischen Sommer und Winter ist wegen der Sonnenhöhe wesentlich größer als dem Unterschied der Tageslänge entspricht. Die Unterschiede zwischen Nord- und Süddeutschland sind auch durch eine verschieden starke Bewölkung und damit durch eine unterschiedliche Sonnenscheindauer bedingt.

Die zugestrahlte Sonnenenergie trifft zwar alle Flächen in gleichem Ausmaß, sie wird jedoch oft recht unterschiedlich aufgenommen. Je nach der Art der Oberfläche wird ein Teil sofort wieder reflektiert. Die Reflexzahl R_K, auch **Albedo** genannt, beträgt für Neuschnee 80–95% und für Altschnee 40–70%, weswegen sich die Luft über einer Schneedecke so schlecht erwärmt. Grüne Felder und Wiesen reflektieren 15–30%, Laubwälder nicht viel weniger, während die dunklen Nadelwälder nur um 10% reflektieren. Ein heller, trockener Sand reflektiert bis über 50%, ein nasser Sand dagegen nur 10–15%. Sehr wenig reflektiert das Wasser der Meere, nämlich nur um 5–10%. Ozeane und große Waldgebiete erscheinen daher auf den Satellitenfotos dunkel. Die reflektierte Strahlung ist in der Regel diffus. Eine spiegelnde Reflexion der direkten Sonnenstrahlung ist nur bei glatten Glas- und Wasserflächen gegeben. Je geringer der Auftreffwinkel der Sonne ist, um so größer kann die spiegelnde Reflexion werden. Die Reflexion an glatten Glasflächen erreicht bei einer Sonnenhöhe von 5° sogar 58%. Bei streifendem Einfall der Sonnenstrahlen dringt fast gar nichts mehr in das Glas ein, fast alles wird dann reflektiert.

2.2.4 Die langwellige Strahlung des Bodens und der Atmosphäre

Die kurzwellige Strahlung von Sonne und Himmel ist das Augenfällige am gesamten Strahlungshaushalt. Ihr ausgeprägter Tages- und Jahresgang haben den Tagesverlauf der Temperatur und den Gegensatz der Jahreszeiten zur Folge. Wir spüren diese Strahlung und vermissen sie daher, wenn die Sonne im Winter oft lange hinter

Wolken verborgen bleibt. Doch es existieren auch noch andere Strahlungsströme von nicht geringerer Bedeutung, ohne die ein Gleichgewicht nicht möglich wäre. Die Erdoberfläche reflektiert nicht nur einen mehr oder weniger großen Teil der Globalstrahlung – sie und alle Gegenstände auf ihr strahlen selbst auch dauernd Wärmeenergie aus, am Tage wie in der Nacht, im Sommer wie im Winter (Abb. 2, 7, 8). Die **langwellige Ausstrahlung** wächst mit der Temperatur der Erdoberfläche und ist fast nur von dieser, nicht jedoch vom Zustand und der Farbe des Bodens abhängig. Diese Ausstrahlung des Bodens, bei geschlossenen Pflanzenbeständen von der Oberfläche dieser Bestände ausgehend, ist für sich alleine sogar erheblich größer als die einfallende Sonnenstrahlung. Nach Abb. 2 sind es sogar 98 Einheiten, wovon aber nur 7 Einheiten direkt bis in den Weltraum gelangen, der größte Teil wird von den Wolken, von Wasserdampf, Kohlendioxid und der Trübung in der Luft absorbiert. Die Erdoberfläche strahlt aber nicht nur aus, sie erhält auch noch eine langwellige Strahlung, auch bei wolkenlosem Himmel.

Wasserdampf, Kohlendioxid, Staub und Wolken strahlen selbst ebenfalls Wärme aus, teils in den Weltraum (57 Einheiten), teils nach unten zur Erdoberfläche (78 Einheiten). Da sich Wasserdampf und Staub vornehmlich in den untersten Luftschichten konzentrieren, stammt diese langwellige **Gegenstrahlung der Atmosphäre** besonders aus diesen untersten Luftschichten. Sie ist um so stärker, je mehr Wolken, Wasserdampf und Staub sich in der Luft befinden. Nur zu einem sehr kleinen Teil wird sie am Boden reflektiert, der größte Teil wird dagegen absorbiert. Was die Erdoberfläche an Wärmeenergie an die Atmosphäre und dem Weltraum abgibt, ist die Differenz zwischen der Wärmeausstrahlung des Bodens und der Gegenstrahlung der Atmosphäre. Diese Differenz kann man daher die **wirksame Ausstrahlung** des Bodens nennen, welche bei der tagsüber höheren Temperatur sogar größer ist als in der Nacht, in der Nacht allerdings alleine vorherrscht, tagsüber durch die Globalstrahlung aber übertroffen wird. Bei klarer, wasserdampfarmer Luft ist die wirksame Ausstrahlung besonders groß, weil dann die Gegenstrahlung besonders schwach ist. Bei bedecktem Himmel verhindert die starke Gegenstrahlung der Wolken eine starke nächtliche Abkühlung. Ohne die Atmosphäre und ihre Gegenstrahlung wäre der langwellige Strahlungsverlust der Erdoberfläche enorm. Auf dem Mond fehlt die Atmosphäre; daher kühlt sich seine Nachtseite auf weit unter $-100\,°C$ ab.

Die in den Großstädten stärkere Lufttrübung erzeugt eine stärkere Gegenstrahlung, weshalb die Städte sich nachts als Wärmeinseln aus der Landschaft herausheben. Wenn nachts unter einem Baum, in Nähe einer Mauer oder Hecke der Reif ausbleibt oder der Taubeschlag schwächer ist, so ist hierfür die Gegenstrahlung verantwortlich, welche die Erdoberfläche von diesen Hindernissen erhält.

2.2.5 Die Strahlungsbilanz oder Nettostrahlung

Für den Wärmehaushalt der Erdoberfläche ist also nicht die Sonnenstrahlung allein, sondern die Summe aller genannten Strahlungsströme wichtig, die wir in der folgenden Gleichung zusammenfassen:

$$Q = S + H - R_K - A + G - R_L$$

Auf der Einnahmeseite stehen die kurzwellige Sonnen- (S) und Himmelsstrahlung (H), wobei letztere auch noch die Teile der Sonnenstrahlung umfaßt, die durch die Wolken dringen bzw. an den weißen Wolken zur Erde reflektiert werden. Hinzu kommt die langwellige Gegenstrahlung (G) der Atmosphäre. Die Ausgabenseite setzt sich aus der langwelligen Ausstrahlung des Bodens (A) und dem, was von der Globalstrahlung und der Gegenstrahlung reflektiert wird (R_K, R_L) zusammen. Die Größe Q nennt man Strahlungsbilanz oder Nettostrahlung. Am Tage können alle Glieder vorkommen, in der Nacht nur die langwelligen. Die Strahlungsbilanz ändert sich im Tages- wie im Jahresablauf sowie mit der geographischen Breite. Sie ist über den Kontinenten anders als über dem Ozean. Sie ist nachts immer negativ, tags fast immer positiv. Die Wintermonate haben in Mitteleuropa eine negative Bilanz; während der übrigen Zeit und für das Jahr insgesamt ist die Strahlungsbilanz der Erdoberfläche positiv. Für die Erdoberfläche insgesamt beträgt sie im Jahresmittel 2,26 kWh/m^2d = 27 Einheiten (Abb. 2).

2.3 Der Wärmeumsatz an der Bodenoberfläche

2.3.1 Der Wärmeumsatz im Tages- und Jahresablauf

Wir haben nun die Strahlungsströme, welche auf die Erdoberfläche auftreffen oder von ihr ausgehen, kennengelernt. Wenn nun, wie an einem Sommertag, die Bodenoberfläche mehr Strahlungswärme empfängt als sie abgibt, was geschieht dann mit diesem Überschuß, und wo kommt die Energie her, die nachts bei negativer Strahlungsbilanz der Erdoberfläche verlorengeht? Wir hatten schon kennengelernt, daß die Wärme auf verschiedene Weise transportiert werden kann. So fließt Wärmeenergie durch Wärmeleitung von der Bodenoberfläche in die Tiefe, wenn die Temperatur mit zunehmender Bodentiefe abnimmt, und umgekehrt, wenn die Bodenoberfläche kälter ist als das Innere. Die Größe dieses Wärmestromes (B) hängt von der Wärmeleitfähigkeit des Bodens und von den Temperaturunterschieden im Boden ab. Durch Wärmeleitung wird aber auch eine millimeterdicke, dem Boden aufliegende Luftschicht (L) erwärmt. Diese Luft wird dadurch leichter als die darüber lagernde kühlere Luft; sie steigt auf, transportiert die Wärme in höhere Luftschichten und wird durch kühlere Luft ersetzt. Die Wärme wird hier durch **Austausch** übertragen; die Bodenoberfläche erwärmt also auch die Luft. Umgekehrt gibt die Luft in der Nacht Wärme an die ausstrahlende Bodenoberfläche ab. Die Beweglichkeit der Luft erlaubt es, die Tageswärme in viel höhere Schichten zu tragen, als umgekehrt die Wärme in den Boden eindringen kann. So dringt die tägliche Temperaturwelle an klaren Sommertagen höchsten 50–100 cm tief in den Boden ein, in der Atmosphäre dagegen werden mehrere 100 m erfaßt. Die Jahresschwankung der Bodentemperatur klingt in 8–15 m Tiefe aus, in der Atmosphäre erfaßt sie aber die ganze Troposphäre.

Schließlich wird ein beachtlicher Teil der zugestrahlten Wärme für die Verdunstung des Bodenwassers und die Transpiration der Pflanzen benötigt (V). Dieser Betrag ist vom Beginn der Vegetationszeit ab meist größer, als für die Erwärmung von Luft und Boden verwendet wird. Die bei der Verdunstung aufgewendete Wärme kommt aber letztlich der Atmosphäre zugute. Denn der so entstandene Wasserdampf wird durch Konvektion in höhere Luftschichten verfrachtet, wo er die Wärme bei der Kondensation zu Wolkentröpfchen wieder freigibt. Bei der nächtlichen Taubildung kann auch etwas Kondensationswärme der ausstrahlenden Oberfläche zugeführt werden. Was die Pflanzen für ihre eigene Erwärmung und für die Assimilation (P) verbrauchen bzw. bei ihrer Abkühlung und nächtlichen Atmung abgeben, ist gegenüber den anderen Wärmeströmen verschwindend gering. Doch ist es diese gespeicherte Sonnenwärme, die bei der Verbrennung des Holzes und der Kohlen wieder frei wird.

Fassen wir alle Wärmeströme zu einer Gleichung für die Bodenoberfläche zusammen, so erhalten wir die sog. **Wärmehaushaltsgleichung**:

$$Q + B + L + V + P = 0$$

oder

$$S + H - R_k - A + G - R_L + B + L + V + P = 0$$

Setzen wir für alle Wärmeströme Zahlenwerte mit einem positiven Vorzeichen (+) ein, wenn sie Wärme von oben oder von unten zur Bodenoberfläche bringen und Zahlenwerte mit negativem Vorzeichen (−), wenn der betreffende Wärmestrom von der Bodenoberfläche weg gerichtet ist, so besagt die Gleichung, daß in jedem Augenblick genausoviel Wärmeenergie zur Bodenoberfläche geht, wie von ihr wegfließt. Anders ausgedrückt: die Strahlungsbilanz (Q) wird ganz für die Erwärmung der Luft (L), des Bodens (B), für die Verdunstung und Transpiration (V) und die Erwärmung und Assimilation (P) der Pflanzen aufgebraucht bzw. bei größerer Aus- als Einstrahlung durch die Wärmeströme B, L, V und P wieder ersetzt. Im Mittel über das ganze Jahr wird B gleich Null, jedoch werden für die gesamte Erde über V der Atmosphäre 22 und über L 5 Einheiten lt. Abb. 2 zugeführt, um die Ausstrahlungsverluste der Atmosphäre zu decken.

In Abb. 7 ist für eine Wiese bei Hamburg einmal der Tagesverlauf verschiedener Strahlungsströme an einem wolkenlosen, windschwachen Sommertag wiedergegeben. An diesem Tag betrug die Globalstrahlung 2822 J/cm², davon wurden 540 J/cm² (= 19%) wieder reflektiert. Beide Ströme haben einen klaren, durch den Lauf der Sonne bestimmten Tagesgang. Die langwellige Ausstrahlung des Bodens (A) und die Gegenstrahlung (G) der Atmosphäre waren tagsüber beide zwar kleiner als die Globalstrahlung, erreichten im Laufe von 24 Stunden jedoch mit 2759 J/cm²

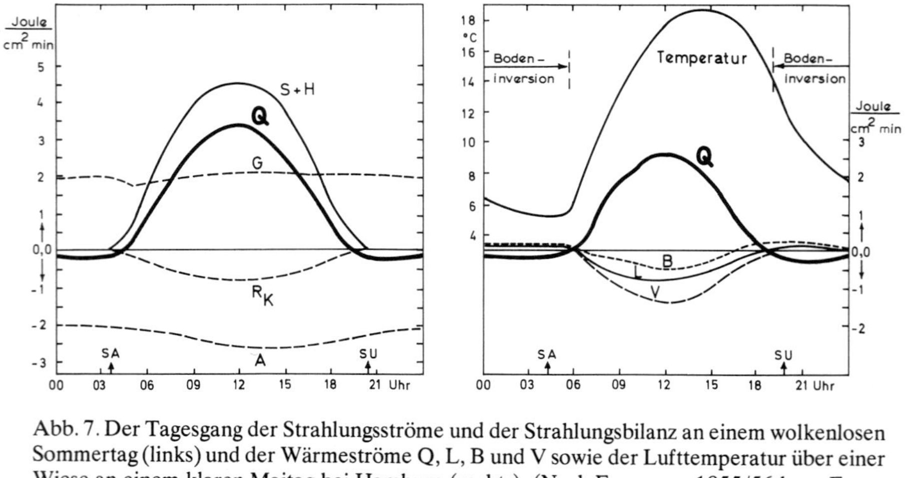

Abb. 7. Der Tagesgang der Strahlungsströme und der Strahlungsbilanz an einem wolkenlosen Sommertag (links) und der Wärmeströme Q, L, B und V sowie der Lufttemperatur über einer Wiese an einem klaren Maitag bei Hamburg (rechts). (Nach FLEISCHER 1955/56 bzw. FRANKENBERGER 1955.) Nähere Erläuterung im Text.

für G und mit −3425 J/cm² für A + R_L recht hohe Werte. Beide haben aber ein entgegengesetzes Vorzeichen, so daß letzten Endes die Strahlungsbilanz (Q) immer noch 1616 J/cm² ausmachte. Letztere ist positiv etwa ab eine Stunde nach Sonnenaufgang bis eine Stunde vor Sonnenuntergang. Sie hat ihr Maximum mittags während der stärksten Sonnenzustrahlung, ihr Minimum aber bald nach Sonnenuntergang.

Abb. 7 zeigt auch, wie sich die Energie auf die einzelnen Wärmeströme verteilt. Solange die Kurven oberhalb der Nullinie liegen, erfolgt der Wärmetransport zur Oberfläche, umgekehrt von der Oberfläche weg, wenn die Kurven unterhalb der Nullinie liegen. In diesem Beispiel sehen wir, daß die Verdunstung (V) sowie die Erwärmung des Bodens (B) und der Luft (L) etwa in dem Augenblick beginnen – d. h., V, B und L erhalten negative Werte –, wenn die Strahlungsbilanz Q positiv wird. Im Laufe des Tages wird die meiste Energie für die Verdunstung verwendet, wogegen nachts nur geringfügig Wärme bei der Taubildung frei wird. Die Kurve B zeigt, daß dem Boden etwa ab 1 ¹/² Stunden nach Sonnenaufgang bis reichlich 3 Stunden vor Sonnenuntergang Wärme zugeführt wird, in der übrigen Zeit gibt er Wärme ab.

Man darf nun nicht erwarten, daß die **Lufttemperatur im Tagesverlauf** so lange steigt, wie mehr zu- als abgestrahlt wird, und daß sie nur bei negativer Strahlungsbilanz absinkt. Dann müßte ja die Tageshöchsttemperatur erst etwa eine Stunde vor Sonnenuntergang eintreten. Die Strahlungswärme wird ja auch noch für die anderen Wärmeströme mit verbraucht. Die Temperatur der bodennahen Luft beginnt zwar zu steigen, d. h., die Tagestiefsttemperatur tritt zu dem Zeitpunkt ein, wenn die Zustrahlung größer als die Ausstrahlung wird, also bald nach Sonnenaufgang. Der Temperaturanstieg ist dann im Laufe des Vormitags zunächst recht steil, beginnt aber von Mittag ab immer mehr abzuflachen. Die Tageshöchsttemperatur wird meist 2–3 Stunden nach Sonnenhöchststand erreicht, und die Temperaturänderungen sind an einem Sommertag von 12–17 Uhr verhältnismäßig gering. Daß die Temperatur nach 15 Uhr trotz noch anhaltender Zustrahlung wieder zu fallen beginnt, liegt daran, daß nun meist ein starker vertikaler Luftaustausch besteht; die bodennahe Luft gibt dann mehr Wärme nach oben an die höheren Atmosphärenschichten weiter, als sie von unten durch die Aufheizung von der Erdoberfläche erhält.

Den Temperaturabfall vom Maximum bis zum Minimum können wir bei klarem Wetter in mehrere Abschnitte einteilen. Nach dem zunächst langsamen Rückgang wird dieser etwa ab 3 Stunden vor Sonnenuntergang recht steil. Um Sonnenuntergang ist es am Boden schon kälter als in einigen Metern Höhe, es bildet sich eine Bodeninversion aus. Der stärkste Temperaturrückgang ist meist gegen Sonnenuntergang zu erwarten. Etwa 2 Stunden nach Sonnenuntergang verlangsamt sich der Temperaturrückgang, bis die Temperatur sich schließlich in der zweiten Nachthälfte nur noch wenig ändert. Diese Verlangsamung des Temperaturrückganges in klaren, windschwachen Nächten hat eine Bedeutung für die Abschätzung der nächtlichen Tiefsttemperatur in Spätfrostnächten.

Wie im Tagesgang, so verspäten sich auch im **Jahresgang** die Eintrittszeiten der Höchst- und Tiefsttemperaturen gegenüber den Zeiten stärkster Ein- und Ausstrahlung, und zwar um etwa einen Monat. Abb. 8 zeigt den mittleren Jahresgang der einzelnen Strahlungsströme für eine Wiese in Kopenhagen.

Die Globalstrahlung (S + H) hat ihr Maximum im Juni und ist an den kurzen

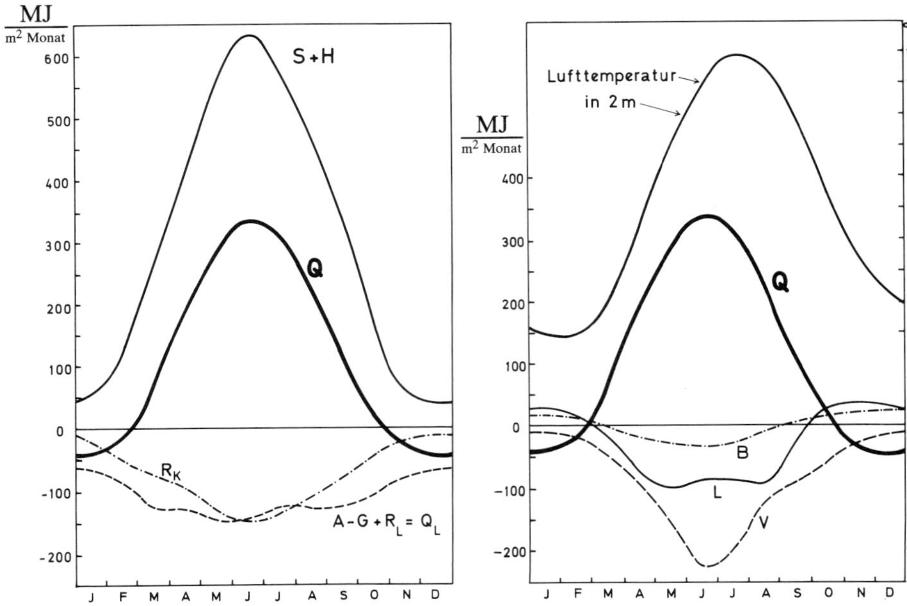

Abb. 8. Der Jahresgang (Mittel 1955–1974) der Strahlungsströme und der Strahlungsbilanz (links) und der Wärmeströme Q, L, B, V sowie der Lufttemperatur (rechts) für eine Wiese bei Kopenhagen (schriftl. Mitt. H. C. ASLYNG 1976).

Wintertagen sehr gering. Von der Globalstrahlung werden im Februar (Schneedecke!) 45%, im April 23% und im Jahresmittel 25% reflektiert (R_K). Die wirksame langwellige Ausstrahlung ($A - G + R_L = Q_L$) ist im Mai am größten, da die Gegenstrahlung wegen des zunehmenden Wasserdampfgehaltes der Luft zum Hochsommer hin noch etwas stärker wächst als die Ausstrahlung A. Von November bis Februar ist die gesamte Ausstrahlung größer als die Einstrahlung, die Strahlungsbilanz ist negativ. Die Strahlungsbilanz betrug im Jahr nur 38%, im Juni 53% der Globalstrahlung. Dem Boden wird von April bis Mitte September genausoviel Wärmeenergie zugeführt, wie ihm in der übrigen Zeit des Jahres verloren geht (B).

Tab. 3. Monats- und Jahressummen der Wärmeströme in MJ/m² für eine Wiese in Kopenhagen. Mittel 1955–1974 (+ = Wärmestrom zur Bodenoberfläche hin). (Nach ASLYNG, 1976, pers. Mitt.)

		Dezember	Juni	Jahr
Globalstrahlung	S + H	+ 40	+ 636	+ 3661
Albedo	R_K	− 13	− 150	− 927
langwellige Strahlungsbilanz	$A - G + R_L$	− 72	− 148	− 1327
Strahlungsbilanz	Q	− 45	+ 338	+ 1407
Bodenwärmestrom	B	+ 23	− 31	− 13
Wärmestrom in der Luft	L	+ 34	− 87	− 343
Verdunstung	V	− 12	− 220	− 1051
Verdunstung in mm		5	90	425

Das muß auch so sein, denn im Mittel ändert sich die Bodentemperatur über die Jahre nicht.

Vom Oktober bis Februar gibt die Luft (L) Wärme an die ausstrahlende Erdoberfläche ab. Sie erhält aber in der übrigen Zeit des Jahres noch erheblich mehr Wärme. Dieser Überschuß wandert teils in höhere Luftschichten, teils in andere geographische Breiten, bis er letztlich an den Weltraum abgegeben wird. Sehr viel Wärmeenergie wird das ganze Jahr über für die Verdunstung (V) benötigt. Sie wird im Winter sogar der Luft und dem Boden entzogen. Insgesamt werden in Kopenhagen 75% der Strahlungsbilanz für die Verdunstung von Wasser verwendet.

Die Änderungen der Luft- und Bodentemperatur sind somit zunächst eine Folge des Tages- und Jahresgangs der Strahlungsbilanz. Sie werden aber mitbestimmt durch die für die Verdunstung verwendete Energie und durch den mit dem Luftmassenaustausch verbundenen Wärmetransport. Eine geschlossene Bewölkung dämpft nicht nur den Tagesgang der Strahlung, sondern auch den der Temperatur. Die von der Bodenoberfläche an die Luft abgegebene Wärme wird je nach dem Grad der Luftdurchmischung auf verschieden mächtige Luftschichten verteilt. Die Tagesschwankung der Lufttemperatur in Bodennähe ist daher um so geringer, je größer die Luftdurchmischung ist.

Die Oberfläche des Erdbodens bzw. einer geschlossenen Pflanzendecke ist die **tätige** oder **aktive Oberfläche**, an der die Strahlung absorbiert wird und welche selber ausstrahlt. Somit ist sowohl die Tages- als auch die Jahresschwankung der Temperatur an dieser aktiven Oberfläche am größten; die Schwankung muß mit zunehmendem Abstand von ihr, sowohl im Boden als auch in der Luft, geringer werden. Abb. 9 zeigt diese vertikale Verteilung der Luft- und Bodentemperatur bei ver-

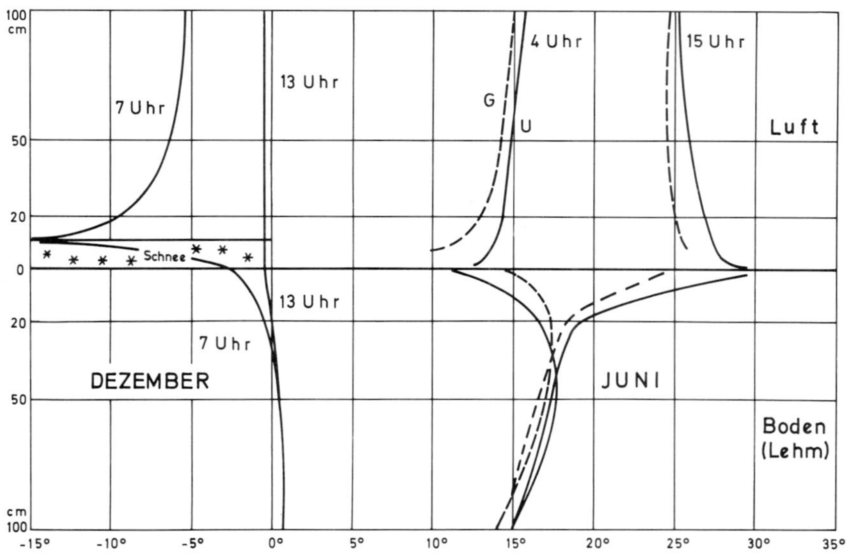

Abb. 9. Die Temperatur in und über dem Erdboden an Strahlungstagen. Links im Dezember bei Schneedecke. Rechts im Juni bei grasbedecktem (G) und bei unbewachsenem (U) Boden.

schiedenen Bodenbedeckungen. Tagsüber herrscht bei klarem Wetter in der Luft eine kräftige Temperaturabnahme, nachts dagegen eine Temperaturzunahme mit der Höhe.

Die in den einzelnen geographischen Breiten verschiedenen Tages- und Jahresgänge der Sonnenbahnen haben unterschiedliche Gänge des Strahlungsgenusses und damit verschiedene Tages- und Jahresgänge der Temperatur zur Folge. Abb. 9 zeigt, daß auch schon unterschiedliche Bodenbedeckungen einen Einfluß auf die Temperaturverhältnisse haben. Die Wärmehaushaltsgleichung ist zwar immer und überall erfüllt. Aber wenn sich schon ein Glied dieser Gleichung ändert, so zieht dies zwangsläufig Änderungen anderer Wärmeströme nach sich. Je nach Bodenart, -zustand und -feuchte, je nach Art und Umfang einer Bodenbedeckung, sei es durch Schnee oder Pflanzen, werden die einzelnen Wärmeströme mehr oder weniger von den in Abb. 7 und 8 gezeigten Beispielen abweichen und damit sowohl die Oberflächentemperatur als auch die Boden- und Lufttemperatur beeinflussen. Bei einem trockenen Boden wird wenig Wärme für die Verdunstung verbraucht, er wird somit wärmer als ein feuchter Boden. Dunkles Gestein reflektiert weniger Globalstrahlung als helles und wird somit in der Regel tagsüber wärmer. Eine zu starke Erwärmung des Bodens läßt sich durch Aufbringen von Kalk oder weißen Sprühmitteln verhindern. Eine solche Maßnahme ist in warmen Ländern oft recht wirkungsvoll. Mit ihrer Hilfe läßt sich auch die Erwärmung von Hackfruchtmieten im Frühjahr hinausschieben oder eine zu starke Erwärmung der Südseite von Baumstämmen zur Verminderung von Frostrissen verhüten. Wie ein Boden nun die Wärme aufnimmt oder abgibt und wie diese sich im Boden verteilt, hat einen ganz erheblichen Einfluß auf die Temperaturverhältnisse an der Bodenoberfläche und in der bodennahen Luft. Daher sei nun der Einfluß verschiedener Bodenunterlagen und -bedeckungen auf die Temperaturverhältnisse betrachtet.

2.3.2 Der Einfluß von Bodenart, Bodenzustand und Bodenbedeckung auf die Temperatur

Im Boden fließt wie überall die Wärme von der wärmeren zur kälteren Stelle, um Temperaturunterschiede auszugleichen. Tagsüber und im Sommer ist dieser Strom meist von der Erdoberfläche in die Tiefe, nachts und im Winter aus der Tiefe zur Erdoberfläche gerichtet. Die Größe dieses Wärmestromes hängt außer von der Größe des Temperaturgefälles im Boden von der Fähigkeit des Bodens ab, Wärme zu transportieren, also von der **Wärmeleitfähigkeit** und damit von Bodenart und -zustand. Ein gut wärmeleitender Boden schafft die an der Erdoberfläche aufgenommene Wärme rasch in tiefere Schichten, umgekehrt wird sich die Tageserwärmung bei einem schlecht leitenden Boden auf die obersten Bodenschichten beschränken. In einem gut leitenden Boden wird demnach die Temperatur in tieferen Schichten größeren Schwankungen unterliegen als in gleicher Tiefe eines schlecht leitenden Bodens. Dagegen wird die Tagesschwankung der Temperatur in Nähe der Bodenoberfläche bei einem schlechten Leiter besonders groß, bei einem guten Leiter gering sein. Je besser der Boden die Wärme leitet, um so wärmer bleibt seine Oberfläche bei Nacht, weil die durch Ausstrahlung an der Oberfläche eingetretenen Wärmeverluste aus tieferen Schichten besser ersetzt werden können. Umgekehrt wird sich die Oberfläche nachts um so mehr abkühlen, je schlechter der Boden die Wärme leitet.

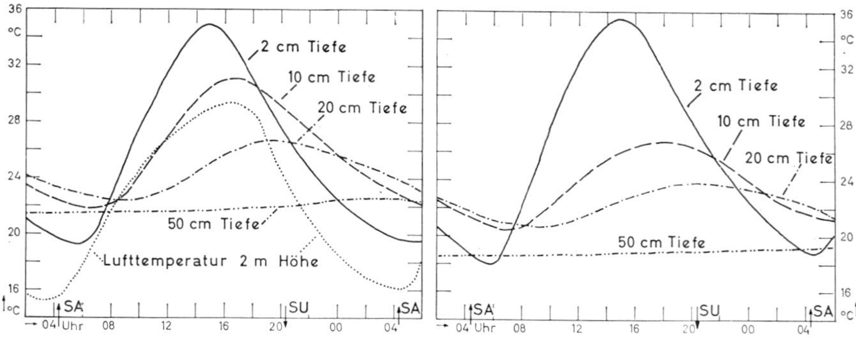

Abb. 10. Der Temperaturverlauf im Erdboden an einem Sommertag in Weihenstephan. Links Lehmboden (guter Wärmeleiter), rechts gelockerter Boden mit Torfzusatz (mäßiger Wärmeleiter).

In Abb. 10 ist der Temperaturverlauf an einem sonnigen Sommertag in einem gut und in einem weniger gut leitenden Boden bis zu 50 cm Tiefe und der Verlauf der Lufttemperatur wiedergegeben. Die Tagesschwankung ist an der Oberfläche (2 cm Tiefe) am größten, beim schlechten Wärmeleiter noch größer als beim guten Wärmeleiter. Die Schwankung nimmt aber mit der Tiefe ab, im schlecht leitenden Boden rascher als im gut leitenden, so daß in 50 cm Tiefe im schlecht leitenden Boden keine Schwankung mehr zu erkennen ist. Das in diesem Beispiel seit Tagen schon anhaltende warme Wetter hat den Boden mit der guten Leitfähigkeit in 50 cm Tiefe schon stärker erwärmt als den anderen Boden. Die Eintrittszeiten der Tageshöchst- und -tiefsttemperatur verzögern sich mit größerer Tiefe immer mehr.

Auch die Jahresschwankung der Bodentemperatur verringert sich mit der Tiefe um so rascher, je schlechter der Boden die Wärme leitet. Im Laufe des Jahres verspäten sich auch die Eintrittszeiten der Jahreshöchst- und -tiefsttemperatur mit der Tiefe. Je nach der Bodenart klingt die Jahresschwankung der Temperatur in 8–15 m Tiefe aus, wo ständig etwa die gleiche Temperatur wie die Jahresmitteltemperatur der Luft herrscht. Wie sich der Wechsel der Witterung auf den Verlauf der Bodentemperatur in zwei ganz verschiedenen Bodenarten auswirkt, zeigt Abb. 11. Die warmen und kühlen Witterungsabschnitte sind im Lehmboden in tief eindringenden

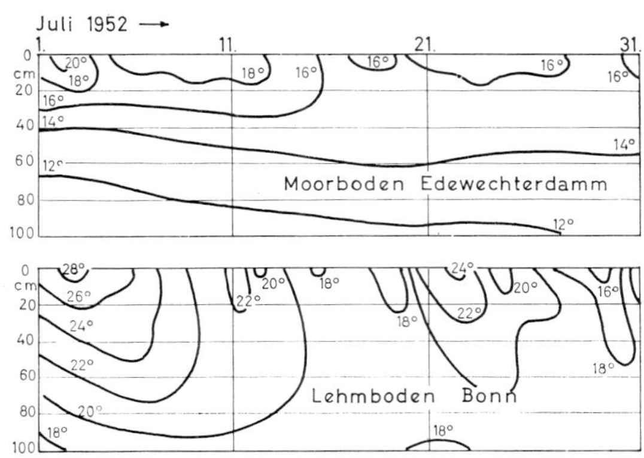

Abb. 11. Der Verlauf der Temperatur in einem Moor- und in einem Lehmboden (Isoplethendarstellung).

Wärme- und Kältewellen zu erkennen, während sich diese im Torf nur in den allerobersten Bodenschichten bemerkbar machen.

Von der ruhenden Luft wissen wir, daß sie ein schlechter Wärmeleiter ist. Ein lockerer Boden, der viel Luft enthält, leitet daher die Wärme schlechter als ein fester Boden. Da auch die Temperatur der bodennahen Luft von der Temperatur der Bodenoberfläche mit beeinflußt wird, wird die Luft nachts über einem lockeren Boden kälter und tags wärmer als über einem festen Boden. Hierdurch kann die Spätfrostgefahr erhöht werden. Wie groß im einzelnen die Temperaturänderung in einem Kubikzentimeter in einer bestimmten Bodentiefe ist, hängt aber nicht nur davon ab, wieviel Wärme mehr von oben aufgenommen als nach unten in die Tiefe weitergeleitet wird. Der Betrag der Temperaturänderung hängt auch davon ab, welche Wärmemenge nötig ist, um diesen Kubikzentimeter Boden um 1 K zu erwärmen. Wasser hat von allen in der Natur vorkommenden Stoffen das größte **Wärmespeicherungsvermögen**. Um 1 g = 1 cm^3 Wasser um 1 K zu erwärmen, werden 4,2 J benötigt. Um 1 g Sand um 1 K zu erwärmen, sind nur 0,84 J notwendig (spezifische Wärme = 0,84 J/g). Da 1 cm^3 Sandboden etwa 1,5 g enthält, wird dieses Volumen im trockenen Zustand um 3,3 K erwärmt, wenn 4,2 J zugeführt werden. Enthält der Boden aber noch 20 Vol.-%, d. i. 0,2 g/cm^3 Wasser, so beträgt die Temperaturänderung nur noch 2 K. Auch das ist ein Grund, warum sich feuchte Böden tags weniger stark erwärmen und nachts weniger stark abkühlen als trockene Böden. Bei einer Erwärmung um 1 K speichert Wasser mehr Energie als ein fester Boden, ein feuchter Boden mehr als ein trockener.

Ein feuchter Boden wird sich tagsüber also aus verschiedenen Gründen an seiner Oberfläche weniger stark erwärmen als ein trockener Boden, der mehr Luft enthält. Er leitet die Wärme besser in die Tiefe, er verbraucht mehr Wärme für die Verdunstung und hat ein größeres Wärmespeichervermögen. Nachts bleibt die Oberfläche eines feuchten Bodens normalerweise wärmer als die eines trockenen Bodens, es sei denn, die Verdunstung hält beim feuchten Boden auch nachts ohne Unterbrechung, wenn auch stark abgeschwächt, an, was beim sehr trockenen Boden nicht möglich ist.

Zu den besten Wärmeleitern gehört der Fels, der zudem wenig oder gar kein Wasser enthält. In ihn dringt die Tageswärme tief ein, und doch wird seine Oberfläche tagsüber außerordentlich warm, weil keine Wärme für die Verdunstung verbraucht wird. Oberflächentemperaturen von mehr als 50 °C sind beim Fels an heißen Sommertagen nicht ungewöhnlich. Der Mangel an Wasser für die Verdunstung bewirkt auch die Überhitzung der Großstädte gegenüber dem freien Feld an sonnigen Tagen.

Ein sehr schlechter Wärmeleiter ist der trockene Moorboden wegen der vielen Lufteinschlüsse. In ihn dringt die Tageserwärmung nur wenig tief ein, dafür wird seine Oberfläche tags sehr warm und nachts sehr kalt. Selbst wenn der Moorboden feucht ist, besitzt er immer noch schlechtere Wärmeeigenschaften als der Mineralboden. Über Moorflächen sind darum Nachtfröste selbst im Sommer noch möglich. Allerdings fehlt beim feuchten Moorboden wegen der Verdunstung die starke Überhitzung am Tage. So wie durch eine Beimengung von Sand die extrem ungünstigen Eigenschaften des Moorbodens gemildert werden können, so werden umgekehrt durch eine reichliche Beimischung von Torf zu einem Mineralboden dessen Wärmeeigenschaften verändert, so daß seine Oberfläche tags wärmer wird. Dafür wird eine etwas stärkere Abkühlung in der Nacht in Kauf genommen. Ein großer

Gehalt des Bodens an Humus und organischen Stoffen (Grün- und Stalldung) mindert ebenfalls die Wärmeleitfähigkeit.

Die Wärmeeigenschaften der einzelnen Bodenarten werden schließlich und vor allem durch ihre unterschiedliche Speicherfähigkeit für Wasser bestimmt. Ein leichter Sandboden kann viel weniger Wasser speichern als ein schwerer Lehmboden, sein Gehalt an Bodenluft ist daher in der Regel größer. Allein schon darum erwärmt sich der Sandboden in der Sommersonne an der Oberfläche mehr und kühlt sich in der Nacht stärker ab als ein Lehmboden. Hinzu kommt, daß ein Sandboden rascher ganz austrocknet und schließlich kein Wasser mehr für die Verdunstung zur Verfügung stellen kann.

Die Wärmeeigenschaften der Böden haben eine besondere Bedeutung im Frühjahr zur Zeit der Feldbestellung. Leichte Böden lassen sich wegen des geringen Wassergehaltes nicht nur früher bestellen, sie erwärmen sich auch rascher als schwere Böden und bewirken einen oft um 1–2 Wochen früheren Vegetationsbeginn. Dafür sind sie im Laufe der Vegetationszeit auf eine regelmäßigere Wasserversorgung angewiesen. Mit der Lockerung des Bodens durch Pflug, Grubber und Egge ändern sich seine Wärmeeigenschaften erheblich. Ein gelockerter Boden wird oberflächlich nicht nur rascher abtrocknen, da der Wassernachschub aus der Tiefe erschwert wird, sondern sich in der Frühjahrssonne auch erheblich rascher an seiner Oberfläche erwärmen.

Das verschiedene Verhalten der Böden zeigt sich besonders gut in der Tiefe und Dauer des **Bodenfrostes**. Je besser der Boden die Wärme leitet, um so tiefer dringt der Frost in den Boden ein, und um so schneller wird dieser in der Regel am Ende des Winters auch wieder frei von Frost. Schöne Beispiele hat Kreutz (1942) hierfür gegeben.

Mit der Bedeckung des Bodens können sich seine Wärmeeigenschaften wesentlich ändern. Beim bedeckten Boden wird die Oberfläche der Bedeckung an Stelle der Erdoberfläche zur aktiven oder tätigen Oberfläche, von der die langwellige Strahlung ausgeht und an der die Globalstrahlung absorbiert wird. Der Wärmetransport durch die Schicht des Bedeckungsmaterials geschieht dann vorwiegend durch Wärmeleitung.

Eine kurze Rasendecke, Laubstreu oder eine **Mulchdecke**, ob aus Stroh, geschnittenem Gras oder Folien, strahlen nicht mehr Wärme aus als ein unbedeckter

Tab. 4. Bodenfrost (°C) in verschiedenen Böden in Gießen im Winter 1939/40 (nach Kreutz, 1942).

	Basaltgrus	Sand	Lehm	Lehmiger Sand	Humus
Eindringgeschwindigkeit des Frostes, cm/Tag	2,0	1,7	1,1	1,1	0,6
Größte Frosttiefe in cm	67	52	52	40	32
Ende der Bodengefrornis am	25. 2.	28. 2.	16. 3.	7. 3.	22. 3.
Tiefste Temperatur in					
10 cm Tiefe	− 12,0	− 9,6	− 9,6	− 5,2	− 2,0
20 cm Tiefe	− 8,1	− 7,0	− 4,6	− 3,3	− 0,5
50 cm Tiefe	− 1,2	− 0,1	− 0,1	+ 1,1	+ 0,4
100 cm Tiefe	+ 2,1	+ 2,1	+ 1,0	+ 1,8	+ 3,0

Tab. 5. Tagesschwankung der Bodentemperatur (K) an einem klaren, windschwachen Tag, 10. Juli 1962, Weihenstephan.

	Unbewachsen	Gras	Kartoffeln	Weizen	Luft in 2 m Höhe
Bestandshöhe (cm)	–	5	52	110	
Tiefe (cm)					18,0 K
2	20,0	8,4	13,5	9,5	
5	17,1	6,8	11,6	7,0	
10	10,8	5,1	8,6	4,4	
20	5,7	2,6	4,6	2,4	
50	0,8	0,5	0,6	—	

Boden. Je nach ihrer Farbe werden sie jedoch recht unterschiedlich die Sonnen- und Himmelsstrahlung absorbieren. Eine Bodenbedeckung enthält aber sehr viel Luft, die auch bei Wind kaum bewegt wird. Die Bedeckungsschicht stellt daher eine sehr starke Wärmeisolierung dar. Bei einem Rasen mindert auch der Wurzelfilz den Wärmestrom durch die allerobersten Bodenschichten. Somit wird nachts der Wärmenachschub aus der Tiefe zur strahlenden Oberfläche verringert, während tagsüber die zugestrahlte und absorbierte Wärme schlecht in den darunterliegenden Boden gelangen kann. Die Folge ist, daß die Temperatur im bedeckten Boden wesentlich geringeren Tages- und Jahresschwankungen unterliegt als im unbedeckten Boden und sowohl die Erwärmung im Frühjahr als auch die Abkühlung im Herbst merklich verzögert werden. Bei Abdeckung mit totem Material bleibt auch die Bodenfeuchte höher, der Unkrautwuchs wird unterdrückt und der Düngerbedarf oft vermindert. Andererseits wird es nachts an der Oberfläche eines Rasens oder einer Mulchdecke erheblich kälter, so daß die herausragenden Pflanzen stärker spätfrostgefährdet sind. Tagsüber wird es bei totem Abdeckmaterial in der bodennächsten Luft erheblich wärmer als bei unbedecktem Boden. Bei Rasen oder anderen Pflanzendecken wird tagsüber die Überhitzung jedoch durch die Transpirationskühlung meist vermieden. Feuchte Wiesen und sumpfige Flächen bleiben dadurch sogar tags oft recht kühl. Der Einfluß von Pflanzendecken und Mulchdecken auf die Boden- und Lufttemperatur ist in Tab. 5 und 7–11 mit Beispielen belegt.

Wie durch Aufsprühen heller Mittel eine Überhitzung der Bodenoberfläche vermindert werden kann, so kann umgekehrt die Erwärmung eines Bodens und damit der Aufgang der Saaten um mehrere Tage beschleunigt werden, wenn die Bodenoberfläche durch Aufsprühen von Emulsionen geschwärzt wird, wozu Materialien auf Petroleumbasis in Frage kommen. Gleichzeitig wird mit dieser Art „Mulche" die Bodenabschwemmung und die unproduktive Bodenverdunstung eingeschränkt.

Tab. 6. Tagesschwankung der Bodentemperatur (K) in einem bearbeiteten und in einem unbearbeiteten Boden (West 1932, in van Wijk, 1963)

Tiefe (cm)	Bearbeitet	Unbearbeitet	Differenz
5	13,7	8,9	– 4,8
10	6,3	6,2	– 0,1
15	2,8	4,3	1,5
20	2,0	3,0	1,0
25	1,3	2,1	0,8

Tab. 7. Minimumtemperatur in 5 cm Höhe (°C) in klarer, windstiller Nacht an benachbarten Standorten, Quickborn, 29. 10. 1949.

Hochmoor	Nackter Torf	Wiese auf Torf	Nackter Sandboden	Wiese auf Sandboden	Unbelaubter Wald
− 9,9	− 3,7	− 8,2	− 2,3	− 5,8	− 1,3

Das gleiche gilt für die **Folienmulche**, welche im Gartenbau in zunehmenden Maße verwendet wird. Diese flach auf dem Boden ausgelegten Folien gibt es in verschiedenen Ausführungen, z. B. schwarz, weiß oder durchsichtig. Hierdurch soll u. a. das Risiko beim Auflaufen z. B. von Gurken gemindert und ein rascheres Wachstum, eine frühere Ernte sowie ein höherer Ertrag bei größeren und weniger verschmutzten Früchten erreicht werden. Auch bei Erdbeeren verwendet man oft dunkle Folienmulche, die den Boden ganz bedeckt und aus der durch Öffnungen nur die Pflanzen herausragen. Die größten Steigerungen der Temperatur der obersten Bodenschichten sind zwar bei durchsichtigen Folien zu erwarten, doch wächst unter ihnen auch das Unkraut. Bei dunklen Folien wird deren Oberfläche und damit die aufliegende Luft um die Pflanzen in der Sonne besonders warm, wärmer als bei allen anderen Folien. Neben der Steigerung der Bodentemperatur, der Unterdrückung des Unkrautwuchses verhindern die undurchsichtigen Folien auch eine unnütze Bodenverdunstung. Da über allen Folien aber nachts die Spätfrostgefahr erhöht wird, sind Folien an frostgefährdeten Standorten weniger zu empfehlen, es sei denn, die Möglichkeit eines Frostschutzes ist gegeben.

Eine entscheidende Änderung der Wärmeverhältnisse der Luft und des Bodens tritt durch eine **Schneedecke** ein. An sonnigen Wintertagen ist es über einer Schneedecke besonders hell, weil frischer Schnee 90% und Altschnee immer noch 40–70% der Globalstrahlung zurückwerfen. Diese reflektierte Strahlung gelangt zum größten Teil in den Weltraum, ein erheblicher Anteil wird aber wiederum in der Atmosphäre als zusätzliche Himmelsstrahlung zum Boden zurückgestreut. Trotz intensiver Sonnenstrahlung erwärmt sich die Luft über Schneedecken nur wenig. Die langwellige Wärmeausstrahlung der Schneeoberfläche wird aber durch die Farbe des Schnees nicht beeinflußt, sie kommt nachts voll zur Wirkung. Mit seinen zahl-

Tab. 8. Monatsmitteltemperatur (°C) und mittlere Tagesschwankung (K) eines unbedeckten und eines mit 1,5 kg/m² Rapsstroh bedeckten, schwach lehmigen Sandbodens in Pillnitz, 1952 (nach Fuss, 1961).

Tiefe		Feb.	April	Juni	August	Oktober	Dezember
		Monatsmitteltemperatur					
2 cm	ohne Mulche	0,7	12,5	16,3	19,2	8,1	0,1
	mit Mulche	1,5	9,3	14,5	17,9	9,1	1,4
	Differenz	− 0,8	+ 3,2	+ 1,8	+ 1,3	− 1,0	− 1,3
10 cm	ohne Mulche	0,7	11,9	16,0	19,2	8,4	0,4
	mit Mulche	1,9	9,1	14,5	17,9	9,4	1,8
	Differenz	− 1,2	+ 2,8	+ 1,5	+ 1,3	− 1,0	− 1,4
		mittlere Tagesschwankung					
5 cm	ohne Mulche	0,57	9,09	6,31	6,12	2,26	0,31
	mit Mulche	0,36	2,71	1,81	2,04	0,78	0,34
	Differenz	0,21	6,37	4,50	4,08	1,48	− 0,03

Tab. 9. Minimumtemperatur (°C) in 50 cm Höhe und Frostschäden an Apfelblüten am 21. April 1959 in Bonn (nach JORDAN, 1962)

Obstsorte	James Grieve			Cox Orange		
Bodenbedeckung	Offen	Ackersenf	Strohmulche	Offen	Ackersenf	Strohmulche
Min.-Temperatur °C	−3,0	−3,4	−4,8	–	–	–
Erfrorene Blüten						
in 40–70 cm Höhe	14 %	19 %	64 %	13 %	21 %	52 %
in 150–180 cm Höhe	14 %	19 %	33 %	17 %	21 %	24 %

Tab. 10. Mittlere Bodentemperatur (°C, 5 cm Tiefe, sandiger Lehm) der 10 Tage nach Aussaat von Einlegegurken und Keimergebnis am 11. Tage bei verschiedenen Folienmulchen (nach GARTE, 1970). Aussaat: a) 12. 5. 1969, b) 23. 5. 1969.

		Unbedeckter Boden	Esso-Mulch	Schwarze Folie	Weiße Folie	Transparente Folie
Mitteltemp. °C	a)	16,06	16,81	16,88	17,58	20,06
	b)	15,73	16,49	16,15	17,56	20,14
Keimergebnis	a)	3 %	11 %	30 %	32 %	90 %
	b)	19 %	76 %	88 %	87 %	95 %

Tab. 11. Nächtliche Tiefsttemperatur (°C) in klarer, windstiller Nacht, 10. Juli 1962, Weihenstephan.

Decke	Unbewachsen	Gras	Weizen	Kartoffel
Bestandshöhe		5 cm	110 cm	52 cm
Meßhöhe (cm)				
200	–	9,0	–	–
100	–	8,3	6,7	–
70	–	–	6,2	–
50	–	–	6,7	6,8
35	–	7,3	7,4	7,1
20	–	7,1	7,4	7,4
5	7,6	6,8	7,7	8,4

reichen Lufteinschlüssen leitet der Schnee die Wärme noch schlechter als Torf. Die nachts ausgestrahlte Wärme kann aus dem Boden kaum ersetzt werden. Während der Boden unter einer geschlossenen Schneedecke oft nur Temperaturen um oder wenig unter 0 °C aufweist, kühlt sich die Schneeoberfläche und die ihr aufliegende Luft besonders stark ab, oft auf −10 °C und weit darunter. In Mitteleuropa kommen Nachtfröste unter −15 °C nur bei Vorhandensein einer Schneedecke vor. In 5 cm Bodentiefe sinkt auch bei noch stärkeren Nachtfrösten die Temperatur kaum unter −6 °C.

Die Bodeninversion ist bei Schneeflächen am stärksten. Eine Schneedecke ist immer der beste Wärmeschutz für die Pflanzen. Je höher und lockerer die Schneedecke ist, um so schlechter dringt der Frost in den Boden, um so gefährdeter sind aber alle Pflanzenteile, die aus der Schneedecke herausragen. Andererseits erschwert eine Schneedecke auf einem gefrorenen Boden das Auftauen des Bodens. Eine Schneedecke wird den Saaten nur dann gefährlich, wenn sie zu lange und in verharschtem Zustand liegen bleibt und damit den Luftaustausch verhindert.

2.3.3 Der Wärmeumsatz von Wasserflächen

Der feste Boden nimmt die zugestrahlte Wärme nur an der Oberfläche auf, von wo sie durch die Wärmeleitung langsam tiefer in den Boden vordringt. Dagegen dringen die Sonnenstrahlen tief in das Wasser ein, ihre Wärme wird von vorneherein auf größere Schichten verteilt. Die langwellige Ausstrahlung erfolgt allerdings nur von der Wasseroberfläche aus. Die Beweglichkeit des Wassers erlaubt nicht nur ein Aufsteigen und Absinken verschieden temperierten Wassers, auch die Winddurchmischung bewirkt, daß viel dickere Wasserschichten an den Temperaturschwankungen teilnehmen als beim Boden. Schließlich kann die Verdunstung und der damit verbundene Wärmeentzug nur beim festen Boden durch Wassermangel eingeschränkt werden. Der wichtigste Faktor für die unterschiedlichen Wärmeverhältnisse von Wasser- und Sandflächen ist jedoch die sehr hohe spezifische Wärme, das hohe Wärmespeichervermögen des Wassers, das schon bei einem See, erst recht beim Ozean eine regelmäßige Tagesschwankung der Wassertemperatur verhindert, so daß solche Gewässer nur noch eine Jahresschwankung bzw. Schwankungen der Temperatur durch den Wechsel länger anhaltender kälterer und wärmerer Witterungsperioden kennen. Nur sehr kleine und seichte Gewässer haben noch eine geringe Tagesschwankung ihrer Oberflächentemperatur.

Am Tag ist die Luft über Gewässern meist kühler als über dem Land; bei Nacht ist es umgekehrt: wärmere Luft über Gewässern, kühlere über dem Land. (Ähnlich liegen die Verhältnisse auch im Sommer-Winter-Rhythmus.) Während Fließgewässer eine einheitliche Temperatur haben, weisen stehende Gewässer jedoch auch einen Jahresgang der vertikalen Temperaturschichtung auf. Dabei spielt es eine große Rolle, daß Wasser bei 4 °C seine größte Dichte hat.

In Mitteleuropa haben Seen für wenige Wochen im Frühjahr von oben bis unten eine Temperatur um 4 °C, der Wind kann leicht Tiefen- und Oberflächenwasser durchmischen. Zum Sommer hin erwärmt sich das Wasser von oben her; eine warme, somit weniger dichte Wasserschicht lagert sich dann über dem kühlen Tiefenwasser. Im Sommer ist fast einheitlich warmes Oberflächenwasser von oft vielen Metern Dicke von 10–15 °C kälterem Tiefenwasser durch eine ganz dünne Sperrschicht, die sog. Sprungschicht = Inversion getrennt, die den vertikalen Austausch völlig unterbindet. Im Winter dagegen herrscht am Boden der Gewässer eine nur wenig von 4 °C abweichende Temperatur, darüber wird es kühler. Sobald sich eine Eisdecke gebildet hat, verschwindet der Einfluß der Gewässer auf das Klima. Ist diese sogar geschlossen mit Schnee bedeckt, besteht kein Unterschied mehr zwischen den Temperaturverhältnissen über Land und Wasser.

Die große Bedeutung der Wasserflächen, besonders der Ozeane, auf das Klima wird später noch betrachtet. Den Einfluß von Seen und Flüssen auf die Temperatur- und Feuchteverhältnisse der Umgebung sollte man nicht überschätzen. Ihre Kühlwirkung ist an warmen Sommertagen oft nur wenige 100 m auf der windabgewandten Seite festzustellen; die Minderung der Frostgefahr in klaren Nächten beschränkt sich meist nur auf die unmittelbare Uferzone. Seen von der Größe des Chiemsees entwickeln an ungestörten Tagen ihr eigenes Land-Seewind-System.

3 Das Wasser in der Atmosphäre

3.1 Der Kreislauf des Wassers

Das Wasser ist eines der wesentlichen Elemente allen Lebens und Geschehens auf der Erde. Ohne Wasser gäbe es weder Pflanzen, Tiere noch Menschen. Die Oberflächenformen auf der Erde sähen ohne Wasser anders aus, eine Bodenbildung wäre kaum möglich gewesen. Das Wettergeschehen wird erst durch Wasser sichtbar. Die Luft enthält das Wasser unsichtbar als Wasserdampf. Was wir dagegen als Dampf über einem Kessel sehen, sind bereits zahlreiche Wassertröpfchen. Aus dem Wasserdampf der Luft können sich die flüssigen und festen Teilchen der Wolken durch Kondensation oder Sublimation, wie wir die Übergänge des Wassers aus dem gasförmigen in den flüssigen bzw. festen Zustand bezeichnen, bilden. Die Wolken lösen sich teils wieder auf, teils fallen die Wolkenteilchen als Regen, Schnee, Graupeln oder Hagel zur Erde. Als Tau und Reif schlägt sich die Luftfeuchte auch direkt auf Boden und Pflanzen nieder.

Das meiste Wasser auf der Erde, nämlich 97,2%, ist in den Weltmeeren zu finden. Mit 2,0% ist ein beachtlicher Teil auch noch im Eis der Gletscher und Polargebiete gebunden. Fast 0,6% macht das Grundwasser aus, in den Seen und Flüssen sind nur noch 0,02%. Demgegenüber ist der gesamte Wasservorrat in der Atmosphäre als Wasserdampf und Wolken mit 0,001% eigentlich verschwindend gering. Würde aller Wasserdampf der Atmosphäre sich zu Wolken verdichten und würden diese ganz ausregnen, so gäbe das eine Wasserschicht von nur 25 mm. Da für die ganze Erde die mittlere jährliche Niederschlagshöhe etwa 980 mm beträgt, so heißt das, daß rund alle 9–10 Tage der gesamte Wasservorrat der Atmosphäre ausregnet und durch Verdunstung wieder ersetzt werden muß, ein wahrhaft atemberaubendes Tempo des Wettergeschehens.

Der Niederschlag gelangt in Mitteleuropa etwa zu 40–45% über das Grundwasser unterirdisch oder gleich durch oberirdischen Abfluß in die Flüsse, die das Niederschlagswasser schließlich in das Meer schaffen. Zum größten Teil kehrt es aber durch Verdunstung wieder in die Atmosphäre zurück, in Mitteleuropa etwa 10–15% als unmittelbare Verdunstung vom Boden und etwa 40–45% durch die Transpiration der Pflanzen. Die Verdunstung über dem Festland ist somit entscheidend an der Erneuerung des Wasserdampfvorrates der Atmosphäre mitbeteiligt. Was der Mensch für seine Bedürfnisse an Wasser benötigt, ist vergleichsweise bescheiden gegenüber dem Wasserbedarf der Pflanzen; trotzdem sind in anhaltenden Trockenperioden selbst bei uns Schwierigkeiten in der Wasserversorgung nicht zu vermeiden. Im Winter wird ein Teil des Niederschlagswassers als Winterfeuchte im Boden, als Grundwasser oder auch als Schnee gepeichert, so daß im Sommer mehr verdunsten kann als vielerorts an Niederschlag in dieser Zeit fällt. Jedes einzelne Glied des Wasserkreislaufes hat seine Bedeutung für das Wetter, wie auch für das Wachsen und Gedeihen der Pflanzen.

3.2 Die Luftfeuchtigkeit

Luftfeuchtigkeit ist der Gehalt der Luft an gasförmigem Wasserdampf. Dieser unterliegt zeitlich und räumlich großen Schwankungen. Die Luftfeuchtigkeit ist nicht nur eine für das Wettergeschehen sehr wichtige Größe, sie hat auch einen sehr großen Einfluß auf viele andere Vorgänge in der Natur. Alle lebenden Organismen, ob Pflanze, Tier oder Mensch reagieren auf hohe Werte der Luftfeuchtigkeit anders als auf niedrige Werte. Bei der Lagerung und dem Transport landwirtschaftlicher Produkte ist eine Überwachung der Luftfeuchtigkeit unerläßlich.

Die Menge des Wasserdampfes in der Luft, gemessen in g Wasserdampf je m^3, nennt man die **absolute Feuchte** (a), gemessen in g Wasserdampf je kg Luft, die **spezifische Feuchte** (s). Wie die Luft insgesamt, so lastet auch der Wasserdampf mit seinem Gewicht auf der Erdoberfläche, er übt also einen Druck aus. Der Wasserdampfgehalt läßt sich daher auch als **Dampfdruck** (e) angeben. Das ist der Anteil, den der Wasserdampf am gesamten Luftdruck ausmacht. Wir messen ihn wie den Luftdruck in Millibar. Die Luft kann nun nicht beliebig viel Wasserdampf aufnehmen. Die Höchstmenge an Wasserdampf, welche die Luft enthalten kann, bezeichnet man als **Sättigungsfeuchte** (A in g/m^3) oder, wenn wir den Dampfdruck als Einheit nehmen, als **Sättigungsdampfdruck** (E). Je höher die Temperatur ist, um so aufnahmefähiger wird die Luft für Wasserdampf, um so größer wird die Sättigungsfeuchte bzw. der Sättigungsdampfdruck. Der Sättigungsdampfdruck ist nur abhängig von der Temperatur und nimmt mit steigender Temperatur zunächst langsam, schließlich aber immer rascher zu (Tab. 12, Abb. 12).

Tab. 12. Sättigungsdampfdruck (E) in mbar bei verschiedener Lufttemperatur.

°C über Eis	0	1	2	3	4	5	6	7	8	9
− 10	2,6	2,4	2,2	2,0	1,8	1,7	1,5	1,4	1,3	1,1
− 0	6,1	5,6	5,2	4,8	4,4	4,0	3,7	3,4	3,1	2,8
über Wasser										
− 10	2,9	2,6	2,4	2,3	2,1	1,9	1,8	1,6	1,5	1,4
− 0	6,1	5,7	5,3	4,9	4,6	4,2	3,9	3,6	3,4	3,1
+ 0	6,1	6,6	7,1	7,6	8,1	8,7	9,4	10,0	10,7	11,5
+ 10	12,3	13,1	14,0	15,0	16,0	17,0	18,2	19,4	20,6	22,0
+ 20	23,4	24,9	26,4	28,1	29,8	31,7	33,6	35,7	37,8	40,1
+ 30	42,4	44,9	47,6	50,3	53,2	56,2	59,4	62,8	66,3	66,9

Ist der Sättigungszustand erreicht, so ist eine weitere Wasserdampfaufnahme nicht mehr möglich. Kühlt sich die Luft ab, nimmt mit dem abnehmenden Sättigungsdampfdruck die Aufnahmefähigkeit der Luft für Wasserdampf ab. Wird die Aufnahmefähigkeit dabei überschritten, so wird der überschüssige Wasserdampf als Tröpfchen oder Eisteilchen ausgeschieden. Bei Temperaturen unter 0 °C lagert sich der Wasserdampf an schon vorhandene Eisflächen und feste Gegenstände (Reifkristalle, Eiskerne) etwas leichter an als an etwa noch vorhandene Wasserflächen, wie die von Tau-, Nebel- oder Dunsttröpfchen oder schon angefeuchteter hygroskopischer Kondensationskerne. Der Sättigungsdampfdruck ist daher über Eisflächen etwas geringer als über Wasserflächen. Meist ist die vorhandene Luftfeuchte geringer als die Sättigungsfeuchte. Der Anteil des wirklich vorhandenen Wasserdampfgehaltes am maximal möglichen, ausgedrückt in %, heißt **relative Luftfeuchte**. Die relative Luftfeuchte (f) ist also das Verhältnis des herrschenden zum jeweils höchstmöglichen Dampfdruck (f = e/E · 100%). Die mit Feuchte gesättigte Luft hat demnach die relative Feuchte von 100%. Die relative Luftfeuchte ist also wirklich eine relative Größe. Sie sagt allein, d. h. ohne Kenntnis der Temperatur, nichts über die vorhandene Wasserdampfmenge aus, und sie kann sich ohne Änderung des Wasserdampfgehaltes erheblich mit der Temperatur ändern. Ihre Bedeutung in der Praxis und ihre scheinbar leichte Messung mit dem Haarhygrometer sollte nicht dazu verleiten, andere Meßgrößen der Feuchte zu vernachlässigen.

Die relative Luftfeuchte hat eine große Bedeutung auch für organische Produkte. Zwischen wasserhaltigen Stoffen, wie Holz, Heu, Samen oder luftgetrocknetem Boden, stellt sich im Endeffekt ein Wassergehalt ein, der in einem Gleichgewichtszustand mit der relativen Luftfeuchte steht. So kann Heu auf dem Felde je nach der relativen Luftfeuchte nur bis zu einem gewissen Grad getrocknet werden, bei einer relativen Feuchte von 66% nicht unter 25% Wassergehalt, bei einer relativen Feuchte von 57% nicht unter 20% Wassergehalt des Heus. Die Quellungen von entfetteten Haaren mit zunehmender relativer Luftfeuchte und die damit verbundene Längenänderung der Haare ermöglicht die Verwendung von Haarhygrometern zur Messung der relativen Luftfeuchte.

Das Wohlbefinden von Mensch und Tier hängt aber weniger von der relativen Luftfeuchtigkeit als vom Dampfdruck ab. Bei höheren Temperaturen setzt ein Schwüleempfinden des Menschen schon bei mittleren Werten der relativen Feuchte ein, bei Temperaturen um 20 °C muß die relative Feuchte dazu aber über 80% betragen. Ein Schwüleempfinden beginnt meist bei einem Dampfdruck über 19 mbar,

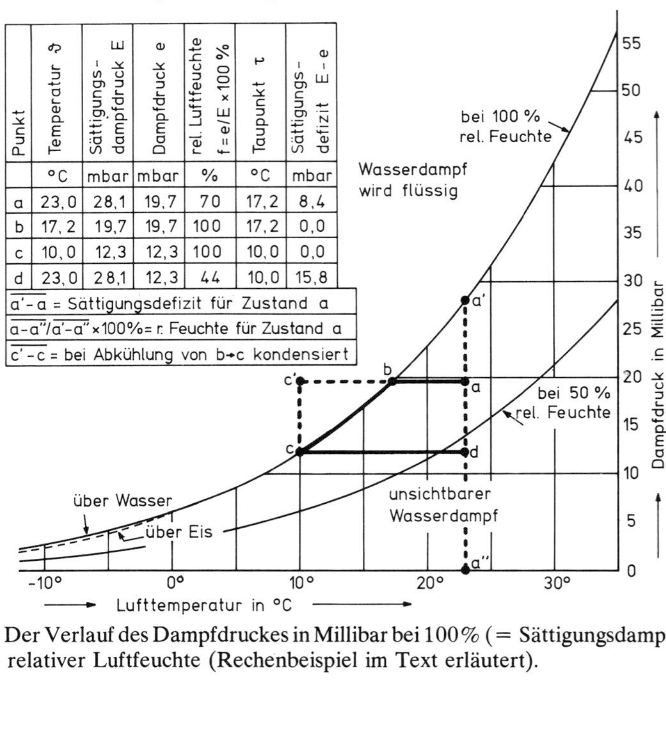

Punkt	Temperatur ϑ	Sättigungs-dampfdruck E	Dampfdruck e	rel. Luftfeuchte f = e/E × 100 %	Taupunkt τ	Sättigungs-defizit E - e
	°C	mbar	mbar	%	°C	mbar
a	23,0	28,1	19,7	70	17,2	8,4
b	17,2	19,7	19,7	100	17,2	0,0
c	10,0	12,3	12,3	100	10,0	0,0
d	23,0	28,1	12,3	44	10,0	15,8

$\overline{a'-a}$ = Sättigungsdefizit für Zustand a

$\overline{a-a''}/\overline{a'-a''} \times 100\%$ = r. Feuchte für Zustand a

$\overline{c'-c}$ = bei Abkühlung von b→c kondensiert

Abb. 12. Der Verlauf des Dampfdruckes in Millibar bei 100% (= Sättigungsdampfdruck) und bei 50% relativer Luftfeuchte (Rechenbeispiel im Text erläutert).

je nach der Wärmezustrahlung bei etwas höheren oder niedrigeren Werten. Ein hoher Dampfdruck erschwert die Wärmeabgabe des Körpers durch die Verdunstung von Schweißwasser an der Haut.

Bei einer Temperatur von 10 °C und einer relativen Luftfeuchte von 50% herrscht ein Dampfdruck von etwa 6,1 mbar, d. i. genausoviel wie bei 0 °C und 100%. Die Luft von 10 °C und 50% Feuchte kann aber noch 6,1 mbar Wasserdampf aufnehmen. Diese noch bestehende Aufnahmefähigkeit der Luft für Wasserdampf nennt man das **Sättigungsdefizit** oder den Dampfhunger der Luft. Es ist die Differenz zwischen dem Sättigungsdampfdruck und dem jeweils herrschenden Dampfdruck: (E-e). Das Sättigungsdefizit vereinigt in einer Zahl die durch Temperatur und relative Luftfeuchte gegebene Trocknungskraft der Luft. Sie ist für die Stärke der Verdunstung sowie für die Leistungsfähigkeit von Trocknungsanlagen (z. B. für Heu) von großer Bedeutung. Für die Pflanzen ist sie wohl noch wichtiger als alle anderen Feuchtemeßgrößen.

Bei gleichbleibendem Wasserdampfgehalt, ob in g/m^3 oder mbar gemessen, und steigender Temperatur geht die relative Feuchte zurück und wächst das Sättigungsdefizit, d. h., die Aufnahmefähigkeit der Luft für Wasserdampf nimmt zu. Entsprechend steigt die relative Luftfeuchte und nimmt das Sättigungsdefizit mit sinkender Temperatur ab. Die relative Feuchte hat somit den umgekehrten Tagesgang wie die Lufttemperatur; sie ist am geringsten, wenn die Temperatur am höchsten ist. Kühlt sich die Luft immer stärker ab, so erreicht die relative Feuchte bei einer bestimmten Temperatur 100%, und das Sättigungsdefizit verschwindet. Das ist die **Taupunkttemperatur**. Der Taupunkt ist also diejenige Temperatur, für die der herrschende Dampfdruck gleich dem Sättigungsdampfdruck ist. Bei weiterer Abkühlung bleibt die relative Feuchte 100%, der überschüssige Wasserdampf wird als Tröpfchen oder Eisteilchen ausgeschieden. Die Taupunkttemperatur ist demnach nur vom Wasserdampfgehalt bzw. vom Dampfdruck abhängig, jedoch unabhängig von der herrschenden Lufttemperatur. Durch Umkehrung der Tab. 12 läßt sich die zu jedem Dampfdruck gehörende Taupunkttemperatur ablesen.

All diese Zusammenhänge sind für das Wettergeschehen, aber auch für die Regelung der Luftfeuchte in Lagerhäusern, Wohnräumen, Stallungen und Gewächshäusern von großer Bedeutung. Wir wollen sie daher an Hand der Abb. 12 noch einmal näher betrachten. Es herrsche zu Anfang eine Temperatur von 23,0 °C und eine relative Feuchte von 70% (Punkt a). Der Dampdruck ist dann das 0,7fache des Sättigungsdampfdruckes von 28,1 mbar, d. i. 19,7 mbar. Die Luft könnte noch 8,4 mbar Wasserdampf aufnehmen (Sättigungsdefizit = Differenz a-a'). Kühlen wir die Luft ab, so erreicht sie bei 17,2 °C 100% (Punkt b). Dies ist die Taupunkttemperatur für alle Punkte auf der Linie a-b. Jetzt sind herrschender und Sättigungsdampfdruck beide = 19,7 mbar, das Sättigungsdefizit ist Null. Geht die Temperatur weiter zurück, so nimmt auch der Sättigungsdampfdruck, die Aufnahmefähigkeit der Luft für Wasserdampf ab, während die relative Luftfeuchte bei 100% verbleibt. Es wird ein Teil des Wasserdampfes flüssig ausgeschieden, bei einer Abkühlung bis auf 10 °C (Punkt c) entsprechend c-c', d. h. 7,4 mbar, da der Sättigungsdampfdruck bei 10 °C nur noch 12,3 mbar beträgt. Dieses ausgeschiedene Wasser denken wir uns gleich weggeschafft. Erwärmen wir diese Luft nun, so verringert sich die relative Feuchte. Wegen des Ausscheidens eines Teilchens des Wasserdampfes beträgt die relative Feuchte bei der Ausgangstemperatur von 23,0 °C (Punkt d) nur noch 44% statt 70%.

Werden zwei Luftmengen verschiedener Temperatur und verschiedener Luftfeuchte miteinander gemischt, so stellt sich eine mittlere Temperatur entsprechend dem Anteil der beiden Luftmengen ein. Dasselbe gilt für den Dampfdruck. Die sich einstellende relative Luftfeuchte läßt sich aber nicht durch Mittelwertbildung der ursprünglichen relativen Feuchten ermitteln, sondern nur aus der neuen Temperatur und dem neuen Dampfdruck. Waren vorher die relativen Feuchten beider Luftmengen gleich, nicht jedoch die Temperaturen, so ist die resultierende relative Feuchte der Mischluft immer höher als die der beiden ursprünglichen Luftmengen; unter bestimmten Bedingungen wird sogar Sättigung erreicht.

Im Winter, besonders bei Frostwetter, ist die Sättigungsfeuchte immer niedrig. Damit ist auch der Wasserdampfgehalt gering. Hohe Werte der relativen Feuchte werden draußen leicht erreicht. Bei Frostwetter ist der Dampfdruck der Außenluft, auch bei Nebel, meist niedriger als der der Zimmerluft. Hat sich die Zimmerluft nach gründlichem Lüften durch die Heizung wieder angewärmt, so ist die relative Feuchte im Zimmer immer niedriger als vorher. Wegen des unvermeidlichen Luftaustausches zwischen der Innen- und Außenluft ist die Zimmerluft im Winter immer besonders trocken. In Lagerräumen und Stallungen, in denen die relative Luftfeuchte bestimmte Schwellenwerte nicht überschreiten soll, kann sie durch Lüftung gesenkt werden, auch wenn die Außenluft eine hohe relative Feuchte besitzt, vorausgesetzt, die Temperatur und damit der Dampfdruck sind draußen niedriger als innen. Im Sommer ist das Aufnahmevermögen der Luft für Wasserdampf groß, der Sättigungsdampfdruck wird selten erreicht, wodurch sich die im Sommer geringere Nebelhäufigkeit und geringere mittlere Bewölkung erklärt.

3.3 Die Verdunstung

Der Übergang von Wasser oder Eis zu Wasserdampf heißt Verdunstung. Bei ungesättigter Luft verdunstet Wasser von jeder feuchten Oberfläche unmittelbar als **Evaporation** von den Land- und Wasserflächen, mittelbar durch die **Transpiration** der Pflanzen. Bei einer geschlossenen Pflanzendecke ist die Evaporation aus dem Boden meist klein gegenüber der Transpiration. Meßtechnisch sind beide Größen schwer zu trennen. Man nennt daher die von einem mit Pflanzen bedeckten Boden insgesamt an die Luft abgegebene Wasserdampfmenge auch **Evapotranspiration**. In dieser Größe ist letztlich aber auch das Wasser enthalten, das nach einem Regen an den Pflanzenteilen hängenbleibt und dort unmittelbar verdunstet. Diese Größe heißt **Interzeption** und kann je nach Bestandesart und Witterung bei Ackerpflanzen bis zu 1 mm/d oder um 10–15 mm/Monat erreichen, im dichten Fichtenwald sogar über 40 mm/Monat ausmachen.

Für die Verdunstung wird Wärmeenergie benötigt, bei normalen Außentemperaturen etwa 2500 J für 1 g Wasser oder je cm^2 für eine 10 mm hohe Wasserschicht. Daher kühlen sich feuchte Oberflächen unter die Lufttemperatur ab, allerdings nicht unter die von einem feuchten Thermometer (s. Seite 112) angezeigte Temperatur. Bei trockenen, aber transpirierenden Blättern verhindert die Transpiration deswegen oft eine zu starke Überhitzung der Blätter in der Sonne. Die Verdunstungskälte spüren wir auch auf der feuchten Haut. Die Wasserdampfabgabe ist für Mensch und Tier ein wesentliches Mittel, um bei Hitze ein Ansteigen der Körpertemperatur zu verhindern. Die gleiche Wärmemenge, welche zur Verdunstung benötigt wird, wird bei der Kondensation des Wasserdampfes, also bei Tau- und Wolkenbildung, wieder frei.

Die für die Verdunstung an einer Wasser- oder feuchten Bodenoberfläche benötigte Wärmeenergie stammt vorwiegend aus der Nettostrahlung und der vorbeistreichenden Luft. Sie steigt mit zunehmender Strahlungsintensität und Windgeschwindigkeit, mit wachsender Luft- und Wasser- (bzw. Boden-)temperatur und abnehmender Luftfeuchtigkeit. In erster Annäherung geht sie parallel zum Verlauf des Sättigungsdefizits der Luft, genauer: parallel zur Differenz aus dem Sättigungsdampfdruck bei der Temperatur der verdunstenden Oberfläche und dem Dampfdruck der Luft.

Bei einem geschlossenen Pflanzenbestand kann die Verdunstung Höchstwerte nur dann erreichen, wenn genügend Wasser für die Transpiration der Blätter aus dem Boden über die Gefäßbahnen der Pflanzen bis in die Blätter nachgeliefert wird. Besteht jedoch ein Mangel an Bodenwasser oder kann in den Pflanzen bei heißem Wetter nicht genügend Wasser in die Blätter transportiert werden, so schließen ihre Spaltöffnungen (Stomata), die Transpiration wird stark eingeschränkt. Es bleibt dann nur die gegenüber der stomatären Transpiration viel geringere kutikuläre Transpiration (von lat. Cuticula = Oberhaut der Blätter) übrig. Gleichzeitig hört mit dem Schließen der Stomata die CO_2-Aufnahme und damit die Assimilation der Pflanzen auf. Ist aber eine ungehinderte Wassernachlieferung bis in die Blätter gegeben, so ist die Stärke der **Verdunstung (Evapotranspiration)** nur von der Zufuhr an Wärmeenergie, d. h. vom Wetter, abhängig. Diese dann maximal mögliche Verdunstung eines geschlossenen Pflanzenbestandes nennt man die **potentielle Verdunstung (Evapotranspiration)**. Wasserflächen verdunsten immer potentiell. Die potentielle, aber auch die **wirkliche (aktuelle) Verdunstung (Evapotranspiration)** hängen zwar auch etwas von der Art und Struktur des Pflanzenbestandes ab. Die Verdunstung wächst aber nur wenig mit der Zunahme der Gesamtblattfläche eines Bestandes, weil die von der Sonne getroffene Blattfläche die gleiche bleibt, ob nun die Gesamtblattfläche des Bestandes doppelt oder 4mal so groß ist wie die überdeckte Bodenoberfläche. In einen Pflanzenbestand mit einheitlicher, glatter Oberfläche, z. B. einem geschlossenen Kartoffelfeld, wird der Wind nicht so tief hineingreifen wie bei der rauhen Oberfläche eines Fichtenwaldes, wo die Bäume recht unterschiedliche Höhen aufweisen. Schon darum muß ein Wald mehr Wasser verdunsten. Aus dem gleichen Grund wird eine in einem Gefäß stehende Einzelpflanze auch das Doppelte und mehr verdunsten können als dieselbe Pflanze im geschlossenen Bestand.

Die Verdunstung geschlossener Pflanzenbestände bei guter Wasserversorgung unterscheidet sich um etwa ± 10% von der Verdunstung einer kurzen, geschlossenen Grasdecke. Um den in verschiedenen Klimazonen oder im Jahresgang veränderlichen Verdunstungsanspruch vergleichen zu können, wurde die potentielle Verdunstung als die einer solchen Grasfläche großer Ausdehnung definiert. Kleine, feucht gehaltene Grasflächen in sonst trockener Umgebung verdunsten, in mm gemessen, mehr als ausgedehnte feuchte Flächen und zwar um so mehr, je kleiner die Fläche ist (Oaseneffekt).

Die potentielle Verdunstung ist auch von großer praktischer Bedeutung. Bei bewässerten Flächen sind wirkliche und potentielle Verdunstung gleich. Eine Bewässerung kann letztlich nur dann wirtschaftlich geplant werden, wenn die potentielle

Verdunstung bekannt ist. Da sie nur vom Wetter abhängt, läßt sie sich mit genügender Genauigkeit aus meteorologischen Elementen wie Temperatur, Luftfeuchte, Strahlung berechnen. Dazu gibt es verschiedene Formeln. Die weltweit vergleichbarsten Werte der potentiellen Verdunstung liefert die Formel von PENMAN (1963), deren Anwendung im Anhang erläutert wird. Eine für Mitteleuropa befriedigende Formel hat HAUDE (1952) gegeben. Sie lautet:

$$V_{pot} = f \times (E-e)_{14} \text{ mm/Tag}$$

$(E-e)_{14}$ ist das aus Lufttemperatur und -feuchte um 14 Uhr bestimmte Sättigungsdefizit der Luft in mbar (Tabn. 35 u. 36). Der Faktor f ändert sich mit der Jahreszeit. In Spalte a der Tab. 34 sind die von HAUDE gefundenen Werte für f für eine dauernd kurz gehaltene Grasfläche enthalten. Die Werte der Spalten b–e wurden aus langjährigen Bodenfeuchtemessungen agrarmeteorologischer Dienststellen für die Beregnungsberatung hergeleitet. Sie berücksichtigen den mit der Jahreszeit sich ändernden Wachstumsrhythmus und Wasserbedarf einzelner landwirtschaftlicher Pflanzenarten. So ergeben sich für Zuckerrüben im April–Mai geringere, im Juli größere Werte für f und damit für die potentielle Verdunstung als für kurzes Gras.

Die wirkliche Verdunstung entspricht im Winter fast immer den dann niedrigen potentiellen Werten, im Sommer jedoch meist nur nach Regen oder bei Bewässerung. Bei trockener Witterung verringert sich der Wasservorrat im Wurzelraum, besonders rasch bei flach wurzelnden Pflanzen. Die wirkliche Verdunstung bleibt dann hinter der potentiellen zurück, bei Gras und Ackerpflanzen mehr als bei tief wurzelnden Baumbeständen. Eine Obstplantage mit Gras kann nicht nur wegen ihrer größeren, unregelmäßigen Oberfläche mehr verdunsten als eine Wiese, sondern auch wegen der größeren Wurzeltiefe.

Wie hoch die Bodenfeuchte sein muß, damit die Verdunstung nicht durch Wassermangel eingeschränkt ist, hängt von der Verteilung der Wurzelmasse und von der Bodenart ab. In der Regel ist die Verdunstung kaum eingeschränkt, so lange die Bodenfeuchte in der Wurzelzone 60–70% der nutzbaren Kapazität übersteigt. An heißen Tagen mit hoher potentieller Verdunstung liegt dieser Schwellenwert etwas höher; bei feucht-kühler Witterung genügt eine geringere Bodenfeuchte, um den dann niedrigeren Verdunstungsanspruch zu befriedigen. Bei Austrocknung der durchwurzelten Bodenschicht auf den Welkepunkt hört die Evapotranspiration ganz auf.

Die Differenz Niederschlag (N) minus potentielle Verdunstung (V) heißt **klimatische Wasserbilanz**. Diese Größe ist besser geeignet, den Grad der Trockenheit eines Monats zu kennzeichnen als die Niederschlagsmenge allein. 60 mm Regen im November, wenn nur 20 mm verdunsten können, bedeutet Wasserüberschuß, die gleiche Regenmenge im Juli, wenn die potentielle Verdunstung 120 mm beträgt, aber Trockenheit. Die klimatische Wasserbilanz bestimmt am besten, ob das Klima eines Ortes **arid** (trocken) oder **humid** (feucht) ist. In warmen, trockenen Klimaten der Erde ist die potentielle Verdunstung sehr hoch, die Jahressumme der wirklichen Verdunstung kann aber nicht größer als die Jahresniederschlagsmenge sein.

Die Jahressumme der wirklichen Verdunstung liegt in Mitteleuropa zwischen 400 und 550 mm, die potentielle Verdunstung erreicht 500–750 mm. Im Juli werden Werte der potentiellen Verdunstung von 90–120 mm gemessen. An einzelnen warmen Sommertagen werden bei uns 6 mm und mehr erreicht. Abb. 13 zeigt den mittleren Jahresgang des Niederschlags, der potentiellen und der wirklichen Verdunstung, berechnet nach einer Formel von THORNTHWAITE (1957) für Bremen und Mainz sowie den daraus berechneten Jahresgang des Bodenwasservorrates bei einer angenommenen Wurzelraumkapazität von 150 mm. Demnach ist die Trockenheit des Klimas von Mainz nicht nur eine Folge der geringen Niederschlagshöhe, sondern auch der hohen potentiellen Verdunstung. Die wirkliche Verdunstung wurde hier aus der potentiellen, multipliziert mit der Bodenfeuchte in % der nK berechnet.

3.4 Das Wasser im Boden

Die Pflanzen verdunsten das vom Niederschlag gelieferte Wasser nicht unmittelbar, sondern entnehmen es dem Boden. Als Grundwasser füllt es den gesamten Bodenhohlraum aus. Das Grundwasser hat seinen höchsten Stand meist Ende des Winters und sinkt während des Sommers bis zum Herbst. Nur wenn der Niederschlag die Verdunstung stark übersteigt, ist auch ein Grundwasseranstieg im Sommer möglich. Für die Pflanzen hat das Grundwasser nur dann eine Bedeutung, wenn die Wurzeln das Grundwasser oder das aus dem Grundwasser aufsteigende Kapillarwasser erreichen können. Daher ist meist das Wasser in der Wurzelschicht, also zwischen der Bodenoberfläche und höchstens etwa 2 m Tiefe, wichtiger. Dieses Wasser nennen wir die **Bodenfeuchte**. In dieser Schicht enthalten die Bodenhohlräume Luft und Wasser, wobei das Wasser durch verschiedene Kräfte im Boden gehalten wird oder aber als **Sickerwasser** sich nach unten bewegt. In gewissem Umfang kann das Wasser in dieser Schicht auch nach oben steigen, wenn die oberflächennahen Schichten besonders kalt sind und die Temperatur wie bei winterlichem Frostwetter nach unten mit der Tiefe stark zunimmt. Die Bodenluft besitzt meist eine relative Luftfeuchte nahe 100%; daher nimmt bei dieser Temperaturschichtung der Dampfdruck der Bodenluft von den tieferen, wärmeren Schichten zu den kalten, oberflächennahen Schichten hin ab. In der Tiefe verdunstet dann etwas Wasser, steigt als Dampf nach oben, wo es nahe der Oberfläche zu Wasser kondensiert oder sich zu Eis verfestigt. Nach einer Frostperiode ist die Wasseranreicherung in der vorher gefrorenen Schicht gerade bei schweren Böden augenscheinlich. Sie ist neben der kristallinen Struktur der Eisbildung (z. B. Kammeis) im Boden mit verantwortlich für das Ausmaß der **Frosthebung** der Bodenoberfläche im Winter, welche bei Lößlehm 2–3 cm betragen kann. Eine Winterfurche unterbricht die Verbindung der Schollen mit den tieferen Schichten und schränkt eine solche Wasserzufuhr und damit eine Verschlämmung schwerer Böden am Ende des Winters ein. Eine gute Frostgare des Bodens ist nur bei gepflügtem, jedoch kaum bei unbearbeitetem Boden zu erzielen. Im Sommer ist auch ein schwacher Wassertransport über die Dampfphase nach unten möglich.

Die Menge des im Boden vorhandenen Wassers läßt sich auf verschiedene Weise angeben. Das Gewicht des Bodenwassers in % des Gewichtes der trockenen Bodensubstanz ist die **Bodenfeuchte in Gewichtsprozent** (Gew.-%) des trockenen Bodens. Diese Größe ist durch Probeentnahme, Wägungen der feuchten und der völlig getrockneten Probe leicht zu bestimmen. Anschaulicher ist die **Bodenfeuchte in Volumprozent** (Vol.-%), welche das vom Wasser eingenommene Volumen in Prozent des gesamten Bodenvolumens angibt. Diese Größe ist gleich der Dichte des trockenen Bodens, multipliziert mit der Bodenfeuchte in Gew.-%. Die Bodendichte hat meist Werte um 1,3–1,8 g/cm^3, in der gelockerten Krume um 1,2–1,4 g/cm^3.

Für eine 10 cm dicke Schicht entspricht die Bodenfeuchte in Vol.-% genau der vorhandenen Wassermenge in mm Wassersäule. Um dem Boden das Wasser zu entziehen, müssen die Pflanzen die Kraft überwinden, mit welcher der Boden das Wasser hält. Diese Saugkraft oder **Saugspannung** S wird in Bar (früher in Atmosphären) gemessen, wozu ein Tensiometer dienen kann. (1 atm entspricht 1,013 bar.) Enthält ein Boden gerade so viel Wasser, daß nichts mehr nach unten sickert, jede weitere Wasseranreicherung aber als Sickerwasser in die Tiefe abfließen würde, so ist der Boden auf **Feldkapazität** aufgefüllt. Dieser Zustand wird meist 2–3 Tage nach einem ergiebigen Regen erreicht. Auch zu Beginn der ersten Trockenperiode im Frühjahr ist die Bodenfeuchte meist nahe der Feldkapazität. Das Wasser ist dann mit etwa 0,2–0,3 bar im Boden gebunden. Hat die Bodenfeuchte einen so geringen Wert, daß die Pflanzen welken würden, ohne sich je wieder davon erholen zu können, so ist der **Welkepunkt** der Bodenfeuchte erreicht. Die Spannung beträgt dann etwa 16 bar, und ein Wasserentzug durch die Pflanzen hört auf. In Mitteleuropa wird der Welkepunkt selten erreicht. Es geschieht am ehesten noch bei leichten Böden, nach anhaltender Trockenheit aber auch in den obersten Zentimetern schwerer Böden. Ein Erreichen des Welkepunktes an der Bodenoberfläche ist die Voraussetzung für das Entstehen von Bodenverwehungen.

Den Pflanzen steht also maximal nur der Unterschied zwischen dem Wassergehalt bei der Feldkapazität (FK) und dem beim Welkepunkt (WP) zur Verfügung. Man nennt die Differenz FK – WP daher auch die **nutzbare Kapazität** (nK), die auch Wurzelraumkapazität (WK) heißt, wenn sie auf die von Wurzeln durchsetzte Schicht bezogen wird. Diese Größen hängen wesentlich von der Bodenart ab. Tab. 13 gibt Anhaltswerte für einige Bodenarten, wobei in der Natur alle Zwischenwerte möglich sind. Bei Getreide, Rüben wurde eine mittlere Wurzeltiefe von 60 cm, bei Gras von 30 cm angenommen.

Tab. 13. Kennwerte der Bodenfeuchte in Vol.-% = Millimeter für eine 10 cm dicke Bodenschicht sowie die mittlere Wurzelraumkapazität (WK) für Getreide und Rüben bzw. Gras.

Bodenart	Sand	lehm. Sand	sand. Lehm	Lehm	Löß	Ton	Moor
Feldkapazität	14	21	25	35	37	42	66
Welkepunkt	4	6	8	15	13	20	34
Nutzbare Kapazität:	10	15	17	20	24	22	32
WK (Getreide, Rüben) (0–60 cm)	60	90	102	120	144	132	192 mm
WK (Gras) (0–30 cm)	30	45	51	60	72	66	96 mm

Die nutzbare Kapazität ist beim Sandboden nur halb so groß wie beim Lehmboden und ist daher auch viel rascher erschöpft. Eine 60 cm dicke Bodenschicht, auf Feldkapazität aufgefüllt, kann beim Löß eine Gesamtwassermenge von 222 mm und eine nutzbare Menge von 144 mm enthalten, beim Sand jedoch nur 84 bzw. 60 mm. Der Unterschied zwischen beiden Böden entspricht schon der mittleren Regenmenge eines Sommermonats. Die Pflanzen finden meist optimale Wachstumsbedingungen, wenn die Bodenfeuchte etwa 70–80% der nutzbaren Kapazität beträgt.

Wachstumshemmungen treten bei Bodenfeuchten unter 30% der nK auf. Die Pflanzenwurzeln leiden unter Bodenluftmangel, wenn die Bodenfeuchte längere Zeit über 80% der nK liegt.

Die Änderung des im Wurzelbereich verfügbaren Wassergehaltes läßt sich mit Hilfe der klimatischen Wasserbilanz zumindest mit einer Genauigkeit, die für die Dosierung der Feldberegnung notwendig ist, abschätzen, wie Abb. 14 zeigt. In dieser Abbildung sind der gemessene und der berechnete Verlauf des Bodenwassergehaltes (Weihenstephan, Lehm, 0–60 cm Tiefe unter Gras) für den 31. März bis 5. August 1977 wiedergegeben. Eine solche Berechnung beginnt man zweckmäßigerweise im Frühjahr, wenn der Boden auf Feldkapazität aufgefüllt ist. Dabei wird die Wochensumme oder wie hier die 3- bzw. 4tätige Summe (2mal wöchentliche Meßtermine) der klimatischen Wasserbilanz N – V fortlaufend vom berechneten Wert der Bodenfeuchte des vorangegangenen Termines subtrahiert bzw. diesem zuaddiert. Würde bei der Berechnung, wie am 13. und 16. April, die Bodenfeuchte wegen zu großer positiver klimatischer Wasserbilanz die Feldkapazität übersteigen, so versickert der Wasserüberschuß in die Tiefe, und man subtrahiert den Wert von N – V der nächsten Meßperiode vom Wert der Feldkapazität.

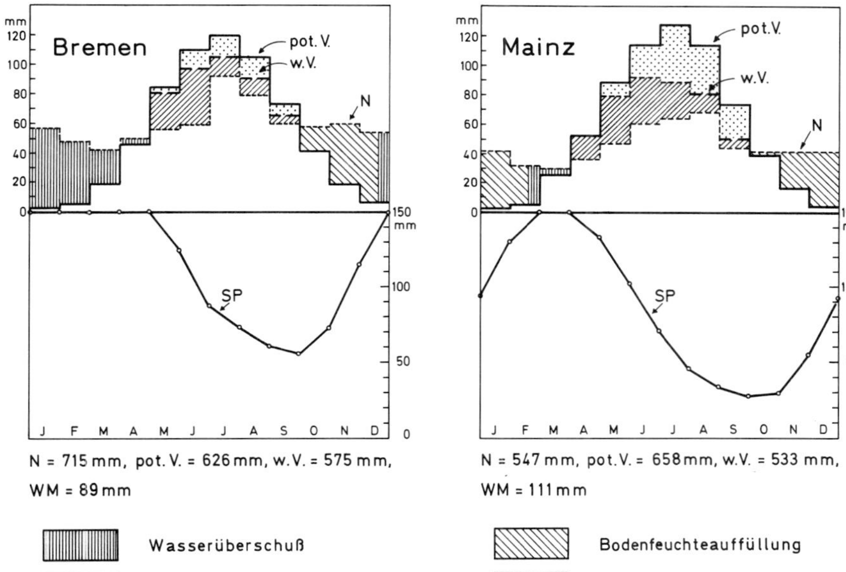

Abb. 13. Mittlerer Jahresgang von Niederschlag (N), potentieller (pot. V.) und wirklicher (w. V.) Evapotranspiration und der Speicherfeuchte (SP) bei einem Boden mit 150 mm Wurzelraumkapazität.

Die berechneten Werte der Bodenfeuchte stimmen mit den gemessenen Werten immer befriedigend genau überein, solange die Bodenfeuchte größer als 60–70% der nutzbaren Kapazität ist. Bei geringeren Bodenfeuchtewerten wird der Unterschied zwischen wirklicher und potentieller Verdunstung zu groß. Wenn also nicht regelmäßig bewässert wird, ist zur Abschätzung der Bodenfeuchte die wirkliche

Verdunstung zu verwenden, die aus potentieller Verdunstung und Bodenfeuchte abgeschätzt wird. Die Änderung der Bodenfeuchte von Termin zu Termin ist dann also $N - a \cdot V_{pot}$. Der Faktor a beträgt 1,0, wenn die Bodenfeuchte auf oder über Feldkapazität (FK) liegt, also gleich 100% der nK ist, und ist 0,0 beim Welkepunkt (WP) (= 0% der nK). Man muß in diesem Falle also die Bodenfeuchtewerte beim Welkepunkt und bei der Feldkapazität kennen. THORNTHWAITE (1957; s. Abb. 13) ließ den Faktor a linear mit der Bodenfeuchte von 0,0 bei WP bis 1,0 bei FK zunehmen, d. h. für ihn war a gleich der Bodenfeuchte in % der nK. Dem richtigen Wert von a kommt man aber etwas näher, wenn man $a = \sin^2 b$ setzt, wobei b die Bodenfeuchte in % der nK darstellt und b in Dezimalgraden eingesetzt wird. Dann erhält man für a etwa folgende Werte:

b	100	90	80	70	60	50	40	30	20	10	0%
a	1,00	0,98	0,90	0,79	0,65	0,50	0,35	0,21	0,10	0,02	0,0

Der Bodenfeuchteverlauf, wie er in Abb. 14 dargestellt ist, wurde auf diese Weise berechnet. Der berechnete Wert liegt fast ganz innerhalb des Vertrauensbereiches des gemessenen Wertes, der mit ±10% angesetzt wurde.

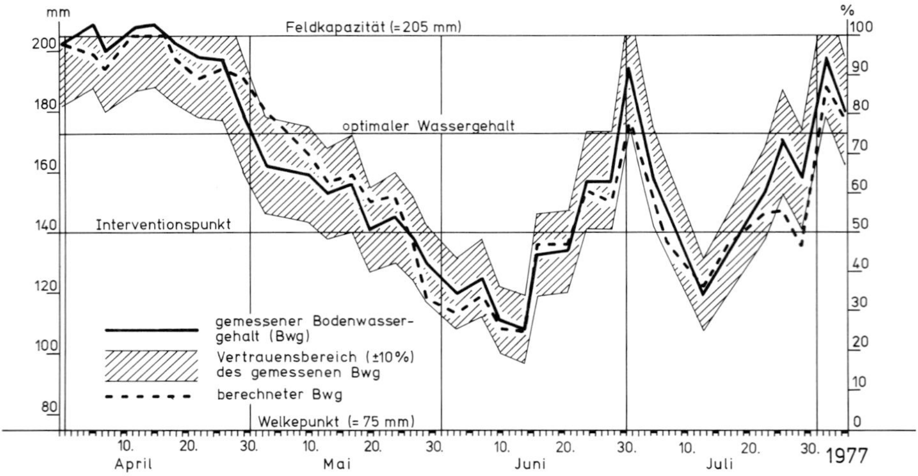

Abb. 14. Berechneter und gemessener Bodenwassergehalt für einen Lehmboden von 130 mm nutzbarer Wasserkapazität.

Diese Methode der Bodenfeuchteabschätzung setzt die Kenntnis der Feldkapazität und des Welkepunktes für den Wurzelraum voraus. Sie kann für ebene Flächen immer, jedoch nicht für Hänge, von denen Starkregen oberflächlich abfließen, angewendet werden. Gemessen werden muß die tägliche Niederschlagsmenge, die Temperatur und die Luftfeuchte. Bei Dauergrünland ist sie immer anwendbar. Bei Ackerpflanzen ändert sich natürlich mit dem Wachstum auch die Tiefe des Wurzelraumes und der Wasserbedarf. Aber auch hier läßt sich die Bodenfeuchte für die Zeitspannen, in denen die Bestände geschlossen und noch grün sind, fast mit der Genauigkeit berechnen, mit der man die Bodenfeuchte auch selbst messen kann.

3.5 Tau und Reif

Kühlt sich die Oberfläche des Bodens und der Pflanzenteile unter die Taupunkttemperatur der Luft ab, so schlägt sich Wasserdampf als Tau, bei einem Taupunkt unter 0 °C als Reif nieder. Auch Fenster und Wände erhalten einen Tau- oder Reifbeschlag (Eisblumen) aus dem Wasserdampf der Luft, wenn ihre Oberflächentemperatur genügend tief absinkt. Die Bildung von sog. Kondens- oder Schwitzwasser auf Lagergut oder in Mauern ist physikalisch derselbe Vorgang, doch kann eine zusätzliche Wasserdampfzufuhr aus dem Lagergut die Taupunkttemperatur erhöhen, deren Unterschreiten also erleichtern. Tau und Reif fallen nicht, sondern entstehen unmittelbar an der beschlagenen Oberfläche. Sie bilden sich überwiegend in klaren, windschwachen Nächten, wenn Boden und Pflanze sich durch die Ausstrahlung abkühlen.

Während die relative Feuchte der Luft in 2 m Höhe abends auf 80–90% angestiegen ist, bildet sich auf dem Rasen oft schon Tau. Die Strahlungsbilanz ist dann schon negativ, die Bildung der Bodeninversion hat schon begonnen. Bei Windstille und einer relativen Feuchte in der Wetterhütte von 90% ist nachts immer Tau oder Reif vorhanden. In Mitteleuropa sind die Pflanzen in der überwiegenden Zahl der Nächte naß, entweder durch Regen oder Tau. Nur bei stärkerem Wind, der eine Bodeninversion verhindert, bildet sich kaum Tau, höchstens in windgeschützten Lagen. Der Tau entsteht am ehesten in solchen Geländelagen, Pflanzendecken und Böden, die sich rasch abkühlen. Das sind meist auch diejenigen Flächen, die im Frühjahr durch Strahlungsfröste gefährdet sind. Die Tauwassermenge bzw. der Beginn der Taubildung sind ein relatives Maß dafür, wie unterschiedlich sich die verschiedenen Flächen abkühlen. Besonders kalt werden Gras- und Kleeflächen, die darum besonders viel Tau erhalten, und dessen Bildung an den besonders kalten Blattspitzen beginnt. Bei geschlossenen Pflanzenbeständen, z. B. von Kartoffeln, bildet sich der Tau vor allem an der durch die Ausstrahlung am stärksten abgekühlten Bestandesoberfläche, im Bestandesinnern ist oft recht wenig Tau vorhanden.

Das Wasser zur Taubildung stammt aus dem Wasserdampf der Luft, welche die beschlagenen Oberflächen umgibt. Während der Taubildung herrscht eine ständige Nachlieferung von Wasserdampf von oben nach unten an die beschlagene Oberfläche. Aber auch im Boden kann Wasserdampf der Bodenluft aus tieferen Schichten an die nachts kältere Boden- oder Bestandesoberfläche gelangen und hier kondensieren. Dieser Nachschub ist jedoch viel geringer als der Nachschub aus der Luft oberhalb der Pflanzenbestände. Tau bildet sich nur, solange die Temperatur sinkt. Mit steigender Temperatur am Morgen verschwinden Tau und Reif viel schneller, als sie sich gebildet haben, besonders in sonnigen und windigen Lagen.

Die Tau- und Reifwassermenge beträgt in Mitteleuropa nur 2–5 % der gesamten Jahresniederschlagsmenge. In einzelnen Nächten bilden sich meist nur 0,1–0,2 mm. Mengen von 0,5 mm sind Ausnahmen an Flächen, die besonders kalt werden. Keinesfalls verdoppelt sich die Taumenge mit einer Verdoppelung der Gesamtblattfläche. Die Bedeutung des Taus ist allerdings größer, als seine Menge annehmen läßt. Solange am Morgen noch Tauwasser verdunstet, wird der Wasserverlust der Pflanzen eingeschränkt. Die Pflanzen saugen auch Tauwasser durch ihre oberirdischen Organe auf; das über die Wurzeln aufgenommene, nährsalzhaltige Wasser wird somit verdünnt. Besonders wichtig wird Tau in Trockenperioden, vor allem aber in den trockenen Gegenden der Erde, wo die Pflanzen oft lange Zeit nur Tauwasser erhalten. Andererseits benötigen Pilzsporen (z. B. *Fusicladium*) zum Keimen Wasser auf den Blättern, das auch durch Tau geliefert werden kann. Eine Beregnung während der Nacht kann daher sinnvoller sein als am Tage, weil die Blätter nachts sowieso oft vom Tau naß sind und weil eine längere Benetzung am Tage die Infektion mit Pilzkrankheiten fördern könnte. Die höheren Verdunstungsverluste des Kunstregens beim Beregnen am Tage können manchmal jedoch in Kauf genommen werden, wenn durch viele kleine Regengaben die Blätter an heißen Tagen kühler gehalten werden, dadurch ihre Spaltöffnungen in der Tageshitze nicht schließen und somit die Assimilation nicht unterbrechen. Die Gefahr von Pilzkrankheiten ist bei dieser Art der Beregnung auch weniger gegeben, wenn die Blätter zwischen den einzelnen Benetzungen gut abtrocknen.

3.6 Nebel und Wolken

3.6.1 Entstehung und Zusammensetzung

Wolken bestehen vorwiegend aus feinsten Wassertröpfchen oder Eisteilchen. Diese entstehen durch **Kondensation** (Übergang von Wasserdampf zu Wasser) bzw. durch **Sublimation** (Übergang von Wasserdampf zu Eis). Eine auf dem Boden aufliegende Wolke, in der die Sicht unter 1 km bleibt, nennen wir **Nebel.** Auch dieser besteht nur aus feinsten Tröpfchen, die mit dem bloßen Auge nicht mehr sichtbar sind. Die Tröpfchen sind meist kleiner als 0,01 mm, nachdem sie schon aus noch viel kleineren Tröpfchen zusammengewachsen sind. Bei dieser Kleinheit schweben die Tröpfchen in der Luft, der geringste Aufwind verhindert ein Absinken. Die Zahl der Tröpfchen in einer Wolke liegt um $500/cm^3$, die Wassermenge ist aber weniger als $1\ g/m^3$, also viel geringer als die Menge gasförmigen Wasserdampfes in der Wolke.

Nebel und Wolken entstehen nur, wenn die Taupunkttemperatur der Luft unterschritten wird. Dann kondensiert der überschüssige Wasserdampf zu feinsten Tröpfchen. Damit die Kondensation trotz 100% relativer Feuchte einsetzen kann, müssen aber **Kondensationskerne** vorhanden sein, an denen sich der Wasserdampf niederschlägt. Diese sind praktisch immer in der Luft vorhanden. Die meisten Kerne sind hygroskopisch, d. h. wasseranziehende Teilchen, wie elektrisch geladene Staubteilchen, schweflige Säuretröpfchen, Salzpartikel u. a. Diese Kerne nehmen schon etwas Wasserdampf auf, bevor die relative Feuchte auf 100% gestiegen ist, und mindern dann als Dunsttröpfchen die Fernsicht. Da die Teilchen letztlich vom Boden stammen, ist die bodennahe Luft dunstiger als die Höhenluft. In frischer Meereskaltluft mit starker vertikaler Durchmischung wird die dunstreiche bodennahe Luft laufend durch klare Höhenluft ersetzt, so daß in ihr die Sicht besser ist als in subtropischen Luftmassen mit geringerer vertikaler Durchmischung.

Der Vorgang der Eisteilchenbildung in der Atmosphäre ist kompliziert und auch heute noch nicht restlos geklärt. Es gibt einige Kerne, an denen sich der Dampf sofort als Eis niederschlägt und feinste Kristalle bildet, jedoch nur bei sehr strengen Frostgraden. Bei Temperaturen tiefer als $-12\ °C$ ist auch durch Gefrieren feinster Wassertröpfchen die Bildung feinster Eiskristalle möglich, bei Temperaturen zwischen 0 und $-12\ °C$ entsteht aber zunächst fast immer eine unterkühlte Wasserwolke, d. h. Wassertröpfchen mit Minusgraden. „Kalter Nebel“ aus Tröpfchen bei Frost ist jedem geläufig.

Diese kleinsten Eiskristalle können bei Temperaturen unter −12 °C durch ein weiteres Niederschlagen von Wasserdampf zu größeren Kristallen anwachsen. An der Form dieser Eiskristalle ist erkennbar, bei welchen Temperaturen sie entstanden sind. Die schönen, feinen Schneekristalle entstehen vornehmlich bei −12 °C bis −16 °C. Die für die Eisteilchenbildung notwendig tiefen Temperaturen werden meist erst in größeren Höhen erreicht. Der absolute Wasserdampfgehalt der Luft ist bei diesen Temperaturen schon sehr gering, somit kann nur wenig Wasserdampf sublimieren. Hinzu kommt, daß Eisteilchen wesentlich mehr Eis enthalten als flüssige Wolkenteilchen an Wasser. Die Zahl der Eisteilchen in einer Eiswolke ist somit viel geringer als die Zahl der Tröpfchen in einer Wasserwolke. Eiswolken wie die Cirren sind daher viel dünner und durchsichtiger als Wasserwolken; sie heben sich im Gegensatz zu Wasserwolken mit unscharfen Rändern vom blauen Himmel ab. Manche Wolken bestehen in ihrem oberen Teil aus Eiskristallen und unten aus Wasserteilchen. Die Wolkenteilchen können natürlich zu den verschiedenen Formen von Niederschlagsteilchen anwachsen oder sich vereinigen. Bevor wir jedoch die Niederschlagsarten und deren Bildung betrachten, sei zunächst dargelegt, wie es überhaupt zu Wolkenbildungen kommt.

Damit Kondensation eintritt, muß die relative Luftfeuchtigkeit auf 100% steigen, die Taupunkttemperatur muß erreicht werden. Das kann dadurch geschehen, daß der Luft mehr Wasserdampf zugeführt wird, als sie bei der betreffenden Temperatur aufnehmen kann. So entstehen aber nur flache Nebel in kalter Luft über warmen Gewässern und die Fetzenwolken an den Baumkronen nach ergiebigen Regen. Im wesentlichen bilden sich Wolken und Nebel durch die Abkühlung der Luft unter die Taupunkttemperatur. Diese Abkühlung kann auf verschiedene Weise erfolgen: So bildet sich Nebel durch Abkühlen der Luft über kalter Unterlage, durch Ausstrahlung oder durch Mischung zweier verschieden temperierter, feuchter Luftmassen. Die eigentliche Wolkenbildung wird jedoch durch Hebung der Luft hervorgerufen. Wenn ein Luftpaket gehoben wird, kommt es unter einen geringeren Luftdruck, dehnt sich dabei aus und leistet somit Ausdehnungsarbeit. Die Energie hierfür wird dem Wärmevorrat des Luftpaketes entnommen, so daß sich die Luft abkühlt, und zwar um genau 1,0 K je 100 m Hebung. Daß sich ein Gas abkühlt, wenn es unter einen geringeren Druck kommt, erfährt man beim plötzlichen Öffnen einer Flasche mit Preßluft oder Kohlendioxid. Wird der Hahn einer CO_2-Flasche plötzlich geöffnet, kann sich sogar Kohlensäureschnee bilden. Die Luft erwärmt sich umgekehrt um den gleichen Betrag, wenn sie beim Absinken unter einen höheren Luftdruck kommt. Die relative Luftfeuchte nimmt beim Aufsteigen um rund 4% je 100 m zu. Die Luft kann nun so hoch gehoben werden, daß schließlich die Taupunkttemperatur erreicht wird. Bei weiterer Hebung verflüssigt sich ein Teil des Wasserdampfes, wobei Kondensationswärme frei und an die aufsteigende Luft abgegeben wird. Die dann unter Wolkenbildung aufsteigende Luft kühlt sich infolgedessen nicht mehr um 1,0 K, sondern nur noch um etwa 0,6–0,7 K/100 m ab.

Umgekehrt lösen sich die Wolken in der absinkenden und sich dabei erwärmenden Luft auf. Bei weiter absinkender Luft wird die relative Feuchte immer geringer. Die Tagesbewölkung verschwindet vielfach am Abend, weil die bodennahe Luft sich abkühlt, somit dichter wird und zusammenschrumpft. In der nachsinkenden Luft lösen sich die Wolken dann oft auf.

3.6.2 Der Nebel

Nebel entsteht, wenn die Temperatur der bodennahen Luft unter die Taupunkttemperatur absinkt. Erfolgt diese Abkühlung in klaren, windschwachen Nächten durch die langwellige Ausstrahlung vom Boden her, so entsteht der **Strahlungsnebel**. In solchen Nächten ist es zunächst unmittelbar am Boden am kältesten; die Temperatur nimmt mit der Höhe rasch zu, oft um 5–10 K/100 m. Diese Schicht mit einer Temperaturzunahme mit der Höhe nannten wir Bodeninversion. In dieser Kaltluftschicht bilden sich zunächst flache **Bodennebel** von oft nur 1–2 m Mächtigkeit, die dann in die Höhe wachsen. Bodennebel entstehen allerdings nicht in jeder klaren Nacht und auch nicht überall gleichmäßig. Wegen der Taubildung geht der Wasserdampfgehalt der bodennahen Luft und damit auch ihr Taupunkt während der Nacht zurück. Nebel kann sich nur bilden, wenn die Lufttemperatur noch stärker als die Taupunkttemperatur sinkt. Das ist nicht immer und überall der Fall, besonders nicht bei Luftbewegung. Am ehesten und häufigsten bildet sich der Nebel in den Geländelagen, die sich nachts besonders stark abkühlen, wie in Mulden und Senken. Über weiten Wiesenflächen treffen wir den **Wiesennebel** und in weiten Flußniederungen den **Talnebel** nicht deswegen so häufig an, weil diese Geländelagen besonders feucht sind, sondern, weil sie besonders kalt werden. Denn während der Nebelbildung erfolgt der Wasserdampfnachschub für die Nebel- und Taubildung von oben nach unten und nicht umgekehrt vom feuchten Boden her. Boden- und Strahlungsnebelfelder sind also eng an Geländeform, Bodenart und -bewuchs gebunden. Nebelherde sind meist auch Spätfrostherde; die Obergrenze solcher Nebel in Tälern und Mulden kennzeichnet oft deutlich die Obergrenze der bodennahen Kaltluftschicht.

Flache Strahlungsnebel dauern im Sommer oft nur wenige Stunden vor Sonnenaufgang, im Frühjahr und Frühherbst weichen sie rasch der Tagessonne. Steigen die Nebel scheinbar auf und folgen ihnen Haufenwolken, so gilt die Regel, daß unbeständiges Wetter folgt. Der Nebel hat dann angezeigt, daß genügend Feuchte für die Wolkenbildung in der Luft ist. Im Spätherbst und Winter besitzt die Sonne jedoch kaum die Kraft, den Nebel aufzulösen. Der Nebel bedeckt dann oft tagelang die Ebenen und Täler, während die Berge über der nebelerfüllten Schicht im Sonnenschein liegen. Nur ein aufkommender Wind vertreibt die Winternebel.

Geht die starke Ausstrahlung nicht so sehr von der Bodenoberfläche, sondern von der Oberfläche einer wasserdampfreichen, trüben Dunstschicht aus, so bildet sich an dieser Schicht eine geschlossene, einförmig graue Wolkenschicht, der **Hochnebel** (Abb. 15). Die Sicht ist unter dem Hochnebel oft auch nur 1–4 km; sie verschlechtert sich, wenn sich der Hochnebel senkt und den Boden erreicht. Dann ist meist keine rasche Wetteränderung in Sicht.

In feuchtwarmer Luft über einer kalten Unterlage kann ebenfalls Nebel entstehen. Hierzu zählen die Nebel über den kalten Meeresströmungen. An der Nordseeküste gibt es diese Nebel, wenn feuchtwarme Luft über die im Winter und Frühjahr kalte Nordsee fließt. An der sehr breiten Grenzschicht zwischen vordringender feuchtwarmer Meeresluft und zurückweichender winterlicher Kaltluft tritt oft eine Durchmischung beider Luftmassen ein. Dabei entsteht der **Mischungsnebel**, vor allem, wenn der auftauende Boden oder die schmelzende Schneedecke bei 0 °C bleibt. Solche Nebel nach strenger Kälte sind ein Zeichen für beginnendes Tauwetter. Diese Nebel währen manchmal tagelang und sind in ihrer Verbreitung weniger

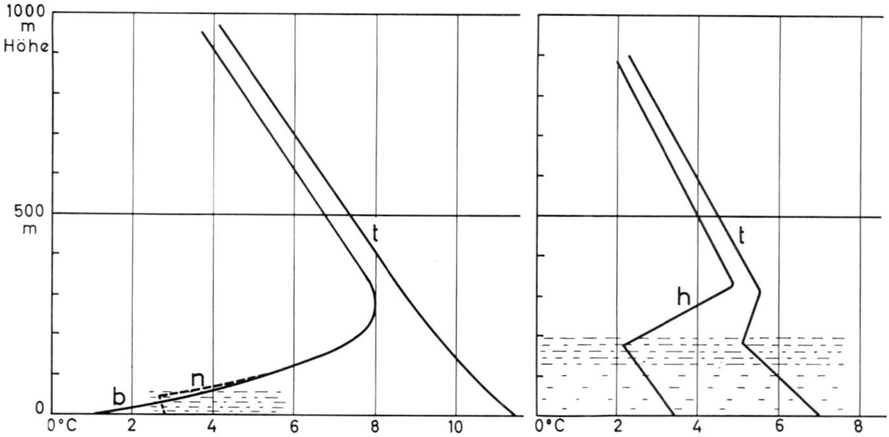

Abb. 15. Die senkrechte Verteilung der Lufttemperatur bei Nebel. Links bei flachem Bodennebel (b), bei höher reichendem Nebel (n), nach Nebelauflösung am Tag (t). Rechts bei Hochnebel (h) mit nach oben zunehmender Dichte und bald nach Nebelauflösung (t).

an die Geländegestaltung als an die jeweilige Luftströmung gebunden. Große Industrie- und Hafenstädte sind meist reicher an Mischungsnebel als das freie Land, weil sie mit der größeren Luftverunreinigung auch mehr Kondensationskerne liefern. Auch bei **Nebel über kalter Unterlage** herrscht eine Inversion, welche die Luftdurchmischung hemmt. Bleiben diese Nebel tagelang bestehen, so entsteht der gesundheitsschädliche **Smog** (= smoke + fog = Rauch + Nebel). Unter Smog versteht man aber auch stark verunreinigte Luft bei anhaltender bodennaher Inversion in Großstädten. Schließlich gibt es den **Nebel über wärmer Unterlage**. Wenn kalte, noch nicht gesättigte Luft, besonders im Herbst und Winter, über einen Fluß oder See streicht, so kann von der warmen Wasseroberfläche mehr Wasser verdunsten, als die kalte Luft aufzunehmen vermag. Das eben noch verdunstete Wasser kondensiert sofort wieder, genau wie unsere Atemfeuchte bei Frostwetter. Man sagt: Die **Flüsse** und **Seen „rauchen"**. Diese sehr flachen Nebel reichen selten über die Wasserflächen auf das Umland hinaus. In gleicher Weise treiben Nebelschwaden nach Regen über die Felder, wenn trotz der Kaltluft die Sonne für rasche Bodenverdunstung sorgt.

3.6.3 Die Wolkenformen

Unendlich scheint die Vielfalt der Wolkenformen und der Vorgänge, die zu ihrem Werden und Vergehen führen. Und doch ist eine Ordnung der Wolken nach Gestalt und Höhe möglich. Wolken bilden sich in verschiedenen Grundformen: als **Haufenwolken** (Cumulus) einzeln in vertikaler Erstreckung, als ausgebreitete **Schichtwolken** (Stratus) strukturlos in waagerechten Schichten sowie als **Federwolken** (Cirrus) in Fasern und Fäden. Dazwischen gibt es Übergangsformen. Da sich die Wolken vornehmlich in bestimmten Höhenstufen bilden, unterscheiden wir auch: **Hohe Wolken** um 6–13 km Höhe, die nur aus Eisteilchen bestehen, **mittelhohe Wolken** um 2–6 km Höhe und **tiefe Wolken** vom Erdboden bis zu 2 km Höhe und schließlich **Wolken mit vertikaler Erstreckung**, die über alle 3 Stockwerke reichen können.

Grundform und Höhe der Wolken bilden die Grundlage der Wolkengliederung, wobei wir feinere Unterarten außer acht lassen müssen (Abb. 16, 86–105).

Hohe Wolken

Federwolken (Cirrus, Ci): Einzelne, feine Eiswolken als zarte, durchsichtige, weiße Fäden, schattenlose Flocken, Bänder und Büschel mit faserigem, haarähnlichem Aussehen. Die Formen selbst sind vielgestaltig. In langgestreckter Gestalt deuten sie auf Sturm in der Höhe; Cirren mit Haken oder Krallenformen weisen auf eine sich nähernde Wetterverschlechterung.

Feine Schäfchenwolken (Cirrocumulus, Cc): Kleine, weiße, schattenlose Flocken oder Bällchen aus Eiskristallen, meist in Reihen oder Gruppen angeordnet. Sie treten auf der Vorderseite und am Rande einer Wetterstörung auf.

Schleierwolken (Cirrostratus, Cs): Dünne, weißliche Wolkenschleier, die sich oft über den ganzen Himmel ausbreiten. Sie sind faserig oder milchig glatt. Sonne und Mond scheinen durch die Wolke und sind oft von einem Ring (**Halo**) umgeben, der häufig erst das Vorhandensein dieser Wolke anzeigt. Ein Halo entsteht durch die Brechung des Lichtes an den schwebenden Eiskristallen und hat die umgekehrte Reihenfolge der Farben wie der **Hauptregenbogen**, der seinerseits durch Lichtbrechung an Wassertropfen, jedoch an der sonnenabgewandten Seite des Himmels

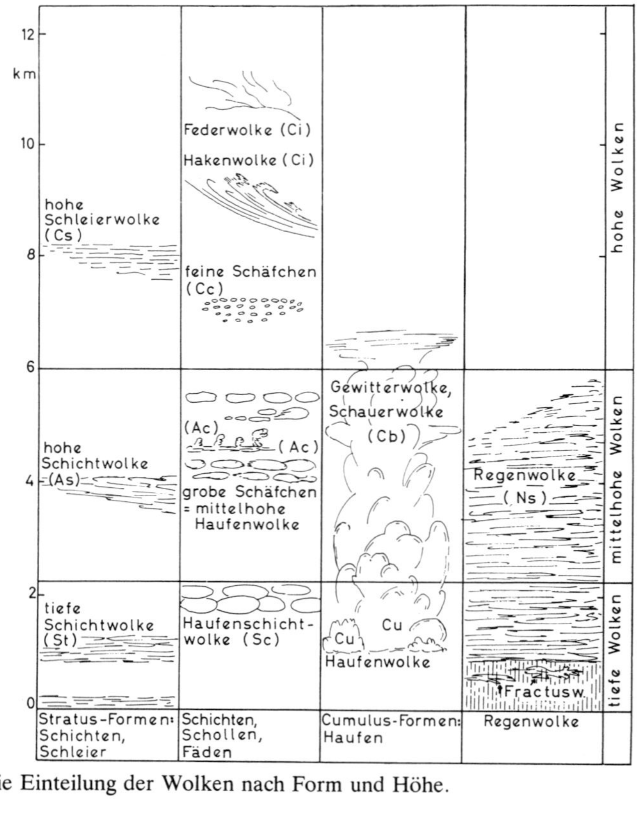

Abb. 16. Die Einteilung der Wolken nach Form und Höhe.

entsteht. Mancher Cirrostratus erzeugt sogar sog. Nebensonnen. Zieht Cirrostratus unter Verdichtung rasch von Westen auf, so deutet das noch eher auf Schlechtwetter als Cirren.

Mittelhohe Wolken

Grobe Schäfchenwolken (Altocumulus, Ac): gibt es in sehr verschiedenen Formen: Als flache Ballen, Walzen oder schuppenartige Teile, die in Feldern und Schichten angeordnet sind. Die Unterseite dieser Wasserwolken ist leicht schattig. Erscheinen sie in Bänken, so gelten sie als Boten guten Wetters. In schichtförmiger Anordnung entsprechen sie den Haufenschichtwolken des tiefen Niveaus und haben sich wie diese an der Untergrenze einer Inversion ausgebreitet. Langgestreckte **Linsenformen** treten bei Föhn oder als Auflösungsformen in absinkender Luft am sonst oft klaren, tiefblauen Himmel auf. Quellungen aus langgestreckten Wolkenbänken gleich vielen **Türmchen oder Zinnen** auf einer Mauer künden schon am Morgen Nachmittagsgewitter an. Manche sind oft flockig.

Mittelhohe Schichtwolken (Altostratus, As): Graue oder bläuliche Wolken, manchmal von streifigem Aussehen, die den Himmel ganz oder teilweise bedecken. Sie bestehen häufiger aus Eis als aus Wasserteilchen. Ein **Hof**, entstanden durch die Beugung des Lichtes an den Wolkenteilchen, umgibt Sonne und Mond – wie hinter einer Mattscheibe scheinen sie durch ihn hindurch. Verdichten sich diese Wolken und sinken sie tiefer oder bilden sich einzelne Altocumuli unter ihnen, so verschwindet die Sonne, wobei schon Schnee oder leichter Regen fallen kann. Diese Wolke ist oft das mittlere Stadium der Entwicklung vom Cirrostratus bis zur Regenwolke.

Tiefe Wolken

Haufenschichtwolken (Stratocumulus, Sc): Diese häufigste Wolkenart besteht aus Schollen, Ballen, Walzen, die unregelmäßig verteilt oder in Schichten, Feldern und Bänken angeordnet sind. Sie sind oft grau mit dunkler Unterseite. Durch Lücken scheint der blaue Himmel. Sie befinden sich meist außerhalb oder am Rande von Wetterstörungen.

Tiefe Schichtwolken (Stratus, St): Einförmig graue Wolkenschicht, die einem Nebel entspricht, der nicht den Boden erreicht (Hochnebel). Feintropfiger Sprühregen stammt aus dieser Wasserwolke.

Regenwolke (Nimbostratus, Ns): Graue, dunkle Wolkenschicht mit tiefer Untergrenze, aus der anhaltend Regen oder Schnee fällt. Die Wolke ist eine Weiterentwicklung des Altostratus und reicht oft bis in dessen Niveau. Vor Einsetzen des Niederschlags ist die Unterseite unscharf wegen der Fallstreifen; das sind Regentropfen oder Schneeflocken, die nicht den Boden erreichen. Während des Regens bilden sich Wolkenfetzen (Fractuswolken) unter ihr aus. Die nach einem Regen an bewaldeten Berghängen noch hängenden Fetzenwolken entstehen in der kalten Luft durch Kondensation des soeben verdunsteten Regenwassers.

Wolken mit vertikaler Erstreckung

Schönwetterhaufenwolken (Cumulus, Cu): Einzelne, dichte und scharf abgegrenzte Wasserwolken, die zunächst als tiefe Wolken in Form von kleinen Haufen und Hügeln entstehen. Sie entwickeln sich oft zu Kuppeln und Türmen mit vielfach blumenkohlähnlicher Oberseite. Die Aufwärtsentwicklung dieser „Quell- oder aufgetürmten Haufenwolken“ ist am sommerlichen Himmel gut zu beobachten. Auf der Rückseite einer Störung, in der Kaltluft, sind diese Wolken zahlreich und typisch für rasch veränderliches Wetter. In der Sonne leuchten sie weiß mit glatter, dunkler Unterseite.

Gewitterwolken, Schauerwolken (Cumulonimbus, Cb): Mächtige, turmartige Wolkenmassen, die von Bodennähe bis ins Cirrusniveau reichen, wo die aus Cumuli hervorgegangenen Wolken durch Eisteilchen faserig werden und sich oben oft nach den Seiten wie ein Amboß ausbreiten. Im Endstadium sind diese Wolken tief herunter vereist. Sie bringen Regen-, Graupel- und Hagelschauer. Gewitter sind an sie gebunden. Cumulonimben entstehen an heißen, schwülen Sommertagen oder auf der Rückseite einer Wetterstörung.

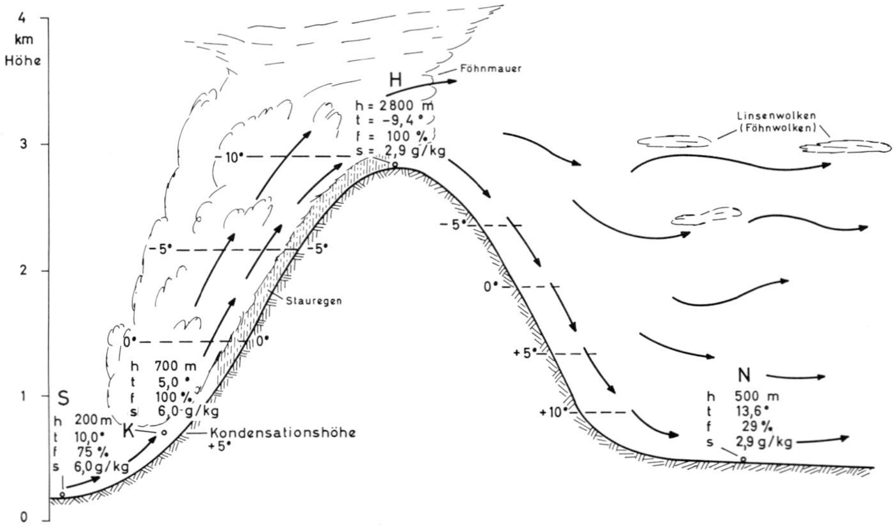

Abb. 17. Stau und Föhn. (h Höhe über NN, t Temperatur, f relative Feuchte, s spezifische Feuchte der Luft.)

3.6.4 Stau und Föhn

Den Vorgang der Wolkenbildung und -auflösung durch Hebung und Senkung der Luft läßt sich am besten an der Erscheinung von **Stau** und **Föhn** darlegen. Dazu betrachten wir Abb. 17: Von einem Ort S am Fuß eines Gebirges, z. B. in 200 m Höhe in der Poebene, fließe ein Paket völlig trockener Luft von 10 °C über den Gebirgskamm. Beim Aufsteigen wird es sich um 1 K/100 m abkühlen, um beim Absinken auf der anderen Seite des Gebirges sich um den gleichen Betrag wieder zu erwärmen. Enthielte das Luftpaket im Ort S aber Wasserdampf mit einer relativen Luftfeuchte von 75% (spezifische Feuchte 6,0 g Wasserdampf je kg Luft), dann würde es sich beim Aufsteigen zuerst zwar ebenfalls um 1 K/100 m abkühlen, bis es mit 5 °C seinen Taupunkt erreicht und damit im Kondensationsniveau – hier in 700 m Höhe (Punkt K) – ankommt. Bei weiterem Aufsteigen aber beginnt nun Wasserdampf zu kondensieren. Auf dem Wege zur Gipfelhöhe in 2800 m (Punkt H) erniedrigt sich daher die Temperatur dank der freiwerdenden Kondensationswärme nur mehr um etwa 0,7 K/100 m, also auf −9,4 °C. Die relative Luftfeuchte bleibt 100%, die spezifische Feuchte ist aber auf 2,9 g/kg zurückgegangen. 3,1 g/kg Wasserdampf sind flüssig ausgeschieden und bilden auf dieser Gebirgsseite die Staubewölkung, aus der ein Teil des Wassers ausregnet. Hinter dem Gipfel löst sich die Wolke beim Abstieg durch Verdunsten rasch wieder auf und kann trotz des am Gebirgskamm fast immer herrschenden stürmischen Windes diesen nicht überschreiten. Als **Föhnmauer** scheint sie festzuliegen. Diese Stauwolke bildet sich jedoch unten immer wieder neu, während sie sich oben dauernd auflöst. Das meiste Wasser ist unterwegs ausgeregnet.

Während des Abstieges erwärmt sich die Luft nun auf der ganzen Strecke bis zum Ort N in 500 m am Fuße des Gebirges um 1 K/100 m, also auf 13,6 °C, wobei die relative Luftfeuchte auf 29% zurückgeht. Dieser warme, trockene Fallwind ist als Föhn bekannt. Seine Wärme rührt von der im Stau freigewordenen Kondensationswärme her; seine große Lufttrockenheit ist eine Folge der starken Erwärmung und des Ausregnens eines großen Teils des ursprünglichen Wasserdampfes. Am häufigsten kommt der Föhn an den Hochgebirgen zur Ausbildung, bei Nordwind an der Südseite der Alpen als Nordföhn, vor allem aber bei Südwind an der Nordseite der Alpen als Südföhn, während die gegenüberliegende Seite sich jedesmal im Stauregen befindet (Abb. 96, Seite 239). Die Föhnluft ist warm und klar, da selbst die feinsten Dunsttröpfchen in der sehr trockenen Luft verdampfen. Im Winterhalbjahr erkennt man den Föhn im Alpenvorland oft an einer langgestreckten breiten Lücke, der **Föhnlücke,** in einer sonst grauen Altostratusschicht (Abb. 92, Seite 237). Im Sommerhalbjahr bilden sich oft feine Linsenwolken in der durch das Gebirge in der Höhe ausgelösten wellenartigen Luftbewegung, die sich gegen die klarblaue Föhnluft abheben (Abb. 95, Seite 238). Nicht immer dringt der Föhn bis zum Boden durch, sein Vorhandensein ist aber am Himmelsbild erkennbar. Obwohl die Föhnhäufigkeit lokal stark schwankt, tritt Föhn in Bayern bis zur Donau überall auf. Stau und föhnartige Erscheinungen sind auch an den Mittelgebirgen zu beobachten. Bei den in Mitteleuropa vorherrschenden westlichen Winden erhalten die Westseiten der Gebirge meist reichlich Niederschlag, während die regenärmeren Gegenden im Regenschatten an der Ostseite der Gebirge liegen, wie es in Deutschland besonders deutlich am Harz, an der Rhön, an der Eifel und dem Sauerland zu erkennen ist.

3.6.5 Die Wolkenbildung über der Ebene

An einem schönen Sommermorgen möge in der Frühe eine Temperaturverteilung mit der Höhe herrschen, wie sie durch die Linie a in Abb. 18, links gekennzeichnet ist. Durch die nächtliche Ausstrahlung ist es in Bodennähe recht kühl, so daß die Temperatur bis etwa 300 m Höhe zuerst noch zunimmt (Bodeninversion). Die Luft ist ruhig, keinerlei Auf- und Abbewegung ist vorhanden, die Luftschichtung ist **stabil**. Die Sonne erwärmt nun die Luft vom Boden her, sie wird leichter und erfährt einen Auftrieb, sie wird zuerst in den bodennahen Luftschichten **labil**. Beim Aufsteigen kühlt sie sich um 1 K/100 m ab. Die Luft steigt nun so lange auf, wie sie wärmer ist als die Luft, die sie in der Höhe antrifft; gegen 9 Uhr möge sie etwa bis zur Linie b (500 m) aufgestiegen sein. Um 11 Uhr habe sich die Luft in Bodennähe schon auf 20 °C erwärmt (Linie c), so daß sie bis 1000 m aufsteigen kann. Zwei Stunden später sei die Erwärmung in Bodennähe bis etwa 23 °C fortgeschritten. Die aufsteigende und sich dabei um 1 K/100 m abkühlende Luft möge sich in ca. 1700 m auf den Taupunkt abgekühlt haben (Linie d). Bei weiterem Aufsteigen kondensiert nun ein Teil des Wasserdampfes zu einer Haufenwolke. Die zur Haufenwolkenbildung notwendige bodennahe Lufttemperatur heißt „Auslösetemperatur". In der Wolke nimmt die Temperatur der aufsteigenden Luft nur mehr um 0,6–0,7 K/100 m ab. Die Luft steigt nun so lange weiter, und die Wolke bildet sich mindestens so hoch aus, wie die aufsteigende Luft wärmer als die Umgebungsluft bleibt, d. i. hier bis etwa 2900 m, durch die ihr innewohnende Bewegungsenergie noch ein wenig höher. In dieser Höhe herrscht dieselbe Temperatur (Linie a), mit der die aufsteigende Luft (Linie d) ankommt. Mit der weiteren Erwärmung der bodennahen Luft am frühen Nachmittag kann dann die Haufenwolke noch etwas höher wachsen; sie trifft aber an ihrer Obergrenze doch immer auf wärmere und damit leichtere Luft, die ein Anwachsen in beliebige Höhen unmöglich macht.

Ist die Luft morgens jedoch schon besonders feucht oder von vornherein schon labil, d. h., ist die Temperaturabnahme mit der Höhe mindestens 1 K/100 m, so wird der Taupunkt eher erreicht, und die aufsteigende Luft bleibt wegen der freiwerdenden Kondensationswärme bis in sehr große Höhen immer wärmer als die umgebende Luft, die sie antrifft (Abb. 18, rechts, Linie a und c). Die hohe Feuchtigkeit der Luft, die wir auch als Schwüle empfinden, läßt eben früh reichlich Kondensationswärme frei werden, die der vom Boden angeheizten Luft einen noch größeren Auftrieb verleiht. Es entsteht ein Cumulonimbus. Für die Wolkenbildung in der Ebene an warmen Sommertagen ist also die Stärke der Erwärmung im Laufe des Tages, der Wasserdampfgehalt der Luft und die vorgegebene Temperaturschichtung mit der Höhe entscheidend. Die bei der Wolkenbildung freiwerdende Kondensationswärme läßt die Gewitterwolken oft noch lange nach Sonnenuntergang anwachsen.

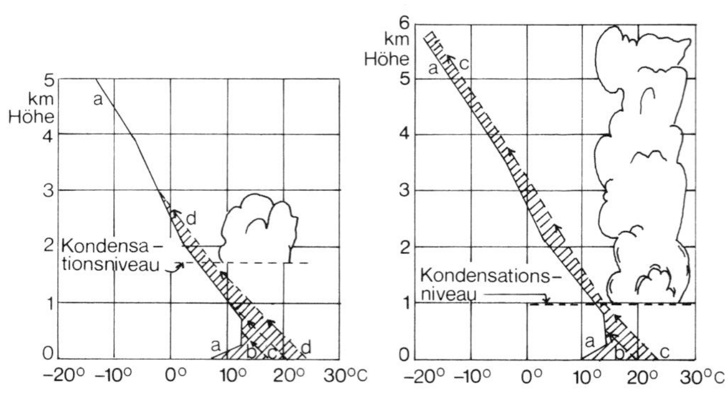

Abb. 18. Vertikale Verteilung der Lufttemperatur im Laufe eines Sommertages. Links bei stabiler Luftschichtung mit Bildung mäßiger Haufenwolken, rechts bei labiler Luftschichtung mit Bildung hochreichender Gewitterwolken. Nähere Erläuterung im Text.

Die Haufenwolken bedecken nicht den ganzen Himmel. Zwischen ihnen muß zum Ausgleich auch Luft absinken. Da sich Äcker und Felder, Städte und Sandflächen stärker erwärmen als Wiesen und Wasserflächen, steigt die Luft über den ersten eher auf und über den letzteren zum Ausgleich ab. Die Segelflieger nützen diese als **Thermik** bezeichnete, vor allem im Frühjahr und frühen Sommer ausgeprägte Erscheinung dieser Auf- und Abwinde: im Aufwind kreisend, lassen sie sich von ihm emportragen, durchstoßen das Abwindgebiet bereits mit Kurs auf das vermutete nächste Aufwindgebiet, wo sie erneut steigen. So, von Steiggebiet zu Steiggebiet fliegend, können sie große Strecken, in unseren Breiten unter günstigen Bedingungen mehrere 100 km, zurücklegen. Durch den Wind werden die Wolken jedoch oft am ganzen Himmel entlanggetrieben (Abb. 19).

Wolken bilden sich nicht nur in solchen vertikal aufsteigenden Luftströmungen als sog. **Konvektionswolken**. Auch durch Aufgleiten von warmer Luft über kältere Luft ist Wolkenbildung möglich. Das Aufgleiten ist aber an bestimmte Luftströmungen gebunden, weswegen diese Art der Wolkenbildung später betrachtet sei.

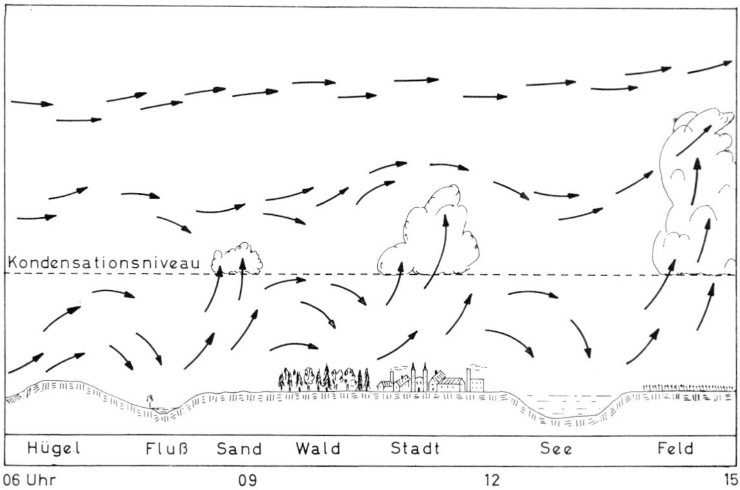

Abb. 19. Die Bildung von Haufenwolken in Aufwindzonen an einem Sommertag.

3.6.6 Die Niederschlagsarten, ihre Entstehung und Beeinflussung

Wir unterscheiden zwischen fallenden und abgesetzten Niederschlägen. Der feine **Niesel-** oder **Sprühregen** besteht aus Tröpfchen, die stets kleiner sind als $^1/_2$ mm, und stammt aus niedrigen Schichtwolken. Hier sind sie durch ein Zusammenstoßen aus den feinsten Wolkentropfen hervorgegangen. Auch der nässende Nebel liefert sprühregenähnliche Tröpfchen, die besonders im Gebirge, an Bäumen und Waldrändern in größeren Mengen abgefangen werden können.

Die Tropfen der **Land-** und **Schauerregen** sind etwa 0,5–4 mm dick und entstehen in gemäßigten Breiten überwiegend aus Schneeflocken, Graupel- und Hagelkörnern, die beim Fallen in wärmere Luftschichten schmelzen. Beim Wolkenbruch erreichen die Tropfen 4–8 mm Durchmesser, es sind meist beim Fallen geschmolzene Hagel- und Graupelkörner. Größere Tropfen als 8 mm zersplittern immer in kleinere.

Eisteilchen bilden sich als Kristalle in Form von Nadeln, Plättchen und Säulen. Ihr Formenreichtum ist unvorstellbar groß. Sie können auch sechseckige, feine **Schneesterne** oder **Griesel** oder **Schneegrieselkörner** bilden. Feine **Eisnadeln** fallen bei strenger Kälte und heiterem Himmel sogar bis zum Boden, wobei sie in der Sonne glitzern. Griesel sind kleine, graupelähnliche, rauhreifartig überzogene Körner, meist kleiner als 1 mm, die nur in geringen Mengen aus Schichtwolken fallen. Die Eiskristalle können zu noch größeren anwachsen und sich mit anderen zu **Schneeflocken** vereinigen. Die zu Boden gelangenden Flocken sind meist um so kleiner, je kälter die Luft ist. Große, lockere Flocken kommen nur nahe 0 °C vor. Muß noch in Bodennähe eine Luftschicht mit Temperaturen über 0 °C durchfallen werden, so wird aus dem Schneefall oft Regen.

Im Frühjahr fallen aus Schauerwolken oft weißliche Graupel, d. s. Zusammenballungen vieler kleiner Eiskristalle. Stoßen diese **Reifgraupel** beim Fallen durch eine Schicht mit unterkühlten Tropfen zusammen, so lagern sich die Tropfen rasch an sie an, umgeben sie mit einer glasigen Außenschicht, d. s. die bis zu 5 mm großen **Frostgraupeln.** Die schneeartigen, spröden Reifgraupeln sind leicht zusammendrückbar und prallen auf dem Boden zurück. Reifgraupeln fallen meist bei 0 °C und etwas darunter, die halbdurchsichtigen, runden Frostgraupeln bei etwas höheren Temperaturen und oft zusammen mit Regen. Sie prallen nicht zurück und zerspringen auch nicht. In großen Schauer- und Gewitterwolken, in denen eine große Turbulenz herrscht und Aufwinde bis zu 100 km/h vorkommen, können die Graupelkörner aber auch vereiste Tropfen zu großen **Hagelkörnern** von 5–50 mm Dicke und noch größer anwachsen. Sie werden vom Aufwind immer wieder in große Höhen gehoben und fallen wieder nach unten. Bei diesem Auf und Ab können sich besonders in der unterkühlten Wolkenschicht große Eismassen anlagern. Sie sind fast stets aus mehreren trüben und durchsichtigen Schichten zusammengesetzt. Bis sie zum Boden gelangen, sind sie aber oft schon in mehrere Eisstücke zerbrochen. So, wie der Landregen letztlich geschmolzener Schnee ist, so sind die starken sommerlichen Schauerregen aus Graupel- und Hagelkörnern entstanden, die unterwegs geschmolzen sind. Nur in den Tropen kann es ohne den Umweg über die Eisphase zu kräftigen Schauern aus reinen Wasserwolken kommen.

Außer diesen fallenden Niederschlägen kennen wir noch die abgesetzten Niederschläge, wie Tau und Reif sowie Tau- und Reifbeschlag. Wenn Nebel gegen Hindernisse wie Bäume und Sträucher treibt, wird ein Teil der Nebeltropfen abgefangen. Diese Nebelablagerungen sind auf den hohen, oft wolkenverhüllten Bergen nicht zu vernachlässigen. Im Hochgebirge kann dieser horizontale Niederschlag sogar die Menge des fallenden Niederschlags (Schnee und Regen) erreichen. Nebel- und Wolkentröpfchen lagern sich bei Frostgraden an allen Gegenständen als **Rauhreif** in Form feinster, lockerer Kristalle, bevorzugt an der Windseite und meist bei Temperaturen unter −8 °C an. **Rauhfrost** wächst in Gestalt weißlicher Federn, Zapfen oder Kegel mit körniger Struktur bei windigem Wetter und nässendem Nebel an Ästen, Masten u. a. dem Wind entgegen. Glattes oder körniges **Rauheis** kann im Gebirge bei schwachem Frost an der Windseite in großen Massen abgelagert werden.

Die für den Verkehr gefährliche Straßenglätte hat sehr verschiedene Ursachen. Auch eine Straßendecke kann sich mit Reif beschlagen. Das geschieht besonders auf Brücken, denen der Wärmenachschub aus der Tiefe fehlt. **Eisglätte** bildet sich beim Gefrieren von Wasser, besonders der Pfützen. **Schneeglätte** entsteht durch eine festgefahrene Schneedecke. Am gefährlichsten ist das **Glatteis**, das als Eisüberzug gleichmäßig den ganzen Boden bedeckt. Es entsteht bei Regen aus unterkühlten Tröpfchen oder aus Regen, der auf gefrorenen Boden fällt.

Niederschlagswasser ist zunächst bis auf die darin enthaltenen Kondensationskerne chemisch fast rein. Regentropfen und Schneeflocken nehmen aber auch die

Luftverunreinigungen auf, weswegen ein starker Regen- oder Schneefall wie eine Luftreinigung wirkt. Durch Abgase kann der Niederschlag auch merkliche chemische Beimengungen erhalten. Wind und Wolken können z. B. SO_2 und andere Stoffe über Hunderte von Kilometern verfrachten. Hin und wieder führt der Niederschlag auch Staubteilchen mit, die der Höhenwind weit hergebracht hat.

Die Probleme der Wolken- und Niederschlagsbildung sind heute noch teilweise ungelöst, zumal kaum im Labor nachgeahmt werden kann, was in den Wolken vor sich geht. Fortschritte auf diesem Gebiet hat uns das Wetterradar gebracht. Radarstrahlen der Wellenlängen 3–10 cm werden an allen Niederschlagsteilchen reflektiert, die auf dem Radarschirm sichtbar gemacht werden. Am Radarschirmbild läßt sich so die räumliche Verteilung und die Höhenerstreckung der Niederschlagswolken und deren Veränderung verfolgen, für die kurzfristige Vorhersage, besonders dem Warndienst äußerst wertvoll. Abb. 20 zeigt, wie sich eine Regenfront und einzelne Schauer innerhalb einer Stunde über Südbayern verlagern und dabei verändern.

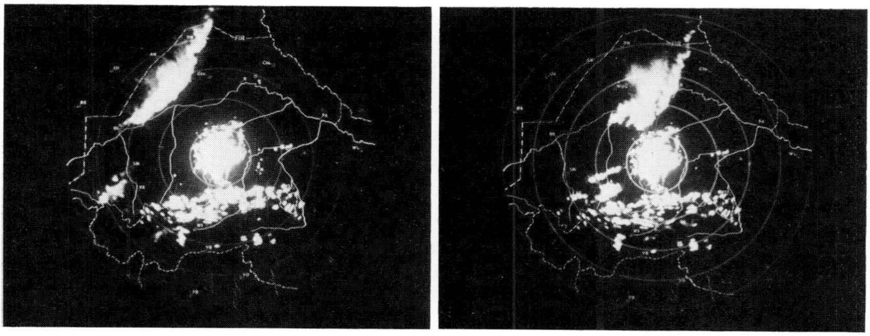

Abb. 20. Wetterradarbild, aufgenommen in München am 14. April 1975 um 19.30 Uhr MEZ (links) und um 20.30 Uhr (rechts). Abstand der Kreise = 50 km. Auf beiden Bildern unveränderte weiße Flecken sind Festziele: Bebauung Münchens im innern Kreis, Alpen am Südrand. Eine Regenfront im Norden und Schauer über dem Allgäu (im WSW) sind von 19.30 Uhr bis 20.30 Uhr unter starker Veränderung nach Osten gezogen.

In einem gewissen Umfang sind heute auch Versuche, die Niederschlagsbildung künstlich zu beeinflussen, schon erfolgreich. Man weiß, daß Niederschlag – Regen, Schnee und Hagel – überwiegend über Eiskristalle entsteht. Jede Wolke, die Regen hervorbringt, besteht aus drei Schichten. In der unteren sind bei Temperaturen über 0 °C nur flüssige Tröpfchen vorhanden. Darüber befindet sich eine zweite mit Temperaturen zwischen 0 °C und −12 °C, die von unterkühlten flüssigen Tröpfchen erfüllt ist. Erst die dritte Schicht besteht bei noch tieferen Temperaturen überwiegend aus Eisteilchen.

Daß das Wasser erst bei −12 °C bis −15 °C zu Eis gefriert, liegt daran, daß dazu häufig sog. Eiskeime benützt werden. Als solche wirken verschiedene atmosphärische Verunreinigungen wie Salzkristalle oder Staubteilchen, sofern sie eine ähnliche Kristallstruktur haben wie Eis. Wesentlich ist, daß die von Natur aus in der Atmosphäre vorhandenen Eiskeime erst bei Temperaturen unter −12 °C wirksam werden. Nach neueren Erkenntnissen entsteht eine Reihe von Eiskristallen aber auch auf andere, noch nicht restlos geklärte Weise.

Ist ein Eiskristall entstanden, so beginnt er, der Schwerkraft folgend durch die Schicht mit dem unterkühlten Wasser hindurch zu fallen, wobei sich auf ihm unterkühlte Tropfen ablagern und sofort zu einer Eisschicht gefrieren. Beim normalen Regen schmelzen diese Eisteilchen in der untersten Wolkenschicht bei Temperaturen über 0 °C wieder und gelangen als Regentropfen am Boden an.

Sind in einer Wolke zwar unterkühlte Regentropfen, aber keine Eiskeime vorhanden, kommt es nicht zu diesem Wachstumsprozeß und die Wolke kann sich nicht ausregnen.

Beim **künstlichen Erzeugen** von Niederschlag geht es also darum, möglichst viele Eiskristalle zu erzeugen, und das möglichst bei Temperaturen oberhalb −12 bis −15 °C, um damit die Einleitung der Niederschlagsbildung zu ermöglichen. Das erfordert Gefrierkerne, die schon bei Temperaturen von wenig unter 0 °C wirksam werden. Man hat solche vor allem im Silberjodid (AgJ) gefunden, das eine dem Eis sehr ähnliche Gitterstruktur besitzt und das mit Raketen oder als feiner Staub mit sog. Generatoren in die Wolken eingebracht wird. Man spricht dabei von einer Wolkenimpfung.

Der Nachweis für eine gelungene zusätzliche Regenerzeugung ist außerordentlich schwer zu führen, weil nie mit Sicherheit gesagt werden kann, ob die behandelte Wolke nicht ohnehin später zum Ausregnen gekommen wäre. Zudem hilft die Methode wenig, das Dürreproblem in trockenen Gegenden zu lösen, wo es meist an regenträchtigen Wolken mangelt. Sind in solchen trockenen Gegenden einmal entsprechende Wolken vorhanden, dann kann die Regenmenge sogar vermindert werden, weil die nunmehr zahlreicheren kleineren Tropfen beim Fallen zum Erdboden eher wieder verdunsten als die viel größeren, die ohne Behandlung vielleicht gefallen wären.

3.6.7 Das Gewitter

Hochreichende Haufenwolken, die in ihrem oberen Teil aus Eisteilchen bestehen, tragen oft starke elektrische Ladungen. Zwischen den Wolken und zwischen Wolke und Erde treten dadurch elektrische Spannungsunterschiede bis zu 10 Mill. Volt auf. Erreicht die Spannung bestimmte Stärken, entlädt sich die Wolke über Blitze, meist als sog. **Linienblitze**. Ein solcher Blitz dauert nur 1–2 Sekunden. Er besteht aber aus mehreren Teilentladungen, die jeweils Bruchteile von Sekunden dauern, zwischen denen viel größere entladungsfreie Zeiten herrschen. Die Stromstärke eines Blitzes erreicht Werte bis zu 50 000 A. Das verleiht ihm die zerstörende Kraft. Die übertragene elektrische Energie ist aber wegen der sehr kurzen Lebensdauer des Blitzes gering und beträgt nur wenige 100 kWh. Daneben gibt es auch Flächenblitze, vielfach ein Widerschein von Linienblitzen an Wolken, während an der Existenz der sog. Kugelblitze Zweifel bestehen. Gewitter kündigen sich oft durch **Wetterleuchten** an, der Blitz oder sein Widerschein sind schon sichtbar, während der Donner noch nicht hörbar ist.

In der nur etwa $^1/_2$ m dicken Blitzbahn erhitzt sich die Luft auf 5000–10 000 °C, wodurch sie plötzlich ausgedehnt wird, um bei der unmittelbar folgenden Abkühlung wieder zusammenzufallen, was wir als Donner hören. Von den einzelnen Teilen der Blitzbahn gelangt der Schall zu verschiedenen Zeiten an unser Ohr, und er hallt an den hohen Wolkenwänden oft lange nach: der Donner rollt. Nur etwa 15–20 km weit ist der Donner hörbar. Aus der Zeit, die zwischen dem Aufleuchten des Blitzes und dem Eintreffen des Donners vergeht, läßt sich die Entfernung des Gewitters abschätzen, da der Schall in 3 Sekunden 1 km zurücklegt.

Für die Entstehung von Gewitterwolken muß die Luft eine hohe Feuchte haben und labil geschichtet sein. Labile Schichtung der Luft heißt, daß die Temperaturabnahme mit der Höhe besonders groß ist, außerhalb von Wolken mehr als 1 K/100 m, innerhalb von Wolken zwischen 0,6 und 0,7 K/100 m. Die Labilisierung kann auf verschiedene Weise zustandekommen. Wird die bodennahe feuchte Luft durch die Sonne stark angeheizt, so bilden sich **Wärmegewitter**, meist am späten Nachmittag. Die bei der Kondensation freiwerdende Wärme verleiht diesen Wolken aber oft bis weit in die Nacht hinein noch gewaltigen Auftrieb. Die Aufwinde können auch durch Gebirgszüge gefördert werden, wie auch die Aufheizung der Luft je nach der Bodenunterlage verschieden stark ist. Moor- und Heidegebiete sind meist gewitterreicher als Seengebiete. Ausgedehnte kühle Wasserflächen wirken der Gewitterbildung sogar gelegentlich entgegen, so daß Gewitter manche Gewässer kaum überschreiten.

Reine Wärmegewitter sind jedoch selten. Die meisten Gewitter sind an Kaltfronten gebunden. Das sind die Grenzen vordringender Meereskaltluft, meist an der Rückseite von Tiefdruckstörungen. Durch den mit der Höhe zunehmenden Wind eilt die Kaltluft in der Höhe oft voraus, wodurch ebenfalls eine sehr labile Luftschichtung entsteht. Das ist besonders der Fall, wenn die Kaltluft auf vorher stark aufgeheizte Luft trifft. Die Kaltluft der Höhe stürzt herab und treibt die Warmluft vom Boden nach oben. Es entstehen dann die heftigen **Front-** oder **Labilitätsgewitter**, oft längs der ganzen Kaltfront auf weit über 100 km langen Bändern. Gewitter im Winter gibt es nur an Fronten von hochreichender vordringender Meereskaltluft.

Gewitterschirme als dicke Eiswolkenschleier künden diese Frontgewitter nicht selten von weitem an. Warmes Hochsommerwetter wird im Binnenland immer wieder durch Frontgewitter beendet. Nach Durchzug solcher Gewitter hat sich die Luft stark abgekühlt, sie ist klar und rein geworden. Wie die Fronten selbst werden Frontgewitter zu jeder Tages- und Nachtzeit, jedoch am häufigsten am Nachmittag und Abend beobachtet.

Die durch Gewitter verursachten Hagel-, Wasser- und Sturmschäden sind in der Regel viel bedeutender als die eigentlichen Blitzschäden. Jede Gewitterwolke ist ja auch eine Hagelwolke, nur schmilzt glücklicherweise der Hagel bis zum Erreichen des Bodens meist zu einem Starkregen. Dieser kann aber als Wolkenbruch zu Bodenerosion und Überschwemmungen führen. Der starke Temperaturgegensatz, der meist zwischen der Warmluft vor dem Gewitter und der mit dem Gewitter vordringenden Kaltluft besteht, verursacht oft Winde von Sturmesstärke. Die größte Stärke erreicht die Gewitterbö jedoch vorwiegend zu Anfang des Gewitters. Denn der Hagel fällt besonders an der Vorderseite einer Gewitterwolke. Bei seinem Schmelzen wird viel Wärme verbraucht. Es bildet sich ein Kaltluftkörper an der unteren vorderen Seite der Gewitterwolke, der mit großer Wucht zur Erde stürzt und sich als Gewitterbö mit zerstörender Kraft ausbreitet. Durch den dunklen Böenkragen oder die Böenwalze hatte sich die sich nähernde **Gewitterbö** schon angekündigt.

4 Der Wind und die Entstehung des Wetters

4.1 Luftdruck und Luftströmungen

Öffnen wir die Tür eines geheizten Zimmers, so strömt unten kalte Luft herein, während oben die warme Zimmerluft entweicht. Durch den Temperaturunterschied zweier benachbarter Luftmassen bestehen Unterschiede der Luftdichte und damit des Luftdrucks, was wiederum eine Luftbewegung, d. h. Wind, zur Folge hat. Der Wind sucht die Druck- und Temperaturunterschiede auszugleichen. Genauso setzt sich die Luft in der Atmosphäre überall dort in Bewegung, wo sich Temperatur- und damit auch Luftdruckunterschiede ausgebildet haben, wobei allerdings auch noch andere Ursachen als Erwärmung und Abkühlung Luftdruckänderungen hervorrufen können. Ohne den Wind aber würden die Temperaturgegensätze auf der Erde immer größer werden.

Temperaturunterschiede bilden sich an sonnigen Sommertagen im Kleinen schon durch die unterschiedliche Erwärmung zwischen Land und Wasser, Hang und Ebene, Feld und Wald, Stadt und Land aus. Im Großen sind es die Unterschiede zwischen den tropischen und polaren Breiten, zwischen den Ozeanen und den Kontinenten. Aber auch in der Vertikalen liegen Heiz- und Kühlflächen übereinander. Der meist als Heizfläche wirkenden Erdoberfläche steht die obere Troposphäre als Kühlschicht gegenüber, welche mehr Strahlungswärme abgibt als erhält. Darüber gibt es weitere Schichten, die durch Strahlung aufgeheizt oder abgekühlt werden, z. B. die warme Ozonschicht in 30 km Höhe. Demnach gibt es auch Vertikalbewegungen, d. h. Aufsteigen und Absinken der Luft. Sie sind von den viel umfangreicheren horizontalen Luftbewegungen zu unterscheiden; das eine findet aber nicht ohne das andere statt. Aufwärtsbewegungen der Luft finden trotz Luftdruckabnahme mit der Höhe aber nur unter bestimmten Bedingungen statt. Denn die Luftdruckabnahme mit der Höhe, welche an sich ein Aufsteigen veranlassen sollte, wird durch die Anziehungskraft der Erde in ihrer Wirkung aufgehoben. Ein Auftrieb der Luft findet nur statt, wenn die Temperaturabnahme mit der Höhe größer als 1 K/100 m, in Wolken größer als 0,6–0,7 K/100 m geworden ist, bei sehr labiler Luftschichtung wie in Gewitterwolken mit recht hohen Geschwindigkeiten, sonst aber wie beim Aufgleiten von Warm- und Kaltluft nur mit wenigen Zentimetern je Sekunde.

Um Wind, d. h. eine horizontale Luftbewegung auszulösen, sind also Luftdruckunterschiede zwischen zwei Orten oder Punkten gleicher Höhe in der Atmosphäre notwendig. Es muß ein **Luftdruckgefälle** herrschen. Wie kann ein solches Gefälle entstehen? Warme Luft hat eine geringere Dichte als kalte Luft. Wird eine Luftschicht um 1 K erwärmt, so dehnt sie sich um 1/273 aus. Wären die eingangs genannten zwei Zimmer genau 8 m hoch und betrüge der Temperaturunterschied 27 K, so wäre die Luftdichte im warmen Zimmer um 27/273 kleiner als im kalten Raum. Von der Decke bis zum Boden würde der Luftdruck im kalten Zimmer um 1 mbar, im warmen aber nur um 0,9 mbar zunehmen. Am Boden des kalten Zimmers herrscht somit ein um 0,1 mbar höherer Druck als im warmen Zimmer. Die

Luft setzt sich daher unten von Kalt nach Warm in Bewegung. Zum Ausgleich fließt oben Warmluft in den kalten Raum. Die Bewegung hört auf, wenn die Luftdruckunterschiede verschwunden sind, d. h., wenn in beiden Räumen unten die Kaltluft und oben die Warmluft liegt.

Ähnlich ist es in der Atmosphäre. Zwei zunächst gleich temperierte Luftmassen lägen nebeneinander. In Meeresniveau herrsche ein Luftdruck von 1000 mbar, in 5500 m von 500 mbar. Wird die eine Luftmasse nun um 10 K erwärmt, so dehnt sie sich aus, in diesem Fall um etwa 200 m; der Druck von 500 mbar ist jetzt erst in 5700 m Höhe anzutreffen, in 5500 m Höhe ist der Druck rund 520 mbar. Damit ist ein Wind in der Höhe von der wärmeren zur kälteren Seite hin unvermeidlich. Gleichzeitig ändert sich dann aber auch der Luftdruck in Bodennähe; er beginnt in der wärmeren Luft wegen des Abfließens in der Höhe zu fallen, in der kälteren Luft zu steigen: am Boden entsteht ein Wind von Kalt nach Warm.

4.2 Lokale Windsysteme

Damit haben wir die Erklärung für die Entstehung des **Land-** und **Seewindes**, der sich bei sonst sonnigem und windschwachen Hochdruckwetter an allen Küsten, ja selbst an größeren Seen des Binnenlandes ausbildet. Frühmorgens habe die Luft über Land und See die gleiche Temperatur und die gleiche Temperaturabnahme mit der Höhe. Die Flächen gleichen Luftdruckes liegen völlig waagerecht, kein Wind geht. Die Sonne erwärmt nun den festen Boden rascher als das Wasser, die Luft über Land dehnt sich aus, die Flächen gleichen Luftdruckes werden über Land stärker angehoben als über See. In der Höhe entsteht ein Luftdruckgefälle vom Land zur See und damit ein Wind von Land auf See. Sobald dieser Wind einsetzt, wird die Luftmenge über Land weniger, über See mehr, im Meeresniveau bildet sich über Land ein geringerer, über See ein höherer Druck und somit ein Luftdruckgefälle von See auf Land aus. Die Folge ist ein in Richtung auf das Land wehender Seewind. Es entsteht ein Luftkreislauf, wobei der Seewind zur Zeit der größten Tageserwärmung am stärksten ist und abends bei Verschwinden der Temperaturgegensätze

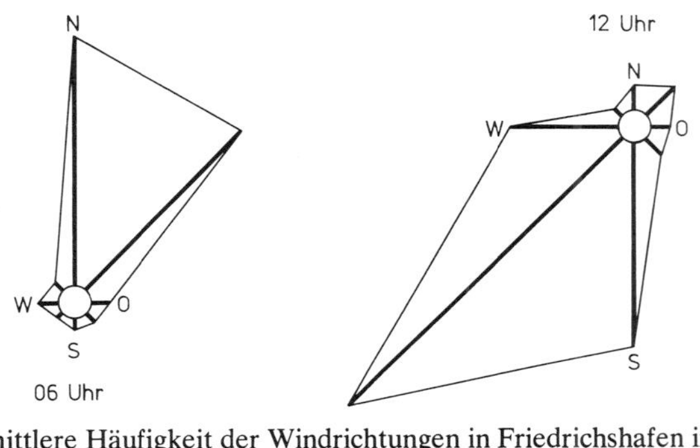

Abb. 21. Die mittlere Häufigkeit der Windrichtungen in Friedrichshafen im Juli um 06 Uhr und 12 Uhr bei geringer Bewölkung (0 bis $^{4}/_{8}$ der Himmelsbedeckung). Die Länge der Richtungspfeile ist ein Relativmaß für die Häufigkeit der Windrichtungen.

wieder einschläft. In der Nacht kühlt sich die Landfläche stärker als die Wasserfläche ab. Es entsteht das umgekehrte Windsystem, in Bodennähe ein Landwind zur See, in der Höhe ein Seewind zum Land. Da die Temperaturgegensätze am Tag meist größer sind als in der Nacht, ist diese Zirkulation auch tagsüber meist kräftiger als nachts.

Der an ungestörten Tagen auftretende Seewind ist schon an Binnenseen wie dem Bodensee gut zu spüren, wie die Abb. 21 zeigt. An den Meeresküsten kann der Seewind 50 km und mehr vorstoßen und macht in warmen Klimazonen die Tageshitze erst erträglich. Mit dem Eintreffen des Seewindes ist immer ein merklicher Temperaturrückgang und ein Anstieg der relativen Feuchte verbunden. In der über Land aufsteigenden Luft bilden sich oft Haufenwolken, während der Himmel bis zu 100 km vor der Küste in der absteigenden Luft wolkenlos ist. Diese wolkenlosen Streifen längs der Küsten sind auf Satellitenfotos immer wieder zu erkennen.

Durch tagesperiodisch unterschiedliche Erwärmung und Abkühlung gibt es auch über Land lokale Windsysteme. So weht tagsüber oft ein „Flurwind" aus dem Umland auf die überhitzten Großstädte zu. Im Gebirge werden morgens die sonnenbeschienenen Hänge stärker erwärmt als das Tal. Die warme Hangluft steigt als **Hangaufwind** auf. Erreicht dieser Wind eine bestimmte Stärke, so saugt er die Luft aus dem Tal nach und es entwickelt sich ein frischer, talaufwärts wehender **Talwind**. Abends beginnt die an den Hängen sich bildende Kaltluft als **Hangabwind** abwärts zu fließen, die schließlich ebenfalls das ganze Tal erfüllt und als **Bergwind** talabwärts weht. Am Nordende des Gardasees verstärken sich der Seewind- und der Talwindeffekt. Die Pünktlichkeit dieses am späten Vormittag einsetzenden Windes hat ihm den Namen „Ora" (= Hora, Stunde) gegeben.

Ähnlich fließt an ungestörten Tagen die Luft oft gegen das Gebirge. Denn die auf den Bergen unmittelbar aufliegende Luftschicht wird stärker erwärmt als die Luft in gleicher Höhe über der vorgelagerten Ebene. Sie steigt auf und saugt Luft von der Ebene her nach. Dabei bilden sich oft Haufenwolken am Gebirgsrand, während die Ebene wolkenarm bleibt. Umgekehrt ist in klaren Nächten die von den Alpen in die bayerische Hochebene fließende Kaltluft als schwacher Südwind bis in den Raum von München festzustellen.

4.3 Der große Luftkreislauf der Atmosphäre

Wie die tagesperiodischen Winde Temperatur- und damit Luftdruckgegensätze auszugleichen versuchen, so auch die weltumspannenden Windsysteme. Bei einer einheitlich gestalteten Erdkugel könnten wir uns eine Ausgleichsströmung dergestalt vorstellen, daß warme Luft in den äquatorialen Regionen aufsteigt, in der Höhe polwärts zieht und über den Polargegenden wieder absinkt. Als Ausgleich würde in Bodennähe Kaltluft äquatorwärts fließen. Nord- und Südhalbkugel hätten den gleichen Luftkreislauf, am Äquator würde in Bodennähe Tiefdruck, an den Polen hoher Luftdruck herrschen. Dieser Kreislauf ist aus verschiedenen Gründen nicht möglich. Eine der Ursachen ist die Drehung der Erde um ihre eigene Achse. Es gibt ein physikalisches Grundgesetz, nach dem jeder Körper eine einmal eingenommene geradlinige Bewegung so lange beibehält, bis eine andere Kraft ihn in eine andere

Richtung ablenkt. Wir spüren diese Kraft in einem Auto, das in eine scharfe Linkskurve geht. Unser Körper wird nach rechts gedrückt, weil er die ursprüngliche Bewegungsrichtung beizubehalten sucht. Auch die Luft hat das Bestreben, ihre einmal eingenommene Bewegungsrichtung und -geschwindigkeit beizubehalten. Infolge der Erddrehung von West nach Ost hat ein Punkt am Äquator eine Geschwindigkeit von 1667 km/h; ein Punkt in 30° Breite hat eine Geschwindigkeit von 1441 km/h und in 60° Breite nur noch von 835 km/h, weil der Abstand der Erdoberfläche zur Drehachse vom Äquator bis zum Pol immer kleiner wird. Am Pol ist die Drehgeschwindigkeit gleich Null. Nun macht auch die Luft diese Drehung der Erde mit. Ein vom Äquator aus nach Norden in Bewegung gesetztes Luftpaket ist bestrebt, die Bewegung nach Osten mit 1667 km/h beizubehalten; es muß sich also stets rascher bewegen als die Erdoberfläche unter ihr, je weiter es sich vom Äquator entfernt. Von der Erdoberfläche aus gesehen, erfährt das nach Norden in Bewegung gesetzte Luftpaket eine Ablenkung nach Osten, auf der Nordhalbkugel also nach rechts. Aus einem Südwind wird bald ein Südwest- und schließlich ein Westwind. Umgekehrt bleibt ein von Norden zum Äquator fließendes Luftpaket über der sich drehenden Erdoberfläche zurück, es wird ebenfalls nach rechts abgelenkt. Die bei der Drehung der Erde auftretende Fliehkraft lenkt auch die Luft nach rechts ab, die sich ursprünglich nach Osten oder Westen bewegte. Der Rechtsablenkung auf der Nordhalbkugel steht eine Linksablenkung auf der Südhalbkugel der Erde gegenüber.

Die ablenkende Kraft der Erddrehung, nach ihrem Entdecker **Corioliskraft** genannt, ist eine Scheinkraft nur in bezug auf die sich drehende Erdoberfläche. Sie ist um so größer, je größer die Windgeschwindigkeit ist. Beim Überschreiten des Äquators wechselt sie die Richtung, ihre Horizontalkomponente ist hier Null. Sie nimmt polwärts mit dem Sinus der geographischen Breite zu. Die Corioliskarft verhindert nun, daß der Wind unmittelbar vom hohen zum tiefen Luftdruck weht. Bei den kleinen, kurzzeitigen Windsystemen wie dem Land- und Seewind wirkt sie sich nicht allzusehr auf die Richtung des Windes aus, doch ist sie mitbeherrschend für das Windfeld um die großen Hoch- und Tiefdruckgebiete.

Wenn wir auf einer Karte die Orte gleichen Luftdruckes durch Linien verbinden, so erkennen wir die als Hoch- und Tiefdruckgebiete bezeichneten Gebilde. Die Linien gleichen Luftdruckes, die **Isobaren,** sind dabei immer in sich geschlossen; sie haben wie ein Kreis weder Anfang noch Ende. Sie schlängeln sich manchmal, meist umschließt jedoch eine Linie wieder eine andere, bis sich in der Mitte schließlich die Stellen höchsten oder tiefsten Luftdruckes, die Kerne der Hoch- und Tiefdruckgebiete, befinden. Ein Hochdruckgebiet gleicht einem Berg, ein Hochdruckrücken einem Bergrücken, ein Tiefdruckgebiet einer Mulde, die Isobaren den Höhenschichtlinien eines Meßtischblattes.

Ohne die Corioliskraft würde der Wind infolge der Kraft des Luftdruckgefälles **(Gradientkraft)** quer zu den Isobaren vom hohen zum tiefen Luftdruck wehen. Im Gleichgewichtszustand halten sich beide Kräfte die Waage: der Wind weht parallel zu den Isobaren, den tiefen Druck links, den hohen Druck rechts von sich lassend. Der Wind und die Corioliskraft sind dabei um so größer, je größer das Luftdruckgefälle ist, je enger die Isobaren beieinander liegen. So weht der Wind auf der Nordhalbkugel im Sinne des Uhrzeigers um ein Hochdruckgebiet und im Gegensinn des Uhrzeigers um ein Tiefdruckgebiet (Abb. 22). Diese Umströmung der Druckgebilde stellen wir auf jeder Höhenwetterkarte immer wieder fest.

Der Bodenwind unterliegt außerdem dem Druckgefälle und der Corioliskraft aber noch der Reibung an den Rauhigkeiten der Erdoberfläche. Infolgedessen weht der Wind dann nicht wie in der Höhe parallel zu den Isobaren, sondern etwas schräg aus dem Hochdruckgebiet heraus in das Tiefdruckgebiet hinein (Abb. 22). Stehen wir also mit dem Rücken gegen den Wind, so liegt der hohe Luftdruck rechts hinter uns, der tiefe Druck links vor uns. Die Reibungskraft bewirkt also, daß sich Hoch- und Tiefdruckgebiete immer wieder auflösen, über Land wegen der hier größeren Reibung rascher als über dem Ozean.

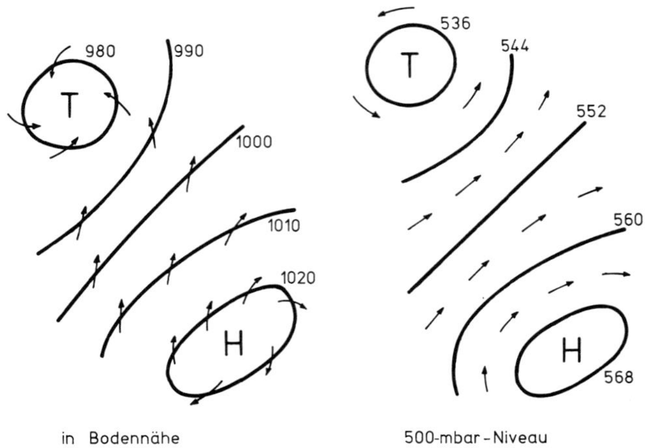

Abb. 22. Die Windrichtung um ein Hoch- und um ein Tiefdruckgebiet auf der Nordhalbkugel, links am Erdboden und rechts in der Höhe.

Kehren wir zur Betrachtung des großen Luftkreislaufes der Atmosphäre zurück. Die troposphärische Luft der polaren Breiten ist in allen Höhen viel kälter als die Luft in gleichen Höhen in den Tropen. Demnach nimmt der Luftdruck über den Polargebieten viel rascher mit der Höhe ab als über den Tropen. Wäre der Luftdruck in Bodennähe in allen Breiten überall gleich, dann müßte in der Höhe über den Polargebieten ein wesentlich tieferer Luftdruck herrschen als in den Tropen. Das ist auch der Fall. Betrachtet man die Nordhalbkugel von oben, so liegt z. B. in 10 km Höhe tatsächlich der Kern eines kräftigen Tiefdruckgebietes über dem Polargebiet, und der Luftdruck nimmt allseitig bis in sehr niedere Breiten zu, auch wenn die Isobaren nicht immer genau parallel zu den Breitenkreisen verlaufen, sondern dieses Tief oft in 4–5 großen Wellen umschließen. Dieses große Tiefdruckgebiet wird in der oberen Troposphäre von einem beständigen, mit der Höhe zunehmenden Westwind umkreist, welcher fast die ganze Erde umfaßt; nur in einer schmalen Äquatorzone herrscht Ostwind.

Der Temperaturgegensatz zwischen Pol und Tropen ist im Winter am größten. Daher sind auch die soeben genannten Westwinde und die Tätigkeit der weiter unten beschriebenen Zyklonen im Winter stärker als im Sommer. Die Abnahme der Sonnenstrahlung vom Äquator zum Pol ist, außer im Sommer, in mittleren Breiten größer als in niederen und höheren Breiten. Folglich nimmt auch die Temperatur in mittleren Breiten polwärts rascher ab als in niederen und in höheren. Dort, in den mittleren Breiten, begegnen sich die tropische Warm- und die polare Kaltluft.

Daraus resultiert auch das besonders große Gefälle des Luftdrucks in der Höhe in mittleren Breiten (Abb. 23). Der Westwind erreicht dort in der obersten Troposphäre seine größte Stärke; der sog. **Strahlstrom** ist, wie wir schon erfahren haben, ganz besonders heftig. Zeitweise sind allerdings auch 2 Strahlströme vorhanden, je einer etwa in 35° und in 60° Breite. Dieser Strahlstrom ist kein reiner Westwindschlauch, sondern er umschlingt die Erde in einem mehrfach hin und her pendelnden Band. Auch die Westwinde in der mittleren und oberen Troposphäre, die den Pol umkreisen, schwingen ähnlich in langen Wellen hin und her, wobei die Wellenlänge mehrere 1000 km betragen kann. Wo diese ziemlich beständigen Wellen polwärts ausbiegen, bilden die Isobaren einen **Hochdruckkeil,** wo sie äquatorwärts ausbiegen, die sog. **Tiefdrucktröge.** Diese Wellen, deren Entstehung hauptsächlich auf den Wechsel der Ozeane und der Landmassen mit ihren Gebirgen zurückgeht, schaffen regelmäßig Luftmassen pol- bzw. äquatorwärts. So kommt es in der Höhe, ausgelöst durch das amerikanische Felsengebirge, häufig zur Bildung eines Wellentals (Trog) über dem östlichen Amerika und eines Wellenberges (Hochdruckkeil) über dem Atlantik, etwa an der Stelle des hierdurch zumindest mitbedingten Azorenhochs. Diese großen planetarischen Wellen in der Höhe stehen mit dem Wettergeschehen am Boden also in enger Verbindung. Sind sie stark ausgeprägt, dann ist die West-Ost-Verlagerung der Tief- und Hochdruckgebiete in Bodennähe langsam. Haben sie dabei durch den Transport warmer Luftmassen polwärts und kalter Luftmassen äquatorwärts die Temperaturunterschiede wieder etwas ausgeglichen, so schwächen sich die Wellen ab, die Höhenwinde wehen dann wieder nahezu parallel zu den Breitenkreisen, und das Spiel der Wellenbildung beginnt von neuem.

Der große Luftdruckgegensatz in der Höhe zwischen Pol und Tropen setzt sich mit den kräftigen Westwinden, ob wellenartig oder nicht, bis zum Boden hin durch. Man könnte beinahe sagen, daß der westliche Höhenwind auch die Luft der unteren Troposphäre von West nach Ost mit sich reißt und sich dabei sozusagen die dazugehörige Luftdruckverteilung in Bodennähe selber schafft. Das ist zwar sehr vereinfacht; wir wissen aber, daß die Verteilung der Hoch- und Tiefdruckgürtel an der Erdoberfläche auch von den Verhältnissen in der Höhe abhängt.

So herrscht also auch in Bodennähe in niederen Breiten ein höherer Luftdruck als in den höheren Breiten. Während das Band hohen Luftdrucks in der Höhe nahe dem Äquator die ganze Erde umzieht, sind dagegen am Erdboden zwei Bänder hohen Luftdrucks vorhanden, je eines auf der Süd- und auf der Nordhalbkugel, zwi-

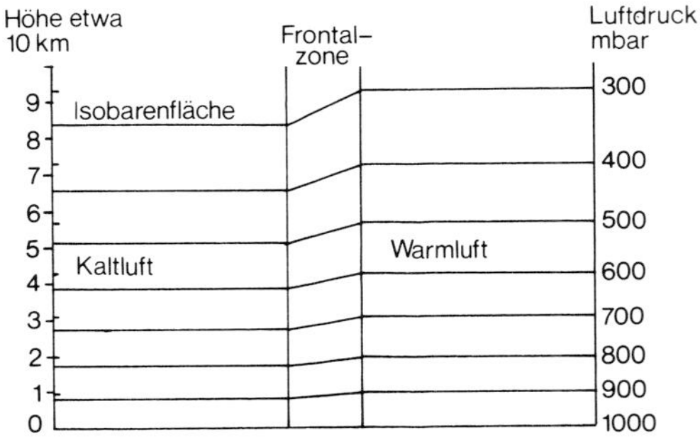

Abb. 23. Die Abnahme des Luftdruckes mit der Höhe in Kaltluft und in Warmluft. In der Berührungszone (Frontalzone) von unten nach oben zunehmendes Luftdruckgefälle.

schen dem 25. und 45. Breitengrad hin- und herpendelnd. Zwischen beiden liegt nahe dem Äquator ein schmales Band tieferen Luftdruckes, die sog. äquatoriale Tiefdruckrinne. Diese Tiefdruckrinne ist auch eine Folge der hier großen Hitze.

Über den Polen, im Nordwinter allerdings zu den besonders winterkalten Gebieten Sibiriens und Kanadas verschoben, herrscht am Boden hoher Luftdruck – eine Folge der besonders kalten, schweren Luft. Das **polare Hoch** reicht aber nur 2–4 km hoch; darüber hat es wegen der in der Kaltluft raschen Luftdruckabnahme mit der Höhe tiefem Luftdruck Platz gemacht. Zwischen dem subtropischen Hochdruckgürtel und dem polaren Hoch liegt die sog. subpolare Tiefdruckrinne.

In der Äquatorzone steigt die Warmluft tags recht hoch, so daß sich viele Gruppen hochreichender Schauer- und Gewitterwolken bilden, welche sich regelmäßig Tag für Tag einstellen. Der Wind ist meist schwach, darum heißt diese Zone auch die **Kalmenzone** (von engl. calm = ruhig). Die am Äquator aufsteigende Luft breitet sich in der Höhe etwas polwärts aus. Da das aber in Schichten von vielen Kilometern Dicke erfolgt, ist die schwache polwärtige Ablenkung des östlichen Höhenwindes kaum meßbar. Aus dem subtropischen Hochdruckgürtel, dem sog. **Roßbreitenhoch,** in etwa 30° N und 30° S weht auf dessen Äquatorseite der Wind wegen der Corioliskraft aus Osten. In den untersten 1–1,5 km ist der Ostwind aber durch die Bodenreibung zum **Nordostpassat** auf der Nord-, zum **Südostpassat** auf der Südhalbkugel abgelenkt. Diese Passate gehören zu den beständigsten Winden auf der Erde. In der flachen äquatorialen Tiefdruckrinne treffen Nordost- und Südostpassat aufeinander. Die Tiefdruckrinne heißt darum auch **innertropische Konvergenz** (Konvergenz = Zusammenströmen).

Die aus dem subtropischen Hochdruckgürtel fließende Passatluft muß durch Luft ersetzt werden, die aus der Höhe nachsinkt. Absinkende und damit sich erwärmende Luft wirkt aber der Wolkenbildung entgegen. Das ist die Hauptursache für die Trockenheit dieser Zonen und für die Wüstengürtel der Erde. In diesen Breiten sind die Ozeane, zumindest im Sommer, etwas kälter als das Festland. Die amerikanischen und asiatischen Gebirgszüge verursachen aber auch Wellen in der Höhe derart, daß sich Hochdruckkeile als Wellenberge in der Höhe und damit Hochdruckgebiete am Boden bevorzugt über dem mittleren Atlantik und Pazifik einstellen. Der Hochdruckgürtel ist also über den Ozeanen etwas stärker ausgeprägt. Wir finden hier große Hochdruckgebiete mit einem eigenen Kern, über dem Atlantik als **Azorenhoch** bekannt. Aus diesem Grunde ist der Passat auf den Westseiten dieser Hochs oft unterbrochen, über der Karibischen See weht der Wind sogar oft aus Süd. Umgekehrt weht an der Ostseite dieses Hochs häufig ein Nordwind, der sogar kaltes Meerwasser äquatorwärts treibt. Auch auf diese Weise sorgen diese Hochdruckgebiete für einen großen Austausch der Luft zwischen dem Äquator und den höheren Breiten.

Nördlich des subtropischen Hochdruckgürtels herrscht in Bodennähe ein Wind aus Südwesten vor, der subtropische Warmluft gegen polare Kaltluft treibt, die schubweise aus dem polaren Kältehoch bis in mittlere Breiten vorstoßen kann. Diese beiden Luftmassen begegnen sich an einer langen Grenzfläche, der sog. **Polarfront.** Diese Grenzfläche umfaßt in einem langen und wellenförmigen Band, im Winter über Kanada und Sibirien allerdings oft unterbrochen, die ganze Erde.

An dieser Polarfront ist der Temperaturgegensatz besonders stark. Hier befindet sich an der Obergrenze der Troposphäre der schon erwähnte Strahlstrom als schmales Band mit ungewöhnlich hohen Windstärken. Diese starke westliche Höhenströmung windet sich in großen, wellenartigen Bögen von West nach Ost. Wie es bei einer starken Strömung im Wasser eines Flusses nicht nur Wellen, sondern auch Wirbel gibt, so entstehen auch im Bereich dieser starken Westströmung, jedoch nicht ausschließlich hier, große Wirbel, besonders häufig vor den Ostküsten Amerikas und Asiens, wo der Gegensatz der von Nord und Süd aufeinanderprallenden kalten und warmen Luftmassen besonders groß ist. In diesen Wirbeln fällt der Luftdruck, weil über ihnen in der Höhe Luft auseinanderfließt. Wie hinter einem Brükkenpfeiler ein Wirbel nach dem anderen entsteht, so wandert auch in der Atmosphäre oft ein Wirbel nach dem anderen von West nach Ost, häufiger von Westsüdwest nach Ostnordost. Die ganze Bahn der Wirbel entspricht einer großen Tiefdruckrinne zwischen dem subtropischen Hoch im Süden und dem polaren Kältehoch im Norden. Die Rinne kann durch den Vorstoß eines dieser beiden Hochdruckgebiete unterbrochen werden. Das geschieht z. B. über Mitteleuropa bei anhaltend warmem Sommerwetter oder wenn im Winter beständig trockenes Frostwetter herrscht. Die großen, oft über 1000 km breiten Wirbel sind die bekannten **Zyklonen;** ihr Zentrum ist gleichzeitig der Kern tiefen Luftdruckes. Sie sind entscheidend am Austausch der verschiedenen warmen Luftmassen zwischen der Arktis und den Subtropen beteiligt. Auf ihren Ostseiten wird die Polarfront weit in hohe Breiten vorgeschoben, hier dringt die Warmluft vor. Die Polarfront heißt hier **Warmfront.** Auf ihren Westseiten stößt die Kaltluft mit nördlichen Winden bis in die Subtropen, ihre Vordergrenze heißt **Kaltfront.** Die Zyklonen sind mit reicher Wolkenentwicklung verknüpft, die Fronten mit einer mehr oder weniger starken Niederschlagstätigkeit. Die Satellitenbilder lassen ihre Entstehung und Entwicklung, vor allem auch ihre Wirbelstruktur recht deutlich an der Wolkenanordnung erkennen (Abb. 28, Seite 83).

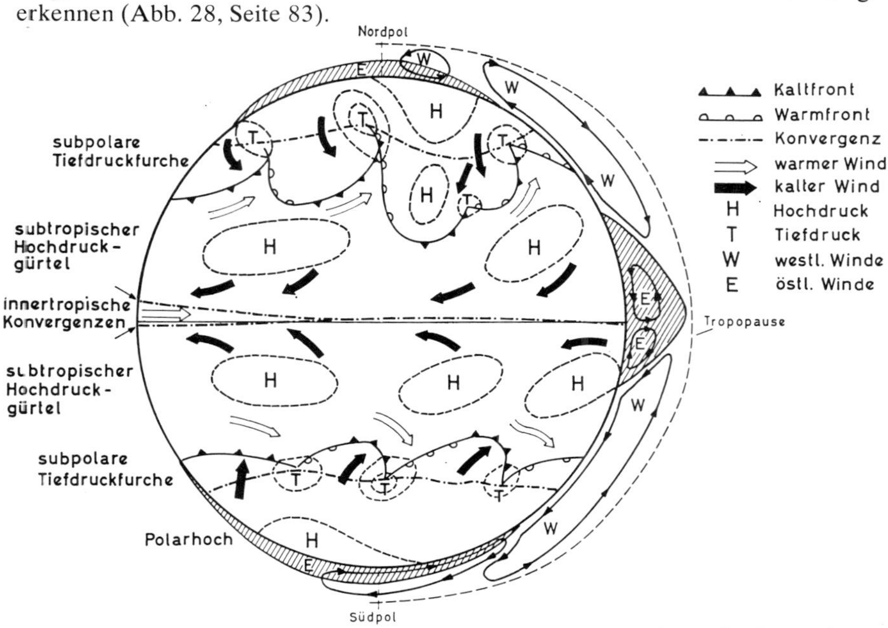

Abb. 24. Der große Luftkreislauf der Atmosphäre mit Querschnitt durch die Troposphäre (rechts). (Nach FLOHN 1960.)

Im Wechsel der Jahreszeiten verlagern sich diese Tief- und Hochdruckgürtel vom Nordwinter zum Nordsommer mit der Sonne nach Norden und in der zweiten Jahreshälfte nach Süden. Damit liegt die äquatoriale Tiefdruckrinne einmal nördlich, einmal südlich vom Äquator. Am Äquator herrscht eine dauernde Regenzeit, meist mit zwei Maxima nach dem jeweiligen Sonnenhöchststand. Mit zunehmender Entfernung vom Äquator gibt es nur noch eine sommerliche Regenzeit bald nach Sonnenhöchststand, welche im eigentlichen Bereich des Subtropenhochs dann ganz ausbleibt und den Wüstengürtel ermöglicht. Das Eintreffen der äquatorialen Front mit dem Regen unterliegt von Jahr zu Jahr aber oft großen Schwankungen. Verspätungen des Beginns der Regenzeit von 3–4 Wochen haben dabei in Afrika schwerwiegende Folgen für die Landwirtschaft. Die Dürre der Sahelzone von 1969–1974 war auf ein Ausbleiben dieser Regenfront zurückzuführen. Im Sommer verlagert sich das Subtropenhoch bis in den Bereich des Mittelmeers und bringt diesem den sonnig-trockenen Sommer, während im Winter die Zyklonen auf etwas südlicheren Bahnen dem Mittelmeer reichlich Regen bringen. Mitteleuropa liegt ganzjährig im Bereich der Zyklonen der gemäßigten Breiten, erhält somit Regen zu allen Jahreszeiten, wobei längere Trockenperioden beim Vorstoß eines der beiden großen Hochdruckgebiete auftreten.

Über dem asiatischen Kontinent gibt es wegen der Ausdehnung der Landmasse allerdings beträchtliche Abweichungen von diesem (stark vereinfacht geschilderten) großen Luftkreislauf der Atmosphäre. Im Winter verlagert sich das polare Kältehoch mit dem Kern nach Sibirien; fast ganz Asien steht dann unter dem Einfluß eines umfangreichen Hochdruckgebietes. Es weht ein beständiger Strom trockener Festlandsluft als Nord- bis Nordwestwind über Ostasien und als **Nordostmonsun** über Südasien. Der Nordostmonsun über Indien entspricht dann dem Nordostpassat. Im Sommer erhitzt sich der indische Subkontinent so stark, daß die äquatoriale Tiefdruckrinne weit bis nach Nordindien vorstößt, wo sich immer wieder ein Tiefdruckkern ausbildet. In dieses Tief weht dann von Südwest der feuchte **Sommermonsun.** Dieser ist letztlich der Südostpassat der Südhalbkugel, der beim Überschreiten des Äquators wegen der Richtungsänderung der Corioliskraft zum Südwestwind wird.

Wie klar dieses Bild der Zirkulation der Atmosphäre, das in Abb. 24 schematisch dargestellt wurde, auf Satellitenfotos zu erkennen ist, zeigt Abb. 25 mit einer Aufnahme, die der europäische Wettersatellit METEOSAT aus 36 000 km Höhe, am 14. April 1978, 13.25 MEZ machte. Dieser Zeitpunkt ist noch nicht allzuweit von der Tag- und Nachtgleiche entfernt, so daß das Bild von der Arktis bis zur Antarktis gleich klar ist. Es umfaßt Europa und Afrika sowie den Atlantik. Im Südwesten ist Südamerika deutlich erkennbar, am Ostrand ist Arabien und der westliche Teil des Indischen Ozeans zu sehen. Die hellweißen Wolkenfelder heben sich ganz klar vom dunkleren Untergrund ab. Die Wasserflächen, gleich, ob die der Ozeane oder der ostafrikanischen Seen, sind wegen der geringen Reflexion dunkel; die vegetationslosen Wüstenflächen sind viel heller als die bewachsenen Hochländer der Sahara und des tropischen Vegetationsgürtels, wobei auch ganz Südafrika wegen der gerade erst zu Ende gegangenen Sommerregenzeit noch dunkel erscheint.

In den nördlichen wie in den südlichen gemäßigten Breiten herrscht eine rege Tiefdrucktätigkeit. Die Zyklonen sind an der wirbelförmigen Anordnung der Wolkenfelder gut zu erkennen. Die Drehrichtung der Wirbel ist auf der Südhalbkugel im Uhrzeigersinn, auf der Nordhalbkugel im Gegensinn des Uhrzeigers. Die Wir-

Abb. 25. Bild der Erde, aufgenommen vom europäischen Wettersatelliten METEOSAT am 14. April 1978 um 13.25 MEZ aus 36000 km Höhe (Quelle: Deutscher Wetterdienst, Offenbach/Main).

belstruktur ist über dem Atlantik noch klarer als über dem europäischen Festland zu sehen, wo Tiefdruck- und damit Wirbelzentren über Frankreich und Polen liegen. Die Britischen Inseln und die Biskaya sind in einem wolkenlosen Zwischenhoch erkennbar. Aus dem Tief über Osteuropa reicht ein ausnahmsweise sehr langes Wolkenband über den Balkan, das Mittelmeer, bis tief in die Sahara. An einer solchen Kaltfront können auch mal Nordafrika und die Saharahochländer noch etwas Regen bekommen. Quer über den Atlantik und Nordafrika bis nach Arabien erstreckt sich ansonsten eine wolkenarme Zone im Bereich des subtropischen Hochdruckgürtels. Die Wolken über dem Atlantik in etwa 20° N sind von Nordost nach Südwest angeordnet, es ist die Richtung des Passates. Die Passatwolken haben den Charakter von Haufenwolken. Auf der Südhalbkugel ist es vor allem über Südafrika unter dem Einfluß des Subtropenhochs wolkenlos, über dem Atlantik herrscht ebenfalls Passatbewölkung.

Ein Band sehr unregelmäßiger Wolkenballen erstreckt sich in Äquatornähe von

Südamerika quer über den ganzen Atlantik von West nach Ost. Es sind die hochreichenden Wolken an der innertropischen Konvergenz, aus denen die äquatorialen Regen fallen. Dieses Band zeigt eine besonders dichte und ausgedehnte Bewölkung vor der Küste Oberguineas bis Kamerun, dann aber auch über Äthiopien, und es reicht bis zum Jemen. Über Afrika ist diese innertropische Wolkenzone viel breiter als über dem Ozean, wie auch generell in den Tropen die Kontinente und großen Inseln, wie Madagaskar, wolkenreicher sind als die Ozeane und die Seen. So weit diese wolkenreiche Zone über Afrika reicht, d. i. etwa von 20° S bis 10° N, herrscht dort Regenzeit. Bis zum August/September wird das Band um etwa 10° nach Norden wandern. Aus der unregelmäßigen Verteilung der Wolken darf ohne weiteres auch auf eine unregelmäßige Verteilung der Regenfälle im tropischen Regengürtel geschlossen werden.

So kompliziert das Bild der Wolkenverteilung auch ist, so klar schälen sich doch die Hauptklimazonen der Erde heraus, wobei sich die wolkenreichen Zonen auf die gemäßigten und die äquatornahen Breiten konzentrieren. Im Laufe eines Jahres wandern diese Wolkenzonen einmal um etwa 20° nach Norden und dann wieder nach Süden. Der Unterschied in der Art und Anordnung der Bewölkung und damit des Niederschlags in den gemäßigten Zonen und in den Tropen ist recht augenfällig. Mit Hilfe derartiger Fotos lassen sich Wolken und Wetter über der ganzen Erde, vor allem über den Weiten der Ozeane und über dünnbesiedelten Flächen der Erde laufend überwachen.

4.4 Die Luftmassen

Der Ablauf und der Charakter der Witterung in Mitteleuropa wird vornehmlich durch die Hoch- und Tiefdruckgebiete bestimmt, die sich hier entwickeln, darüber hinwegwandern oder gar längere Zeit hier verharren. Diese Druckgebilde schaffen immer wieder neue Luftmassen heran. Zwar unterliegen diese einer steten Veränderung, bilden sich immer wieder neu aus und vergehen wieder, oft aber wird das Wetter bei uns über viele Tage von ein und derselben Luftmasse beherrscht – der Wechsel der Witterung ist dann auch eine Folge des Wechsels der Luftmassen. Diese haben in ihrem Herkunftsgebiet unter dem Einfluß der Unterlage und der jeweiligen Breite bestimmte Eigenschaften angenommen, die sie auf dem zurückgelegten Weg mehr oder weniger beibehalten haben. Schon Ursprungsgebiet und Weg der Luftmassen geben dem Wettercharakter bei uns sein Gepräge. Luftmassen gelangen allerdings manchmal auf Umwegen zu uns. Die Windrichtung, aus der sie kommen, erlaubt daher nicht immer, sie schon daraus zu bestimmen. Erst mehrere aufeinanderfolgende Wetterkarten zeigen ihre Herkunft und weisen auch auf neue Luftmassen hin, die sich auf uns zu bewegen.

Wir unterscheiden zwei Hauptluftmassen, die polaren und die subtropischen, welche letztlich aus dem polaren bzw. subtropischen Hoch stammen. Die kalten **polaren Luftmassen** kommen vom Frühjahr bis Herbst überwiegend aus Nordwesten als Meereskaltluft. Sie sind von Hause aus arm an Wasserdampf, was aber nicht heißt, daß die relative Feuchte immer niedrig ist. Sie erwärmen sich auf dem Weg in niedrigere Breiten von der Unterlage her, wodurch sie labil werden. Die vertikale

Durchmischung wird groß. Haufen- und Schauerwolken entstehen, wie wir sie vom Aprilwetter her kennen. Im Winter kann ein Vorstoß von Meereskaltluft die dünne, am Boden haftende Kaltluftschicht wegräumen, so daß sie in Bodennähe, jedoch nicht in der Höhe, mit Erwärmung verbunden ist. Sonst überwiegen im Winter Vorstöße polarer Festlandskaltluft aus dem Raume zwischen Nordschweden und dem Ural, die trockene Frostperioden einleiten können.

Subtropische Warmluft kühlt sich beim Vorstoß nach Norden an der kälteren Unterlage ab und wird dabei stabiler. Warmluft gebärdet sich bei uns daher oft sanfter als die Kaltluft, besonders als die Meereskaltluft. Sie ist meist dunstig und trüb, weil die vertikale Durchmischung schwächer und die Warmluft von Haus aus wasserdampfreicher ist. Feuchte Meereswarmluft, besonders für trübmildes Winterwetter verantwortlich, stammt oft aus dem Gebiet der Azoren; warme Festlandsluft kommt aus Nordafrika oder dem südlichen Balkan. Sie ist im Sommer für anhaltend warmtrockenes Wetter verantwortlich. Sonst gilt, daß Meeresluft im Winter mildes, im Sommer kühles Wetter, Festlandsluft im Winter kaltes, im Sommer warmes Wetter bringt.

4.5 Das Wetter im Hochdruckgebiet

Hochdruckgebiete werden auch **Antizyklonen** genannt, weil sie in umgekehrter Richtung wie die Zyklonen umströmt werden. Sie können durch kalte, polare Luft als Kältehochs entstehen. Sie reichen dann nicht sehr hoch; dem hohen Druck am Erdboden steht ein tiefer Druck in der Höhe gegenüber. Die zwischen einzelnen, rasch durchziehenden Zyklonen auftretenden Zwischenhochdruckgebiete sind kalte Hochs, eingelagert in einer westlichen Höhenströmung. Hochdruckgebiete können aber wie das subtropische Hoch bis in die obere Troposphäre reichen. Sie entstehen als **dynamische Hochs** durch ein Zusammenfließen von Luft in der Höhe. Sie sind in der oberen Troposphäre relativ warm, in der Stratosphäre, die dann an der Bildung der Hochdruckgebiete mit beteiligt ist, aber sehr kalt. Hochreichende Hochdruckgebiete bringen anhaltend beständiges Wetter, auch weil sie langsam wandern und ausgedehnter sind als die meisten Tiefdruckgebiete. In der Volksmeinung wird hoher Luftdruck mit Schönwetter, tiefer Luftdruck mit Schlechtwetter in Zusammenhang gebracht. Doch gibt es erhebliche Abweichungen von dieser Regel.

In der Mehrzahl der Fälle sind Hochdruckgebiete wolkenarm, weil die unten aus ihnen herausfließende Luft nur durch Absinken von Luft aus der Höhe ersetzt werden kann. Absinken wirkt aber der Wolkenbildung entgegen. Die mit der Absinkbewegung verbundene Erwärmung der Luft kann ein ursprünglich kaltes Hoch sogar zu einem warmen machen, welches stationär wird, d.h. sich für mehrere Tage kaum mehr verlagert. Die Absinkbewegung schließt aber nicht aus, daß durch die zunächst ungehinderte Sonneneinstrahlung die bodennahe Luft so stark erwärmt wird, daß Aufwindzonen mit starker Haufenwolkenbildung neben wolkenfreien Absinkzonen entstehen. In der Nacht, vor allem im Winter, entsteht in Hochdruckgebieten oft eine starke Inversion am Boden oder in Bodennähe, verbunden mit Nebel oder Hochnebel. Dann ist das Hochdruckwetter in den Niederungen alles andere als schön, sondern bedeckt und trüb, sogar schwacher Sprühregen ist möglich. Über der Nebel- oder Hochnebeldecke herrscht dann allerdings herrlicher Sonnenschein. Beim Absinken der Luft können sich in der Troposphäre vorhandene Inversionen weiter verstärken. An der Untergrenze dieser Inversionen bilden sich oft ausgedehnte Felder von Haufenschichtwolken oder groben Schäfchenwolken aus, bei Schwingungen der Inversion in wellenförmiger Anordnung.

4.6 Die Zyklonen der gemäßigten Breiten

4.6.1 Die Lebensgeschichte der Zyklonen

Unter Zyklonen verstehen wir letztlich große Wirbel von oft über 1000 km Durchmesser um einen Tiefdruckkern. Auf ihrer Ostseite weht der Wind aus niederen Breiten, auf ihrer Westseite aus höheren Breiten. In der Regel, jedoch nicht immer, sind daher die Ostseiten der Zyklonen wärmer als die Westseiten. Bei Hochdruckgebieten ist es genau umgekehrt. Da der Bodenwind spiralförmig in ein Tief hineinweht, muß im Tief ein Aufsteigen der Luft erfolgen, was die Wolken- und damit die Niederschlagsbildung fördert. Dieses geschieht vor allem an den Fronten, den Grenzflächen vordringender Warm- und Kaltluft. Diese Grenzflächen sind somit wesentliche Kennzeichen der Zyklonen der gemäßigten Breiten. Die Energie für die Wirbel stammt, wenn auch nicht ausschließlich, aus dem Temperaturgegensatz der kalten und warmen Luftmassen und auch aus der bei der intensiven Wolkenbildung freiwerdenden Kondensationswärme.

Die Zyklonen entstehen sogar an der Grenzfläche zwischen warmer und kalter Luft, an der Polarfront. Im Anfangsstadium wird an dieser Grenzfläche durch die Bewegung der Luftmassen eine wellenförmige Ausbuchtung ausgelöst, die sich

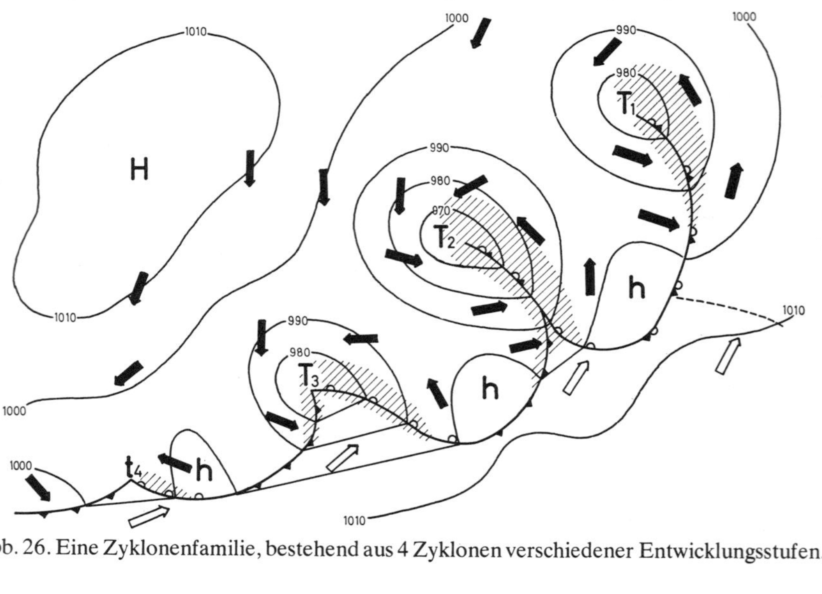

Abb. 26. Eine Zyklonenfamilie, bestehend aus 4 Zyklonen verschiedener Entwicklungsstufen.

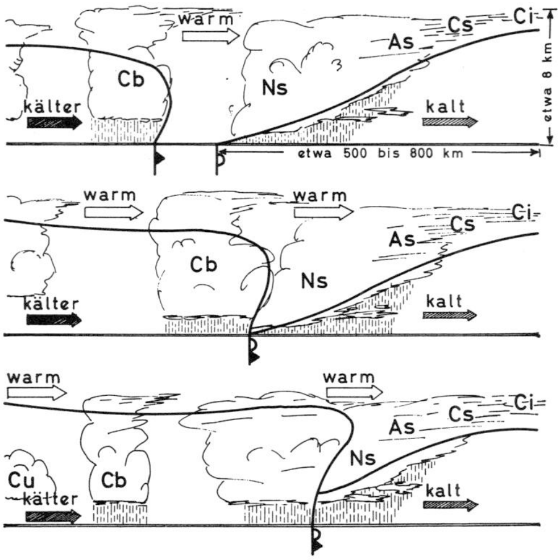

Abb. 27. Schnitt durch eine Zyklone. Oben: vor Erreichen des Okklusionsstadiums, Mitte: im Augenblick des Okkludierens, unten: bereits okkludiert.

dann später verwirbeln kann. Im östlichen Teil der Welle (Abb. 26, t 4) dringt die leichtere Warmluft gegen die Kaltluft vor und schiebt sich auf diese an der schrägen Grenzfläche, der sog. **Aufgleitfläche,** hinauf. Im westlichen Teil der Welle dringt die Kaltluft an der Kaltfront gegen die Warmluft vor. Es entwickelt sich ein Kern tiefen Luftdruckes an der Stelle, wo die Warmfront in die Kaltfront übergeht. An der Aufgleitfläche bildet sich in der Warmluft die Aufgleitbewölkung aus, oft bereits viele 100 km vor der Warmfront am Boden. Unmittelbar vor der Warmfront kann es aus dieser Bewölkung schon regnen oder schneien.

Im westlichen Teil, an der Kaltfront, dringt die Kaltluft meist kräftig vor. Wegen der Zunahme der Windgeschwindigkeit mit der Höhe kann sie, statt sich unter die Warmluft zu schieben und diese dabei kräftig anzuheben, sogar in der Höhe etwas vorauseilen. Damit herrscht an dieser Front eine sehr labile Schichtung, und die Luft strudelt gleichzeitig in mächtigen vertikalen Strömungen aufwärts. Es entstehen kräftige Schauerwolken und seltener eine Aufgleitbewölkung. Zwischen den beiden Fronten reicht die Warmluft in einer breiten Zunge, dem **Warmsektor,** nach Norden bis zum Zentrum der Wellenstörung, zum Kern des tiefsten Luftdruckes.

Die Höhenströmung treibt längs der Frontalzone die Wellenstörung nach Osten; diese verwandelt sich in eine kräftige Wirbelstörung, in eine ausgesprochene Zyklone. Die Kaltfront wird dabei rascher vorangetrieben als die Warmfront; der Warmsektor wird immer mehr eingeengt (Abb. 26, T 3). Gleichzeitig fällt der Luftdruck durch ein Auseinanderfließen der Luft in der Höhe; der Wind um das Tief wird immer stärker. Die von geschlossenen Isobaren umgebene Zyklone kann nun einen Durchmesser von 1000 km und mehr erreichen. Mit der weiteren Entwicklung holt die Kaltfront die Warmfront, im Kern des Wirbels beginnend, ein: die Zyklone **okkludiert** (Abb. 26, T 2; Abb. 27, Mitte). Zwischen der Kaltluft vor der Warmfront und der Kaltluft hinter der Kaltfront bestehen aber immer noch Temperaturunterschiede; so behält die entstandene Okklusionsfront einen Frontcharakter. Die Warmluft ist bei einer okkludierten Zyklone vom Boden abgehoben und gleitet daher an der Aufgleitfläche in der Höhe weiter auf. Sie ist gleichzeitig weit nach Norden vorgestoßen. Der Landregen vor der Okklusionsfront geht oft unmittelbar in das Schauerwetter auf der Rückseite über.

Hat die Kaltfront die Warmfront in ihrer ganzen Länge eingeholt, so ist die Zyklone vollständig okkludiert und füllt sich nun auf. Die Okklusion löst sich langsam auf (Abb. 26, T 1). Schließlich ist nur noch ein vergänglicher Rest einer großen wirbelförmigen Luftbewegung vorhanden. Die Wellenstörung, die etwa südlich von Neufundland entstanden ist, stirbt vielleicht über dem Weißen Meer ab. Auf ihrer ganzen Bahn hat der Wirbel immer wieder neue Kalt- und Warmluft in sich einbezogen, dabei die Kaltluft in niedere und die Warmluft in höhere Breiten transportiert. Ihre Lebensdauer kann von 1–2 Tagen bis mehrere Wochen betragen, letzteres, wenn sich große Zentraltiefs ausgebildet haben.

Auf der Wetterkarte sind fast immer mehrere Zyklonen und Fronten zu erkennen. Die genannten Entwicklungsstadien (Abb. 26 und 33) sind häufig an einer einzigen Front vorhanden. Die erste Zyklone dieser Zyklonenfamilie liegt dabei oft schon weit im Nordosten, während die letzte Wellenstörung erst weit im Südwesten ansetzt. Jede spätere Zyklone bewegt sich dabei gerne auf einer etwas südlicheren Bahn als ihre Vorgängerin. Zwischen den Zyklonen sind kleine Hochdruckgebiete oder kalte Hochdruckkeile vorhanden, in denen vorübergehend ruhigeres Wetter herrscht. Eine Zyklonenfamilie kann sich auch im Gegensinn des Uhrzeigers um ein größeres Zentraltief von Südwest bis nach Nordost und Nord bewegen. An der langgestreckten Kaltfront dieses Zentraltiefs haben sich dann mehrere kleinere Störungen und Wirbel ausgebildet, die in das Zentraltief münden und es sogar auffrischen können.

4.6.2 Der Wetterablauf bei Durchzug einer Zyklone

Da die größere Zahl der Zyklonen mit ihrem Kern nördlich von uns durchzieht, sei der Wetterablauf bei Durchzug einer Zyklone betrachtet, wie ihn ein Beobachter in einem solchen Fall erleben kann (Abb. 27 oben).

Zu Beginn herrscht sonniges, windschwaches Wetter in der Kaltluft. Der Kaltluftberg fließt auseinander, die Luft sinkt ab. Die Bewölkung besteht nur aus wenigen Haufen- oder Haufenschichtwolken. Im Sommer empfinden wir die Luft oft gar nicht einmal als kalt. Langsam geht aber der Zeiger des Barometers zurück, denn die Kaltluft wird in der Höhe schon durch leichtere Warmluft ersetzt. Die aufgleitende Warmluft kündigt sich zuerst in Federwolken an, die immer rascher vom Westen aufziehen und als dichte Eisbüschel lange, streifenförmige Fahnen hinter sich herschleppen können. Schließlich verdichten sie sich zu einem Eiswolkenschleier, dem Cirrostratus. Zwischendurch treten auch hin und wieder Felder feiner und immer grober werdender Schäfchenwolken auf. Die hohe Schleierwolke wird dichter und grauer, sie geht in den Altostratus über. Die zuerst oft noch von einem Haloring umgebene Sonne ist schließlich nur noch wie durch eine Mattscheibe sichtbar und verschwindet dann ganz. Aus dem Altostratus gehen schon einzelne Regentropfen hernieder, die beim Fallen zuerst noch verdunsten. Gelangen sie zu Boden, so ist aus dem Altostratos meist ein Nimbostratus, eine Regenwolke, geworden. Bei einer sich auflösenden Okklusion oder am äußeren Ende einer Warmfront kommt der Aufgleitvorgang mit der entsprechenden Wolkenbildung allerdings meist nicht mehr über die Entwicklung von Cirren und Altostratus hinaus. Hin und wieder kann sich auch die Bewölkung vor der Warmfront schon vor Einsetzen des Niederschlages auflösen, so daß wir das Aufgleiten der Warmluft nur an der hohen Bewölkung erkennen. Daher sind einzelne Cirren nicht unbedingt Vorboten schlechten Wetters.

Nähert sich nun die Warmfront, so wird der Kaltluftberg immer flacher, und mit Durchzug der Warmfront hört der Niederschlag gewöhnlich auf. Der Wind dreht rasch auf Südwest, und der Luftdruck fällt innerhalb des Warmsektors nur noch langsam oder bleibt sogar gleich. Die Temperatur ist merklich angestiegen. Das **Vorderseitenwetter** der Zyklone hat aufgehört, der Landregen weicht einer lockeren Bewölkung. Die Luft ist dunstig, hin und wieder fallen geringfügige Sprühregen, meist im Winter.

Nun tauchen auf breiter Linie am westlichen Horizont Haufenwolken auf, es nähert sich die Kaltfront. In der Höhe hat sich die Kaltluft wegen des starken Höhenwindes durch vorauseilende Federwolken, die im Sommer bekannten Gewitterschirme, angekündigt. Während die Warmluft vorher sanft und allmählich vordrang, bricht die Kaltluft gewaltsam ein, begleitet von stürmischen, böigen Winden und kräftigen Regen- oder Graupelschauern, manchmal sogar mit Gewittern.

Mit Eintreffen der schweren Kaltluft beginnt der Luftdruck rasch zu steigen, der Wind dreht plötzlich auf West bis Nordwest, die Temperatur fällt um mehrere Grad. Vielfach erfolgt der Einbruch der Kaltluft in mehreren Staffeln, alle begleitet von kräftigen Schauern und auffrischenden Winden. Zwischendurch scheint die Sonne in der Kaltluft, und die Schauerwolken wechseln mit kleineren Haufenwolken. Ist der Luftdruck merklich angestiegen, lassen die Schauer nach. Der Wind wird schwächer und dreht auch oft auf West und Südwest zurück. Die Luft beginnt im Kaltluftberg des nunmehr eingetroffenen Zwischenhochs abzusinken. Es bleiben nur noch einzelne Haufen- und Haufenschichtwolkenfelder.

Wäre die Zyklone vorher schon okkludiert gewesen, so wäre der Landregen der Vorderseite unmittelbar in das **Rückseitenwetter** mit Schauern übergegangen (Abb. 27 unten). In diesem Fall bekommt der Beobachter die Wettererscheinungen des nun ja nicht mehr existierenden Warmsektors natürlich nicht mehr zu sehen.

Die Wetterwirksamkeit der Fronten ist allerdings nicht immer gleich stark ausgebildet. Im Sommer ist die Kaltluft der Vorderseite oft nicht viel kälter als die aufgleitende Warmluft, die dann nur an hohen und mittelhohen Wolken zu erkennen ist. Nach anhaltend warmen Sommerwetter bringt meist erst die mit der Kaltfront oder Okklusion einbrechende Kaltluft eine entscheidende Wetteränderung. Beständiges, hochsommerlich warmes Wetter kann dann auch unmittelbar durch eine Gewitterkaltfront abgelöst werden. Im Winter kann die Kaltfront am Boden sogar milderes Wetter bringen, wenn sie eine flache, wenige 100 m hoch reichende Schicht von noch kälterer Festlandsluft verdrängt.

Zyklonen sind sehr komplexe Gebilde. Der Wetterablauf bei ihrem Durchzug kann daher mehr oder weniger stark von dem geschilderten Bild abweichen, besonders über dem Festland. Es gibt sogar Zyklonen mit mehreren Kaltfronten. Anhaltende Landregen sind aber in den meisten Fällen eine Folge des Aufgleitens von Warmluft über Kaltluft. Stau- und Föhnerscheinungen an den Gebirgen, selbst an kleineren Höhenzügen, beeinflussen das Wolkenbild und die Niederschlagstätigkeit. Im Alpenvorland verhindert der Föhn oft den Aufgleitregen, der meiste Niederschlag fällt dort bei steigendem Luftdruck beim Stau der Kaltluft. In Einzelfällen kann der Wetterablauf an den Fronten aber merklich anders sein, doch sind gut entwickelte Fronten fast immer mit Niederschlag vor oder nach Durchzug der Front verbunden.

Anhaltend kaltes Regenwetter ist auch bei sehr kräftigen Wirbeln möglich, die zwar in der Höhe stark ausgebildet, am Boden aber kaum als solche erkennbar sind. Diese Gebilde, wenig schön als **Kaltlufttropfen** bezeichnet, befinden sich im Kern hochreichender, sehr kalter Luft, in der der Luftdruck mit der Höhe viel rascher abnimmt als in der Umgebung. Diese Wirbel wandern sehr langsam; ihre Zugrichtung ist schwierig vorauszusagen.

Die Bilder, welche die Satelliten von den Wolkenfeldern der Erde liefern, zeigen besonders bei fortgeschrittenen Zyklonen die spiralige Anordnung der Wolkenfelder, wobei das schmalere Wolkenband der Kaltfronten die spiralige Struktur noch besser erkennen läßt als das breite Wolkenfeld vor der Warmfront. Man erkennt auch, wie lange sich bei fortgeschrittenen oder absterbenden Zyklonen spiralige Wolkenbänder noch erhalten. Mehrere Spiralen weisen oft auf die Existenz mehrerer Kaltfronten hin. Andererseits ist es vom Boden aus möglich, durch Radaraufnahmen sowohl die Ausdehnung und Annäherung der mit Fronten verbundenen Niederschlagsfelder als auch die einzelnen Schauer direkt sichtbar zu machen (Abb. 20, Seite 63).

Wie klar die Zyklonen aus den Wolkenbildern von Satelliten erkennbar sind, zeigt das vom Satelliten ESSA 2 am 8. Mai 1966 um 10.46 Uhr MEZ aus 1380 km Höhe aufgenommene Bild (Abb. 28), zu dem die Wetterkarte (Abb. 29) gehört. Die Symbole der Wetterkarte sind in Abb. 30 erläutert. Der Standort des Satelliten ist südwestlich der Halbinsel Cornwall (Kreuz in Abb. 29). Der rechte Rand des Bildes reicht von Algier über die Po-Ebene und Polen bis Lettland, der nördliche Rand von dort über Südnorwegen und Nordisland bis zur Ostküste Grönlands. Die Westbegrenzung verläuft etwa parallel zum 32. westlichen Längengrad bis in den Raum der Azoren, die Südgrenze durchschneidet Marokko.

Der große Wirbel des zum Teil schon okkludierten Tiefs mit dem Kern nordwestlich von Irland ist an der spiralförmigen Anordnung der Wolken gut erkennbar. Vor, d. h. östlich der Okklusion und Warmfront liegen große Teile der Britischen Inseln, Mittel- und Westfrankreichs unter einer hochreichenden, strukturarmen, weiß reflektierenden Nimbostratusdecke, aus der es, wie die Wetterkarte zeigt, von der Bretagne über England bis nordwestlich Schottland regnet. Die Kaltfront, die von Wales nach Südwesten reicht, ist an einem schmaleren Wolkenbogen erkennbar, der im Bild um 10.46 Uhr die Nordwestecke Spaniens schon erreicht hat. Westlich der Kaltfront bzw. der Okklusion ist die Bewölkung auf der Rückseite des Tiefs aufgebrochen. Auch diese, vorwiegend aus Cumulusformen bestehende Bewölkung zeigt durch ihre Anordnung den Wirbelcharakter des Tiefs. Im Bildmittelpunkt sind Ansammlungen kräftiger Cumulonimben erkennbar. Die ganz im Westen befindlichen schichtförmigen Wolken stehen im Zusammenhang mit dem langgestreckten Regengebiet am Westrand der Karte.

In der Nordwestecke bei Grönland und in der Südwestecke bei den Azoren herrscht wolkenloses Hochdruckwetter. Auch Spanien und das westliche Mittelmeer sind wolkenlos, so daß die schneebedeckten Pyrenäen und Westalpen sichtbar werden. Das Mittelmeer ist auf dem Bild dunkel und zeigt somit, wie gering die Reflexion der Sonnenstrahlen an der Wasserfläche ist.

Etwa längs des 6. östlichen Längengrades ist ein nahezu wolkenfreier Streifen von der mittleren Nordsee bis zur Rhonemündung in dem mit „h" auf der Karte gekennzeichneten Hochdruckkeil erkennbar. Das Wolkensystem östlich dieser Zone im Nordosten des Bildes gehört zu den Frontensystem, das von der Adria zum Baltikum reicht. Ein kalter Nordwind trifft auf die Alpen. Die Folge ist ein Stauregen auf der Alpennordseite, während es, wie das Bild in der Mitte des östlichen Bildrandes zeigt, bei Nordföhn über der Poebene wolkenlos ist.

Das Problem der Wettervorhersage ist es, die Wanderung und die Veränderung dieser Druckgebilde mit ihren Wolken- und Niederschlagsfeldern vorherzusagen. Dabei bereiten die ständigen Veränderungen der Zyklonen oft mehr Schwierigkeiten als ihre Verlagerung. Doch betrachten wir zunächst noch die wichtigsten Entstehungsgebiete und Wege der Zyklonen.

4.6.3 Entstehungsgebiete und Wanderung der Zyklonen

Ein wichtiger Entstehungsherd für die in Mitteleuropa auftretenden Zyklonen ist der westliche und mittlere Atlantik, im Sommer oft in etwas höheren Breiten als im Winter. Die meisten Zyklonen wandern von Westsüdwest nach Ostnordost, bis sie entweder von einem stabilen Hoch aufgehalten werden oder in ein steuerndes Zentraltief einmünden, welches sie vorher umkreist haben. Im Winter wandert ein Teil der Zyklonen vom Atlantik weit ins Mittelmeergebiet. Auch das europäische Nordmeer ist eine bevorzugte Bahn für die Zyklonen, besonders wenn der Weg nach Mittel- und Nordeuropa durch ein Festlandhoch blockiert ist. Bei unbeständigem Sommerwetter dringt aber oft eine Zyklone nach der anderen bis nach Osteuropa vor. Die Zyklonen des Winterhalbjahres sind meist kräftiger als die des Sommerhalbjahres, wenn auch das Wettergeschehen an einer sommerlichen Kaltfront sehr intensiv sein kann. Das kanadische wie das sibirische winterliche Festlandhoch lassen die Zyklonen selten tief in die Kontinente eindringen. Diese beiden Hochs sind aber andererseits auf ihrer Ostseite oft die Kaltluftquellen für die Tiefs, das kanadische für die bei Neufundland entstehenden Tiefs.

Zyklonen entstehen auch über dem Festland. Notwendig sind nur gegensätzliche Luftmassen. Wenn Kaltluft zwischen Pyrenäen und Alpen gegen die Warmluft des Mittelmeers vorstößt, entsteht oft innerhalb weniger Stunden eine Zyklone über Oberitalien. Die Alpennordseite liegt dann im Stau kalter Luft aus Norden, über welche das neu entstandene Tief Warmluft in der Höhe aus Südost aufgleiten läßt. Das Tief wandert meist langsam nach Nordosten und ist für ergiebige Regen, oft sogar für Hochwasser in Südbayern, Österreich und Böhmen verantwortlich.

Nicht selten verlagern sich Zyklonen an 1 oder 2 Tagen um ihre ganze Breite nach Osten. Damit verlagern sich auch die zwischen den Zyklonen liegenden kalten Zwischenhochs ebenso schnell. Es wechseln Wetterverschlechterung und vorübergehende Wetterbesserung mehrmals im Abstand von 1–2 Tagen hintereinander ab.

Die Zyklonen können auf vielen Bahnen wandern. Ihre Zugrichtung stimmt oft mit der Richtung der Isobaren im Warmsektor auf der Wetterkarte überein. Einen besseren Aufschluß über ihre Verlagerung geben die Karten der Luftströmung in 5–10 km Höhe. Das gilt besonders für die meist schnell wandernden jungen Zyklonen, die nur auf der Bodenwetterkarte mit einem eigenen Tiefdruckkern erkennbar sind. Je älter eine Zyklone wird, um so geringer ist meist ihre Zuggeschwindigkeit. Völlig okkludierte und damit sehr hoch reichende Zyklonen verharren schließlich auf der Stelle, wo sie dann absterben können.

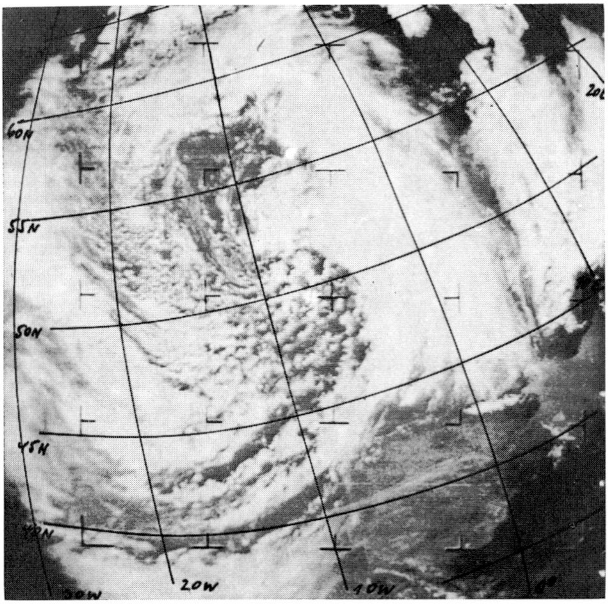

Abb. 28. Vom Satelliten ESSA-2 am 8. Mai. 1966 über dem Ostatlantik und Europa aufgenommenes Wolkenbild mit großer Zyklone bei Irland.

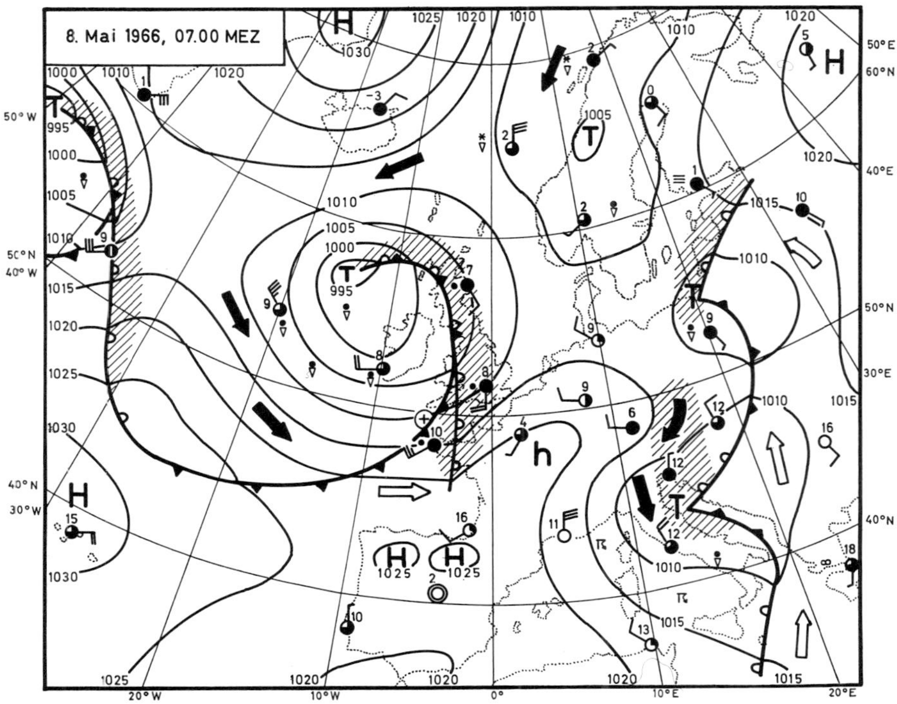

Abb. 29. Wetterkarte zu Abb. 28.

Abb. 30. Die auf einer Wetterkarte verwendeten Symbole.

5 Die Wettervorhersage

5.1 Die kurzfristige Wettervorhersage

Presse, Funk und Fernsehen bringen regelmäßig eine vom Wetterdienst erstellte Vorhersage. Im Fernsehen wird dabei die Wetterlage, auf der die Vorhersage gründet, sogar anhand der Wetterkarte und von Satellitenfotos erläutert. Darüber hinaus lassen sich viele Interessenten, besonders auch Landwirte und Gärtner, im Abonnement telefonisch mit Vorhersagen versorgen oder auch vor Wettergefahren, wie Sturm, Frost, Gewitter u. a., warnen. Dabei erreicht die unmittelbare Beratung eines Kunden die höchste Trefferquote, weil sie gezielt auf dessen Bedürfnisse eingehen kann, während die Rundfunkprognose immer für ein größeres Gebiet gelten muß. Die **kurzfristige** Vorhersage, die für einen Zeitraum bis zu 48 Stunden gilt, erreicht für den nächsten Tag eine Trefferquote von etwas mehr als 85%. **Mittelfristige** Vorhersagen bis zu 10 Tagen basieren heute auf den Berechnungen der Änderungen der Wetterlage, besonders der Strömungsverhältnisse, mittels Computer, während **langfristige** Vorhersagen über den Witterungscharakter eines Monats oder einer Jahreszeit wohl noch lange mit einem großen Unsicherheitsfaktor behaftet bleiben, weil sie eigentlich nur auf statistischen Beziehungen beruhen.

Die Grundlage der kurzfristigen Vorhersage bildet der Überblick über das gleichzeitig in einem größeren Gebiet herrschende Wetter. Die Methode heißt darum die **synoptische** (Synopsis = Zusammenschau). Voraussetzung hierfür war die Einführung des Telegraphen, wodurch die Wettermeldungen aus einem großen Gebiet rasch eingesammelt werden konnten. Heute werden die Wetterämter dank eines weltweiten Wetterfunk- und -fernschreibnetzes regelmäßig mit Meldungen versorgt; dabei dienen die neuesten Wettersatelliten gleichzeitig als Wetternachrichtensatelliten zur Übermittlung der Meldungen aus entfernten Ländern.

Alle Wettermeldungen werden nach einem international vereinbarten Zeitplan in einem einheitlichen Zahlenschlüssel verbreitet. Sie enthalten Angaben über alle wichtigen Größen, wie Luftdruck, Luft- und Taupunkttemperatur, Windrichtung und -stärke, Art und Menge der Bewölkung, Sichtweite und Wetterzustand, z.B. ob es regnet oder schneit. Für kleinere Gebiete, wie Mittel- und Westeuropa, treffen die Meldungen stündlich ein, darüber hinaus alle 3 bzw. 6 Stunden von ganz Europa bzw. der Nordhalbkugel. An den Wetterzentralen werden die Daten gleich automatisch in elektronische Rechenanlagen eingespeist, deren Zeichner (sog. Plotter) die Meldungen mit bestimmten Symbolen in eine Landkarte einzeichnen. Dem Meteorologen obliegt dann die Analyse dieser Karte; er zeichnet die Isobaren ein, kennzeichnet die Temperaturfelder, die Luftmassengrenzen und Fronten, die Niederschlagsgebiete. Eine Karte, die den Raum vom Westatlantik bis zum Ural, vom Eismeer bis Nordafrika umfaßt, liegt wenige Stunden später vor und wird per Bildfunk vom Zentralamt des Deutschen Wetterdienstes in Offenbach für alle Wetterämter und Nachbarländer alle 6 Stunden ausgestrahlt. Dazwischen werden zahlreiche andere Karten und Unterlagen gesendet.

Abb. 31, 32, 33 stellen vereinfachte Wetterkarten unter Verwendung derselben Symbole dar, wie sie das Fernsehen oder die Presse veröffentlichen. Mit diesen Wetterkarten, die die Wetterverhältnisse aufgrund von Bodenbeobachtungen beschreiben, läßt sich die Wetterlage noch nicht ausreichend analysieren, denn das Wettergeschehen ist dreidimensional. Die Vorgänge in der Höhe sind für das Wetter am Boden mit entscheidend, ihre Kenntnis ist für die Sicherung des Flugverkehrs unentbehrlich. Um die Verhältnisse in der Höhe zu erfassen, werden Meldungen von Flugzeugen mit ausgenutzt, vor allem aber werden **Radiosonden** eingesetzt. In Europa ist deren Stationsabstand rund 250 km. Auf der Erde gibt es über 600 Stationen, an denen Radiosonden an Ballons 2–4mal am Tage 20–30 km hochsteigen. Bei ihrem Aufstieg messen diese Geräte fortlaufend Luftdruck, Temperatur und Luftfeuchte und senden die Werte sofort zur Bodenstation. Die Messung der Abdrift der Radiosonden mittels Radarstrahlen ergibt Windrichtung und -geschwindigkeit in allen Höhen. Schon der Radiosondenaufstieg eines einzelnen Ortes verrät viel, was für die lokale Vorhersage wichtig ist, z.B. etwas über die Stabilität oder Labilität der Luftschichtung und den Wasserdampfgehalt, unentbehrlich für die Vorhersage von Haufenwolken- und Gewitterbildung, über das Vorhandensein von Inversionen, oder ob in der Höhe schon Warmluft über Kaltluft aufgleitet. Die in die elektronischen Rechenanlage eingegebenen Radiosondenwerte werden von diesen in Karten der Höhenlage der 850-, 700-, 500-mbar-Fläche usw. verarbeitet, die ebenfalls mit Bildfunk verbreitet werden. Aus verschiedenen Gründen zeichnet man nicht die Karte des Luftdruckes z.B. in 5 km Höhe, sondern die Höhe der 500-mbar-Fläche über dem Meeresniveau, welche dem Meteorologen das gleiche sagt. Der Verlauf der Isolinien dieser Karte stimmt mit der Richtung des Höhenwindes überein; je geringer ihr Abstand ist, um so größer ist die Windgeschwindigkeit. Da der Abstand zweier Isobarenflächen, z.B. der 1000- und der 500-mbar-Fläche nur von der Temperatur zwischen diesen Flächen abhängt, zeigt eine Karte dieses Abstandes die Verteilung von Warm- und Kaltluft. Die Höhenkarten der 500- oder 300-mbar-Fläche sind nicht nur für die Flugberatung wertvoll, sie geben wichtige Hinweise für die Verlagerung und Verstärkung oder Abschwächung von Zyklonen.

Das Meßnetz, besonders das der Höhenmessungen, ist trotz allem in vielen Gebieten der Erde noch sehr dünn, so daß uns vom Boden aus manche Wettererscheinungen, vor allem Neubildungen von Störungen entgehen. Auf den Weiten der Ozeane konzentrieren sich die Wettermeldungen auf die großen Schiffsrouten; der Abstand der Radiosonden ist oft 1000 km und mehr. Langsam wird ein Netz mit Wetterbojen aufgebaut, deren Meßwerte über die Wettersatelliten verbreitet werden. Im Rahmen der sog. Welt-Wetterwacht ist nun ein weltumspannendes Wettersatellitensystem aufgebaut worden, das die Analyse der jeweiligen Wetterlage, vor allem über den weiten Weltmeeren, erleichtert und damit zur Verbesserung zumindest der Gebiets-, weniger der Lokalvorhersage beiträgt, auch wenn die Satelliten nur den jeweiligen Istzustand erfassen und selbst natürlich noch keine Prognosen liefern können. Es gibt nun 2 Typen von Satelliten. Die geostationären, derzeit 5, stehen in 36000 km Höhe ortsfest über dem Äquator, der europäische METEOSAT auf 0° Länge. Sie haben die gleiche Umdrehungsgeschwindigkeit wie die Erde selbst. Diese Satelliten liefern halbstündig im sichtbaren wie im infraroten Wellenlängenbereich Bilder der Erde, METEOSAT von fast 60° N bis 60° S, von 55° O bis 55° W. Diese Bilder zeigen die Verteilung der Wolken und lassen so auch die Lage der Fronten, der großen Tiefdruckwirbel wie auch die der Hurrikane erkennen. Sie zeigen ferner die Eisbedeckung der Meere und die Schneebedeckung der Landflächen. Darüber hinaus messen sie über die Stärke der langwelligen Ausstrahlung der Oberflächen des Erdbodens und der Wolken deren Temperatur. Die Temperatur der Wolkenoberfläche ist Anhalt für deren Höhe. Aus der Verlagerung der Wolken ist weiter der Höhenwind abschätzbar.

Die anderen, nämlich relativ zur Erde in Bewegung befindlichen Satelliten umkreisen in etwa $1^1/_2$ Stunden in ca. 1500 km Höhe die Erde von Pol zu Pol. Sie liefern 2mal in 24 Stunden Bilder von der ganzen Erde, von der Nachtseite nur im langwelligen Bereich. Durch Messung der von Wasserdampf und Kohlendioxid ausgehenden Intensität der atmosphärischen Gegenstrahlung bei ganz bestimmten Wellenlängen ist es sogar möglich, die Verteilung des Wasserdampfgehaltes und der Lufttemperatur vom Boden bis in die Stratosphäre zu messen, also die gleichen Werte wie von Radiosonden zu gewinnen und damit die Karten der Höhenströmung besonders über den Ozeanen zu verbessern.

Mit all diesen Unterlagen kann der Meteorologe die jeweilige Wetterlage analysieren; die genaue und umfassende Kenntnis des Istzustandes ist die erste Voraussetzung für die Vorhersage. Sofern diese für 12 Stunden gemacht wird, bringt der Einsatz des Computers aber noch wenig Gewinn. Aufgrund der Ausgangswetterlage und unter Anwendung physikalischer Gesetze sowie zahlreicher Erfahrungsregeln muß dann abgeschätzt werden, wie sich die Hoch- und Tiefdruckgebiete verändern und verlagern. Die Bewegung der Fronten, Luftmassen und Niederschlagsfelder oder auch deren Neubildung oder Vergehen sind zu berücksichtigen. Es ist abzuschätzen, ob sich bei der gegebenen Situation Nebel bilden oder ob sich Schauerwolken und Gewitter entwickeln können. Die zu erwartenden Höchst- und Tiefsttemperaturen lassen sich aus der Ausgangstemperatur und der von der Wolkenbildung abhängigen Ein- und Ausstrahlung sowie aus lokalen Gegebenheiten und der Art der einströmenden Luftmasse abschätzen. Eine Fehlvorhersage der Bewölkung bringt deshalb oft von selbst eine Fehlvorhersage der Temperatur.

Für die Vorhersage des Wetters des nächsten Tages wird dann schon der Computer mit eingesetzt. Würden wir den Zustand der Atmosphäre, d.h. Temperatur, Luftdruck, Luftfeuchte, Wind, Strahlungsbilanz auf der ganzen Erde in allen Höhen sowie den Zustand der Land- und Meeresoberflächen genau kennen und ließen sich weiter alle physikalischen Gesetze, die die Vorgänge in der Atmosphäre, besonders den großen Luftkreislauf, beschreiben, bei diesem Verfahren auch anwenden, dann müßte eine Vorhersage auf viele Tage hinaus exakt möglich sein. Leider stehen alle diese Daten nicht von überall und nicht mit der gewünschten Genauigkeit zur Verfügung. Eine Beschränkung ist daher unvermeidlich, auch wenn diese zunehmend vermindert wird. Immerhin werden neuerdings den Rechnern für die Punkte eines Gitternetzes von etwa 250 km Abstand und für 9 Höhenstufen bis zur Stratosphäre die Temperatur-, Luftdruck- und Windwerte sowie die Luftfeuchte eingegeben, und der Computer berechnet dann in etwa einer Stunde im voraus die Luftdruck- und Strömungsverteilung für alle Höhenschichten und angenähert die Bewölkungs- und Niederschlagsfelder, Temperatur und Feuchte. Im europäischen Wetterzentrum in Reading/England geschieht dieses bis 6 Tage im voraus für die gesamte Nordhalbkugel. Die den Wetterämtern dann zugelieferten Vorhersagekarten entsprechen ungefähr der Boden- und der 500-mbar-Karte, jedoch für viel größere Flächen, wie sie in den Abb. 31–33 dargestellt sind. Damit liefern die Computer schon Unterlagen für die mittelfristige Vorhersage zumindest des Witterungscharakters für Gebiete von etwa 250 km Durchmesser. Vorhersagen des lokalen Wetters auf soviel Tage ist mit dem Computer allein deswegen nicht möglich, weil der Gitternetzabstand der eingegebenen Daten so groß ist. Computervorhersagen über 10–12 Tage hinaus sind unmöglich, es sei denn, man könnte alle Meßwerte der Atmosphäre für die ganze Erde, die Temperaturwerte der Ozeane völlig fehlerfrei messen und die Gestaltung und den Zustand der Landoberflächen mathematisch noch viel genauer beschreiben. Das alles ist jedoch Utopie; denn auf so lange Zeit im voraus sind selbst für Mitteleuropa die Wetterverhältnisse und der Wärmehaushalt des Ozeans in den entlegensten Breiten nicht mehr vernachlässigbar. Wenn künftig auch bei der lokalen Wettervorhersage jedes Prozent Verbesserung nur noch ganz langsam zu erzielen ist, so besteht begründete Hoffnung, daß sich die mittelfristige Witterungsvorhersage merklich verbessern läßt.

Für die Vorhersage von Niederschlag, besonders von Schauern und Gewitterregen und damit auch von Gewitterböen, ist das Wetterradar eine unentbehrliche Hilfe. Erst seit seiner Einführung kann man im Umkreis von 200–400 km feststellen, wo überall Regenschauer stehen, welche Intensität sie haben und wie sie ziehen. Das Wetterradar ist für die Flugsicherung, aber auch sonst ein unentbehrliches Hilfsmittel für die Warnung vor Sturm oder Starkregen geworden.

Mit der synoptischen Methode werden, gestützt auf eine gute Analyse der Wetterlage und bewährte Erfahrungsregeln, immerhin 85% Treffer für 36 Stunden im voraus erreicht. So lokal auftretende Erscheinungen wie die Entstehung, Verlagerung und Intensität eines Gewitters oder Hagelschlages lassen sich für einzelne Orte mit Hilfe des Wetterradars oft nur für wenige Stunden voraussagen. Auch die Regenmengen, die ja auch von der Gestaltung der Erdoberfläche so sehr beeinflußt werden und an einem einzelnen Tag noch viel unterschiedlicher sein können, als es die Karte auf Seite 134 zeigt, lassen sich natürlich nicht im voraus mit allen Einzelheiten beschreiben. Ein Rest von Fehlvorhersagen bleibt unvermeidlich, wobei die meisten noch durch Änderungen und damit oft Fehlabschätzungen der Verlagerungsgeschwindigkeit oder der Zugrichtung von Regenfronten vorkommen, also Zeitfehler sind. Ein sorgfältiger Beobachter wird aber am Wetterablauf erkennen, ob eine Entwicklung rascher oder langsamer als vorhergesagt verläuft. Im Mittel über einen langen Zeitraum wird derjenige am besten fahren, der die eigene Beobachtung von Wind und Wolken mit der im Rundfunk veröffentlichten und durch Schilderung der Wetterlage begründeten Vorhersage verbinden kann. So unangenehm einzelne Fehlvorhersagen sein können – über ein ganzes Jahr bedeuten 85% Treffer einen enormen wirtschaftlichen Nutzen, ganz abgesehen vom Wert der Warnungen vor den verschiedenen Arten von Unwettern, die, weil sie oft sehr kurzfristig ergehen, bis auf seltene Ausnahmen vom Gang der Ereignisse bestätigt werden.

5.2 Wichtige Wetterlagen

Um das Lesen einer Wetterkarte, wie sie im Fernsehen und in der Zeitung gebracht wird, zu erleichtern, seien 3 wichtige Wetterlagen mit den sich daraus ergebenden Vorhersagen an Hand solcher Karten beschrieben. Ihre auf internationalen Vereinbarungen beruhenden Symbole werden in Abb. 30 erläutert. Anzufügen ist: Die je nach dem Grad der Bewölkung mehr oder weniger stark ausgefüllten Kreise kennzeichnen auch die Lage der betreffenden Wetterstation, und bei den teils in sich geschlossenen, teils von einem bis zum anderen Kartenrand verlaufenden Linien handelt es sich um Isobaren (Linien gleichen Luftdrucks), bezogen auf Meereshöhe.

Jede der 3 Wetterlagen ist außer in der Bodenwetterkarte auch in einer Höhenwetterkarte dargestellt; diese gibt die Höhe der 500-mbar-Fläche über dem Meeresspiegel an und sagt dasselbe aus wie eine Karte der Luftdruckverteilung in etwa $5^1/_2$ km Höhe. Ihre Isolinien, die den Isobaren entsprechen, sind Höhenschichtlinien der 500-mbar-Fläche in Dekametern (genauer in sog. geodynamischen Dekametern, die etwa 10,2 m entsprechen). In dieser Höhe weht der Wind parallel zu den Höhenschichtlinien (Pfeile) und um so stärker, je enger die Linien beieinander liegen. Die Minuszahlen kennzeichnen die Lufttemperatur an den betreffenden Stellen im 500-mbar-Niveau.

ersetzt durch geopotent. Meter: $1 gpm = 9{,}81 \frac{m^2}{s^2}$ $1 da gpm \hat{=} 10{,}0 m$ Höhendifferenz

Nordlage (typisch für Spätfrost), 5. Mai 1957, 13 Uhr MEZ
Zwischen tiefem Luftdruck über Schweden-Finnland und hohem Druck über dem Ostatlantik und dem Nordmeer strömt polare Kaltluft über die Nordsee nach Mitteleuropa. In der Kaltluft treten Schneeschauer und kräftige Winde auf. Die Kaltluft ist schon bis England und Oberitalien vorgestoßen. Über Deutschland hat sich an der Kaltfront noch eine schwache Störung gebildet. Wie so häufig ist durch das Auf-

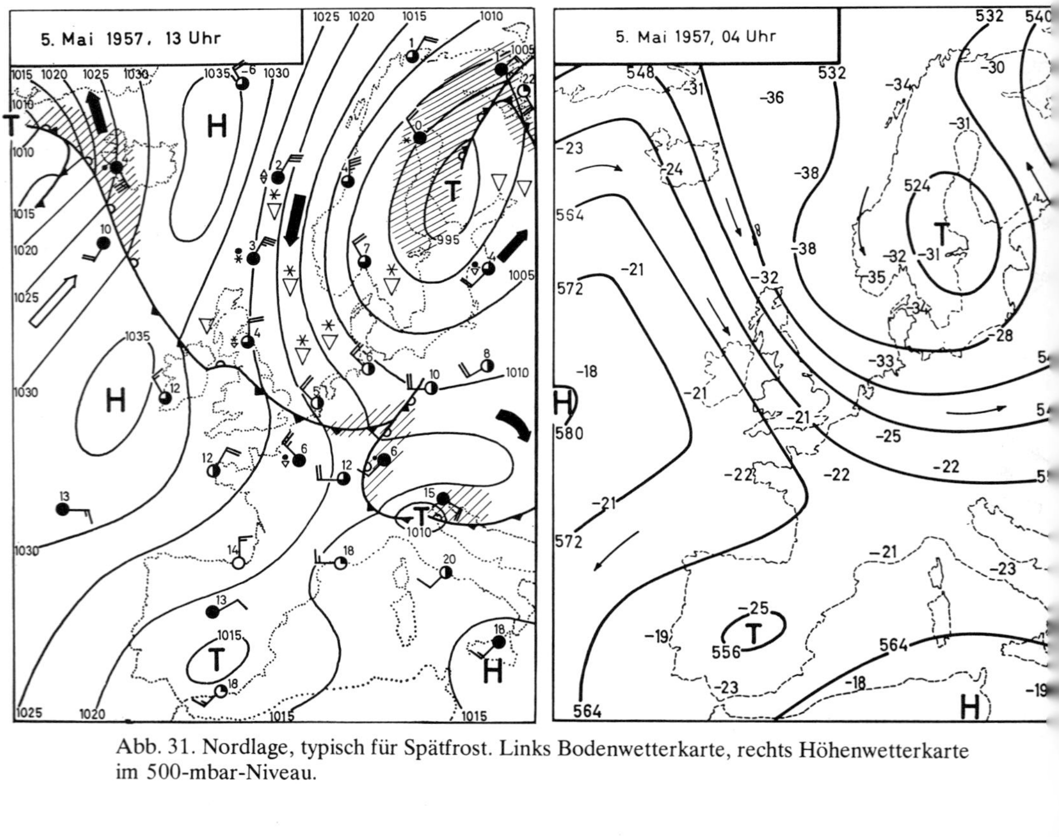

Abb. 31. Nordlage, typisch für Spätfrost. Links Bodenwetterkarte, rechts Höhenwetterkarte im 500-mbar-Niveau.

treten der polaren Kaltluft auf die warme Mittelmeerluft ein kleines Tief über der Pomündung entstanden.

Eine geringe Abkühlung reicht schon aus, damit in Deutschland in der Nacht verbreitet Frost auftritt. Da in diesem Falle der hohe Luftdruck noch etwas weit im Westen liegt, steht für die kommende Nacht Windfrost bevor. An den folgenden Tagen ist jedoch eine Verlagerung des hohen Luftdrucks nach Mitteleuropa zu erwarten, wobei die Kaltluft zur Ruhe kommt. Das wird in Mitteleuropa in den weiteren Nächten Strahlungsfrost bringen. Läge schon jetzt ein Hochdruckgebiet über den Britischen Inseln, so würde sich die Luft über Deutschland rascher beruhigen, und die erste Nacht brächte bereits windschwaches Frostwetter.

Die Höhenwetterkarte zeigt, daß das schwedisch-finnische Tief hoch reicht und auch in der Höhe kalt ist. Ein sehr großer Temperaturgegensatz besteht zwischen der hochreichenden Kaltluft über dem Nordmeer und der aufgleitenden Warmluft des Tiefs westlich von Island. Das Nordmeerhoch ist in der Höhe nicht zu erkennen, während das Hoch südwestlich von Irland hoch reicht und mit −18 °C in der Höhe relativ warm ist. Die starke nordwestliche Höhenströmung zwischen diesem Hoch und dem schwedischen Tief steuert die Fronten bei Island und das Nordmeerhoch auf Europa zu. Eine entscheidende Wetteränderung über West- und Mitteleuropa ist erst möglich, wenn diese nordwestliche Höhenströmung aufhört.

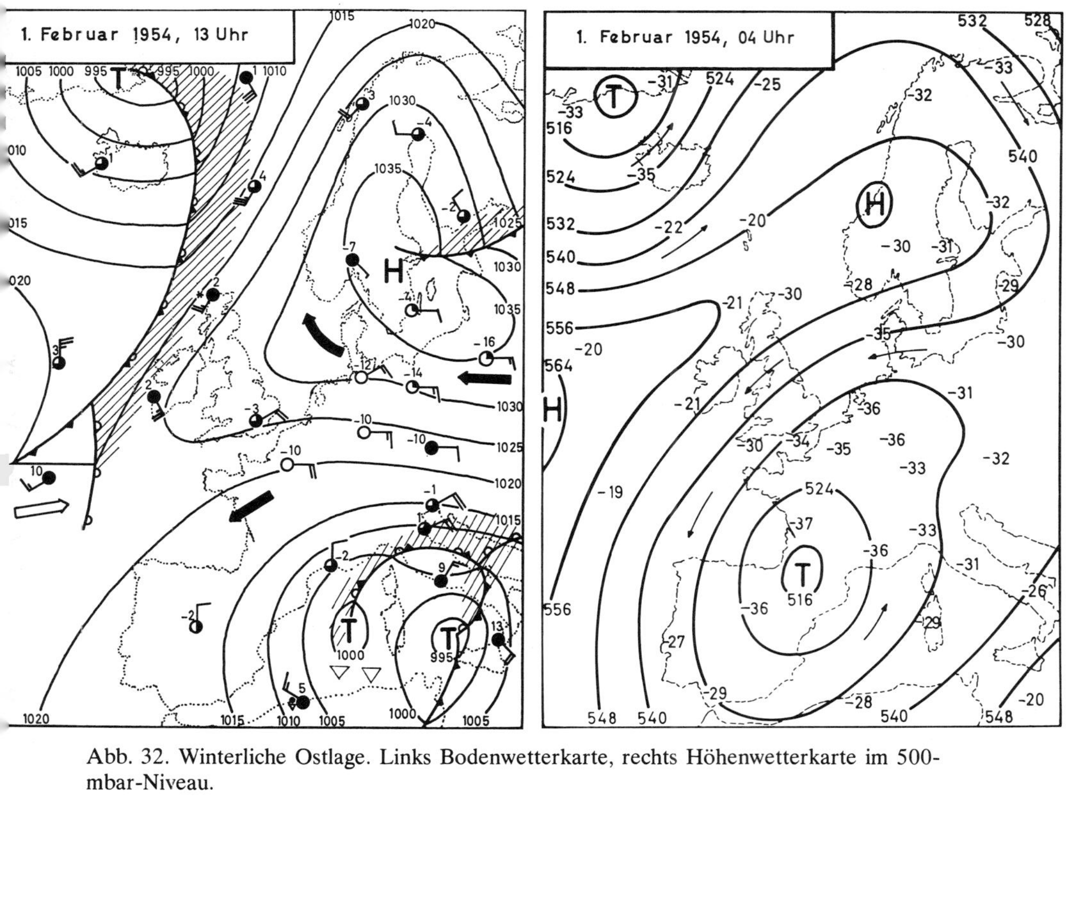

Abb. 32. Winterliche Ostlage. Links Bodenwetterkarte, rechts Höhenwetterkarte im 500-mbar-Niveau.

Winterliche Ostlage, 1. Februar 1954, 13 Uhr MEZ
Auf der Südseite eines sehr kräftigen Hochdruckgebietes über Skandinavien und dem Balkan strömt mit frischen Ostwinden sehr kalte Festlandsluft nach Mitteleuropa ein. Es herrscht strenges, trockenes und sonniges Frostwetter über Deutschland. Das Hochdruckgebiet hält die atlantischen Zyklonen fern, die über das Nordmeer nach Nordosten gelenkt werden. So ist es in der Südwestströmung über dem Nordmeer viel wärmer als auf dem gesamten Kontinent. Über dem Mittelmeer herrscht eine rege Tiefdrucktätigkeit bei großen Temperaturgegensätzen zwischen der Kaltluft im westlichen und der Warmluft im östlichen Mittelmeer.

Eine solche Luftdruckverteilung ist im Hoch- und Spätwinter häufig. Im Sommer würde bei dieser Druckverteilung dagegen trockene, warme Festlandsluft nach Deutschland einströmen. Im Herbst bringen solche Lagen oft Nachtfrost, bei etwas südlicherer Lage des Hochdruckkerns über Deutschland auch häufig Nebel.

Die Höhenwetterkarte zeigt, daß das skandinavische Hoch hoch reicht, was seine Beständigkeit bewirkt. Es ist in der Höhe über Skandinavien daher relativ warm, wärmer als über Südwesteuropa. Da der Luftdruck in kalter Luft mit der Höhe rascher abnimmt als in warmer und es über dem westlichen Mittelmeer kälter ist als über dem östlichen, liegt das Zentrum des Mittelmeertiefs in der Höhe viel weiter im Westen als am Boden.

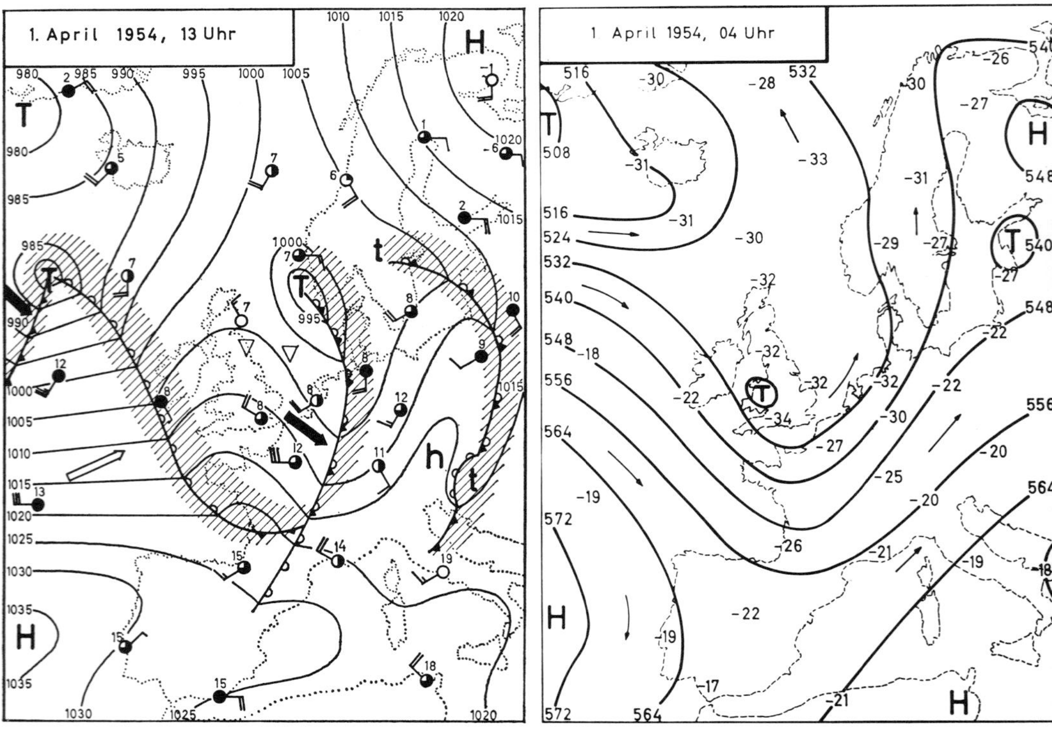

Abb. 33. Westwetterlage. Links Bodenwetterkarte, rechts Höhenwetterkarte im 500-mbar-Niveau.

Westwetterlage, 1. April 1954, 13 Uhr MEZ
Eine Zyklonenfamilie wandert zwischen dem Hoch bei den Azoren und dem Tief nordwestlich von Island gegen Europa. Ihre einzelnen Glieder haben verschieden große Entfernungen zurückgelegt und befinden sich in unterschiedlichen Stadien ihrer Entwicklung: Die erste Zyklone mit dem Kern über Schweden ist bereits völlig okkludiert und zieht noch etwas weiter nach Nordosten. Die zweite Zyklone über der Nordsee ist ebenfalls weitgehend okkludiert. Ihre Okklusionsfront reicht mit einem langen Regenband von Südnorwegen bis nach Südfrankreich. Die dritte Zyklone westlich von Irland hat einen breiten Warmsektor und geht ihrem Höhepunkt entgegen. Die Okklusions- und Warmfronten bringen Regen, der Warmsektor etwas Sprühregen. Holland und Belgien haben das Rückseitenwetter der zweiten Zyklone, England und Schottland gerade eine kurze Besserung bei Durchzug des Zwischenhochkeiles vor Eintreffen der Warmfront. Das Wetter über Deutschland wechselt bei dieser Lage zwischen Aufgleitregen, kühlem Schauerwetter der Rückseite und Beruhigung im Zwischenhoch.

Die Höhenwetterkarte zeigt, daß die Kaltluft zwischen der zweiten und dritten Zyklone sehr hoch reicht. Die Luft über England ist hochreichend kalt, daher steht dem Hochdruckkeil am Boden tiefer Luftdruck in der Höhe gegenüber. Mit der südwestlichen Höhenströmung über Mittel- und Nordeuropa wandern die beiden ersten Zyklonen auch mehr nach Nordosten.

5.3 Die mittel- und langfristige Wettervorhersage

Angesichts des großen Interesses, das gerade die Landwirtschaft an einer Wettervorhersage für eine Woche oder gar für einen Monat hat, ist es notwendig, die Möglichkeiten und Grenzen solcher Prognosen darzulegen. Die mit Hilfe des Computers erstellte sog. **numerische Vorhersage** gibt heute die Luftdruck- und Strömungsverhältnisse in den verschiedenen Höhen für 6 Tage im voraus an; sie wird in Bälde durch das europäische Wetterzentrum bis auf 10 Tage ausgedehnt werden können, so daß es besser fundierte Anhalte für den zu erwartenden Witterungscharakter geben wird. Wie die synoptische Methode ihre Grenze bei einer Prognose von 2–3 Tagen hat, so hat die numerische letztlich ihre Grenze bei 10–12 Tagen.

Es gibt jedoch noch andere Methoden, um wenigstens einen Anhalt über den Witterungscharakter der nächsten Wochen zu gewinnen. Hier hilft schon die Erhaltungs- oder Wiederherstellungsneigung des Wetters. Gerade im Frühherbst erleben wir, daß Hochdruckwetter über viele Tage anhält oder sich immer wieder herstellt. Wir kennen auch eine Wiederholungsneigung, z. B. den mehrfachen Wechsel bei der Aufeinanderfolge von Tiefdruckgebieten und Zwischenhochs. Für diese Erscheinungen ist die Höhenströmung in der oberen Troposphäre verantwortlich, die sich in einigen mehr oder weniger starken sog. planetarischen Wellen um den Erdball windet. Diese Wellen verändern und verlagern sich viel langsamer als z. B. Zyklonen und Antizyklonen, die von dieser Strömung gesteuert werden. Änderungen der Höhenströmung haben meist eine Änderung des Witterungscharakters zur Folge.

Bis heute jedoch basieren die langfristigen Vorhersagen vorwiegend auf statistischen Grundlagen. Eine Methode ist die sog. Korrelationsmethode. Eine Korrelation ist eine Wechselbeziehung zwischen zwei oder mehreren verschiedenen Größen, die mehr oder weniger eng sein kann, ohne daß man in jedem Falle die physikalische Ursache für die Beziehung kennt. Eine leicht erklärbare Korrelation besteht z. B. zwischen der Sonnenscheindauer und der Temperatur eines Sommermonats. In der Mehrzahl der Fälle wird ein sonniger Juli wärmer sein als ein trüber Juli und umgekehrt. Im Einzelfall kann es jedoch ganz anders sein. So gibt es auch in der Atmosphäre nicht nur Beziehungen zwischen der gleichzeitigen Witterung in verschiedenen Gegenden, sondern auch zwischen der Witterung in aufeinanderfolgenden Monaten, sei es am gleichen Ort oder gar in verschiedenen Erdteilen. Diese Beziehungen können darauf hinweisen, ob ein Folgemonat vermutlich zu naß oder zu trocken, zu kalt oder zu warm sein wird. Ein Beispiel für eine solche Beziehung: Wenn es zwischen dem 21. und 25. November sehr mild war, dann trat bislang fast ausschließlich bis zum 10. Dezember keine größere Kälte in Mitteleuropa auf, und in $^3/_4$ aller Jahre herrschte dann auch zwischen Weihnachten und Neujahr sehr mildes Wetter.

Eine weitere Hilfe sind die später (Seite 97) erläuterten **Singularitäten,** d. h. Witterungserscheinungen, die – wie der Altweibersommer, die Kälterückfälle im Juni, das Weihnachtstauwetter – sich zu bestimmten Jahreszeiten häufiger als andere Wetterlagen einzustellen pflegen. Manchmal gelingt es abzuschätzen, ob sich eine solche Singularität leichter einstellen wird oder nicht.

Da die Sonne die Energie für das Wettergeschehen liefert, selbst aber, wie die Sonnenflecken zeigen, einem rhythmischen Wechsel unterliegt, hat man auch nach Beziehungen zwischen Sonnenflecken und dem Wetter gesucht. Es fanden sich jedoch nur wenige Beziehungen, deren Brauchbarkeit dadurch eingeschränkt ist, daß die Dauer und Stärke der Sonnenfleckenzyklen ebenfalls nicht voraussagbaren Schwankungen unterliegt.

Wenn für diese Vorhersagen auch immer mehrere Regeln herangezogen werden – die Kompliziertheit des gesamten Geschehens in der Atmosphäre läßt es nur zu, gewisse Anhalte für den längerfristigen Verlauf der Witterung zu geben. Als Prognosen im strengen Sinne kann man daher die auf diesen Methoden beruhenden Vorhersagen nicht bezeichnen. Sie basieren nicht auf kausalen Zusammenhängen, sondern nur auf statistischen Wahrscheinlichkeiten. Die Trefferzahl der Monats- und Jahreszeitenprognosen muß daher unbefriedigend bleiben.

5.4 Wetterregeln

Erfahrene, naturverbundene Menschen besitzen einen Schatz an Wetterregeln, mit denen sie aus den Erscheinungen und Vorgängen der umgebenden Natur auf die Entwicklung des Wetters schließen. Viele dieser auch als **Bauernregeln** bekannten Erfahrungssätze sind in leicht merkbare Reime gefaßt. Manche sind lokal gebunden und lassen sich nicht auf andere Landschaften übertragen. Wir wollen im folgenden einige Regeln herausstellen, die uns die Beobachtung des Wetters im Hinblick auf die künftige Wetterentwicklung erleichtern. Diejenigen Wetterregeln, die sich vornehmlich mit den kurzfristigen Änderungen des Wetters befassen, sind meist zutreffend und auch erklärbar. Das gilt nicht für die langfristigen Regeln. Doch enthalten diese manchmal wenigstens eine Warnung. So besagt „Lichtmeß im Klee,

Ostern im Schnee", daß einem milden Spätwinter leicht ein kaltes Frühjahr folgen kann. Alle Regeln wollen allerdings nur Regeln sein, die den Irrtum auch mit einschließen.

5.4.1 Regeln für die kurzfristige Vorhersage

5.4.1.1 Regeln aus den Erscheinungen des Wetters

Eine einzelne Beobachtung nutzt meist noch wenig, denn das Wetter will in seinem Ablauf verfolgt werden. Ein Hilfsmittel dazu ist das **Barometer.** Der augenblickliche Barometerstand sagt an sich nur etwas über die Höhe des Luftdruckes aus. Erst die Änderungen des Luftdruckes geben Anhalte über die Entwicklung des Wetters. Steigt der Luftdruck langsam und gleichmäßig, so baut sich oft ein stabiles Hochdruckgebiet auf, das Wetter wird besser und beständig. Anhaltend hoher Barometerstand ist im Sommer von beständigem, trockenen und warmen, im Winter von kaltem Wetter und im Herbst oft von Dauernebel begleitet. Ein rascher, starker Luftdruckanstieg bringt vielfach nur vorübergehende Besserung. Geringe Luftdruckänderungen, bei hohem wie bei niedrigem Barometerstand, bedeuten oft auch geringe Änderungen der herrschenden Witterung. Fällt der Luftdruck langsam und stetig, besonders bei Aufgleitbewölkung, so nähert sich schlechtes Wetter. In der Nähe starker Zyklonen kann der Luftdruck sehr tief fallen, dann bleiben stürmische Winde und reichliche Niederschläge selten aus.

Wolken- und Windbeobachtungen ergänzen die Anzeige des Barometers. Je nach der Windrichtung kommen ja schon Luftmassen verschiedenen Charakters, wenn auch manchmal auf Umwegen zu uns. Die Windrichtung hilft, die Lage des Kernes der Hoch- und Tiefdruckgebiete zu unserem Standort zu bestimmen. Bei Vorbeizug eines Tiefs dreht der Wind meist rechts, z.B. von Ost über Süd nach West, bei Vorbeizug eines Hochs umgekehrt. Anhaltende Ostwinde wehen fast nur bei beständigen Wetterlagen mit einem im Norden liegenden Hochdruckkern. Ein Nachlassen westlichen Windes, besonders bei langsam steigendem Luftdruck, ist ein gutes Zeichen. Eine grundlegende Wetteränderung ist zu erwarten, wenn ein bislang beständiger Wind plötzlich seine Richtung ändert oder wenn der Höhenwind die Wolken schnell aus Südwest oder West heranführt, während der Bodenwind noch aus Südost oder Ost weht. Ein Wind, der, statt sich am Abend abzuschwächen, sogar noch auffrischt, deutet auf eine Verschlechterung.

Nebel nach anhaltendem Frost bringt oft Tauwetter. Hochnebel oder flacher Bodennebel tritt vor allem bei windstillem Herbstwetter auf. „Senkt sich" der Nebel, bleibt das Wetter beständig. Wenn sich aber die Morgennebel zu Haufenwolken entwickeln, dann müssen wir von Zeit zu Zeit prüfen, ob sie nicht zu Schauerwolken anwachsen. Sind Haufenwolken frühzeitig am Himmel, die noch rasch zunehmen, so sind Schauer, bei hochreichenden Wolken auch Gewitter möglich. Hohe Wolkentürme mit weit vorauseilendem Schirm aus Federwolken sind Schauer- und Gewitterboten. Ein fast chaotisch aussehender Himmel mit einer Fülle von Wolkenformen, Farben und Helldunkelkontrasten oder rasch von Südwesten aufziehende grobe Schäfchenwolken zeigen Schlechtwetter an. Dagegen lassen langsame Wolken in Reihen, Rippen oder regelmäßigen Bändern, zwischen denen der blaue Himmel durchscheint, auf stabiles Wetter schließen.

Die Reihenfolge des Wolkenaufzuges vor dem Regen einer Warmfront oder Okklusion sollte jedem geläufig sein. Die hohen, aufgleitenden Feder- und Schäfchenwolken leuchten oft in starkem Morgenrot und künden so schlechtes Wetter an, wie auch Höfe und Ringe um Sonne und Mond. Ein Regenbogen am Abend ist nur bei nach Osten abziehenden Schauern zu sehen; ein Regenbogen am Morgen, am westlichen Himmel also, weist auf uns zukommende Schauer hin. Erhält bei anhaltendem Regen die einheitlich graue Wolkenschicht immer mehr Strukturen, sind also immer mehr Einzelheiten zu erkennen, so naht im allgemeinen das Ende des Regens. Auch das Geschehen der nächsten Umgebung gibt oft Fingerzeige. Steine und Mauern beschlagen sich nach längerem Frostwetter leicht mit Tau oder Reif, wenn die milde, feuchte Luft, die dem Tauwetter vorausgeht, schon eingedrungen ist.

Wichtig ist auch die Erhaltungsneigung des Wetters selbst. Wenn das Wetter, besonders im Frühherbst oder Hochwinter, einmal beständig ist, so darf man damit rechnen, daß es auch noch mehrere Tage anhalten wird.

5.4.1.2 Regeln auf Grund anderer Erscheinungen

Den Beweis dafür, daß der Mond, die Sterne oder gar die Planetenstellungen das Wetter beeinflussen, ist bislang noch jeder schuldig geblieben, der dies behauptet hat. Wenn eine mondhelle Nacht Frost bringt, so nicht wegen des Mondes. Weil nämlich wenig Wolken am Himmel sind, ist der Mond sichtbar und die nächtliche Ausstrahlung groß. Durch den Mond bedingte Gezeitenwirkungen in der Atmosphäre ergeben nur kleinste periodische Luftdruckschwankungen, die gegenüber den normalen Luftdruckänderungen völlig belanglos sind.

Auch Menschen, Tiere und Pflanzen spüren oft bevorstehende Änderungen des Wetters. Die Wetterfühligkeit mancher Menschen, besonders bei Föhn oder vor Niederschlägen, ist einwandfrei bewiesen. Ihre Ursachen sind medizinisch und meteorologisch aber nicht völlig geklärt. Tiere und Pflanzen reagieren häufig schon auf kleinste Änderungen des Zustandes der Atmosphäre, besonders der Feuchte und des elektrischen Zustandes, die den Wetteränderungen vorausgehen. Den Tieren jedoch eine Vorahnung zuzuschreiben, ist nicht berechtigt, sonst wären so viele Katastrophen im Tierreich nicht erklärbar. Keinesfalls kann aus dem Verhalten der Tiere, etwa aus der Dicke des im Herbst angelegten Felles, der Tiefe der Winterbauten oder der Menge des angelegten Winterfuttervorrates, auf die Strenge des bevorstehenden Winters geschlossen werden. Entsprechendes Material von über 100 naturverbundenen Beobachtern über viele Jahre hinweg gesammelt, ergab Jahr für Jahr eine Fülle widersprechender Vorhersagen. Tiere und Pflanzen reagieren nur auf das herrschende Wetter, und nur insoweit dieses schon das künftige Wetter mit beeinflußt, sind auch Schlußfolgerungen erlaubt. Das ist nur bei kurzfristigen Wetteränderungen der Fall.

5.4.2 Regeln für die langfristige Vorhersage

Der Großteil der im Volksmund gebräuchlichen langfristigen Regeln ist an die sog. **Lostage** gebunden. Das sind entweder Merktage im Laufe des Jahres für bestimmte Feldarbeiten, oder sie haben in der Meinung des Volkes eine bestimmte Bedeutung für die künftige Wetterentwicklung. Häufig sind sie mit bestimmten Kirchenfesten verknüpft, die früher für die Landbevölkerung die eigentlichen Zeitpunkte für die Einteilung des Jahres waren. Einem Teil dieser Regeln liegt ein Wahrheitsgehalt zugrunde. Sie spiegeln wider, daß sich zu bestimmten Zeiten des Jahres gerne bestimmte Wetterlagen einstellen. Wenn es heißt: „Sankt Dorothee (6. 2.) bringt den meisten Schnee“, oder: „An St. Valentin (14. 2.) friert ’s Rad samt der Mühle ein“, so besagt dies, daß um diese Zeit mit strenger Kälte zu rechnen ist. Oder „Weihnachten im Schnee, Ostern im Klee“, dem man „Grüne Weihnachten, weiße Ostern“ entgegenstellen kann, gibt die Erfahrung wieder, daß ein rechtzeitiger Winter eher rechtzeitig endet, einem milden Hochwinter aber oft schwere Kälterückfälle im Frühjahr folgen können. Doch sind Abweichungen von dieser Regel nicht einmal die Ausnahme.

Zu manchen Zeiten kann der Witterungscharakter auch entscheidend für die nachfolgende Witterung sein. Darauf basiert z.B. die Siebenschläferregel. „Ist der Siebenschläfer (27. 6.) naß, regnet’s ohne Unterlaß“ will nur besagen, daß unbeständig regnerisches Wetter um diese Zeit, nicht aber wörtlich das Wetter am 27. Juni, oft einen feuchten Hochsommer einleitet. Ähnliches gilt für anhaltend klirrende Kälte im Dezember, mit der strenge Winter oft beginnen. Doch die Kälte im Februar 1929 und 1956 nach einem milden Vorwinter zeigt die Grenzen solcher Regeln. Sich auf Vorhersagen in Kalendern oder Reklametexten zu verlassen – sie werden für ein Jahr im voraus gemacht –, dies mag jedem unbenommen bleiben. Nach den mathematischen Gesetzen der Wahrscheinlichkeit geben diese Prognosen etwa 50% Treffer, nur wenn die sog. Singularitäten berücksichtigt sind, ein wenig mehr.

5.4.3 Die Singularitäten

Zeichnet man die langjährigen Durchschnittswerte der Temperatur jedes einzelnen Tages im Jahr auf, so sollte man bei Betrachtungen sehr vieler Jahre einen glatten Temperaturverlauf mit einem Tiefstwert im Januar und einem Höchstwert im Juli erwarten. Wie weit der mittlere Jahresgang der Temperatur von einem glatten Verlauf selbst dann noch abweicht, wenn ein Zeitraum von 80 Jahren betrachtet wird, das zeigt Abb. 34. Ähnliche Kurven für den Niederschlag, den Sonnenschein, aber auch für die Häufigkeit von Tief- und Hochdruckwetterlagen zeigen dieselben Unregelmäßigkeiten. Das bedeutet, daß sich zu gleichen Zeiten im Jahr ganz bestimmte Wetterlagen auffällig oft einzustellen pflegen, was sich dann auf die Temperatur und andere Wetterelemente auswirkt. Diese Erscheinungen nennt man Singularitäten. Es gibt zwar kein Jahr, in dem alle Singularitäten vorkommen, aber beinahe in jedem Jahr ist eine Anzahl klar ausgebildet. Es lohnt sich daher, sich wenigstens die wichtigsten Singularitäten zu merken.

Die Tage vor Weihnachten könnte man als Frühwinter bezeichnen, stellt sich um diese Zeit doch gern Hochdruckwetter mit Frost ein; allerdings hält es oft nicht lange an und geht in Tauwetter über. Dieses sog. **Weihnachtstauwetter** in der letzten Woche des Jahres ist eine typische Singularität. Ist es von Weihnachten bis Epiphanias sehr mild, so folgt in der Mehrzahl der Jahre auch ein milder Januar und Februar.

Viele Winter mit unterdurchschnittlichen Temperaturen setzen bereits mit einem kalten Frühwinter ein und erreichen um den 20.–24. Januar ihren Höhepunkt. Dem folgen oft weitere Höhepunkte um den 8. oder um den 21. Februar. Eine mit Schneefall verbundene Kälteperiode in der ersten Märzwoche tritt beinahe jedes zweite Jahr auf. Dieser **Märzwinter** kann die ganze Frühjahrsentwicklung in Feld und Garten hinausschieben. Oft kommt es Mitte März zu anhaltend sonnigem

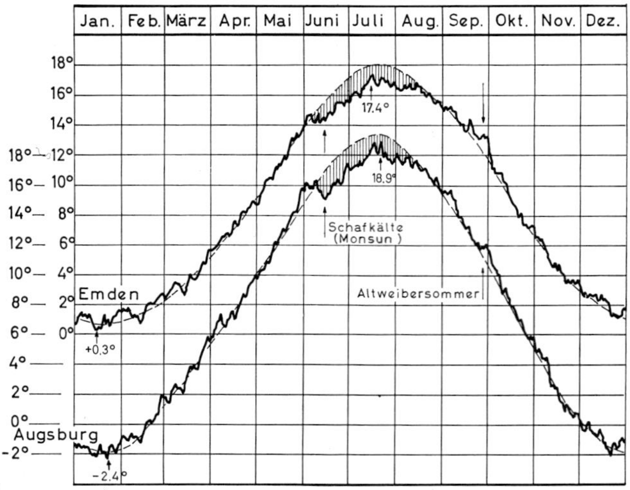

Abb. 34. Mittlerer Jahresverlauf der Lufttemperatur (°C) in Emden und Augsburg über 80 Jahre.

Hochdruckwetter, das den Boden rasch abtrocknet. Die Temperaturgegensätze zwischen Tag und Nacht sind dann sehr groß. Von nun ab bis zum Frühjahr wird Hochdruckwetter häufiger als sonnig-warmes Wetter empfunden, während es im Winterhalbjahr meist mit Frost und Kälte oder anhaltendem Nebel verbunden ist.

Im Frühjahr, besonders im April, ist das Wetter ausgesprochen launenhaft, so daß sonniges Hochdruckwetter und Kälterückfälle, oft mit Schneeschauern, kaum bevorzugte Termine aufweisen. Gefürchtet sind die Kälterückfälle der **Eisheiligen** im Mai, die jedoch nicht mit solcher Regelmäßigkeit eintreffen wie die Kälterückfälle der **Schafskälte** im Juni. In den letzten Jahrzehnten hat es um den 8. und sogar um den 20. Mai häufiger Spätfröste gegeben als um den 11.–13. Mai. Ende Mai–Anfang Juni herrscht über dem europäischen Festland oft sehr warmes Wetter, das schon den 1. Wiesenschnitt erlaubt. Dieser Überhitzung folgt aber, in Abb. 34 klar erkennbar, um den 5. Juni oft der starke Kaltlufteinbruch der Schafskälte. Diesem Vorstoß kühler Meeresluft aus Nordwesten folgen im Sommer noch weitere; sie sind beinahe mit dem indischen Monsun zu vergleichen. Zwischen diesen Kälteperioden sind Mitte Juni, besonders aber um den 25. Juni, oft warme Abschnitte eingeschoben. Auch im Juli sind Kaltluftvorstöße mit Regen keine Ausnahme. Hochdruckwetter stellt sich häufig um den 12.–15. Juli, etwas weniger häufig Ende Juli und dann zur Zeit der **Hundstage** um den 10. August ein. Zumindest eine unbeständige Wetterlage ist aber in über 80% der Jahre in der Zeit vom 20. Juli–10. August zu erwarten. Da der Temperaturunterschied zwischen Ozean und Festland zum Hochsommer hin immer mehr abnimmt, werden die Kaltlufteinbrüche vom Juni zum August hin merklich schwächer. Im ganzen Sommer von Mai bis August können einzelne Kaltlufteinbrüche zur Ausbildung von Zyklonen über Oberitalien mit anhaltenden Stauregen im Alpenvorland und sogar zu Hochwasser führen (Salzburger Schnürlregen).

Ende August–Anfang September beginnt oft trockenes Hochdruckwetter, welches bis Mitte September anhalten kann. Nach einer Unterbrechung mit Regen stellt sich dann Ende September der **Altweibersommer** als eine der beständigsten

Wetterlagen des ganzen Jahres ein. Die Nächte bringen reichlich Tau und vielfach Nebel, doch tagsüber wird es in der Mittagssonne noch recht warm. Dieses Wetter währt oft weit bis in den Oktober hinein. Wenn der Regen schon mal über 4 Wochen ausbleibt, so geschieht das am häufigsten noch Ende September bis Ende Oktober. Wird der Altweibersommer einmal unterbrochen, so kehrt er gewöhnlich bald wieder, manchmal noch in der ersten Novemberwoche. Die ersten Frühfröste sind meist in klaren Oktobernächten zu erwarten. Auch um den 15.–20. November gibt es gerne Hochdruckwetter, verbunden mit anhaltendem Nebel, dem vielfach regnerisch-mildes Westwetter Ende November und um den 7. Dezember folgt.

Bei weitem nicht alle dieser Singularitäten treten jedes Jahr auf. Doch der Landmann tut in der Regel gut daran, die Heuernte zeitig, d.h. vor den Junirückfällen zu beginnen. Nur selten werden die notwendigen Ernte- und Bestellungsarbeiten im Herbst wegen der Beständigkeit des Wetters so erschwert, wie das bei der Frühjahrsbestellung der Fall sein kann.

6 Messung und Beobachtung der Wetterelemente

6.1 Die Messung meteorologischer Parameter

6.1.1 Allgemeines über Messungen

Für die Arbeiten und Planungen des Landwirtes und des Gärtners ist die Kenntnis des vergangenen und des herrschenden Wetters oft von erheblicher Bedeutung. Bei wissenschaftlichen Versuchen ist die exakte Aufzeichnung von Wetterdaten, die unter stets gleichbleibenden Bedingungen durch Messungen und Beobachtungen gewonnen wurden, ohnehin unerläßlich.

Die erste Voraussetzung für brauchbare Meßergebnisse ist die Verwendung guter und zweckentsprechender Meßgeräte und deren richtige Aufstellung; die zweite Voraussetzung ist die regelmäßige, exakte Beobachtung und Aufzeichnung. Gefühl und Erinnerung täuschen uns leider häufig. So ist etwa der menschliche Körper ein ausgesprochen schlechtes Thermometer. Sein Wärmegefühl hängt nicht nur von der Lufttemperatur, sondern auch vom Wind sowie vom Ausmaß der Hautverdunstung und der Zu- und Abstrahlung ab. „Warm" und „kalt" sind deshalb nur sehr relative Begriffe. Ohne Instrumente läßt sich demnach auch nicht feststellen, ob im Stall oder Lagerraum die richtige Temperatur herrscht, ob eine künstliche Bewässerung nach einem Regen noch oder nicht mehr nötig ist.

Die gute Messung beginnt beim Kauf der Instrumente. Billige Geräte verlieren meist schnell ihre Anzeigegenauigkeit. Aber auch das beste Instrument nützt wenig, wenn es falsch aufgestellt wird; das kann erhebliche Meßfehler bewirken.

Ohne die Einhaltung gewisser Grundregeln wird man nie zu brauchbaren Ergebnissen kommen. Deshalb mache man sich z.B. zum Grundsatz, meteorologische Messungen im Freiland mindestens 1,5 m über dem Erdboden durchzuführen, um die starke Beeinflussung aller meteorologischen Parameter vom Erdboden her auszuschalten. Wenn ein Meßgerät noch Werte anzeigt und auf Änderungen reagiert, so ist das kein Beweis, daß die Werte auch richtig sind. Die meisten Instrumente, zumal die Registriergeräte zur Aufzeichnung von Temperatur oder Feuchte, bedürfen einer steten Kontrolle, besonders, wenn es auf große Genauigkeit ankommt, wie etwa in einer Spätfrostnacht. Auch elektrische Meßfühler, und seien sie noch so modern, müssen sorgfältig aufgestellt und ständig überwacht werden.

In Landwirtschaft und Gartenbau wird man eine Wetterstation benötigen, um den allgemeinen Wetterablauf aufzuzeichnen. Wer sich – besonders bei wissenschaftlichen Versuchen – außerstande sieht, Messungen täglich zu festgesetzten Zeiten durchzuführen oder ein Registriergerät einzusetzen, beschaffe sich die Daten besser von der nächstgelegenen amtlichen Wetterstation, da die Unterschiede zu dieser Station in der Regel geringer sein dürften als die Fehler, die bei unregelmäßigen oder unsachgemäßen eigenen Messungen unvermeidlich auftreten.

6.1.2 Die Ausrüstung und Aufstellung einer eigenen Wetterstation

Eine landwirtschaftliche Wetterstation sollte wegen der lokal großen Unterschiede der Regenmengen zumindest einen Regenmesser besitzen. Sind weitere Geräte möglich, so folgen Maximum- und Minimumthermometer zur Messung der Tageshöchst- und -tiefsttemperatur, in einer dafür geeigneten, kleinen Wetterhütte untergebracht. Als Muster möge die Hütte auf Abb. 36 rechts dienen. Werden Schreibgeräte für die Aufzeichnung von Temperatur und Luftfeuchte benötigt, so sind auch Instrumente zur Kontrolle der Schreiber unerläßlich. Weitere Geräte kommen nur für Spezialzwecke in Frage. Eine landwirtschaftliche Wetterstation wird wegen der täglichen Beobachtungen gewöhnlich in Hausnähe stehen, doch achte man auf einen genügend großen Abstand von Gebäuden, Hecken und Bäumen. Als Bodenbedeckung für die Umgebung der Station eignet sich kurzer Rasen fast immer. Auf die Mindestmeßhöhe von 1,5 m sei noch einmal ausdrücklich verwiesen.

6.1.3 Meteorologische Meßtechnik

6.1.3.1 Die Messung des Luftdruckes

Bevor auf die Messung des Luftdruckes eingegangen wird, sei kurz der Druck als physikalische Größe erläutert. Man versteht darunter das Verhältnis einer senkrecht auf eine Fläche wirkenden Kraft zur Größe dieser Fläche, also Kraft pro Fläche. Im Rahmen dieses Buches spielen zwei Arten Druck eine Rolle. Da ist einmal der Druck, bei dem die Kraft vom Gewicht einer Masse herrührt, z.B. der Druck in einem Weinfaß oder der Druck, den eine Silofüllung auf die Wände ausübt. Da auch die Luft ein Gewicht hat, ruft sie an der Erdoberfläche einen Druck hervor, den wir als Luftdruck bezeichnen.

Neben dieser Art von statisch erzeugtem Druck gibt es auch einen dynamisch hervorgerufenen. Man denke nur an eine Strömung, die gegen ein Wehr drückt oder an den Wind, der auf das Segel eines Bootes drückt und so das Schiff vorwärtstreibt. Diese Art Druck nennt man Staudruck. Genauso wie das Segel durch den Wind einen Druck erfährt, werden von ihm auch Gebäude, Stallungen und Gewächshäuser belastet. Wie groß die dabei auftretenden Kräfte sind, kann man aus der Windstärketabelle im Anhang entnehmen.

Da der Druck eine Kraft pro Fläche ist, lautet seine Einheit nach der neuen gesetzlichen Regelung N/m^2 (Newton pro Quadratmeter = Pa, Pascal). Die in der Praxis üblicherweise verwendete Druckeinheit ist das Bar. Seine Umrechnung in andere häufig benützte Einheiten erfolgt mit den im Tabellenanhang wiedergegebenen Gleichungen.

Nun zur Messung des Luftdruckes. Diesem Zweck dient das **Barometer,** ein Instrument, das nur den augenblicklich herrschenden Luftdruck mißt, nicht seine Tendenz, die allein Schlüsse auf die Wetterentwicklung zulassen würde. Daß die Angaben „Schön, Veränderlich, Regen, Sturm", die auf den meisten Barometern zu finden sind, nur höchst selten zutreffen, ist jedem geläufig.

Quecksilberbarometer haben für den Praktiker kaum eine Bedeutung, für ihn kommt in erster Linie das **Dosenbarometer** in Frage. Es enthält eine annähernd luftleere, elastische Metalldose mit welliger Oberfläche, die mit den Luftdruckänderungen mehr oder weniger zusammengedrückt wird. Die Bewegung der Dosenoberfläche wird auf einen Zeiger übertragen, aus dessen Stellung der Luftdruck auf einer Skala abgelesen werden kann. Infolge der Reibung in den Lagern des Anzeigemechanismus hinkt die Anzeige dem tatsächlichen Luftdruck meist etwas nach. Ein einmaliges, leichtes Klopfen überwindet die Reibung, so daß der Zeiger auf die richtige Stellung springt. Aus dieser Bewegung ist zu erkennen, ob der Luftdruck zur Zeit gerade steigt oder fällt. Die Genauigkeit des Barometers läßt nach, wenn das Gerät zu lange starker Sonnen- oder Wärmestrahlung ausgesetzt wird. Im übrigen spielt der Aufhängeort aber keine Rolle, da die Luftdruckschwankungen in jedes Zimmer eindringen.

Ein Vergleich des Barometerstandes mit den Luftdruckangaben der Wetterkarte ist nicht von vorneherein möglich, da die Luftdruckwerte der Wetterkarte auf Meereshöhe umgerechnet sind. Wir wissen, daß der Luftdruck mit der Höhe abnimmt, in der unteren Atmosphäre etwa 1 mbar/8 m. Der Luftdruck liegt daher in München im Mittel rund 62 mbar niedriger als in Hamburg. Normalerweise ist ein Barometer vom Hersteller so eingestellt, daß es den in der betreffenden Höhe herrschenden Luftdruck richtig anzeigt. Man kann aber mittels einer kleinen Schraube – meist ist sie auf der Rückseite des Gehäuses untergebracht – das Barometer so einstellen, daß es annähernd den Luftdruck anzeigt, der in Meereshöhe herrschen würde, also den Wert, der auch in der Wetterkarte enthalten ist. Zum Einstellen helfen die Luftdruckangaben mancher Rundfunkwetterberichte und die Bezugswerte der Reduktionstabelle (Tab. 14). Wird z.B. in einer Höhe von 200 m gemessen, so muß zum angezeigten Wert ein Luftdruck von 1013 mbar − 990 mbar = 23 mbar dazugezählt werden.

Tab. 14. Mittlerer Luftdruck in verschiedenen Seehöhen.

Höhe in m	0	100	200	300	400	500	600	700	1000
Luftdruck in mbar	1013	1002	990	978	966	954	942	930	896

6.1.3.2 Die Messung der Temperatur

Zur Messung der Temperatur der Luft, des Wassers oder des Bodens bedient man sich eines **Thermometers.**

Die Gradskala, nach der Temperaturen überwiegend angegeben werden, ist die nach **Celsius (°C).** Sie ist so festgelegt, daß ein Thermometer beim Eintauchen seiner Kugel in schmelzendes Eis 0 °C und in siedendes Wasser 100 °C anzeigt, chemisch reines Wasser und einen Luftdruck von 1013,2 mbar vorausgesetzt. Die Anzeigegenauigkeit eines Thermometers läßt sich daher gut durch Eintauchen in schmelzendes Eis prüfen.

Die in der Physik üblicherweise verwendete Temperaturskala ist die nach **Kelvin (K).** (Diese seit 1976 gesetzliche Temperatureinheit heißt nicht mehr „Grad Kelvin", sondern nur „Kelvin", z.B. 273,2 K). Ihr Nullpunkt, bei −273,2 °C gelegen, ist der sog. absolute Nullpunkt. Es gilt demnach der folgende Zusammenhang mit der Celsiusskala:

$$°C = K - 273{,}2 \text{ bzw. } K = °C + 273{,}2$$

Obwohl die Celsiusskala international die amtliche Skala ist, wird in angelsächsischen Ländern heute noch oft die Skala nach **Fahrenheit (°F)** benutzt. Diese zeigt beim Schmelzpunkt des Eises 32 °F, beim Siedepunkt des Wassers 212 °F an; 100 °F entsprechen 37,8 °C, also ungefähr der Körpertemperatur des Menschen. Die Umrechnung geschieht nach folgenden Formeln:

$$°C = \frac{5}{9}(°F - 32); \; °F = 32 + \frac{9}{5}\,°C$$

Eine ausführliche Umrechnungstabelle findet man am Ende des Buches.

Temperaturdifferenzen werden seit den neuen gesetzlichen Vorschriften überwiegend in K angegeben. Zahlenmäßig bleibt es sich gleich, ob eine Angabe der Temperaturdifferenz in °C oder in K erfolgt, da sich ja °C und K nur durch einen konstanten Summanden unterscheiden, was durch einen Vergleich erläutert werden soll: Von zwei Freunden sei der eine 10 cm größer als der andere. Dieser Unterschied bleibt auch exakt erhalten, wenn die beiden auf einem Turm stehen.

Um die Temperatur zu messen, bedient man sich leicht meßbarer physikalischer Eigenschaften von Stoffen, die sich eindeutig und möglichst linear mit der Temperatur ändern. So dehnen sich fast alle Stoffe mit steigender Temperatur aus. Diese Eigenschaft benutzt man beim **Flüssigkeitsthermometer,** aber auch beim **Bimetallthermometer** in Temperatur-Schreibgeräten (Thermograph). Für die Fernübertragungen von Meßwerten eignen sich am besten **elektrische Thermometer.**

Die zur Messung der **Lufttemperatur** gebräuchlichsten Instrumente sind mit Quecksilber, Toluol oder Alkohol gefüllte Flüssigkeitsthermometer. Erstere sind nur oberhalb etwa −30 °C verwendbar, da das Quecksilber bei −39 °C erstarrt und schon vorher nicht mehr exakt anzeigt. Quecksilberthermometer behalten meist über viele Jahre ihre Anzeigegenauigkeit, wenn nicht gerade die Skala locker oder verrutscht ist, der Flüssigkeitsfaden in der feinen Kapillare unterbrochen wird oder sich Flüssigkeitströpfchen im obersten Teil des Röhrchens befinden. Alkoholthermometer werden bei sehr hohen Temperaturen etwas ungenau. Sie zeigen oft schon nach 1–2 Jahren kleine Blasen innerhalb des Fadens. Der Alkohol destilliert leicht, so daß sich im Röhrchen oben Tröpfchen ansammeln; er kann sich, besonders in praller Sonne, sogar zersetzen. Das gilt, allerdings sehr abgeschwächt, auch für die mit Toluol gefüllten Thermometer. Die Lebensdauer dieser Thermometer ist daher kürzer als die von Quecksilberinstrumenten.

Oft ist es nicht möglich, die Temperatur zum interessierenden Zeitpunkt abzulesen. Dann muß man die Anzeige des Meßgerätes in geeigneter Weise konservieren. Sind es nur die Extremwerte innerhalb eines bestimmten zurückliegenden Zeitraumes, die man wissen möchte, so kann man sich eines **Maximum-** bzw. **Minimumthermometers** bedienen. Das normale Maximumthermometer zur Messung der Tageshöchsttemperatur arbeitet wie ein Fieberthermometer. Der Quecksilberfaden steigt mit zunehmender Temperatur; sobald sie sinkt, reißt er unten ab. Der Faden bleibt dann stehen, sein oberes Ende zeigt den Höchstwert an. Das Thermometer wird wie das Fieberthermometer durch Zurückschleudern des Fadens wieder meßbereit. Das Minimumthermometer zur Messung der Tiefsttemperatur muß waagerecht liegen; bei ihm befindet sich ein dunkler Stift im klaren Alkoholfaden. Der Stift wird bei zurückgehender Temperatur durch die Oberflächenspannung des Fadenendes zurückgeschoben, bleibt aber bei steigender Temperatur liegen. An seinem äußeren Ende ist die Tiefsttemperatur abzulesen. Das Thermometer wird für die nächste Messung wieder eingestellt, indem man es senkrecht hält, wobei sich der Stift zum Ende des Fadens bewegt.

Verbreitet sind immer noch kombinierte Maximum-Minimumthermometer, die sog. **Sixthermometer.** Diese Alkoholthermometer mit Magneteinstellung der beiden Stifte, die ein kurzer Quecksilberfaden vor sich herschiebt, weisen oft sehr schnell Ungenauigkeiten in der Eichung auf, so daß von ihnen abzuraten ist.

Abb. 35. Thermohygrograph
1 Uhrtrommel mit aufgelegtem Registrierpapier
2 Bimetallring zur Temperaturmessung
3 Haarharfe zur Messung der relativen Luftfeuchte
4 zurückgeklapptes Schutzgehäuse.

In den Fällen, in denen die Extremtemperaturen nicht ausreichen, muß der Tagesverlauf der Temperatur mit Hilfe eines Registriergerätes aufgezeichnet werden. Das gebräuchlichste Instrument, der **Thermograph,** ist oft kombiniert mit einem **Hygrographen** und wird dann als **Thermohygrograph** bezeichnet (Abb. 35). Der Thermograph besitzt als Meßelement ein Bimetall. Das sind zwei fest miteinander verbundene, gebogene Metallstreifen, meist zwei verschiedene Stahlarten, deren Wärmeausdehnung verschieden groß ist. Das führt dazu, daß sich der Streifen bei einer Temperaturänderung verbiegt. Ein Hebelmechanismus überträgt die Formänderungen des Bimetalles auf einen mit einer Filzfeder bestückten Schreibarm, unter dem sich eine mit Registrierpapier belegte Trommel dreht. Auf diese Weise wird der Temperaturverlauf auf dem Registrierpapier aufgezeichnet.

Mit diesem Gerät ist man zwar unabhängig von starren Beobachtungsterminen, aber wegen der mechanischen Übertragung der Meßwerte und weil das Bimetall kleinen Veränderungen unterliegen kann, ist mindestens eine tägliche Vergleichsmessung mit einem geeichten Thermometer notwendig. Auch der Gang der Uhr, die die Drehung der Trommel bewirkt, ist nicht immer genau genug. Wegen des toten Ganges läßt sich ein Thermograph selten auf präzise Uhrzeit einstellen, was Zeitkontrollen erforderlich macht. Dazu lenkt man den Schreibarm kurzzeitig aus seiner augenblicklichen Lage heraus, wodurch im Schrieb eine kleine Marke entsteht. Mit Hilfe einer genau gehenden Uhr stellt man den Zeitpunkt der Marke fest und notiert ihn. Eine falsche Auflage des Papierstreifens auf die Uhrtrommel hat oft Fehler von einigen Grad zur Folge. Die meisten Bimetalle sind träger als Quecksilberthermometer, d.h., sie folgen Temperaturänderungen oft langsamer. Daher sind die an Thermographen ablesbaren Maximum- und Minimumwerte meist etwas zu niedrig bzw. zu hoch.

Zunehmend werden **elektrische Thermometer** verwendet, auch als Fühler für Reglerarmaturen z.B. in Gewächshäusern. Temperaturaufzeichnungen auf Datenträger zur weiteren elektronischen Datenverarbeitung setzen in jedem Fall elektrische Temperaturfühler voraus. Sie haben einige wesentliche Vorteile. So erlauben sie die Registrierung auf große Entfernungen, so daß der Meßplatz selbst nicht regelmäßig betreten werden muß. Auch ist ihre Genauigkeit häufig größer als die mechanischer Registriergeräte.

Die beiden wichtigsten elektrischen Thermometertypen sind das **Thermoelement** und das **Widerstandsthermometer.** Ersteres besteht aus Drähten zweier verschiedener Metalle. Ist z.B. ein Konstantandraht an seinen beiden Enden mit Kupferdrähten verlötet, verschweißt oder anderweitig fest verbunden, so entsteht zwischen den freien Enden der Kupferdrähte eine elektrische Spannung, wenn die beiden Lötstellen verschiedene Temperaturen haben. Diese sog. Thermospannung ist proportional zur Temperaturdifferenz zwischen den beiden Lötstellen.

Thermoelemente lassen sich so klein herstellen, daß damit z.B. Gewebetemperaturen gemessen werden können. Sie bekommen dazu meist die Form einer Nadel. Sie sind auch dazu geeignet, sehr rasche Temperaturänderungen zu registrieren. Ein Nachteil des Thermoelementes ist, daß die abgegebene elektrische Spannung sehr klein und damit schwer zu verarbeiten ist. So entsteht an einem Thermoelement, das aus Kupfer und Konstantan aufgebaut ist, bei einer Temperaturdifferenz von 10 K zwischen den beiden Lötstellen nur eine Spannung von 0,44 mV. Um höhere Spannungen zu erhalten, schaltet man deshalb mehrere Thermoelemente hintereinander zu einer **Thermobatterie** zusammen. Die verfügbare Spannung ist dann gleich der Thermospannung, multipliziert mit der Zahl der verwendeten Elemente. Diese Schaltung hat den weiteren Vorteil, daß sofort ein Mittelwert aus allen Meßstellen gewonnen werden kann.

Das Thermoelement ist grundsätzlich nur zur Messung von **Temperaturdifferenzen** verwendbar. Will man damit eine Temperatur absolut messen, so muß die zweite Lötstelle auf eine bekannte Temperatur gebracht werden und die der gemessenen Spannung entsprechende Temperaturdifferenz zu diesem Vergleichswert addiert werden. Für die Temperierung der zweiten Lötstelle eignet sich z.B. ein ständig umgerührtes Gemisch aus Eis und flüssigem Wasser (das sich auf 0 °C einstellt), ein thermostatisiertes Bad oder eine gleichmäßig temperierende Heizung. Unter Umständen erweist es sich als günstig, die zweite Lötstelle zusammen mit einem elektrischen Widerstandthermometer (s. nächster Absatz) in einen Kunstharzblock einzugießen und ihn geschützt vor allzu raschen Temperaturschwankungen abzulegen. Die Temperatur an der ersten Lötstelle ist dann gleich der registrierten Temperatur im Kunstharzblock plus der aus der Thermospannung sich ergebenden Temperaturdifferenz.

Das **Widerstandsthermometer** nützt, wie der Name sagt, die Änderung des elektrischen Widerstands mit der Temperatur als Meßeffekt aus. Das am meisten verwendete Thermometer dieser Art besteht aus einer in einen Glasstab eingeschmolzenen Platinwendel, deren Widerstand von 100 Ω bei 0 °C auf 103,85 Ω bei 10 °C zunimmt. In Abb. 39 Seite 111 ist ein solches Platinthermometer nach Abnahme der

Schutzhülse zu sehen. Wegen der geringen Widerstandsänderung mit der Temperatur ist bei der Leitungsführung zum Registriergerät besondere Vorsicht geboten. Wenn irgendwie möglich, ist eine sog. Dreileiterschaltung oder noch besser eine Vierleiterschaltung zu benützen, weil damit der Leitungswiderstand und dessen temperaturbedingte Änderung eliminiert werden kann. Über genauere Details unterrichten die Bedienungsanleitungen für elektrische Registriergeräte. Platinthermometer sind genormt, wenn sie die Bezeichnung PT-100 DIN tragen. Das bedeutet, daß ein defektes Meßelement jederzeit gegen einen anderen PT-100-DIN-Fühler ausgetauscht werden kann, ohne daß die Eichung der Meßeinrichtung geändert werden müßte.

Diesen nicht zu unterschätzenden Vorteil besitzt eine andere Art von Widerstandsthermometern nicht, die **Thermistoren.** Sie bestehen aus elektrischen Halbleitern. Ihre Widerstandsänderung mit der Temperatur ist zwar weit größer als die der Platinthermometer, so daß der Widerstand der Zuleitungen und deren Änderungen keine Rolle mehr spielt, aber sie weisen teilweise erhebliche Fertigungstoleranzen auf.

Es kann nicht oft genug betont werden, daß alle Thermometer nur ihre eigene Temperatur, strenggenommen die ihres Meßelementes anzeigen, d.i. die Quecksilber- oder Alkoholkugel, das Bimetall, der Platindraht oder die Lötstellen des Thermoelements. Um die Lufttemperatur richtig zu messen, muß große Sorgfalt aufgewendet werden, damit Luft- und Thermometertemperatur übereinstimmen. Diesem Gesichtspunkt wird allzuoft nicht genügend Rechnung getragen. So ist zunächst ein Schutz des Thermometers vor Regen und Nässe notwendig, um eine Unterkühlung durch Verdunstungskälte zu vermeiden. Dann müssen Thermometer aber unbedingt der direkten Sonnenstrahlung entzogen werden, weil diese eine weit überhöhte Temperaturanzeige hervorruft. Zur Verdeutlichung dieser Übertemperierung durch Sonnenstrahlung denke man nur an sich selbst. Wenn wir an einem kalten Tag aus dem Schatten in die Sonne treten, empfinden wir eine angenehme Wärme; an einem schwülen Sommernachmittag ist es in der prallen Sonne geradezu unerträglich. Wenn wir also in der Sonne eine größere Wärme spüren, so liegt das nicht an einer höheren Lufttemperatur, sondern daran, daß auch unser Körper genauso wie ein Thermometer die Sonnenstrahlung absorbiert und in Wärme umsetzt. Die oft genannte Temperatur in der Sonne ist demnach völliger Unsinn. Man hänge nur mehrere Thermometer verschiedenen Typs unmittelbar nebeneinander in die Sonne. Dort zeigen sie nicht nur zu hohe Werte, sondern vor allem auch verschieden hohe Werte an. Die höchste Temperatur zeigt jenes Thermometer, das die Sonnenstrahlung am besten absorbiert. Thermometer sind demnach, das sei noch einmal deutlich wiederholt, unbedingt vor der Sonnenstrahlung zu schützen. Eine Ausnahme machen nur extrem feine Thermoelemente, deren Oberfläche so klein ist, daß sie praktisch keine Sonnenstrahlung absorbieren können. Auch die Wärmeausstrahlung von Heizkörpern oder -rohren kann eine Übertemperatur der Thermometer bewirken, was besonders in Gewächshäusern beachtet werden muß. Wenn ein Thermometer zwar selbst gegen die direkte Sonnenstrahlung abgeschirmt ist, seine Halterung jedoch nicht, so erwärmt sich diese und kann ebenfalls Wärme auf das Thermometer übertragen.

Fensterthermometer an einer Nordwand sind meist nur so weit strahlungsgeschützt, daß sie für eine erste Orientierung ausreichen. Zum Abschirmen der Sonnenstrahlung ist auch im Gewächshaus ein einwandfreier Strahlungsschutz notwendig. Schutzschirme oder -hütten für diesen Zweck müssen aber so konstruiert sein, daß sich auf keinen Fall unter ihnen Warmluft sammeln kann. So kann man sich an Stellen, die, um den Pflanzenwuchs nicht zu beeinträchtigen, nicht beschattet werden sollen, mit einer Aluminiumfolie von 0,1 mm Dicke behelfen. Diese wird am oberen Rand um eine Drahtschlinge gebördelt und am Thermometer befestigt. Sie soll das Thermometer in einem Abstand von 4 cm (nicht weniger) von 3 Seiten umschließen. Die Öffnung soll nach Norden zeigen. Der Schirm muß so hoch sein, daß kein Sonnenstrahl den Meßfühler trifft. Da der Schirm nach oben offen ist, staut sich auch keine Warmluft. Ebenso läßt sich der Meßteil von Thermographen durch eine Aluminiumfolie, aufrechtstehend um drei Seiten des Gerätes gelegt, so schützen, daß befriedigend genaue Werte gemessen werden können. Die Thermometer dürfen auch nicht unmittelbar über Flächen stehen, die sich durch die Sonne überhitzen, z. B. auch nicht auf Tischen in Gewächshäusern. Gegen diese Regeln wird oft verstoßen, leider auch beim Installieren der Temperaturfühler von Thermostaten zur automatischen Regelung der Heizung und Lüftung.

Einen besonders wirkungsvollen Schutz vor Strahlungsfehlern besitzt das **Psychrometer** (Abb. 39). Die gezeigte Ausführung ist, wie schon beschrieben (Seite 105), mit einem elektrischen Platinthermometer ausgerüstet (unten am Gerät offen zu sehen). Für die Messung umgibt man es mit einem doppelten, hochglanzverchromten Strahlungsschutzrohr (wie über dem zweiten dahinter angebrachten Thermometer zu erkennen; dieses dient zur Feuchtemessung, s. dazu das nächste Kapitel). Damit wird die kurz- wie die langwellige Strahlung praktisch vollkommen abgehalten. Zu-

Abb. 36. Standardwetterhütte mit geöffneten Türen (links). In der Hütte links ein Thermohygrograph, rechts senkrecht das elektrisch aspirierte Psychrometer und waagerecht Maximum- und Minimumthermometer. Kleines Modell einer Wetterhütte mit Maximum- und Minimumthermometer (rechts).

sätzlich zu dieser Schutzmaßnahme wird aber das Thermometer noch künstlich ventiliert. Das besorgt der im oberen Geräteteil untergebrachte Elektromotor, der durch die Strahlungsschutzrohre ständig einen Luftstrom am Thermometer vorbeisaugt. Selbst die geringste Übertemperierung des Thermometerkörpers wird auf diese Weise ebenso beseitigt, wie ein heißer Gegenstand durch Anblasen abgekühlt wird.

Für Augenblicksmessungen gibt es eine mit Quecksilberthermometern versehene Ausführung des Psychrometers; die Ventilation wird dabei durch einen Federwerksantrieb erreicht.

Im Wetterdienst bringt man die Meßgeräte zum Schutz vor Sonnenstrahlung in sog. **Wetterhütten** unter. Neben der amtlichen Standardausführung, die an allen meteorologischen Stationen zu finden ist (Abb. 36 links), gibt es auch kleinere Ausführungen, z.B. die sog. Gießener Hütte, die vornehmlich bei agrarmeteorologischen Messungen verwendet wird. Abb. 36 rechts zeigt eine andere kleine Strahlungsschutzhütte, die als Muster für eine eigene Wetterstation dienen kann.

Die amtliche Hütte ist aus Holz und weiß gestrichen. Jalousiewände und Schlitze im Boden wie unter dem Dach erlauben einen ungehinderten Luftzutritt. Die Hütte befindet sich 2 m über dem Boden mit der Öffnung nach Norden, möglichst in einem Garten oder über Rasen an einer dem Wind zugänglichen Stelle und niemals in unmittelbarer Nähe von Wänden oder befestigten Wegen. Nur so sind die gemessenen Werte von den Zufälligkeiten der Bodenoberfläche weitgehend unbeeinflußt und mit denen anderer Stationen sowie mit den langjährigen Mittelwerten vergleichbar. Die amtlichen Hütten enthalten ein Psychrometer zur Temperatur- und Luftfeuchtemessung, je ein Maximum- und ein Minimumthermometer und meist einen Thermohygrographen.

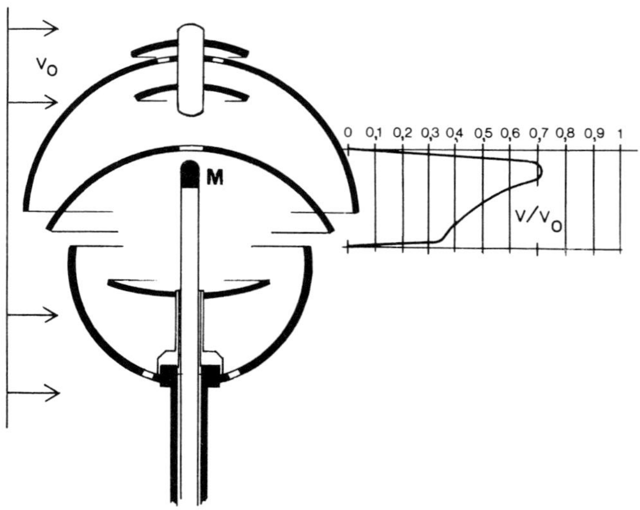

Abb. 37. Querschnitt durch den Strahlungsschutz nach BAUMBACH (Kugelhütte). Rechts im Bild die Verteilung der Windgeschwindigkeit v im Innern des Gerätes im Verhältnis zur Freilandwindgeschwindigkeit v_0. M = Meßfühler.

Für elektrische Thermometer wurden eigene Strahlungsschutzhütten aus oberflächenbehandeltem Blech konstruiert. Wegen ihrer Form heißen sie **Pagodenhütten.**

Eine bemerkenswerte Schutzeinrichtung wurde speziell für Platinthermometer konstruiert. Sie besteht, wie in Abb. 37 gezeigt, aus mehreren ineinandergeschachtelten Halbkugelschalen bzw. Teilen davon. Dadurch wird bereits ein guter Strahlungsschutz für das von unten hereinragende, im Bild schwarz dargestellte, mit M bezeichnete Thermometer gewährleistet. Die Kugelschalen sind darüber hinaus so angelegt, daß sie am Ort des Fühlers eine durch den Außenwind v_0 angeregte, möglichst hohe Ventilation v hervorrufen. Wie man aus der Windverteilungsdarstellung sieht, werden dort bis zu 70% der Freilandwindstärke erreicht. Diese Schutzhütte, nach ihrem Konstrukteur **Baumbachsche Kugelhütte** genannt, ist besonders dort zweckmäßig, wo zwar aufgrund fehlender Energie eine künstliche Ventilation nicht möglich, aber genügend natürlicher Wind vorhanden ist.

Die **Temperatur im Erdboden** wird in verschiedenen Tiefen gemessen. Für Messungen in 2–20 cm Tiefe benützt man fest in den Boden eingebaute Quecksilberthermometer mit entsprechend langem Rohr; damit man leichter ablesen kann, sind diese kurz über dem Erdboden schräg abgeknickt und zum Schutz vor Brüchen in ein Stativ eingespannt (s. Abb. 38). Erdbodenthermometer für diese Tiefen gibt es auch als Extremthermometer. Das Maximumthermometer ist ein Quecksilberthermometer mit Alkohol, worin sich ein Stift befindet, der mittels Magnet einzustellen ist. Das Minimumthermometer ist ein reines Alkoholthermometer, ebenfalls mit einem Stift. Die im rechten Winkel über dem Erdboden abgeknickte Skala mit dem Alkoholfaden ist vor praller Sonne zu schützen.

Abb. 38. Erdbodenthermometer
1 Erdboden-Quecksilberthermometer (Meßtiefe 2–20 cm)
2 in einen Holzstab eingebautes Erdbodenthermometer für Meßtiefen von 50 und 100 cm
3 Haltegriff eines in den Erdboden eingelassenen Thermometers gemäß Ziffer 2.

Für Tiefen ab 50 cm werden in einen Holz- oder Kunststoffstab eingelassene Thermometer verwendet. Zur Ablesung zieht man sie aus dem Hüllrohr im Boden heraus. In Abb. 38 ist ein Thermometer für die Meßtiefe 50 cm liegend gezeigt. Links ist der Haltegriff eines in den Boden eingelassenen Erdbodenthermometers zu sehen. Damit sich die Anzeige des Thermometers beim Herausziehen nicht ändert, sind diese Instrumente extrem träge angelegt. Dennoch gilt beim Ablesen der Grundsatz: „Erst auf die Zehntelgrade schauen, dann auf die ganzen". Bei allen Bodenthermometern ist für einen guten Kontakt zwischen Thermometerkugel und Boden zu sorgen. Durch Schrumpfen und Quellen mancher Böden, besonders aber durch die Frosthebung des Bodens im Winter, kann sich die Meßtiefe des Thermometers ändern. Erdbodenthermometer für mehr als 50 cm Tiefe lassen sich auch zur Überwachung der Temperatur in Hackfruchtmieten verwenden.

Auch zur Messung der Erdbodentemperatur kann man elektrische Verfahren anwenden; in erster Linie ist dafür das Platinthermometer geeignet. Zum Schutz vor Brüchen wird das empfindliche Instrument in eine Schutzhülse eingekapselt und in der entsprechenden Meßtiefe waagrecht liegend vergraben.

6.1.3.3 Die Messung der Luftfeuchtigkeit

Der Feuchtegehalt der Luft wird überwiegend als relative Luftfeuchte gemessen. Der Grund, daß gerade diese wegen ihrer Temperaturabhängigkeit etwas komplizierte Größe bevorzugt wird, liegt in ihrer leichten Meßbarkeit. Alle organischen Substanzen besitzen nämlich die bemerkenswerte Eigenschaft, auf eine Änderung der relativen Luftfeuchtigkeit mit einer Längenänderung zu reagieren. Besonders ausgeprägt ist diese Reaktion bei Haaren: Sie vergrößern bei einer Zunahme der relativen Feuchte von 10% ihre Länge um 0,25% und umgekehrt. Deshalb ist das gebräuchlichste Gerät zur Luftfeuchtemessung das **Haarhygrometer,** das als **Haarhygrograph** auch in einer schreibenden Version existiert und als solches in den **Thermohygrographen** eingebaut ist. Das Meßelement ist ein Bündel oder eine Harfe aus präparierten Haaren, deren Längenänderung auf einen Zeiger, einen Schreibarm oder einen einstellbaren elektrischen Widerstand (Potentiometer) übertragen wird (s. Abb. 35, Seite 104).

Hygrometer bedürfen genauso eines Schutzes vor direkter Sonnenstrahlung und eines ungehinderten freien Luftzutrittes wie Thermometer. Die Temperatur der Haare muß unbedingt mit der Lufttemperatur übereinstimmen. Da die relative Luftfeuchte (s. Seite 42) als $f = e/E \cdot 100\%$ definiert ist, würde bei zu hoher Haartemperatur ein zu großer Sättigungsdampfdruck E vorgetäuscht, damit wäre die angezeigte relative Feuchte zu gering. Fehler von über 15% sind bei mangelndem Strahlungsschutz keine Seltenheit.

Hygrometer sind auch gegen mechanische Beanspruchung empfindlich; sie erleiden große Schäden, wenn sie mit gestrafftem Haar transportiert oder die Haare sonst irgendwie gezerrt werden (Vorsicht also bei Zeitmarken!). Die Anzeigegenauigkeit eines guten Hygrometers beträgt im Einzelfall etwa ±3%. Ohne regelmäßige Nachprüfung, die bei Hygrographen mehrmals wöchentlich nötig ist, kann sich der Anzeigefehler rasch vergrößern. Hygrometer, die lange in einem trockenen Raum gestanden haben, sollten, bevor man sie in Gebrauch nimmt, in dampfgesättigte Luft gebracht werden, wobei sich die Haare regenerieren können. Bei dichtem Nebel oder vollständig in ein gut durchfeuchtetes Tuch eingehüllt, sollten die Geräte 96–98% anzeigen. Wichtig ist auch, daß die Haare von Zeit zu Zeit mit einem sauberen Pinsel und destilliertem Wasser gereinigt werden. Geräte in Stallungen erfordern ganz besondere Pflege, wenn sie nicht schon nach wenigen Monaten unbrauchbar werden sollen.

Das zweite Verfahren zur Erfassung der Luftfeuchtigkeit ist das **psychrometrische.** Es benützt als Meßeffekt die Tatsache, daß zur Verdunstung von Wasser Wärme notwendig ist. Man denke sich zur Erklärung des Meßprinzips eine nasse Fläche, über die Luft hinweggeblasen wird. Gemäß Kapitel 3.3 verdunstet bei diesem Vorgang Wasser, d. h. flüssiges Wasser geht in gasförmigen Wasserdampf über, der mit dem Luftstrom wegtransportiert wird. Die für die Verdunstung notwendige Wärme wird dabei der vorbeistreichenden Luft entnommen, was zur Folge hat, daß diese sich abkühlt. Enthält die vorbeigeblasene Luft von vorneherein sehr wenig Wasserdampf, dann kann sie an der nassen Oberfläche viel Wasser aufnehmen, wozu viel Wärme notwendig ist und ein tiefes Absinken der Temperatur bewirkt wird. Ist die vorbeistreichende Luft aber schon fast wasserdampfgesättigt, so kann sie kaum noch Wasser aufnehmen; die Verdunstung an der Oberfläche und damit der Bedarf an Verdunstungswärme bleiben gering, und somit sinkt die Temperatur nur wenig. Demnach ist also die Temperaturabnahme einer ventilierten, verdunstenden Oberfläche ein Maß für den Wasserdampfgehalt der Luft.

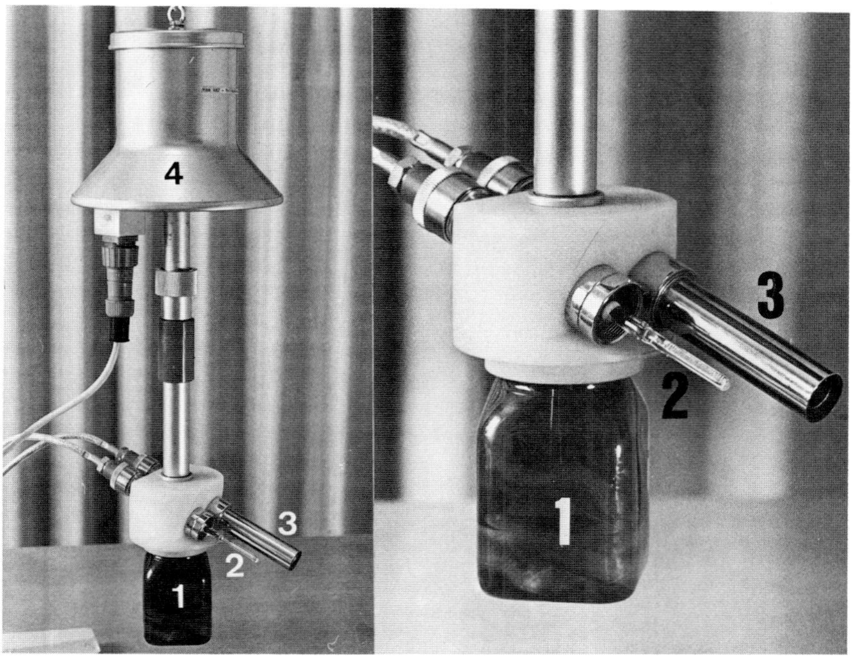

Abb. 39. Aspirationspsychrometer nach FRANKENBERGER, links Gesamtansicht des Gerätes, rechts Meßeinrichtung
1 Wasserbehälter mit darin befindlichem Docht zur Benetzung des feuchten Thermometers
2 elektrisches Platin-Thermometer (Pt-100 DIN), Schutzrohr abgenommen
3 hochglanzverchromtes Strahlungsschutzrohr
4 Elektromotor zum Ansaugen der Ventilationsluft.

Dementsprechend mißt man mit dem Psychrometer sowohl die Temperatur der unbeeinflußten Luft als auch die der verdunstenden Oberfläche. Letztere bezeichnet man kurz mit **„Feuchttemperatur".** Zum Messen wird das zweite Thermometer im Psychrometer mit einem Musselinstrumpf überzogen, der bei Einzelmessungen von Hand befeuchtet wird (Assmann-Psychrometer), bei Registriergeräten (Frankenberger-Psychrometer, Abb. 39) mit einem Wasservorratsgefäß in Verbindung steht.

Zur Messung mit dem Psychrometer sollte man beachten, daß vom Ventilator, der hier den speziellen Namen „Aspirator" trägt, eine Strömungsgeschwindigkeit von mindestens 2 m/s erreicht werden muß, sonst verdunstet weniger Wasser als es den Verhältnissen entspricht, und die angezeigte Temperatur bleibt zu hoch. Bei Einzelmessungen muß man genügend lange warten, bis sich das Thermometer mit dem Musselinstrumpf auf die Feuchttemperatur eingestellt hat. Als Richtwert für die Wartezeit seien 3 Minuten genannt; wer sichergehen will, beobachte während der Messung das feuchte Thermometer. Geht seine Anzeige nicht mehr weiter zurück, ist die Feuchttemperatur erreicht.

Aus den Psychrometertemperaturen läßt sich der Dampfdruck nach der Psychrometerformel

$$e = E_f - C \cdot (t_t - t_f) \cdot b/1007$$

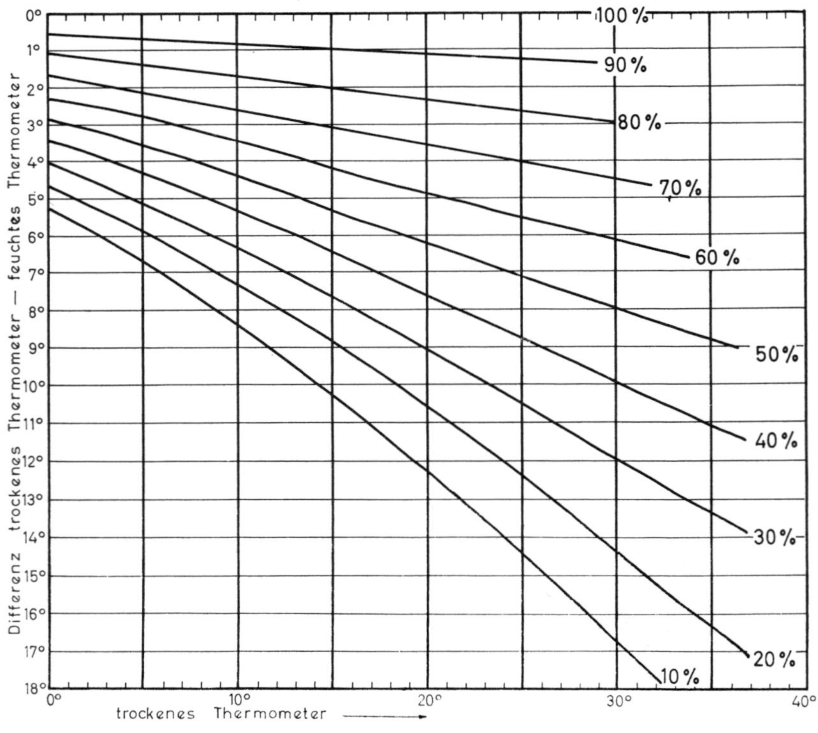

Abb. 40. Relative Luftfeuchte in Abhängigkeit von der Temperatur (°C) und der Psychrometerdifferenz.

berechnen, wobei E_f (in mbar) der Sättigungsdampfdruck bei der Temperatur des feuchten Thermometers ist. Die Psychrometerkonstante C hat den Wert 0,67 (bei Vereisung des Musselinstrumpfes 0,57), t_t und t_f sind die vom trockenen und vom feuchten Thermometer angezeigten Temperaturen (°C); b ist der Luftdruck in mbar, wobei der Faktor b/1007 bei Seehöhen unter 500 m vernachlässigt werden kann. Dampfdruck und relative Feuchte können auch an Hand von graphischen Darstellungen (s. Abb. 40) oder mit Tabellen, den sog. **Psychrometertafeln,** rasch bestimmt werden. Die relative Feuchte läßt sich mit diesem Verfahren auf 1–2% genau ermitteln, wenn beide Thermometer auf 0,1 K genau abgelesen worden sind.

Die Feuchttemperatur hat neben ihrer Bedeutung als Meßhilfsgröße aber auch noch eine physikalische Bedeutung. Sie ist die tiefstmögliche Temperatur, die ein nasser Gegenstand bei Wind annehmen kann. Man denke dabei besonders an eine Frostnacht, in der eine Frostschutzberegnung (s. Seite 201 ff.) durchgeführt wird. Bei Wind kann die Temperatur der beregneten Pflanzen bis auf den Wert der Feuchttemperatur sinken, der unter Umständen deutlich unter 0 °C liegt.

Für weitere Verfahren zur Luftfeuchtemessung, zumal elektrische, sei auf besondere Fachliteratur verwiesen. Sie sind kompliziert und erfordern deswegen meist eine ständige fachmännische Wartung.

6.1.3.4 Die Messung des Niederschlages

Die Einheit, in der der Niederschlag üblicherweise gemessen wird, ist „mm Niederschlagshöhe" oder kurz „mm". Man geht dabei von der Vorstellung aus, daß der gefallene Niederschlag zwar gegebenfalls schmilzt, aber nicht versickert und nicht verdunstet, also einen See bildet. Die Tiefe dieses Sees, gemessen in mm, ist dann identisch mit der Angabe mm Niederschlagshöhe.(Siehe auch Tab. 29)

Für die Niederschlagsmessung dient als Standardgerät ein Gefäß, das aus zwei ineinanderschiebbaren Teilen besteht und an einem Pfahl aufgehängt wird; es ist in Abb. 41 wiedergegeben. Durch ein im Inneren mit einem Trichter versehenes

Abb. 41. Niederschlagsmesser nach HELLMANN
1 Meßgefäß; 2 Haltepfahl; 3 Meßglas; 4 Sammelkanne; 5 Schneekreuz; 6 unterer Behälter; 7 Auffanggefäß.

Auffanggefäß mit einer Oberfläche von 200 cm^2 fließt das Regenwasser in eine Sammelkanne, die zum Schutz vor Verdunstungsverlusten in einem Behälter, vor direkter Sonnenstrahlung geschützt, steht. Aus der Kanne füllt man das aufgefangene Wasser in ein zugehöriges Meßglas und liest die Niederschlagsmenge an der eingeprägten Skala in mm ab. Der **Regenmesser** wird mit der Auffangfläche in 1 m Höhe über dem Erdboden und etwa 10 cm über der Oberkante des Haltepfahles, möglichst an einem windgeschützten Standort, aufgestellt. Das Gerät sollte etwa 4mal, mindestens aber 1mal so weit von Hindernissen (Bäume, Häuser usw.) entfernt stehen, wie diese hoch sind. Orientiert man das Gerät so, daß sich das Auffanggefäß nördlich vom Haltepfahl befindet, dann fällt sein Schatten wenigstens zeitweise auf den Regenmesser, wodurch sich dieser weniger stark erwärmt und damit Verdunstungsverluste noch kleiner werden.

In stark windexponierten Lagen ist die aufgefangene Niederschlagsmenge geringer als die wirklich gefallene, weil ein Teil davon durch den Wind über das Meßgerät hinweggetragen wird, ohne hineinzufallen. Hier verwendet man am besten einen Windschutzring.

Wenn Schneefall zu erwarten ist, wird ein Schneekreuz (s. Abb. 41) aus Blech in den Regenmesser eingesetzt, um ein Herauswehen des Schnees zu erschweren. Nach Schneefall tauscht man das Meßgerät gegen ein Ersatzgerät aus und stellt es zum Auftauen des Schnees, mit einem Deckel verschlossen, in ein nicht zu warmes Zimmer. Der geschmolzene Schnee wird dann wie die Regenmenge gemessen. Die Schneehöhe selbst mißt man mit einem Meterstab über ebener Fläche.

Um brauchbare Niederschlagsmeßwerte zu bekommen, muß jeden Tag um die gleiche Zeit abgelesen werden. Sollen sie vollends mit den Messungen amtlicher Stationen verglichen werden, kommt man nicht darum herum, täglich um 7 Uhr mittlerer Ortszeit die Auffangkanne zu leeren.

Selbstverständlich kann man den gefallenen Niederschlag auch **registrieren.** Dazu wird im Prinzip das gleiche Auffanggefäß verwendet wie beim gewöhnlichen Niederschlagsmesser. Das Wasser wird jedoch in einen Zylinder geleitet; darin befindet sich ein mit einer Schreibfeder versehener Schwimmer, der den Wasserstand im Zylinder auf einer Schreibtrommel aufzeichnet. Für elektrische Registrierung besser geeignet ist ein Verfahren, bei dem die aus dem Trichter herausfallenden Tropfen gezählt werden, oder aber das **Wippenprinzip,** bei dem das Regenwasser in ein Spezialgefäß geleitet wird, das sich bei einem bestimmten Füllstand selbständig entleert (Wippe). In diesem Fall wird die Zahl der Entleerungen summiert.

6.1.3.5 Die Messung des Windes

Nach dem im Hauptkapitel 4 Gesagten ist der Wind nichts anderes als bewegte Luft; er hat also eine Geschwindigkeit und eine Richtung. Als Windrichtung gilt, woher der Wind kommt. Der Ostwind kommt also aus Osten, analog dazu der Seewind von der See her. Für genauere Angaben verwendet man die 360- oder eine 36teilige Skala der Windrose, auf der 0 immer mit Nord zusammenfällt. (Zum Zusammenhang zwischen den einzelnen Skalen s. Tabellenanhang, Seite 249).

Zur Messung der **Windrichtung** dient eine sog. **Windfahne;** das ist im einfachsten Fall eine einzelne, bei besseren Geräten eine doppelte oder auch mehrfache, um eine vertikale Achse frei bewegliche Blechfahne, die von der anströmenden Luft auf die windabgewandte Seite gedreht wird und so die Strömungsrichtung markiert. Abb. 42 zeigt den Windmesser nach WÖLFLE, der eine doppelte Windfahne besitzt.

Behält man eine Windfahne eine Zeitlang im Auge, so stellt man meistens fest, daß sie sich unregelmäßig hin und her bewegt; das ist auf die Böigkeit des Windes zurückzuführen, d. h. auf plötzliche Änderungen seiner Geschwindigkeit und Richtung. Eine saubere Beobachtung der Windrichtung erfordert demnach etwas Geduld und Aufmerksamkeit, um aus den Richtungsschwankungen der Fahne einen gewissen Mittelwert herauslesen zu können. Da die Böigkeit vor allem durch Temperaturunterschiede im Gelände und ungleichmäßige Bodenreibung hervorgerufen wird, sollte man diesen Hinweis in einer hügeligen oder unregelmäßig bewachsenen Gegend besonders beachten.

Zur Messung der **Windgeschwindigkeit** verwendet man überwiegend das **Schalenkreuzanemometer.** Es besteht aus einem 3- oder 4armigen Kreuz (Abb. 42), an dem Halbkugeln so angebracht sind, daß sich der Wind in den Höhlungen fängt und so das Kreuz in eine der Windgeschwindigkeit entsprechende, mehr oder weniger schnelle Drehung versetzt wird. Die Zahl der Umdrehungen pro Zeit kann gestoppt oder an einem mit dem Schalenkreuz verbundenen Tachometer unmittelbar als Windgeschwindigkeit abgelesen werden.

Die Reibung des Windes am Boden hat zur Folge, daß die Windgeschwindigkeit mit der Höhe zunimmt. Man braucht deshalb eine Standardmeßhöhe, für die man 10 m über Grund gewählt hat. Es gilt die grobe Faustregel, daß der Wind in 2 m Höhe etwa 33%, in 4 m Höhe etwa 20% schwächer und in 30 m Höhe etwa 20% stärker ist als in 10 m Höhe.

Abb. 42. Windmesser nach Wölfle
1 Windfahne; 2 Schalenkreuz.

Bei Winduntersuchungen im Gelände, wo es gerade auf die orographisch bedingten Geschwindigkeitsunterschiede ankommt, wählt man häufig 1,5–2 m.

Als Einheit für die Windgeschwindigkeit werden hauptsächlich m/s und km/h verwendet. Üblich ist auch ein Schätzverfahren, das die Geschwindigkeit nach den Wirkungen des Windes beurteilt, die sog. **Beaufortskala.** Im Tabellenteil ist der Zusammenhang zwischen den wichtigsten Geschwindigkeitsangaben dargestellt; dort ist auch eine Angabe über die Druckkraft des Windes auf eine zu seiner Richtung senkrechte Fläche zu finden (Seite 247).

Die Böigkeit des Windes wirkt sich auch in kurzzeitigen Geschwindigkeitsänderungen aus, für deren Messung spezielle **Böenschreiber** konstruiert wurden. In einzelnen Böen kann die Windgeschwindigkeit um 20-30% über den 10-Minuten-Mittelwert ansteigen.

Wegen der Lagerreibung beginnt die Drehung der Schalenkreuze erst bei Windgeschwindigkeiten um 0,5 m/s. Zur Messung der schwachen Luftströmung in Belüftungs- und Trocknungsanlagen, in Stallungen oder Lagerräumen finden besondere elektrische Anemometer Verwendung, die auf der Basis der durch den Wind bedingten Abkühlung eines elektrisch beheizten Drahtes funktionieren.

Windrichtung und -geschwindigkeit können auch nach den verschiedensten mechanischen und elektrischen Verfahren registriert werden.

6.1.3.6 Die Messung der verschiedenen Strahlungsgrößen

Zur Messung der Sonnenscheindauer dient der **Sonnenscheinautograph** (Abb. 43). Wie aus dem Namen hervorgeht, zeichnet die Sonne selbst auf, wann und wie lange sie geschienen hat. Ein Papierstreifen mit einer Halbstundeneinteilung wird in eine Haltevorrichtung geschoben, die ihn genau in der Brennfläche einer Glaskugel hält. Scheint die Sonne, so wird die von der Kugel aufgefangene Strahlung in einem Brennpunkt gesammelt und hinterläßt auf dem Streifen eine Brennspur, aus der die Sonnenscheindauer unter Berücksichtigung genauer Auswerterichtlinien abzulesen ist. Das Gerät ist an einem schattenfreien Platz aufzustellen und muß auf die Mittagslinie (Nord-Süd-Linie) sowie auf die geographische Breite des Ortes eingestellt werden. Frühmorgens ist eine Reinigung der Kugel von Tau und Reif regelmäßig erforderlich. Neuerdings wurden für automatische Wetterstationen auch elektrische Sonnenscheinmesser entwickelt.

Die Messung der **Globalstrahlung** und der **Strahlungsbilanz** ist schwieriger und kommt meist nur für wissenschaftliche Zwecke in Frage. Sie geschieht vornehmlich mit elektrischen Meßfühlern. Eine Gegenüberstellung der gebräuchlichsten Einheiten für die Strahlungsmessung findet man im Tabellenanhang, Seite 246.

Das Gerät zur Messung der Globalstrahlung heißt **Solarimeter.** Sein Meßprinzip beruht darauf, daß die von einer geschwärzten Fläche absorbierte Strahlung zum Erwärmen einer Thermobatterie benützt wird, deren Vergleichslötstellen auf Lufttemperatur gehalten werden. Zum Schutz der geschwärzten Lötstelle und zur Verhinderung von Schwitzwasserbildung wird der Fühler mit einer doppelten Glashalbkugel abgedeckt. Da die Glashauben nur die kurzwellige Strahlung durchlassen, die langwellige aber zurückhalten, kann das Gerät, wie beabsichtigt, nur solare Strahlung messen.

Beim **Strahlungsbilanzmesser** – Abb. 44 zeigt die Konstruktion nach SCHENK – fällt die von oben kommende Strahlung auf die eine Seite der Thermobatterie, die von unten kommende auf die andere. Die so entstehende elektrische Spannung ist

Abb. 43. Sonnenscheinautograph nach CAMPBELL-STOKES
1 Glaskugel; 2 Brennspur; 3 Haltevorrichtung; 4 Registrierstreifen; 5 Brennpunkt.

also proportional zur Differenz: zum Boden hin- minus vom Boden weggerichtete Strahlung – das ist aber nichts anderes als die **Strahlungsbilanz.** Da bei diesem Gerät die Abdeckhauben aus Lupolen bestehen, einem Material, das auch die langwellige Strahlung passieren läßt, kann man mit diesem Fühler die gesamte Strahlungsbilanz messen. Vor dem Beschlagen der Abdeckhauben schützt ein Trockenmittel, das in einer am Gerät angeschraubten Kapsel untergebracht ist.

In Gewächshäusern werden häufig **Luxmeter** verwendet. Diese Geräte messen die Helligkeit, wie wir sie mit unserem Auge empfinden. Sie sind also gerade im Wellenlängenbereich um 550 nm empfindlich, während zur Photosynthese der Pflanzen vor allem die Energie der Wellenlängen um 450 nm und 670 nm verwendet wird. Im Freien darf man Luxmeter als Relativgeräte für den Strahlungsgenuß der Pflanzen ersatzweise verwenden. Bei künstlicher Beleuchtung oder im Inneren der ja selektiv absorbierenden Pflanzenbestände können größere Unterschiede zwi-

Abb. 44. Strahlungsbilanzmesser nach SCHENK. Funktionsweise s. Text.

schen der gemessenen Helligkeit und der für die Pflanzen verwertbaren Strahlung bestehen. Die Empfindlichkeit mancher Luxmeter verringert sich mit der Zeit, so daß nur die mit einem Gerät unmittelbar nacheinander durchgeführten Messungen vergleichbar sind. Vor der Messung mit zwei Geräten sind beide miteinander zu vergleichen. Helligkeitsmesser werden bei zu starker Belichtung geschädigt, wovor sie durch Milchglasfilter geschützt werden können.

Seit einiger Zeit gibt es auch Fühler, deren Absorptionskurve der **photosynthetischen Wirksamkeit** der einzelnen Wellenlängen weitgehend angepaßt ist. Für weitere Einzelheiten darüber ziehe man Spezialliteratur heran. Auch die Agrarmeteorologischen Dienststellen des Deutschen Wetterdienstes können Auskünfte geben.

6.1.3.7 Die Messung besonderer Größen

Für Zwecke der Landwirtschaft und des Gartenbaues können auch andere Meßgrößen wichtig sein. So hängt die Infektion der Pflanzen mit Pilzkrankheiten, z.B. Apfelschorf, von der Dauer der Blattbenetzung durch Tau und Regen ab. Ein einfacher **Blattbenetzungsschreiber** hat als Meßelement eine Harfe aus 4–5 frei und waagerecht gespannten Hanffäden, die sich im nassen Zustand verkürzen. Bei Aufstellung in einer Obstanlage haben sie ähnliche Benetzungszeiten wie die Blätter. Ihre Längenänderungen lassen sich genauso wie die Temperatur oder Luftfeuchte mit einem Schreibgerät aufzeichnen. Für wissenschaftliche Untersuchungen, bei denen es auf genaue zeitliche Angaben über die Nässedauer ankommt, kann man auch elektrische Meßprinzipien anwenden. Abb. 45 zeigt ein Verfahren, bei dem an der Blattoberfläche eine geringe elektrische Spannung angelegt wird, die einen Strom hervorruft, wenn das Blatt naß ist. Der Strom verschwindet, sobald das Blatt abgetrocknet ist.

Abb. 45. Elektrischer Blattbenetzungsmesser. Funktionsweise s. Text.

Die Menge des Taues läßt sich nur angenähert registrieren; dazu dienen sog. **Tauwaagen.**

Auch die **Verdunstungsmessung** ist relativ unsicher. Die dafür verwendeten **Evaporimeter** können die potentielle Verdunstung kaum besser bestimmen als die schon genannten Formeln (s. Seite 46). Abb. 46 zeigt das Gerät nach PICHE, bei dem an einem mit einer Klammer festgehaltenen Fließpapierblättchen Wasser verdunstet. Die verdunstete Menge wird an einer Skala am Wasservorratsgefäß abgelesen.

Tauwagen bzw. Evaporimeter geben nur dann vergleichbare Relativwerte, wenn gleiche Gerätetypen verwendet werden.

Der Wasserverbrauch eines Pflanzenbestandes wird oft besser durch regelmäßige Niederschlags- und Bodenfeuchtemessungen bestimmt. Die einfachste Methode der **Bodenfeuchtemessung** besteht in der Entnahme von Bodenproben, Wägung der feuchten Probe, Trocknung bei 105 °C für 6–8 Stunden im Trockenschrank oder über einige Tage an der Luft und nochmaliger Wägung. Die Bodenfeuchte in Gew.-% ist dann die Gewichtsdifferenz der beiden Wägungen vor und nach der Trocknung, dividiert durch das Gewicht der trockenen Probe ohne Dosengewicht. Zur Umrechnung in Vol.-% muß noch die Dichte des trockenen Bodens (Faustzahl 1,3–1,6 g/cm^3) bekannt sein, die zu Beginn und am Ende einer Meßserie mit genau 100 cm^3 fassenden Stechzylindern bestimmt wird. Vorteilhaft ist die Bestimmung der Bodenfeuchte in jeweils 10 cm dicken Tiefenstufen, weil dann die Angabe in Vol.-% der Angabe in mm (Niederschlagshöhe) entspricht, also mit der Regenmenge vergleichbar wird. Wegen möglicher Unterschiede in der Bodenstruktur und -feuchte ist für jede Meßtiefe die Entnahme von 3–4 Bodenproben und deren getrennte Feuchtebestimmung unbedingt notwendig. Eine brauchbare Schnelltrocknung bei Böden, deren Gehalt an brennbarer organischer Substanz weniger als 10% beträgt, ist die Spiritusmethode: Eine Messingschale von 5 cm Durchmesser und 2 cm Höhe hängt an 2 Bügeln in einer etwas größeren Schale. Der von vielen millimetergroßen Löchern durchsetzte Boden der Messingschale wird mit einer Fließpapierscheibe bedeckt, darauf kommt die Bodenprobe. Sie wird mit 30–40 cm³ Brennspiritus übergossen, der nach dem Durchsickern angezündet wird. Nach Abbrennen ist die Bodenprobe getrocknet.

Es gibt noch verschiedene andere Verfahren zur Bodenfeuchtemessung, die aber alle nicht befriedigen. Die Neutronenmethode erlaubt zwar ortsfeste Meßreihen, erfaßt jedoch die Bodenfeuchte in den obersten 20 cm nie genau. In der gärtnerischen Praxis findet man zur Steuerung der Beregnung häufig das **Tensiometer,** das angenähert die Saugkraft mißt, mit der die Wurzeln dem Boden je nach Bodenfeuchte das Wasser entziehen müssen. Eine poröse, mit Wasser gefüllte Tonzelle ist dabei in den Boden eingebaut. An einem mit der Tonzelle verbundenen Manometer kann die Saugkraft abgelesen werden. Wichtig ist ein guter Kontakt der Zelle mit dem Boden. Der Praktiker wird bei bewässerungswürdigen Kulturen beregnen, wenn das Manometer bestimmte Werte anzeigt. Tensiometer arbeiten allerdings nicht mehr, wenn der Boden zu trocken geworden ist. Ab Bodenfeuchten von 50% der nK sind sie nicht mehr verwendbar. Sie müssen dann entlüftet werden.

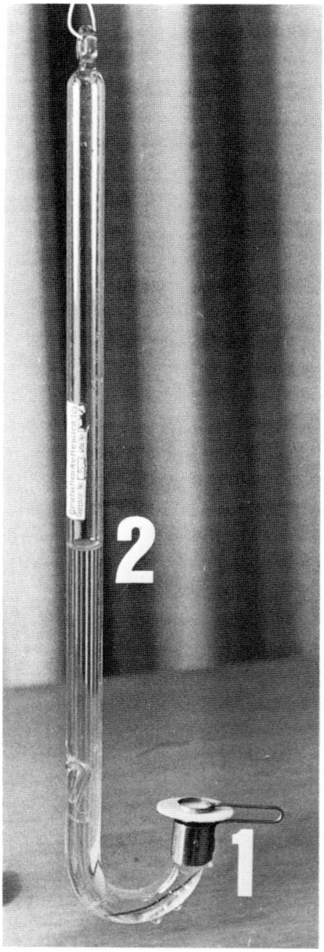

Abb. 46. Evaporimeter nach PICHE
1 Verdunstende Oberfläche
2 Wasservorratsgefäß mit Ableseskala.

6.2 Die Durchführung phänologischer Beobachtungen

In Landwirtschaft, Obst- und Gartenbau ist es nützlich, bei wissenschaftlichen Versuchen oft unerläßlich, **phänologische Daten** zu notieren. Auch die phänologischen Beobachtungen sollte man nach feststehenden Richtlinien durchführen, was allein die Vergleichbarkeit der Daten von Jahr zu Jahr und von Ort zu Ort gewährleistet. Es seien daher einige Grundsätze genannt, die bei der Beobachtung berücksichtigt werden sollten. Eingehendere Unterlagen geben die vom Wetterdienst herausgegebenen Anleitungen für phänologische Beobachter.

Die erste Voraussetzung guter Werte ist, die Pflanzen zur Zeit der in Frage stehenden Entwicklungsphasen oft aufzusuchen. Nach Möglichkeit soll die Phase jeder Pflanzenart an mehreren Exemplaren eingetreten sein, weil es immer wieder einzelne besonders frühe oder späte Exemplare gibt. Alle Entwicklungsstufen wird man an den gleichen Bäumen, Sträuchern oder auf denselben Feldern beobachten. Die Sorte ist in jedem Fall mit zu notieren. Jede Beobachtung soll ein genaues Datum haben und auch wirklich beobachtet sein. An langen Wochenenden (Pfingsten!) schleichen sich oft Fehler ein, wenn im nachhinein der bereits eingetretene Termin geschätzt wird. Ist es einmal unvermeidlich, Pflanzen an einem klein- oder geländeklimatisch extremen Standort zu beobachten (sehr trockener oder windexponierter Hang, Frostmulde, schattige Nordhänge, dicht bebaute Ortschaften, vor Hauswänden, im geschützten Hausgarten), so sollte dies vermerkt werden.

Die wichtigsten Phasen landwirtschaftlicher Kulturpflanzen sind wie folgt definiert: Als **Beginn der Feldarbeiten** im Frühjahr gelten die ersten Arbeiten zur Bereitung des Saatbettes mit Schlepper, Grubber und Egge. **Beginn der Bestellung** (Bst) ist der Tag, an dem auf den Feldern gedrillt oder gelegt wird. Der **Aufgang** (Au) ist erreicht, wenn sich die jungen Pflänzchen etwa 1 cm über den Boden erhoben haben; die Pflanz- und Drillreihen werden sichtbar. Den **Beginn des Schossens** (Sch) des Getreides notiert man, wenn etwa bei der Hälfte der Pflanzen ein Auseinanderweichen der Knoten eingesetzt hat. Die zunächst dicht beieinander liegenden Halmknoten, die im jungen Sproß bereits vorhanden sind, wachsen auseinander. Das festzustellen geht oft nicht, ohne junge Pflänzchen aus dem Boden zu ziehen und die Mittelblätter auseinanderzufalten. Vom **Ährenschieben** (Ä) kann man sprechen, wenn sich bei $^3/_4$ des Bestandes die Ährenspindeln ganz aus der Blattscheide herausgeschoben haben. Bei Hafer und Mais müssen die Rispen vollständig herausgewachsen sein. Wenn es sich nicht um selbstfruchtende Weizen- oder Gerstensorten handelt, die geschlossen blühen, so sind beim **allgemeinen Blühbeginn** (ab) (Vollblüte) des Getreides die Staubbeutel aufgeplatzt und geben Blütenstaub ab. Streift man mit der Hand über die Ähren, so bleiben Staubfleckchen zurück. Das Getreide ist **gelbreif** (G), wenn die Verfärbung von Grün in Gelb beendet ist. Der Korninhalt läßt sich dann nicht oder nur schwer mit den Fingern herausdrükken. Die für den Mähdrusch notwendige **Vollreife** (V) ist gegeben, wenn die gelben Körner merklich geschrumpft und hart geworden sind. Stroh und Ähren werden dann schon brüchig. Der **Beginn der Mähdruschernte** (Mb) kann aus betriebswirtschaftlichen Gründen oder wegen ungünstiger Witterung mehrere Tage nach der Vollreife sein. Bei Kartoffeln und Rüben können die Daten von Bedeutung sein, an denen sich die Reihen bzw. der ganze Bestand schließen. Ersteres ist gegeben, wenn keine Lücken mehr zwischen normal gewachsenen Pflanzen in der Reihe bestehen, **Bestandsschluß** (Bg), wenn sich das Blätterdach schließt und der Boden kaum mehr sichtbar ist. Die Pflanzen der nebeneinanderliegenden Reihen berühren sich.

Beim Obst unterscheidet man zwischen dem **Beginn der Blüte** (b), der **Vollblüte** (ab) und dem **Ende der Blüte** (e). Bei Beginn der Blüte sind an mehreren Bäumen die ersten Blüten vollständig offen und geben Blütenstaub ab. Bei der Vollblüte ist etwa die Hälfte der Blüten ganz geöffnet. Das Ende der Blüte ist zu notieren, wenn mindestens $^3/_4$ der vorhandenen Blüten abgeblüht sind. Sie haben dann die Blütenblätter verloren und stäuben nicht mehr. Die **Blattentfaltung** ist erreicht (BO), wenn sich die ersten Blätter entfaltet oder entrollt und bis zum Blattgrund bzw. Blattstiel ganz aus der Knospe herausgeschoben haben. Dann ist die endgültige Blattform, jedoch noch nicht die endgültige Größe erkennbar. Die **Fruchtreife** (f) ist noch nicht eingetreten, wenn einzelne Früchte reif sind, sondern wenn ein erstes Durchpflükken möglich und lohnend ist. Kernobst läßt sich dann durch Anheben oder Drehen am Stiel leicht loslösen. Die **Pflückreife** ist aber noch nicht gegeben, wenn für den Versand bestimmte Früchte vor der eigentlichen Reife geerntet werden. Das gleiche gilt für die durch besondere Umstände bedingte **Notreife.** Die herbstliche **Laubverfärbung** (LV) hat eingesetzt, wenn über die Hälfte der Blätter verfärbt ist. Bei **Blatt-** oder **Laubfall** (BF) sind im Weinberg z. B. die meisten Rebstöcke überwiegend kahl.

Phänologische Beobachtungen, auf kleinerem Raum durchgeführt, können auch wertvolle geländeklimatologische Aufschlüsse liefern. Wenn man bei der klimatologischen Standortbeurteilung phänologische Daten heranziehen will, sollte man sich nicht auf die Beobachtungen eines einzelnen Jahres beschränken, da in einer sehr warmen Witterungsperiode die Blüte, z. B. der Schlehen, an fast allen Standorten gleichzeitig beginnen kann. Bei einer Kartierung gibt es zwei Möglichkeiten, die man am besten beide anwendet, gleichgültig, ob es sich um ein Areal handelt, das man zu Fuß abgehen kann oder mit dem Auto abfährt. Die erste Methode ist, den jeweiligen Entwicklungsstand der Pflanzen an jedem Standort zu kartieren, die zweite, durch häufige Meßfahrten für jeden Standort den Tag des Eintritts einer bestimmten Phase zu bestimmen. So wurden für Schlehen – ein Strauch, der sich gut eignet – die folgenden Phasen in mehreren Beobachtungsfahrten notiert: a) Noch in Winterruhe, Büsche schwarzbraun, b) Knospen geschwollen und weiß, vereinzelte Blüten offen, c) Vollblüte, ganzer Busch schneeweiß, d) Blüte beendet, Busch aus der Ferne gelblich oder wegen der Blätter schon grünlich. Ansonsten ist der Beginn einer Phase, z. B. der Blühbeginn, oft leichter auf den Tag genau festzulegen als sein Höhepunkt.

Derartige Kartierungen sollten tunlichst nur von einem Beobachter gemacht werden. Die betreffende Pflanzenart muß ausreichend häufig vorkommen. Wildwachsende Pflanzen sind oft besser geeignet als Obstbäume, bei denen Sortenunterschiede für den Blühbeginn ausgeschieden werden müssen. Führt man kleinflächige Kartierungen durch, so können Pflanzen der Krautschicht geeignet sein, doch wirkt sich bei diesen auch das Bodenklima mit aus. Bewährt haben sich die Blüte von Huflattich, Klatschmohn, Margeriten. Von den Baumarten ist die Zwetschgenblüte etwas besser geeignet als die Süßkirschenblüte, bei der die Sortenunterschiede mehr ins Gewicht fallen. Beim Getreide hält man sich besser an Winter- als an Sommergetreidearten, da die Phasen des Sommergetreides stärker vom zufälligen Bestellungstag beeinflußt werden. Hier ist die Winterroggenblüte brauchbar. Berücksichtigt man die Sorte, so läßt sich auch das Ährenschieben beim Weizen verwenden. Die Getreideernte als Phase scheidet heute beim Mähdrusch fast aus, da dessen Termin zu sehr von der Tageswitterung und anderen Faktoren abhängt. Die Herbstphasen sind für geländeklimatologische Zwecke wenig geeignet.

7 Das Klima

7.1 Das Klima und seine Beschreibung

Unter **Wetter** verstehen wir den Zustand und die Vorgänge in der Atmosphäre an einem Ort zu einer bestimmten Zeit. Mit seiner Wechselhaftigkeit ändert sich das Wetter oft von Tag zu Tag. Vielfach herrscht aber gleiches oder ähnliches Wetter über mehrere Tage, oder der Tagesablauf des Wetters wiederholt sich Tag für Tag in ähnlicher Weise. So wechseln im Altweibersommer des Frühherbstes kühle Nächte mit Nebel und sonnig-warme Stunden während des Tages. Solche Perioden einheitlicher **Witterung** geben den Jahreszeiten der einzelnen Jahre oft einen typischen Charakter. Witterung ist also der Verlauf der meteorologischen Größen in einem kurzen Zeitraum. Das Wetter beeinflußt die Tagesarbeit des Landwirts und ist oft auch für unser Wohlbefinden mit verantwortlich. Die Bestellungs- und Erntetermine eines Jahres sowie das Gedeihen und der Ertrag der Pflanzen werden vornehmlich von der Witterung in der Vegetationszeit bestimmt. Die Witterung ist es, die ein Jahr zu einem guten Weinjahr machen kann, in einem anderen Jahr aber nur eine mindere Qualität zuläßt.

Ob aber in einer Landschaft Wein angebaut werden kann oder irgendeine andere Pflanzenart sich lohnt, hängt nicht von der Witterung eines einzelnen Jahres ab, sondern davon, welche Witterung sich im Laufe vieler Jahre in der betreffenden Gegend einstellt, d.h. vom **Klima.** Das Klima bestimmt letztlich, welche Pflanzen, seien es Nutzpflanzen oder wildwachsende, in einer Landschaft gedeihen oder nicht. Nicht umsonst bestehen so große Übereinstimmungen in den Klima-, Boden- und Pflanzengürteln der Erde. Wetter und Witterung sind etwas Einzelnes, Veränderliches, das Klima ist demgegenüber relativ konstant, obwohl die Schwankungen im Laufe der Jahrhunderte unübersehbar sind. Erweitert man die Betrachtung des Klimas auf Jahrtausende oder gar erdgeschichtliche Epochen, dann erweist sich auch das Klima als etwas sehr veränderliches.

Es gibt viele Definitionen des Klimas. Wir wollen hier unter Klima die für einen Ort oder eine Landschaft typische Zusammenfassung aller bodennahen Zustände der Atmosphäre und Witterung verstehen, die Boden, Pflanzen, Tier und Mensch beeinflussen und die sich während eines Zeitraumes von vielen Jahren einzustellen pflegen. Klima ist also die Gesamtheit aller Witterungen an einem Ort mit einer für diesen Ort charakteristischen Verteilung der mittleren, aber auch der extremen Werte. Das Klima eines Ortes ist nur in erster Näherung der mittlere Zustand der Atmosphäre während der einzelnen Jahreszeiten. Es läßt sich durch langjährige Mittelwerte allein nicht vollständig beschreiben. Notwendig sind auch Angaben, wie häufig und in welchem Umfang die Witterungsdaten von den Mittelwerten abweichen. Im Laufe vieler Jahre werden sich aber in einer Landschaft immer wieder ähnliche Wetterlagen und Witterungsperioden mit für diese Landschaft typischen Merkmalen einstellen. So gehören kühle Regenperioden genauso wie große Hitzeperioden zum Klima Mitteleuropas. Das Ausmaß und die Häufigkeit dieser Perioden unterliegt aber schon innerhalb Deutschlands größeren Unterschieden.

Um das Klima erfassen zu können, werden viele Beobachtungsjahre benötigt; wegen der Wechselhaftigkeit der Witterung sind mindestens 30 Jahre wünschenswert. Unterschiede, die dann noch zwischen verschiedenen Beobachtungsperioden, wie zwischen den „Normalperioden" 1901–1930 und 1931–1960, bestehen, sind schon gewissen Klimaschwankungen oder -pendelungen zuzuschreiben. Das Klima eines Ortes läßt sich nun leider nicht mit wenigen Worten beschreiben; dazu sind vielmehr Angaben über die einzelnen **Klimaelemente** erforderlich, wie Lufttemperatur, Luftfeuchte, Strahlung, Wind, Niederschlag usw. Wer sich über die Klimadaten Deutschlands und der Erde näher informieren will, findet hierzu Hinweise im Anhang. Die wichtigsten Klimaelemente, die in diesen Werken zu finden sind, seien jedoch genannt. Da ist zunächst die **Tagesmitteltemperatur** (T_m). Diese wird in Deutschland aus den Beobachtungen um 7 Uhr (T_7), 14 Uhr (T_{14}) und 21 Uhr (T_{21}) mittlerer Ortszeit nach der Formel $T_m = (T_7 + T_{14} + 2 \cdot T_{21}):4$ bestimmt. Dieser Wert stimmt mit dem über alle 24 Stunden ermittelten Wert weitgehend überein. **Mittlere Ortszeit** ist die Bahnzeit plus jeweils 4 Minuten, den der Ort westlich von 15° östlicher Länge liegt, für Köln also 32 Minuten, für Passau und Berlin 6 Minuten später als die volle Stunde nach MEZ. Oft begnügt man sich auch mit dem Mittel aus Tageshöchst- und -tiefsttemperaturen. Dieser Wert weicht in der Regel nur um wenige Zehntelgrad von den obengenannten Mittelwerten ab. Die Summe aller Tagesmitteltemperaturen eines Monats, dividiert durch die Zahl der Tage des Monats, ergibt die **Monatsmitteltemperatur.** Entsprechend errechnet sich aus den 12 Monatsmittelwerten die Jahresmitteltemperatur. Aus den Monats- und Jahresmittelwerten vieler Jahre ergeben sich dann die langjährigen Mittelwerte. Unter der **Jahresschwankung** der Temperatur versteht man die Differenz der Mitteltemperaturen des wärmsten und des kältesten Monats.

Die tägliche **Höchst-** und **Tiefsttemperatur** (Maximum und Minimum) bezieht sich auf die Zeit von 21 Uhr des Vortages bis 21 Uhr. Ihre Differenz ist die **Tagesschwankung** der Lufttemperatur. Entsprechend lassen sich auch eine mittlere Tageshöchst- und -tiefsttemperatur bzw. Tagesschwankung für jeden Monat und das Jahr sowie deren langjährige Mittelwerte berechnen. Davon zu unterscheiden sind die absolute Höchst- und Tiefsttemperatur sowie die absolute Schwankung der Temperatur eines Monats, eines Jahres und auch deren langjährige Mittelwerte bzw. die absolut höchsten und tiefsten Temperaturen, die sich im Laufe vieler Jahre überhaupt nur einmal einstellen.

Zur Kennzeichnung des Klimas ist auch die Zahl der Tage, an denen bestimmte Schwellenwerte über- oder unterschritten werden, von Bedeutung. So sind **Frosttage** Tage mit einer Tiefsttemperatur unter 0 °C. An **Eistagen** bleibt auch die Höchsttemperatur unter 0 °C. **Sommertage** sind solche mit einer Höchsttemperatur von mindestens 25 °C. Wichtig sind auch die Daten des **ersten und letzten Frostes,** des **ersten und letzten Schneefalles** sowie deren Schwankungsbreite. Zwischen diesen Tagen liegt die frost- bzw. schneefallfreie Zeit. Die **Vegetationszeit** wird oft durch die Daten im Frühjahr und Herbst abgegrenzt, an denen die Tagesmitteltemperaturen 5 °C oder 10 °C über- bzw. unterschreiten. Das mittlere Datum des Überschreitens der Tagesmitteltemperatur von 5 °C im Frühjahr fällt ungefähr mit dem Datum des Haferaufganges zusammen.

Die Mittel- und Extremwerte der übrigen Größen werden in ähnlicher Weise berechnet, die Tagesmittelwerte allerdings nur als einfaches Mittel aus den 3 Beobachtungsterminen: relative Luftfeuchte in %, Bewölkung in Achtel der Himmelsbedeckung, Windstärke in Beaufort. Die Sonnenscheindauer wird auf Zehntelstunden genau angegeben. Die Tagessumme des Niederschlags in mm bezieht sich auf die Zeit von 7 Uhr bis 7 Uhr des Folgetages. Zur Kennzeichnung der Niederschlagsverhältnisse dient auch die Anzahl der Tage mit mindestens 0,1, 1,0, 2,5 und 10,0 mm. Die auf Seite 239 genannten Quellenwerke enthalten auch die Anzahl der Tage mit Nebel, Schneefall, Schneedecke, Gewitter, Sturm, Hagel, Graupeln, Tau, Reif und anderen Größen.

Das Klima eines Ortes wird zunächst durch seine Lage zu den großen Zirkulationszonen der Erde bestimmt, es unterliegt somit einem fremdbürtigen Einfluß. Daneben wird es aber von lokalen Faktoren abgewandelt, d.h., es besitzt auch eigenbürtige Züge. Die Klimaelemente werden somit von den **Klimafaktoren** gestaltet. Klimafaktoren sind letztlich alle physikalischen Gegebenheiten, welche z.B. die Energieströme der Wärmehaushaltsgleichung beeinflussen und abwandeln. Klimafaktoren gibt es von sehr unterschiedlicher Größenordnung. Die geographische Breite beeinflußt über den unterschiedlichen Strahlungsgenuß alle anderen Elemente. Die Lage zu den großen Luftdruckzentren, zu den Ozean- und Landflächen, zu den Meeresströmungen ist auf großen Flächen wirksam. Daneben ist auch die Seehöhe ein entscheidender Klimafaktor.

Andere Faktoren bewirken nicht vernachlässigbare Unterschiede auf kleinerem Raum, z.B. die Geländegestaltung. Das Klima an einem Hang wird auch durch dessen Exposition, Neigungsgrad und durch seine Höhenerstreckung bestimmt. Es unterscheidet sich vom Klima am Talboden, auf Berggipfeln oder über weiten, freien Flächen. Auch die Pflanzendecken, wie Wiesen und Wald, beeinflussen in typischer Weise das Klima. Immer wiederkehrende Unterschiede stellen sich zwischen der freien Landschaft und geschlossenen Siedlungen ein. All diese Bereiche entwickeln also ihr eigenes **Gelände-** oder **Lokalklima,** auch **Mesoklima** genannt, welches in das **Makro-** oder **Großklima** einer Landschaft eingebettet ist. So ist das Geländeklima z.B. des mittleren Rheintales eine bestimmte Variante des Großklimas des gesamten Rheinlandes und dieses wiederum des Großklimas von Mitteleuropa.

Schließlich gibt es noch kleinere Klimabereiche. Vor einer Spalierwand ist es oft wärmer als inmitten eines Gartens. In einem Getreidefeld ist die Temperatur und die Luftfeuchte anders geschichtet als in einem Kartoffelbestand. Kleintiere, z.B. Schädlinge, suchen oft sogar das besondere **Mikro-** oder **Kleinklima** in den Rinden eines Baumstammes oder unter einem Stein auf. Diese Mikroklimabereiche haben ebenfalls eine erhebliche Bedeutung für Pflanze und Tier. Betrachten wir nun das Klima im einzelnen, ausgehend von den großen Klimazonen der Erde bis hin zu einigen Mikroklimabereichen, die für den Landwirt und Gärtner besonders wichtig sind.

7.2 Das Großklima

7.2.1 Die Klimazonen der Erde

Das Klima wird zunächst von den großen Zonen des Luftkreislaufes und deren jahreszeitlichen Verlagerungen bestimmt. Wichtigster Faktor ist die geographische Breite, aufgrund deren die Erde schon seit altersher in tropische, gemäßigte und po-

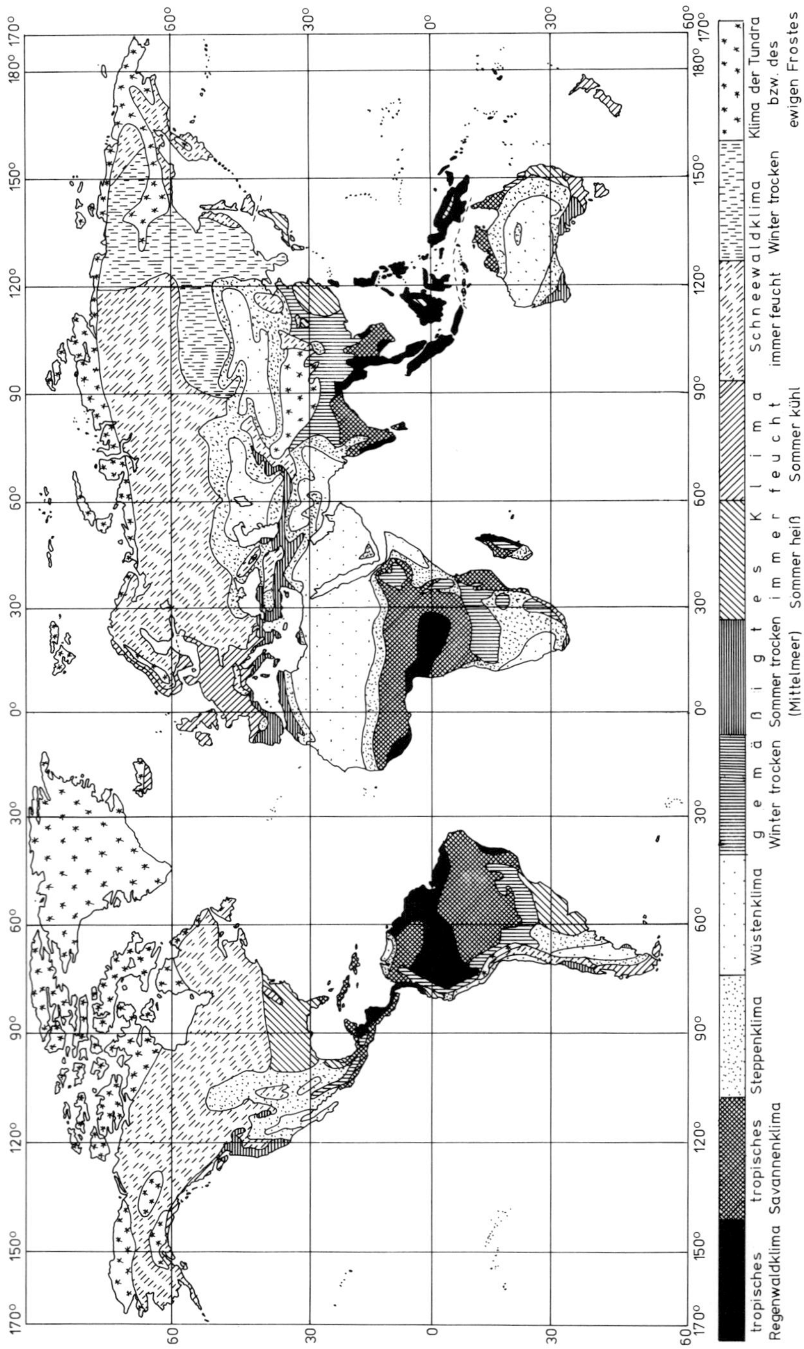

Abb. 47. Die Klimazonen der Erde nach KÖPPEN/GEIGER (vereinfacht nach einer Wandkarte, J. Perthes Verlag, Darmstadt 1961).

lare Zonen eingeteilt wird. Abwandlungen erfährt das Klima ferner durch unterschiedliche Seehöhen, durch die Verteilung von Land und Meer und die Lage zu den Küsten. Wir wollen uns nun zunächst einen Überblick über das Klima der Erde in seiner Gesamtheit verschaffen, wobei wir uns an die Einteilung des Klimas in verschiedenen Zonen nach KÖPPEN und GEIGER (1961) halten (Abb. 47). Dabei bleiben wir uns bewußt, daß es selten scharfe Klimagrenzen gibt. Meist geht das Klima einer Zone allmählich in das Klima einer anderen Zone über. So liegt Mitteleuropa im Übergang vom Seeklima des Atlantiks zum Landklima des asiatischen Kontinents. Nur wo hohe Gebirgszüge auftreten, ist die Abgrenzung zwischen verschiedenen Klimazonen scharf ausgeprägt.

Wir beginnen unsere Betrachtung am Äquator mit dem **Klima des tropischen Regenwaldes.** Die äquatornahe Zone liegt im Bereich der sog. innertropischen Konvergenzzone, wo die Luftmassen der Passate der Nordhalbkugel und der Südhalbkugel aufeinandertreffen. Die Folge ist eine reichliche Wolken- und Niederschlagsbildung. Die Regen, meistens Schauerregen, erreichen mindestens 1500 mm/Jahr, im Stau der Gebirge oft noch erheblich mehr. Es fehlen ausgeprägte Jahreszeiten; Niederschlag gibt es in allen Monaten. Mit dem Stand der Sonne verlagert sich allerdings die Konvergenzzone in der einen Jahreshälfte nach Norden, in der anderen nach Süden. Daher weist die Regenhöhe zwei Maxima und Minima auf, letztere meist bald nach dem Tiefststand der Sonne, der am Äquator am 21. Juni und 21. Dezember eintritt. Es gibt aber keine ausgesprochene Trockenzeit. Trotzdem unterliegen auch die Regenmengen nahe dem Äquator noch beachtlichen Schwankungen von Jahr zu Jahr. Da die Nordhalbkugel der Erde größere Landmassen besitzt als die Südhalbkugel, dringt die Konvergenz im Nordsommer weiter nach Norden als im Südsommer nach Süden vor.

Die Temperatur ist ausgeglichen und liegt in Meereshöhe Monat für Monat bei 25–27 °C. Die Temperaturunterschiede zwischen Tag und Nacht sind viel größer als die jahreszeitlichen Unterschiede. Die Luft ist meist sehr feucht und schwül und für Europäer schwer erträglich. Trotz der hohen Temperatur ist die jährliche Verdunstung geringer als die Regenmenge. Dieses Klima bietet beste Bedingungen für eine ungeheure Vielfalt der Pflanzen- und Tierwelt. Dort gedeihen der undurchdringliche tropische Regenwald und eine Vielzahl tropischer Früchte.

An diese Zone schließt sich nördlich und südlich das **tropische Klima der Savannen** an. Es fällt immer noch mehr Niederschlag als verdunsten kann; das Klima ist in den meisten Monaten des Jahres noch humid. Je weiter man sich aber von der Regenwaldzone entfernt, um so klarer wird der Gegensatz zwischen ausgeprägter Regen- und Trockenzeit. Bis in diesen Bereich erstreckt sich in der Trockenzeit das subtropische Hoch, in der sommerlichen Regenzeit dagegen das äquatoriale Tief. Es gibt noch den tropischen Savannenwald, vornehmlich an den Flüssen, aber dieser ist schon nicht mehr immergrün; in der Trockenzeit sind die Bäume oft kahl. Die wärmste Zeit des Jahres ist wie im Bereich des indischen Monsuns kurz vor Beginn der Regenzeit. Doch immer noch ist die Tagesschwankung der Temperatur größer als die Jahresschwankung. Im Bereich der Savannen leidet die Landwirtschaft nur selten unter Wassermangel. Die Vegetationszeit beginnt mit den ersten Regenfällen. Im Gegensatz zu den gemäßigten Zonen nimmt die Bodenfeuchte im Laufe der Vegetationszeit zunächst zu, und der Beginn der Trockenzeit stellt dann oft die Erntezeit dar, während bei uns die Bodenfeuchte in der Vegetationszeit meist geringer ist als außerhalb der Vegetationszeit.

Man darf aber nicht annehmen, daß es im Savannenklima keine nennenswerten Unterschiede in der Witterung gäbe. Beginn und Stärke der Regenzeit können erheblichen Schwankungen unterliegen, die in der anschließenden Zone des **wintertrockenen Steppenklimas** eine noch größere Bedeutung besitzen. Die oft jahrelang anhaltenden Dürreperioden im Steppenklima der Sahelzone sind hierfür ein Beispiel; durch eine Überweidung wurde ihre Auswirkung leider verstärkt. Mit größerer Entfernung vom Äquator wird die Regenzeit, meist kurz nach dem Sonnenhöchststand, immer kürzer, bis das Klima der Steppen in das der **Wüsten** übergeht, wo es nur noch ganz sporadisch Regenschauer gibt. Die Landwirtschaft stellt sich mit den Früchten darauf ein. Je weiter man sich vom Äquator entfernt, um so mehr werden Pflanzen angebaut, die im Wasserverbrauch genügsamer sind. Die Grenze eines Ackerbaues ohne Bewässerung liegt bei etwa 400–500 mm Regen pro Regenzeit. Der eigentliche Wüstengürtel, wo tagsüber die Sonne brennt und nachts empfindliche Kälte herrschen kann, kennt nur noch die Bewässerungslandwirtschaft der Oasen. Die potentielle Verdunstung kann hier mehrere 1000 mm erreichen. Die Wüsten liegen im eigentlichen Bereich des subtropischen Hochdruckgürtels. Wegen der Land- und Meerverteilung ist der Wüstengürtel aber kein die ganze Erde umschließender Gürtel.

Polwärts schließt sich den Wüsten nochmals eine **Steppenzone** an, die aber **Winterregen** erhält. Hierzu gehören große Teile Nordafrikas und des Nahen Ostens. Im Winter hat sich der subtropische Hochdruckgürtel äquatorwärts zurückgezogen, und die Tiefdruckgebiete der gemäßigten Zonen stoßen bis in diese Breiten vor, von Jahr zu Jahr jedoch sehr unregelmäßig. Die Niederschlagsmenge eines Winters unterliegt daher erheblichen Schwankungen. Während bei uns in einem Dürrejahr noch fast die Hälfte dessen an Niederschlag fällt, was ein sehr nasses Jahr bringt, ist es dort oft nur der zehnte Teil. Eine Serie von Dürrejahren ist daher noch katastrophaler. Ohne Bewässerung ist eine regelmäßige Landwirtschaft kaum möglich. Den Tälern und Mulden steht jedoch oft das von den Hängen herabfließende Wasser zusätzlich zur Verfügung; ihre Vegetation hebt sich von der Vegetation der Berge und Hänge deutlich ab. Wo Bewässerungslandwirtschaft betrieben wird, können 1500–2000 mm pro Jahr verdunsten. Um einer Versalzung des Bodens vorzubeugen, muß die Wassergabe die potentielle Verdunstung etwas übersteigen.

Auf den Westseiten aller Kontinente schließt sich an diese Zone das **gemäßigte Klima** an, zunächst als sommertrockenes, warmgemäßigtes **Mittelmeerklima.** Die Sommer sind unter dem Einfluß des Subtropenhochs heiß und trocken, im Winter wird das Mittelmeer von den Zyklonen des Westwindgürtels überstrichen. Je weiter man in den Bereich des europäischen Mittelmeeres nach Norden kommt, um so mehr konzentrieren sich die Regenfälle auf den Herbst und das Frühjahr. Im Herbst gibt es oft Überschwemmungen, wenn polare Kaltluft über das warme Mittelmeer streicht und Zyklonen entstehen läßt. Die Herbstregen gehen der Landwirtschaft aber meist verloren; der Anbau muß im Frühjahr so zeitig wie möglich beginnen, um die Winterfeuchte und die letzten Frühjahresregen auszunutzen.

Das **immerfeuchte, gemäßigte Klima** beginnt dort, wohin das subtropische Hochdruckgebiet nicht mehr regelmäßig vordringt, wo also eine anhaltende Sommertrockenheit nur noch ausnahmsweise auftritt. Hierzu gehören ganz West- und Mitteleuropa, mit Niederschlägen zu allen Jahreszeiten bei einem mehr oder weniger klaren Herbst- bis Sommermaximum. Die Vegetationszeit wird nun eindeutig vom Jahresgang der Temperatur bestimmt und dementsprechend polwärts ständig kürzer. Ein gewisser Ausgleich ist durch die im Sommer polwärts rasch zunehmende Tageslänge gegeben.

An den Ostseiten der Kontinente geht das Savannenklima oft unmittelbar in das gemäßigte Klima über, teils immerfeucht, teils mit trockenen Sommern. In den Südstaaten der USA wie auch Brasiliens treffen wir ein warmgemäßigtes, sommerheißes Klima mit Regen zu allen Jahreszeiten an. Vor den Küsten in diesen relativ niedrigen Breiten entstehen viele Zyklonen des Westwindgürtels, die dann nach Ostnordost bzw. Ostsüdost wandern, aber immer wieder einmal auf das Festland übertreten, besonders im Winterhalbjahr. Gefürchtet sind die polaren Kaltlufteinbrüche, die hier viel weiter äquatorwärts vorstoßen können als im europäisch-afrikanischen Bereich. Der Temperaturgegensatz zwischen Sommer und Winter ist auf den Ostseiten der Kontinente viel größer als auf deren Westseiten, die unter der ausgleichenden Wirkung der ozeanischen Westwinde liegen.

Das Innere der Kontinente, in Kanada, Rußland und Sibirien beherrscht ein kontinentales Klima. Das polare Hochdruckgebiet ist im Winter gerade hier besonders stark ausgebildet. Ein maritimer Einfluß fehlt fast ganz. Die Strenge der Winter erlaubt es nicht, noch von einem gemäßigten Klima zu sprechen, auch wenn der Hochsommer recht warm sein kann. Im europäisch-asiatischen Bereich steigt der Grad der Kontinentalität von der Westküste bis ins zentrale Sibirien laufend an. So nimmt die mittlere Januartemperatur von 7 °C in Irland über etwa 0 °C in Norddeutschland bis auf −10 °C in Moskau und unter −50 °C in Nordsibirien ab. Dieses winterkalte Klima, das nur auf der Nordhalbkugel anzutreffen ist, nennt man auch das **Schneewaldklima** wegen der großen Verbreitung nordischer Wälder und langanhaltender Schneedecken. Je weiter man in das Innere der Kontinente kommt, um so geringer wird aber der Niederschlag, besonders im Winter. Sibirien ist sogar arm an Schnee und Regen.

Der gemäßigten Zone und dem Schneewaldklima, jenseits eines noch möglichen Baumwuchses, wo die Temperatur selbst des wärmsten Monats unter 10 °C bleibt, folgt polwärts das **polare Klima** der Tundra und schließlich das des ewigen Eises.

Zwischen diesen mannigfaltigen Klimazonen gibt es natürlich alle nur möglichen Übergänge. So liegt ganz Europa im Übergang zwischen dem ausgesprochen **maritimen Klima** des Atlantik und dem **kontinentalen Klima** Nordasiens (Abb. 65, S. 167). Ersteres kennt nur ganz geringe Jahres- und fast keine Tagesschwankungen der Temperatur. Die Sommer sind kühl, die Winter mild, bei allzeit reichlicher Bewölkung und häufigen, wenn auch nicht immer sehr hohen Niederschlägen und hoher Luftfeuchte. Klare Luft und oft windiges Wetter sind ebenfalls typisch für maritimen Einfluß.

Das Festlandsklima dagegen weist große Tages- und noch größere Jahresschwankungen der Lufttemperatur auf. Das kontinentale Klima ist durch seine sehr kalten Winter noch stärker ausgeprägt als durch seine warmen Sommer. Die Niederschläge konzentrieren sich stets mehr auf den Sommer, denn die kalte Winterluft ist zu arm an Wasserdampf, um ergiebige Niederschlagswolken bilden zu können. Angesichts der großen Gegensätze zwischen dem wirklich maritimen Klima des Atlantik und dem kontinentalen Klima Sibiriens kann man innerhalb Deutschlands, strenggenommen, nicht mehr von einem Seeklima Nordwestdeutschlands und einem kontinentalen Klima Südostbayerns sprechen, auch wenn in Nordwestdeutschland die Winter milder und die Sommer meist kühler sind als in Südostbayern. Die Zunahme der Kontinentalität des Klimas von West- nach Osteuropa kommt teilweise auch dadurch zustande, daß in diesem Bereich kontinentale Luftmassen häufiger auftreten als maritime.

Im Gebirge wandelt sich das Klima mit größerer Höhe immer mehr zum **Höhenklima.** Die Temperatur nimmt im Mittel um 0,5–0,8 K/100 m mit der Höhe ab, wobei die mittlere Temperaturabnahme im Sommer größer ist als im Winter. Denn bei winterlichem Hochdruckwetter sind die Tal- und Muldenlagen oft tagelang von einem Kaltluftsee erfüllt, in dem die Temperatur zunächst mit der Höhe sogar zunimmt. Die Intensität der Globalstrahlung wächst mit der Höhe; so steigt sie im Bereich der Ostalpen von 200 m auf 3000 m Höhe im Sommer bei wolkenlosem Wetter um 20–25 %, bei bedecktem Himmel relativ noch mehr (DIRMHIRN 1964). Die Zunahme der Globalstrahlung mit der Höhe ist bei sonnigem Wetter nur eine Folge der Zunahme der Sonnenstrahlung, während der Anteil der Himmelsstrahlung dann mit der Höhe stark abnimmt. Dadurch wächst auch der Temperaturgegensatz zwischen Sonn- und Schatthang sehr rasch mit der Höhe. Die ultraviolette Strahlung erreicht bei sonnigem Wetter in 2000 m Seehöhe das 2–3fache der Werte in den Niederungen, besonders im Winter.

In allen Gebirgen ist weiter eine rasche Zunahme der mittleren Windgeschwindigkeit und Sturmhäufigkeit mit der Höhe festzustellen. Ein Wetterumschwung ist immer krasser und somit gefährlicher als in der Niederung. Durch den Wolkenstau sind in Europa die Westseiten der Mittelgebirge niederschlagsreicher als die Ostseiten. In den Nord- und Südalpen steigt die Jahresniederschlagsmenge als Folge des Staus auf 2500 mm bis über 3000 mm, während die Täler zwischen den Kalk- und Zentralalpen viel niederschlagsärmer sind (Abb. 51).

7.2.2 Das Klima von Deutschland

Abgesehen von den hohen Gebirgslagen, liegt Deutschland im Bereich des warmgemäßigten Klimas im Übergang vom maritimen zum kontinentalen Klima. Verglichen mit den Extremen des maritimen und kontinentalen Klimas, sind die Unterschiede in Deutschland gering. Das kommt auch darin zum Ausdruck, daß die meisten landwirtschaftlichen Kulturpflanzen überall angebaut werden können und daß Unterschiede des Bodens für den Anbau vieler Arten manchmal wichtiger sind als Unterschiede des Klimas. Trotzdem sind letztere für die Landwirtschaft keineswegs vernachlässigbar. So erlaubt nur das sommerwarme und wintermilde Klima des Südwestens einen lohnenswerten Weinbau. Körnermais findet am Oberrhein die besten Bedingungen. In den Mittelgebirgslagen nimmt der Waldanteil nicht nur der Berglagen wegen zu. Hier, wie auch im Alpenvorland, tritt der Ackerbau hinter der Grünlandwirtschaft zurück, weil sich mit zunehmender Seehöhe die Wachstumszeit verkürzt. Die im Bergland höheren Regenmengen bewirken aber auch größere Bodenauswaschungen und erschweren vor allem das Einbringen der Ernte. Im wintermilden Nordwestdeutschland mit seinen mäßig warmen Sommern ist die Vegetationszeit merklich länger als im kontinental getönten Südostbayern. Daher spielen Winterzwischenfrüchte zwischen Niederrhein und Unterelbe eine größere Rolle, und der Weizen kann oft noch im Dezember gesät werden, während südlich der Donau Anfang November jede Feldarbeit ruht. Eine höhere Luftfeuchte bei gleichzeitig mäßigeren Temperaturen bedeutet in Norddeutschland ein geringeres Sättigungsdefizit, so daß zur Heutrocknung oft 1–2 trockene Tage mehr erforderlich sind als im Süden. Wenn es sich nicht gerade um leichte Böden handelt, ist der häufigeren Regenfälle wegen die Bodenbearbeitung, zumal im Frühjahr und Herbst, in Norddeutschland schwerer als in Süddeutschland, wo trockene Perioden, vor allem im Herbst, regelmäßiger sind. Von den regenreichen Mittelgebirgen abgesehen, ist der Genuß an Sonnenstrahlung in Süddeutschland größer als in Nordwestdeutschland. Teils ist dies eine Folge der südlicheren Lage, südlich der Donau aber auch des Föhns und der Seehöhe. Den in Nordwestdeutschland oft besseren Bedingungen für einen größeren Massenzuwachs der Pflanzen stehen im kontinentaleren Bereich oft bessere Bedingungen hinsichtlich des Trockensubstanzgehaltes, der Zukker- und Eiweißbildung gegenüber. Der von Nordwesten nach Südosten zunehmende kontinentale Einfluß zeigt sich zunächst in der Jahresschwankung der Temperatur. Diese beträgt um 15 °C an der Nordseeküste und etwa 18 °C im Osten Niedersachsens. Sie steigt auf über 20 °C in Niederbayern sowie an der Oder an. Die Jahresmitteltemperatur ist keine ausreichende Größe, um die Wärmegunst des Klimas zu kennzeichnen. Im gesamten Rheingebiet einschließlich des westfälischen Flachlandes liegt sie über 9 °C, an einigen Stellen des Oberrheins sogar über 10 °C. Im maritimen Klima fast ganz Niedersachsens und Schleswig-Holsteins werden immer noch 8–9 °C erreicht. Gleiche Werte herrschen in den größten Teilen Mittel- und Unterfrankens sowie an der Donau. Der weitaus größere Teil Bayerns hat aber Jahrestemperaturen um 7–8 °C. In den höheren Lagen der Mittelgebirge, wie Harz, Rhön, Schwarzwald und Bayerischer Wald, sinken die Werte unter 6 °C.

Betrachten wir dagegen die Verhältnisse im Januar und Juli (Abb. 48 und 49), so kommt neben dem Einfluß von Seehöhe und geographischer Breite der landeinwärts zunehmende kontinentale Charakter stärker zur Geltung. Auf den Ostfriesischen Inseln, am Niederrhein und im Münsterland liegen die Januartemperaturen bei 1–2 °C, am Oberrhein bei 0–1 °C, südlich der Donau aber bei −2 bis −3 °C. Diese nur scheinbar geringen Unterschiede haben zur Folge, daß im Mittel am Niederrhein keine 20 Tage, im Raume München aber über 60 Tage im Jahr eine Schneedecke von mindestens 1 cm Höhe vorhanden ist. Rund 60 Frosttagen im Jahr am Niederrhein und im Emsland steht fast die doppelte Zahl in Niederbayern gegenüber. Ein Frost von −10 °C zählt an der Küste zu den sehr strengen Frösten, welche in Südbayern jedoch jeden Winter mehrere Male auftreten. Hier sinkt in jedem zweiten Winter die Temperatur sogar auf −20 °C. Das kommt an der Küste nur in den strengsten Wintern vor, die im kontinentalen Klima −30 °C bringen können.

Im Juli dagegen ist das Oberrheingebiet mit Werten zwischen 19 und 20 °C am wärmsten. Südbayern hat seiner Höhenlage wegen mit 17–18 °C zwar ähnliche Werte wie der Niederrhein. Doch sind die Hitzeperioden südlich der Donau meist heißer, die sommerlichen Kaltlufteinbrüche bei 400–600 m Höhenlage aber viel kälter als am Niederrhein. Der größte Teil Nordwestdeutschlands hat nur Juliwerte um 16–17 °C. In den Mittelgebirgen werden oft nicht einmal 15 °C erreicht. Unterschiede von 2–3 °C erscheinen zwar als gering, doch schwankt die Julitemperatur in München im Laufe vieler Jahre „nur“ zwischen etwa 15 und 21 °C.

In Nordwestdeutschland überwiegen demnach mäßig warme Sommer und milde Winter. Die vorherrschenden West- und Südwestwinde, die im Sommer auch den Nordwest- und Nordwinden stärkeren Spielraum geben, bringen oft feuchte Luft und häufige Niederschläge in allen Monaten. Während sonst überall der Juli der regenreichste Monat ist, ist es an der Küste häufiger sogar der August, was vor allem die Getreideernte erschweren kann. Im kontinental beeinflußten Klima Süd-

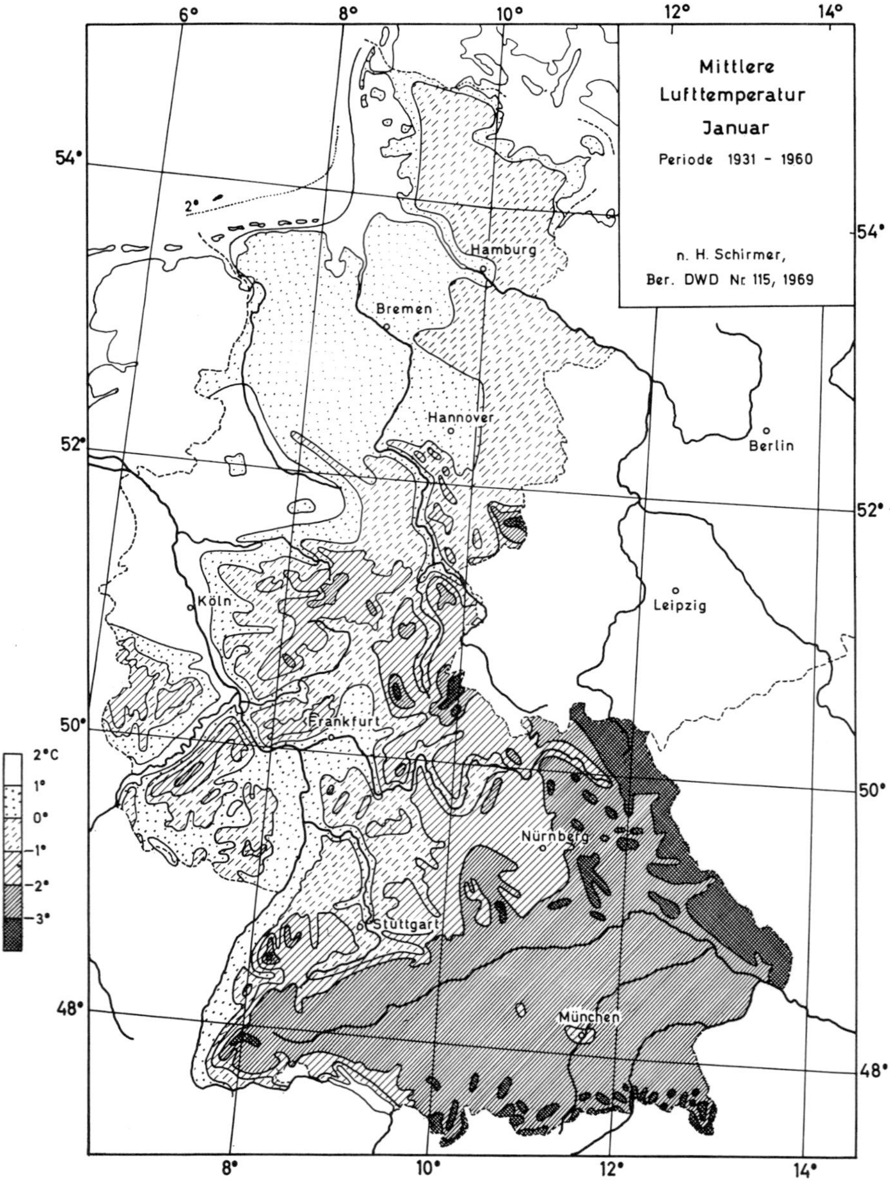

Abb. 48. Die Lufttemperatur im Januar, Mittel 1931–1960 (nach SCHIRMER 1969).

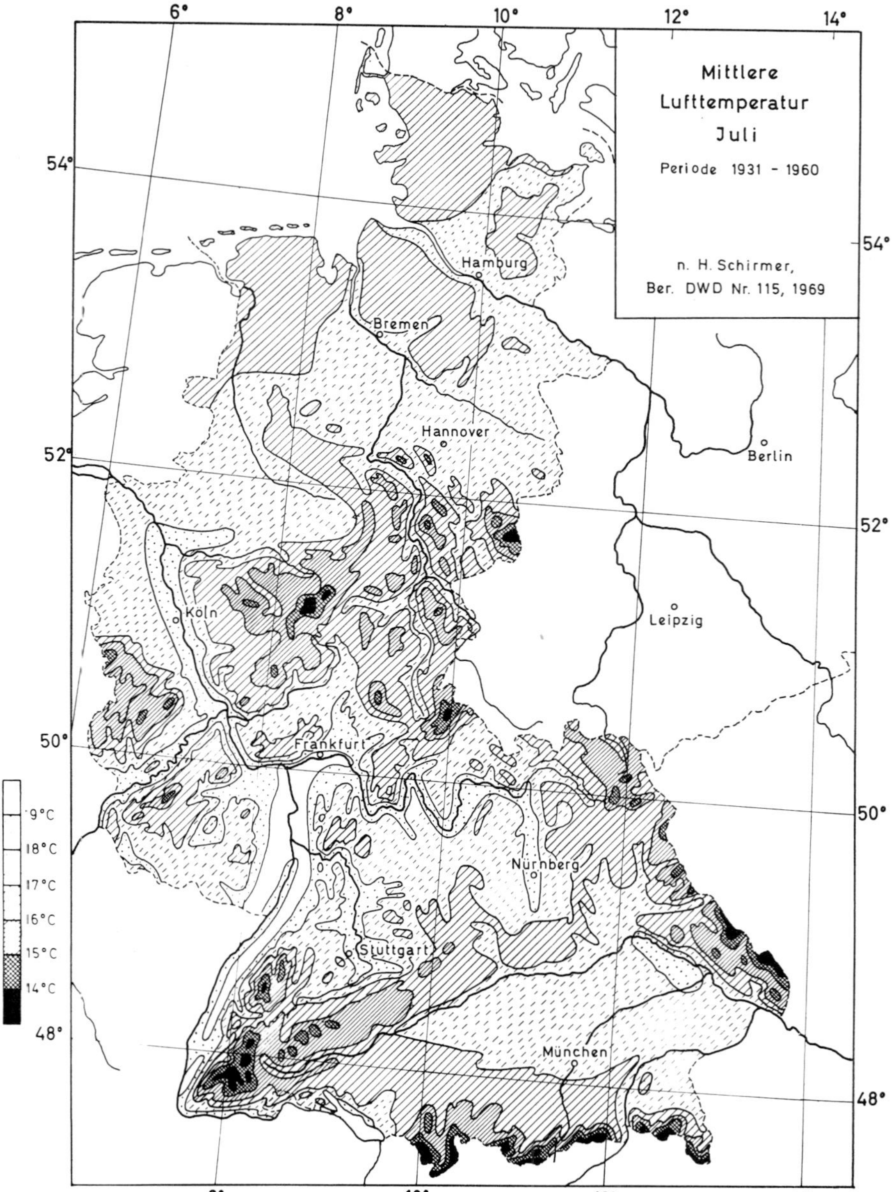

Abb. 49. Die Lufttemperatur im Juli, Mittel 1931–1960 (nach SCHIRMER 1969).

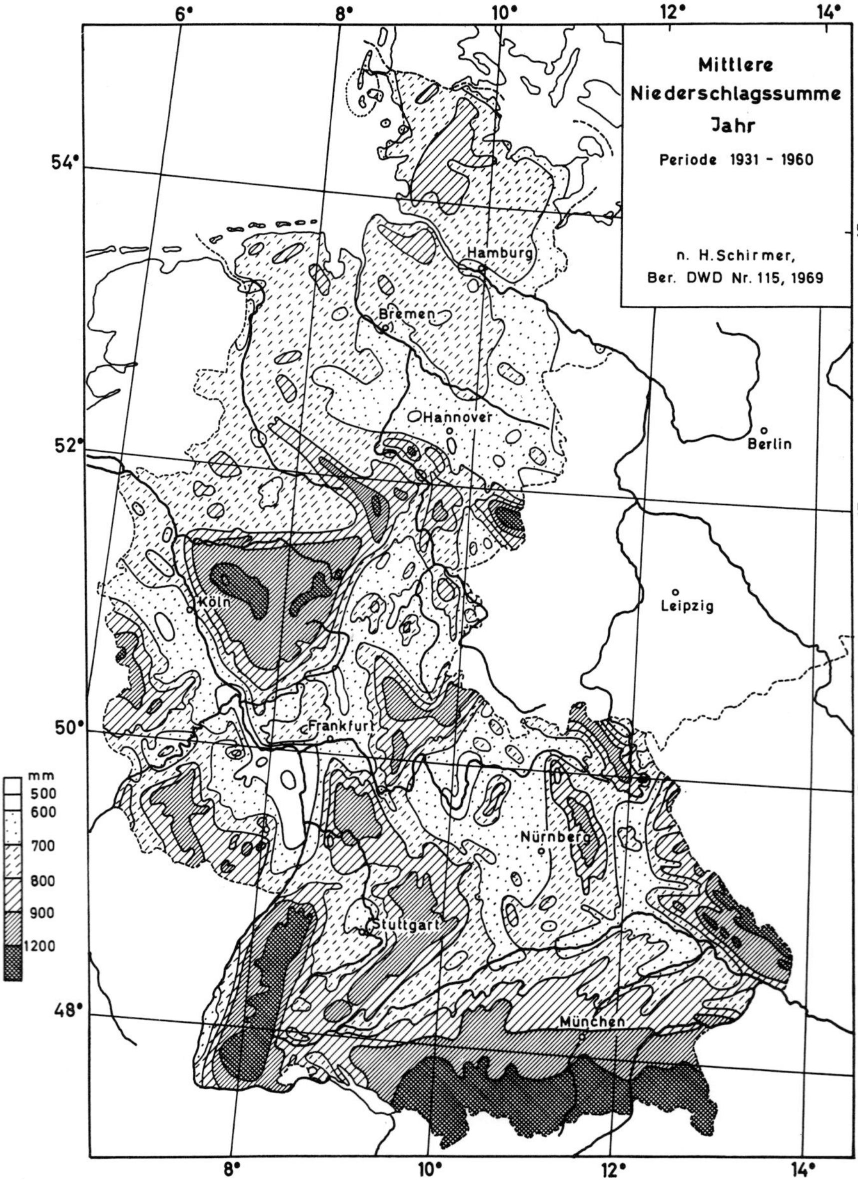

Abb. 50. Die jährliche Niederschlagsmenge, Mittel 1931–1960 (nach SCHIRMER 1969).

deutschlands ist die Intensität der einzelnen Niederschläge oft größer, besonders im Sommer; die Zahl der Tage mit Niederschlag ist aber eher geringer als an der Küste. In Nordwestdeutschland bringt das Sommerhalbjahr nur etwa 10% mehr Niederschlag als das Winterhalbjahr, in Südbayern haben wir dagegen ein ganz ausgeprägtes Sommermaximum der Niederschläge. Die niederschlagsärmste Zeit des Jahres ist fast überall der Spätwinter und das zeitige Frühjahr. Daneben kommen anhaltende Trockenperioden noch am ehesten im Frühherbst vor. Die Höhe der Jahresniederschläge liegt in den meisten Teilen Deutschlands zwischen 600 und 800 mm (Abb. 50). Abgesehen von den friesischen Inseln, geht der Niederschlag in der Norddeutschen Tiefebene von Werten um 800 mm im Westen Niedersachsens und Schleswig-Holsteins auf unter 600 mm auf Fehmarn und im Osten Niedersachsens zurück. Der größte Teil Ostdeutschlands hat nur 500–600 mm. In den höheren Mittelgebirgen werden 1200 mm regelmäßig überschritten; in Südbayern nimmt die Niederschlagsmenge von etwa 800 mm nördlich von München bis auf etwa 1500 mm am unmittelbaren Alpenrand und oft auf über 2000 mm in den hohen Gebirgslagen zu. Die regenärmsten Gebiete mit Mengen unter 600 mm liegen im Regenschatten der Mittelgebirge, so im Mainzer Becken, östlich von Spessart und Rhön, im Thüringer Becken und östlich des Harzes. Relativ trocken sind auch die Kölner Bucht, die nordhessischen Beckenlandschaften, Teile Unter- und Mittelfrankens.

Die Niederschlagsmenge eines Ortes kann in einem sehr nassen Jahr fast das $1^1/_2$fache dessen erreichen, was als normal gilt, während in einem sehr trockenen Jahr nur $^2/_3$–$^3/_4$ des Normalen gemessen werden. In einzelnen Monaten können die Unterschiede noch viel größer sein. Vereinzelt, besonders im Herbst, kann der Regen einen ganzen Monat ausbleiben. Andererseits kann ein sehr regenreicher Monat das dreifache des Normalen bringen. Diese große Veränderlichkeit ist eben auch ein wesentliches Merkmal unseres gemäßigten Klimas.

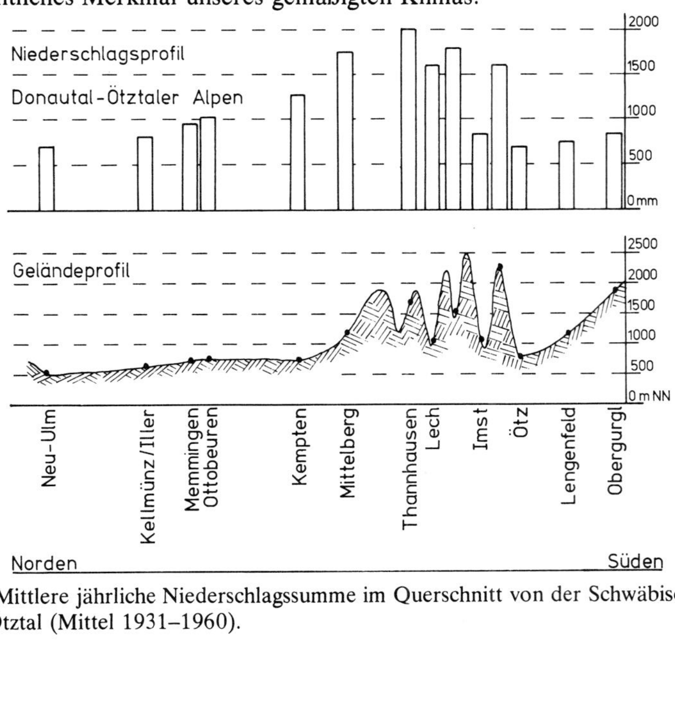

Abb. 51. Mittlere jährliche Niederschlagssumme im Querschnitt von der Schwäbischen Alb bis zum Ötztal (Mittel 1931–1960).

7.2.3 Klimaschwankungen

Daß die Witterung von Jahr zu Jahr großen Schwankungen unterliegt, ist allgemeine Erfahrung. Es gehört zum Kennzeichen unseres Klimas, daß es uns so trockene, warme Sommer wie 1959, 1964, 1976, aber auch so nasse wie 1954, 1965, 1981 beschert. Im Jahre 1961 war das Frühjahr so warm, daß die Bestellungsarbeiten allenthalben über einen Monat früher beginnen konnten als 1958 und 1970. Solche Schwankungen sind aber noch keine Klimaschwankungen, von denen man erst reden kann, wenn sie mindestens über einige Jahrzehnte hindurch anhalten. Es ist hier nicht der Ort, auf Ausmaß und Ursachen der Klimaschwankungen in Mitteleuropa im einzelnen einzugehen. Es soll nur auf einige Tatsachen, insbesondere in ihrer Bedeutung für die Landwirtschaft, hingewiesen werden.

Schwankungen des Klimas können wir zahlenmäßig erst seit etwa 300 Jahren erfassen. Aber sie hat es auch vorher gegeben. Es sei nur an die Wärme des Hochmittelalters erinnert, als der Weinbau wohl seine größte Ausdehnung in Deutschland hatte und die Alpengletscher sich weit zurückgezogen hatten. Dem steht in den Jahrzehnten vor und nach 1600 eine kalte Zeit gegenüber, in der Mißernten recht häufig waren.

In Abb. 52 ist die Strenge der Winter seit 1851/52 bis 1982/83 in Freising-Weihenstephan wiedergegeben. Ein ähnliches Bild läßt sich für viele Orte Deutschlands zeichnen. Als Maß für die Strenge dient die **Kältesumme,** d.i. die Summe aller Tagesmitteltemperaturen, welche unter 0 °C liegen. Wir entnehmen der Abbildung, daß es im vorigen Jahrhundert bis in die 90er Jahre hinein sehr viele strenge Winter neben vielen mittelstrengen gegeben hat; sehr milde waren die Ausnahme. Von 1895/96 bis 1927/28 fehlten die strengen Winter, es gab viele milde neben einigen mittelstrengen. Für viele Menschen war darum der strenge Winter 1928/29 eine Überraschung. Nicht umsonst waren damals die Schäden in den Weinbergen und Obstanlagen so katastrophal. Diesem Winter sind bis heute zwar mehr milde als strenge Winter gefolgt, mit dem Winter 1974/75 sogar der mildeste des ganzen Zeitraumes, aber mindestens 6 weitere sehr strenge Winter, der letzte 1962/63, haben uns gezeigt, daß gerade der Obst- und Weinbau, z.B. bei der Wahl der Unterlagen, auf große Milde wie auf starke Kälte eingestellt sein muß. Irgendeine Regelmäßigkeit in der Aufeinanderfolge strenger und milder Winter besteht überhaupt nicht, so daß keine Vorhersage daraus möglich ist.

Großer Winterkälte oder Sommerdürre in Mitteleuropa steht in der Regel eine entgegengesetzte Abweichung der Witterung vom Normalen in anderen Gebieten der Erde gegenüber. So war der Sommer 1959 in Rußland kühl und naß, und der Winter 1962/63 war in Ostasien sehr mild, im Mittelmeerbereich sehr naß. Viele Extreme sind somit auf Gebiete von der Größe Mitteleuropas beschränkt. Sie entstehen durch eine besondere Verteilung der Hoch- und Tiefdruckgebiete, die von der üblichen mehr oder weniger abweicht. Daneben gibt es aber auch weltweite Klimaänderungen. In Abb. 53 ist der Temperaturverlauf in Mitteleuropa in übergreifenden Zehnjahresmitteln seit 1761/70 dargestellt. Das auffälligste daran ist der Anstieg der Jahres- und Januartemperatur etwa ab 1890 bis Ende der 30er Jahre. Im geringerem Ausmaß und auf einem etwas tieferen Niveau war ein Anstieg auch von etwa 1821 bis 1870 festzustellen. Die Julitemperatur, welche geringeren Schwankungen als die Januartemperatur unterliegt, zeigt diesen Anstieg nicht so deutlich, doch ist ein solcher vom Anfang dieses Jahrhunderts mit einem Höhepunkt

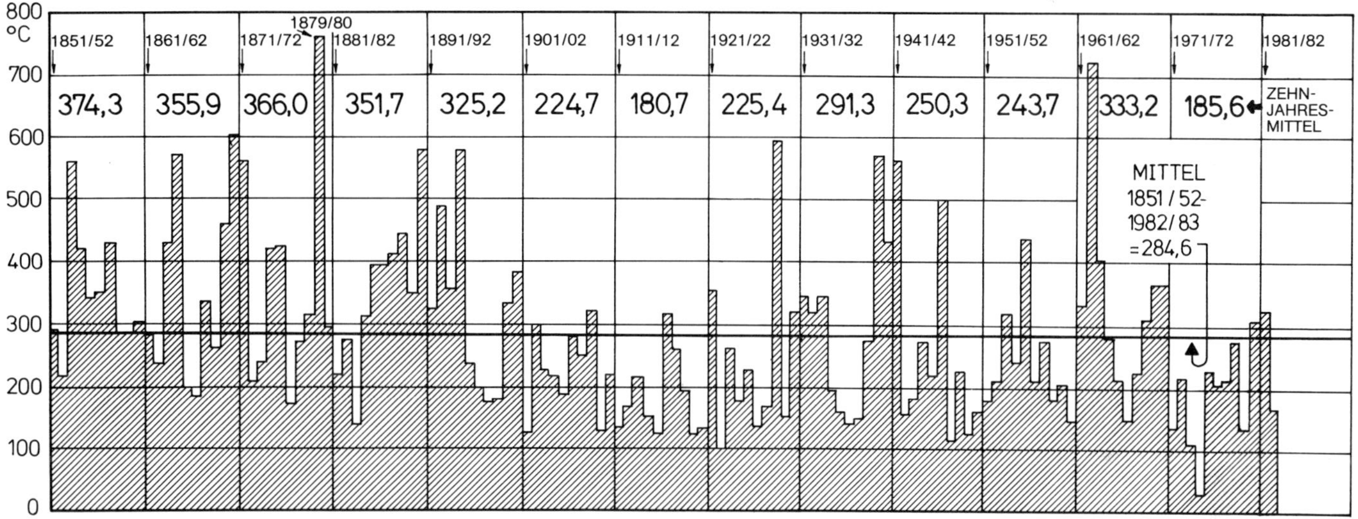

Abb. 52. Die Strenge der Winter in Freising-Weihenstephan von 1851/52 bis 1982/83, ausgedrückt durch die Kältesumme. Mit 10jahresmittelwerten und 132jährigem Mittelwert. (zum Teil reduziert nach Augsburg St. Stephan)

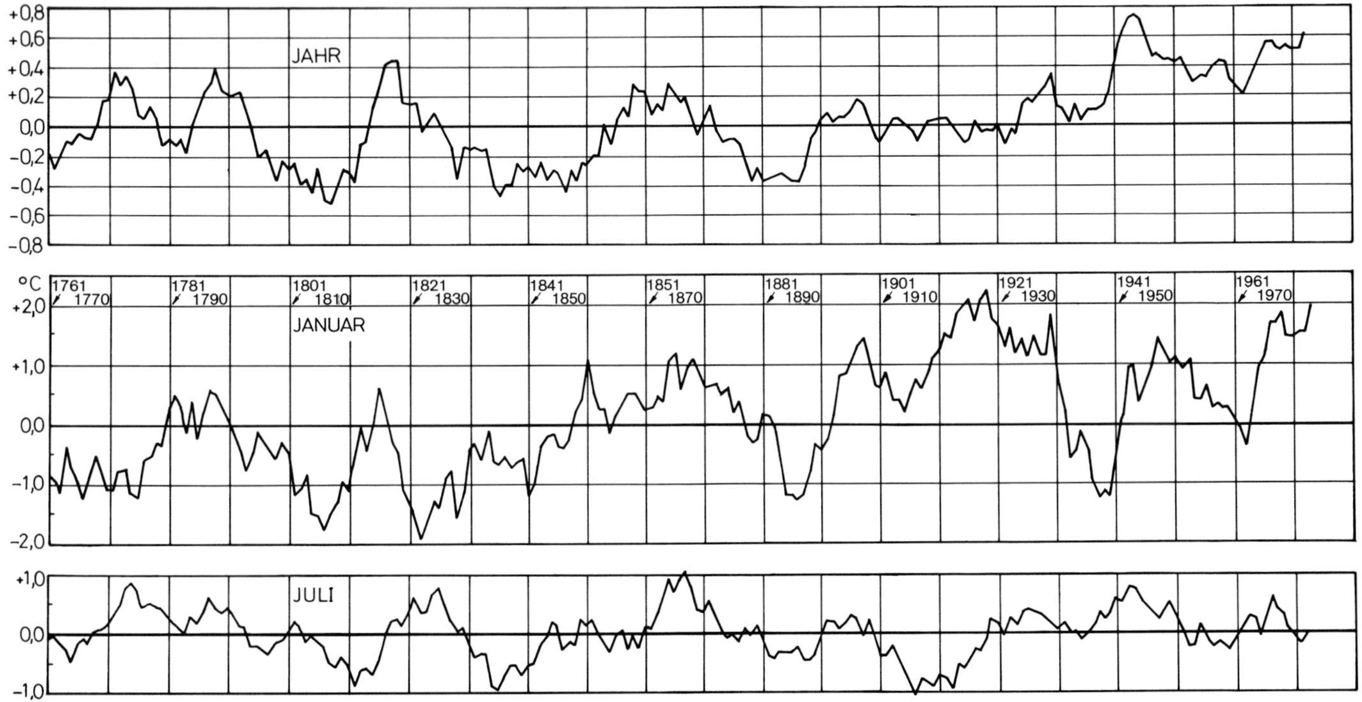

Abb. 53. Übergreifende 10jahresmittel der Lufttemperatur in Mitteleuropa als Abweichung vom langjährigen Mittelwert (Mittel: Wien, Berlin, De Bilt bei Utrecht) (Schriftliche Mitt. F. Baur, 1978 und Inst. f. Meteor., FU Berlin, 1983)

in den 30er Jahren ebenfalls erkennbar. Diese Erwärmung war nun nicht nur auf Mitteleuropa beschränkt; sie war weltweit festzustellen, in den arktischen Breiten noch stärker als bei uns. Spätestens mit den strengen Wintern der 40er Jahre ist diese Erwärmung aber gestoppt, und auch die Sommertemperatur ist in den letzten 30 Jahren eher zurückgegangen als gestiegen. Daraus nun auf eine weitere Abkühlung zu schließen, ist allerdings nicht berechtigt. Prognosen von Klimaschwankungen würden Prognosen der weltweiten Zirkulation der Atmosphäre bedeuten. Die theoretischen Grundlagen dazu sind zwar schon weit entwickelt; was aber fehlt, ist ein wirklich dichtes Beobachtungsnetz, das weltweit auch aus den abgelegensten Gegenden nicht nur die Temperatur-, Luftfeuchte- und Windverhältnisse bis in große Höhen laufend erfaßt, sondern wegen der engen Wechselbeziehungen zwischen Ozean und Atmosphäre auch die Temperatur- und Strömungsverhältnisse der Oberfläche der Ozeane liefert. Ein solches Netz ist in absehbarer Zeit nicht realisierbar. Wichtiger erscheint es daher, daß die Landwirtschaft sich in stärkerem Maße als noch vor 2–3 Jahrzehnten eben auf die Möglichkeit extremer Witterungen einstellt, d. h. sowohl auf kühle und verregnete Sommer, wie 1965, als auch auf lange Trockenperioden, wie 1976, auf sehr milde Winter, aber auch auf lang anhaltende, strenge und schneereiche Winter wie 1978/79 in Norddeutschland.

7.3 Das Geländeklima und das Kleinklima

7.3.1 Das bodennahe Klima und seine Faktoren

Das Klima eines Landes oder einer Landschaft nannten wir das **Groß-** oder **Makroklima.** Aber selbst innerhalb einer Landschaft ist das Klima schon nicht einheitlich. Denken wir an das Moseltal, wo das Klima der Süd- bis Westhänge den Weinbau begünstigt, während dieser die Nordhänge meist meidet. Auf den freien Hochlagen der Mittelgebirge weht oft ein frischerer Wind als in den eingeschnittenen Tälern. Andererseits ist es am Boden breiter Täler tagsüber merklich wärmer und nachts oft kälter als auf den Hochflächen. Wir sprechen vom **Meso-, Gelände-** oder auch **Lokalklima,** wenn Unterschiede berücksichtigt werden sollen, die sich aus der Geländegestaltung durch Täler, Hänge, Berge, größere Siedlungen, ausgedehnte Waldungen oder Moorgebiete u. a. ergeben. In manchen Fällen verwendet man auch eigene Bezeichnungen wie **Talklima, Hangklima, Stadtklima.** Geländelagen mit einheitlichem Geländeklima und Boden bilden eine natürliche Standorteinheit. Das **Mikro-** oder **Kleinklima** ist das Klima noch kleinerer Räume, das sich z. B. an der Süd- oder Nordseite eines Hauses, über verschieden bepflanzten Beeten in einem Garten, innerhalb von Pflanzenbeständen einstellt. Auch hier gibt es oft besondere Bezeichnungen wie **Wandklima, (Pflanzen-)bestandsklima, Gewächshausklima, Stallklima.**

Für die makroklimatologischen Messungen werden der Vergleichbarkeit wegen weltweit Standardmethoden angewendet. Die Lufttemperatur und Luftfeuchte wird in 2 m Höhe gemessen, eben um dem „Störeinfluß“ verschiedener Mikroklimate zu entgehen. Bei Meso- und Mikroklimamessungen sind andere Meßmethoden erforderlich, die um so schwieriger werden, je kleiner der Klimabereich ist. Standardmethoden sind dabei nur in seltenen Fällen, wie bei der Kartierung der Spätfrostgefährdung unterschiedlicher Geländelagen, vorhanden. Kleine Wetterhütten, die bei Geländeklimauntersuchungen in 50–70 cm Höhe Verwendung finden, würden bei Messungen in einem Pflanzenbestand schon das Bestandsklima stören. Bei Kleinklimamessungen werden weitgehend elektrische Methoden unter Verwendung besonderer Meßfühler angewandt.

Zur Beschreibung des Meso- wie des Mikroklimas gehört wie beim Großklima an sich die Berücksichtigung des Zustandes der Luft an allen Tagen und bei allen Wetterlagen. Doch die Unterschiede sind nicht bei jedem Wetter gleich. Bei wolkenarmem, windschwachem Wetter bilden sich die Unterschiede in Strahlungsgenuß, Temperatur und Luftfeuchte u. a. am klarsten aus. Bei Regen, Nebel und Wind sind sie verwischt. Es bleiben dann nur die normale Temperaturabnahme sowie die Zunahme des Windes und der Niederschlagsmenge mit der Höhe. Kleinklimatische Unterschiede verschwinden allerdings auch bei Bewölkung selten ganz.

Wegen der Schwierigkeiten in der Erfassung des Klimas dieser kleineren Räume, aber auch wegen ihrer ungeheuren Vielfalt ist es selten möglich, das Gelände- und das Kleinklima in langen Meßreihen zu erfassen. Man muß sich oft darauf beschränken, ihre typischen Eigenschaften durch kürzere Meßreihen wenigstens qualitativ zu bestimmen.

Bevor wir das Klima besonderer Geländelagen und in besonderen Räumen, innerhalb und außerhalb von Pflanzenbeständen betrachten, wollen wir gedanklich einige Grundregeln erörtern. Diese sollen es uns erleichtern, wenigstens qualitativ die Unterschiede zwischen verschiedenen Bereichen zu verstehen. Bei der Betrachtung des Wärmehaushaltes haben wir schon einige Eigenschaften des bodennahen Klimas kennengelernt. Normalerweise ist die Bodenoberfläche die aktive, tätige Oberfläche. Hier wird die Globalstrahlung absorbiert, von hier geht die langwellige Ausstrahlung aus. Die Erdoberfläche ist somit bei positiver Strahlungsbilanz meist wärmer als die Luft darüber und der Boden darunter, während es nachts bei negativer Strahlungsbilanz umgekehrt ist. An der aktiven Oberfläche ist somit die Tagesschwankung der Temperatur am größten. An der Bodenoberfläche finden aber auch Verdunstung und Taubildung statt. Von ihr geht also tagsüber ein Wasserdampfstrom nach oben, dessen Richtung sich bei der Taubildung umkehrt. Der Dampfdruck nimmt also tagsüber nach oben ab, nachts ist es oft umgekehrt. In der Regel, die allerdings Ausnahmen kennt, nimmt die relative Luftfeuchte tagsüber in der bodennahen Luftschicht mit der Höhe zu, während nachts die höchsten Werte in unmittelbarer Bodennähe erreicht werden. Eine ähnliche Betrachtung läßt sich für den Kohlendioxidgehalt machen. Tagsüber ist die Assimilation der Pflanzen meist größer als die Gesamtatmung, ein CO_2-Strom geht von oben nach unten zur aktiven Oberfläche, in gleicher Richtung nimmt der CO_2-Gehalt ab. Nachts ist dagegen die bodennächste Luft mit CO_2 sehr angereichert, und der CO_2-Gehalt nimmt von oben bis zur Bodenoberfläche stark zu. Schließlich erfährt auch der Wind in Bodennähe eine Änderung: er wird mit Annäherung an die Bodenoberfläche infolge der dort auftretenden Reibung erheblich schwächer, so daß er in 2 m Höhe im Mittel um $^1/_3$ schwächer ist als in 10 m Höhe.

Wenn wir uns diese Tatsachen vor Augen führen, so lassen sich schon zahlreiche meso- und mikroklimatische Unterschiede an der Bodenoberfläche selbst erklären, wozu wir noch die schon erörterte Wärmehaushaltsgleichung zu Hilfe nehmen. Betrachten wir zunächst die kurzwellige Strahlungsbilanz, d. h. die Globalstrahlung minus der Reflexion. Je größer diese für eine Fläche am Tage wird, um so wärmer wird die Fläche. So ergeben sich Unterschiede durch die verschiedene Exposition der Hänge zur Sonne, durch verschieden starke Reflexion oder durch die Abschirmung eines Teiles des Himmels oder gar der direkten Sonnenstrahlung durch schattenwerfende Hindernisse. Die gesamte Strahlungsbilanz einer überhitzten schwarzen Fläche kann allerdings geringer sein als die einer hellen Fläche oder eines kühleren Rasens, da die heiße Fläche auch viel mehr Wärme ausstrahlt. Nachts werden bei geschlossener Wolkendecke ausgeglichene Verhältnisse herrschen, weil die Gegenstrahlung dann groß ist. In klarer Nacht aber muß es dort wärmer bleiben, wo ein beachtlicher Teil des Himmels durch Häuser oder Hecken abgeschirmt ist.

Entscheidend ist ferner die Bodenfeuchte und damit die Möglichkeit der Verdunstung. Feuchte Flächen werden schon wegen der ungehinderten Verdunstung tagsüber nie so warm wie trockene Flächen. Die Temperaturunterschiede zwischen feuchten und trockenen Sandoberflächen können bei gleicher, intensiver Einstrahlung über 10 K ausmachen. Ein weiterer Teil der Strahlungsbilanz wird zur Erwärmung des Bodens verwendet (bzw. nachts durch den Bodenwärmestrom erstattet). Leitet der Boden die Wärme schlecht, so nimmt nur eine dünne Bodenschicht am täglichen Temperaturwechsel teil, bei einem guten Wärmeleiter eine dickere Schicht. Dementsprechend ist die Tagesschwankung der Temperatur an der aktiven Oberfläche groß oder klein. Allein deswegen kann eine trockene, dunkle Mooroberfläche sich tags um 10–20 K mehr erwärmen als die Oberfläche eines Mineralbodens und nachts um 5 K stärker abkühlen.

Schließlich geht ein Wärmestrom tags in die Luft bzw. nachts aus der Luft an die darunterliegende ausstrahlende und damit kältere Fläche. In der beweglichen Luft übernimmt der vertikale Luftaustausch den Wärmetransport, den die Wärmeleitung im Erdboden bewirkt. Der Austausch wächst aber mit der Windgeschwindigkeit. Wo also viel Wind ist, wird die Wärme in viel höhere Atmosphärenschichten transportiert; bei Windstille konzentriert sich die Erwärmung am Tage, besonders aber die Abkühlung bei Nacht, in Bodennähe. Dementsprechend müssen windgeschützte Flächen tagsüber wärmer und nachts kälter sein als windexponierte Flächen.

Nun ist Windstille des Nachts keine Seltenheit; daher sind in klarer, windstiller Nacht Temperaturunterschiede von 2–5 K zwischen der Bodenoberfläche und 2 m Höhe, aber auch an verschiedenartigen Flächen (z.B. unbewachsen und Rasen) möglich. Geländeklimatische Unterschiede können noch größer sein. Tagsüber ist es jedoch, wenn es sich nicht gerade um einen völlig windgeschützten Standort handelt, selten windstill. Dann können die Temperaturunterschiede verschiedener Oberflächen bei großer Sonneneinstrahlung zwar bedeutend sein, aber der durch den Auftrieb der erhitzten bodennächsten Luft erhöhte Luftaustausch und der Wind mindern die Temperaturunterschiede schon in 1–2 m Höhe über dem Boden erheblich.

Der Wind fördert indessen nicht nur die vertikale Durchmischung der Luft. Er verhindert tagsüber auch größere Unterschiede in der Temperatur der bodennahen Luft, indem er die an einer Stelle stärker angeheizte Luft zu benachbarten kühleren Flächen transportiert und umgekehrt. Das gilt auch in einer sonst klaren, aber windigen Nacht. Wenn sich inmitten eines Hochdruckgebietes bei klarem Himmel lokale Windsysteme ausbilden, dann kann auch advektiv andersartige Luft herangeschafft werden, z.B. durch den kalten Hangabwind oder den nächtlichen Bergwind. Die Temperatur der bodennahen Luft ist also auch von der Seite her beeinflußbar.

Wird tagsüber eine kühle Fläche, z.B. ein Gewässer, von einem Wind überstrichen, so wird sich die Luft über dem Gewässer um so stärker abkühlen und diesen Einfluß um so weiter auf die windabgewandte Seite des Gewässers übertragen, je größer die Verweilzeit der Luft über dem Gewässer ist. Der Einfluß auf die Temperatur wächst also mit der Breite des Gewässers, ist bei schwachem bis mäßigem Wind am größten und nimmt mit zunehmender Windstärke wieder ab. Ein Einfluß auf die Nachbarschaft ist aber auch bei Windstille nicht mehr gegeben.

Fassen wir zusammen: Hoher Strahlungsgenuß und geringe Luftbewegung sind Voraussetzung für einen starken Temperaturanstieg am Vormittag und für größere geländebedingte Temperaturunterschiede am Tage. Umgekehrt sind des Nachts Windstille und eine ungehinderte wirksame Ausstrahlung, d.h. eine geringe Gegenstrahlung von Wolken und von Hindernissen, Vorbedingung für eine stärkere Abkühlung und größere Geländeklimaunterschiede. Unterscheiden sich 2 Standorte im wesentlichen durch die Luftbewegung und weniger in der Strahlungsbilanz, so muß der windgeschützte Standort tagsüber wärmer und nachts etwas kälter werden als der windoffene Standort. Unterscheiden sich aber zwei windgeschützte Standorte in der Strahlungsbilanz, etwa durch unterschiedliche Abschattung, so wird der stärker abgeschirmte tagsüber kühler, nachts wärmer bleiben als der Standort, an dem Ein- und Ausstrahlung ungehindert vonstatten gehen. Innerhalb eines lockeren Pflanzenbestandes, wo der Wind zwar geschwächt ist, Ein- und Ausstrahlung aber tief eindringen, wird es tags besonders warm, nachts recht kalt, im Gegensatz zu einem geschlossenen Pflanzenbestand, in dessen Innern neben der Luftbewegung auch die Ein- und Ausstrahlung nur gering sind. Oberhalb beider Pflanzenbestände kann es allerdings ganz anders sein.

Wir müssen nun einen Schritt weitergehen. Es gibt in vielen Fällen nicht nur eine einzige aktive Oberfläche, sondern deren zwei oder mehrere, an denen Strahlung absorbiert wird und von denen langwellige Strahlung ausgeht. Vielfach ist die tätige Oberfläche zu einer mehr oder weniger dicken Schicht ausgedehnt, z.B. in einem lockeren Getreidefeld. In diesem Fall ist es auch nicht eine Fläche, sondern eine ganze Schicht, welche Wasserdampf durch Transpiration an die Luft abgibt und Kohlendioxid tagsüber verbraucht. Welche Folgen das für das Klima im Bestand und darüber hat, sei weiter unten diskutiert. Auch bei einem Gewächshaus gibt es zwei aktive Oberflächen, das mehr oder weniger stark verschmutzte Glasdach und der Erdboden. Ist mehr als eine aktive Oberfläche vorhanden, so bleibt für die unterste Fläche weniger Strahlungsenergie übrig, sie unterliegt aber auch dem Einfluß einer schwächeren Luftbewegung.

7.3.2 Das Klima an Hängen und vor Wänden

Der Genuß einer Fläche an direkter Sonnenstrahlung hängt entscheidend von dem Winkel ab, mit dem die Strahlen dort auftreffen. Das erklärt schon den Tages- und Jahresgang der Bestrahlung einer Ebene als Folge der sich dauernd ändernden Sonnenhöhe. Bei geneigten Flächen, sei es ein Hang oder ein Dach, hängt der Auftreffwinkel der Sonnenstrahlen auch vom Neigungswinkel und von der Exposition der Fläche, d.h. der Richtung der Neigung ab. Hinter Mauern und Hecken, aber auch schon hinter Steilhängen entstehen mehr oder weniger stark beschattete Flächen, die schlecht abtrocknen und oft nur mit schattenliebenden Arten bepflanzt werden können.

Betrachten wir zunächst den Verlauf der Sonnenbahnen am Himmel zu den verschiedenen Jahreszeiten, woraus sich die Dauer und Breite der Schattenzonen ergibt. In Abb. 6 (Seite 23) sind die Bögen eingezeichnet, welche die Sonne am Himmel für einen Ort in 50° Breite beschreibt. Außer der Höhe der Sonne ist auch das Azimut, d. i. die Himmelsrichtung, in der die Sonne steht, eingetragen. Die Markierung der Stunden und der Tage erlaubt, den Stand der Sonne am Himmel für jede Tages- und Jahreszeit festzustellen. Die angegebene Zeit ist die von Sonnenuhren angezeigte **wahre Ortszeit** (WOZ). Die mittlere Ortszeit (MOZ) ergibt sich aus der wahren Ortszeit nach der Gleichung MOZ = WOZ − Z, wobei die Zeitgleichung Z sich im Laufe des Jahres zwischen folgenden Extemwerten ändert: 11. Februar: −14 Minuten, 16. Mai: +4 Minuten, 26. Juli: −6 Minuten, 1. November: +16 Minuten. Für 15° östlicher Länge ist die mittlere Ortszeit mit der mitteleuropäischen Zeit (MEZ) identisch. Für jeden Längengrad westlich von 15° Ost sind 4 Minuten hinzuzufügen. D. h.: 12.00 MOZ tritt in Hamburg (10° Ost) erst um 12.20 MEZ ein; 12.00 WOZ ist am 11. Februar dort also erst um 12.34 MEZ, am 1. November schon um 12.04 MEZ.

Der Darstellung ist zu entnehmen, daß eine Nordwand nur vom 21. März bis zum 22. September frühmorgens bzw. spätabends direkte Sonnenstrahlung erhält, am 22. Juni von Sonnenaufgang bis etwa 7.26 Uhr WOZ und ab 16.34 WOZ bis Sonnenuntergang. Am 22. Juni (Z = −2 min) ist in Geisenheim (50° N, 8° O) somit von 7.56 bis 17.04 MEZ die Nordwand beschattet und die Südwand besonnt, am 24. Juli (Z = −6 min) von 7.49 MEZ bis 17.19 MEZ.

Aufgrund dieser Sonnenbahnen lassen sich Tages- und Jahresgang der **Länge** und **Richtung** des **Schattens,** z. B. eines Baumes, oder der Breite der beschatteten Zone hinter einer Mauer berechnen (Abb. 54–57). In Abb. 54 ergibt sich die Richtung und die Länge des Schattens, z. B. eines Mastes, in Vielfachem seiner Höhe als Verbindungslinie zwischen dem Mittelpunkt M und dem Schnittpunkt der Tages- und Stundenlinien. Es sind nur die Verhältnisse des Nachmittags dargestellt; die für den Vormittag gültige Darstellung ist spiegelbildlich.

Die Schattenlänge eines Mastes ist außer für 12 Uhr immer größer als die Breite der beschatteten Zone längs einer Mauer (Abb. 55). An einer von West nach Ost verlaufenden Mauer, einem Waldrand oder Schutzstreifen ist der Schatten von 6–18 Uhr im ganzen Sommer nicht breiter als diese hoch sind. Nur im Winterhalbjahr wird der Schattenwurf beachtlich. Eine nach Südwesten orientierte, von Südost nach Nordwest verlaufende Mauer beeinflußt in der eigentlichen Vegetationszeit auch nur eine Zone, die nicht viel breiter als das Hindernis hoch ist. Die Südwestseite selbst kommt am 21. Dezember schon um 8.38 WOZ, am 21. März um 9.25 WOZ und am 21. Juni um 10.20 Uhr in den Genuß der Sonnenstrahlen. Die Darstellung gilt spiegelbildlich auch für eine von Südwest nach Nordost verlaufende Mauer. Bei einer von Süd nach Nord verlaufenden Mauer ist es offenkundig, daß jede Seite immer einen halben Tag im Schatten liegt.

Oft ist der Genuß an Sonnenstrahlung eines Standorts, etwa der eines Hausgartens oder Versuchsfeldes, durch den Schatten umliegender Hindernisse wie Berge, Gebäude und Bäume eingeschränkt. Diese Hindernisse stellen eine Überhöhung des Horizontes dar, hinter der die Sonne später auf- oder früher untergeht. Mißt man die Überhöhung des Horizontes für alle Himmelsrichtungen und trägt diese in Abb. 6 (Seite 23) ein, so lassen sich für jeden Tag die wahre Sonnenauf- und -untergangszeit sowie die Zeiten der Beschattung bestimmen. Ein Beispiel hierfür ist

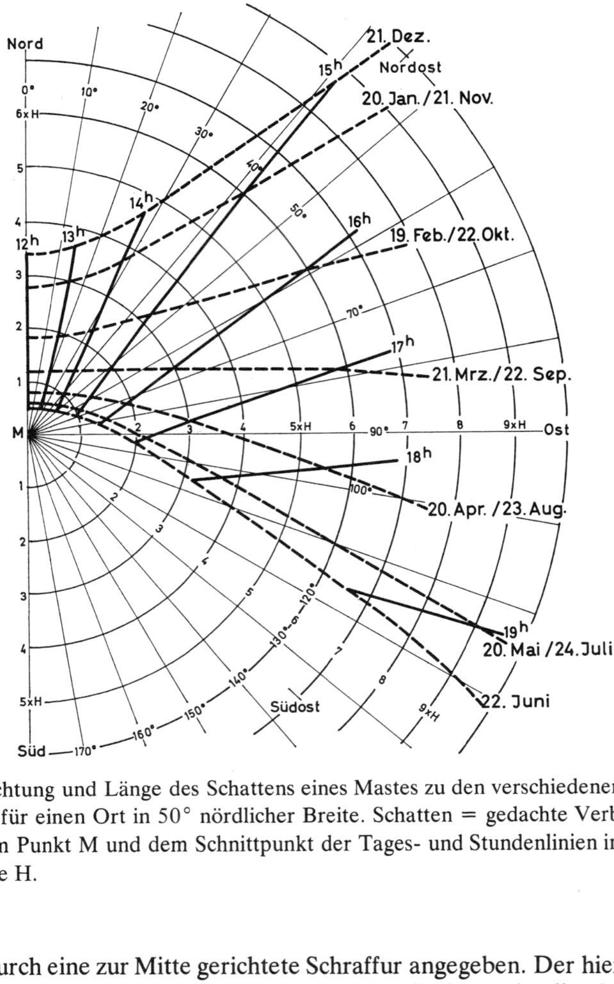

Abb. 54. Richtung und Länge des Schattens eines Mastes zu den verschiedenen Tages- und Jahreszeiten für einen Ort in 50° nördlicher Breite. Schatten = gedachte Verbindungslinie zwischen dem Punkt M und dem Schnittpunkt der Tages- und Stundenlinien in Vielfachem der Masthöhe H.

in Abb. 6 durch eine zur Mitte gerichtete Schraffur angegeben. Der hier angenommene Standort liegt an einem WNW-Hang, so daß die Sonne in allen Morgenstunden abgehalten wird.

Mit der Dauer der **Besonnung** der einzelnen **Wände** haben wir aber weder den Tagesgang der Sonnenstrahlung noch die unterschiedlichen Strahlungsmengen, die den einzelnen Wänden zur Verfügung stehen. Betrachten wir zunächst in Abb. 58 den Tagesverlauf der direkten Sonnenzustrahlung für die Ebene und für 4 verschieden orientierte Wände, wie er sich für 4 ausgewählte Tage des Jahres in Wien darstellt. Es sind Mittelwerte der Sonnenstrahlung, also auch der teilweise bedeckten Tage. In der Waagerechten ist die Tageszeit (WOZ), in der Senkrechten die Stärke der Sonnenbestrahlung eingetragen. Ebene und Südwand erhalten immer mittags die stärkste Bestrahlung; der Strahlungsgang ist vormittags und nachmittags nahezu spiegelbildlich, da sich die durchschnittliche Zahl der Sonnenscheinstunden (Bewölkung) in Mitteleuropa nicht entscheidend zwischen Vor- und Nachmittag unter-

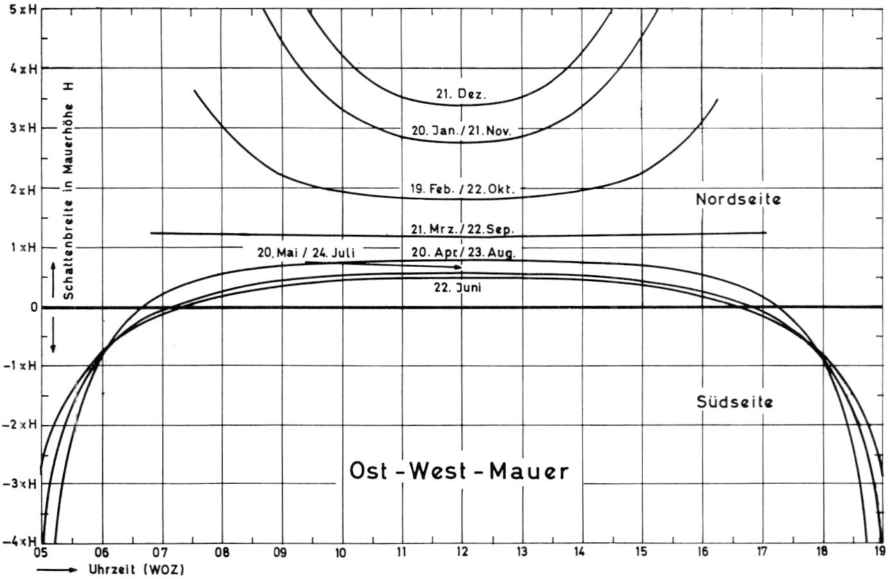

Abb. 55. Die Breite der beschatteten Zone hinter einer Ost-West-Mauer in Vielfachem der Mauerhöhe H im Tages- und Jahresgang für einen Ort in 50° nördlicher Breite.

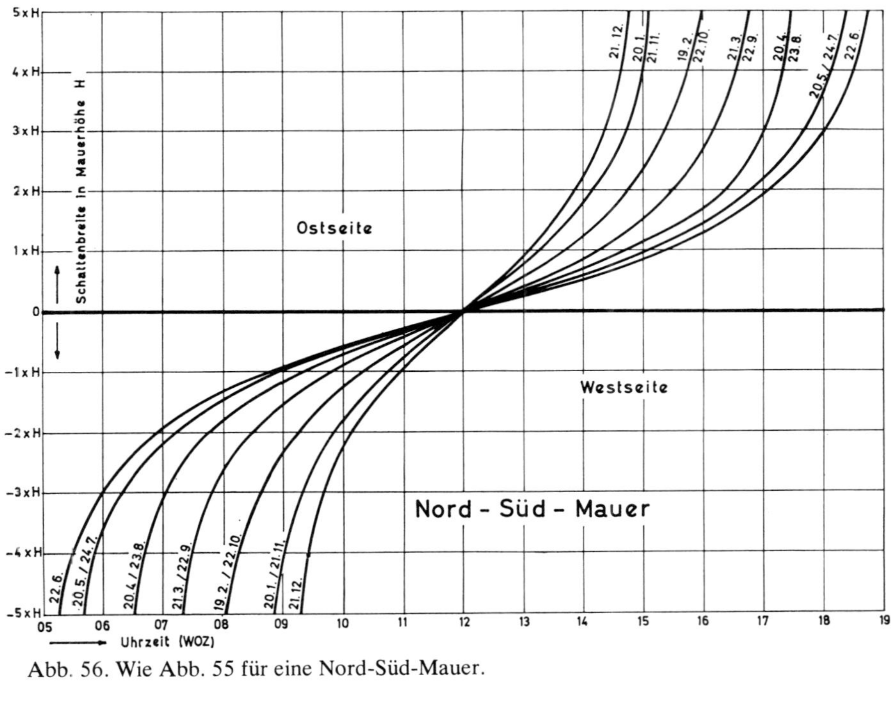

Abb. 56. Wie Abb. 55 für eine Nord-Süd-Mauer.

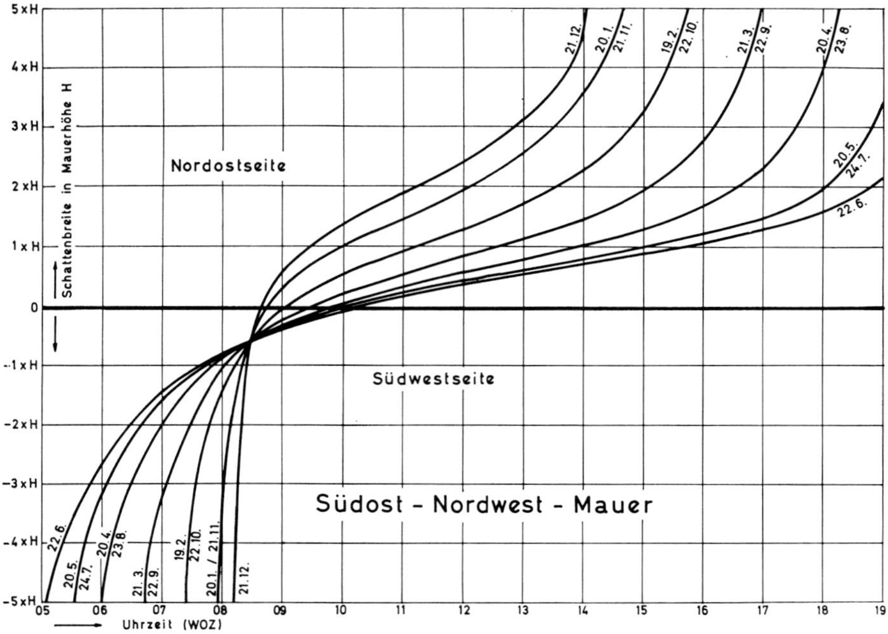

Abb. 57. Wie Abb. 55 für eine Nordwest-Südost-Mauer.

scheidet. Dagegen erhält die Ostwand im Juni schon vor 8 Uhr, in den Übergangsjahreszeiten bald nach 8 Uhr und im Dezember gegen 9 Uhr die stärkste Zustrahlung. Umgekehrt verschiebt sich das Maximum für die Westwand. Die Bestrahlung der Ebene ist am 1. April etwas größer als am 1. Oktober, nicht nur wegen des dann etwas höheren Standes der Sonne. Im April wie im Frühjahr überhaupt ist die Luft meist klarer und durchsichtiger als im Herbst. Der Strahlungsgenuß der Ebene wächst von der Winter- bis zur Sommersonnenwende stetig mit der zunehmenden Sonnenhöhe. Das ist bei der Südwand anders. Der Einfallwinkel der Sonnenstrahlen auf die Südwand ist bei hochstehender Sonne im Sommer viel geringer als im Herbst und Winter. Daher erhält die Südwand im Sommer eine verhältnismäßig geringe Zustrahlung, wesentlich weniger als im Frühjahr und Herbst. Die Südwand müßte im Winter noch stärker bestrahlt werden, weil die dann tiefstehende Mittagssonne steil auf die Südwand eintrifft. Auf ihrem dann langen Weg durch die Atmosphäre geht aber viel Strahlungsenergie verloren. Ost- und Westwand erhalten beide den gleichen Strahlungsgenuß, die eine Wand jedoch am Vormittag, die andere am Nachmittag. Eine Nordwand erhält nur im Sommer, und zwar frühmorgens und spätabends, eine schwache, direkte Sonnenbestrahlung.

Die Unterschiede in der Bestrahlung der Wände kommen durch die direkte Sonnenstrahlung zustande. Doch erhält jede Fläche ja auch noch diffuse Himmelsstrahlung, die in erster Annäherung gleichmäßig von allen Teilen des Himmelsgewölbes zugestrahlt wird. Bei bedecktem Himmel tritt nur Himmelsstrahlung auf. Dann sind Vor- und Nachteile der einzelnen Wände aufgehoben. Durch die Himmelsstrahlung werden die Unterschiede gemildert.

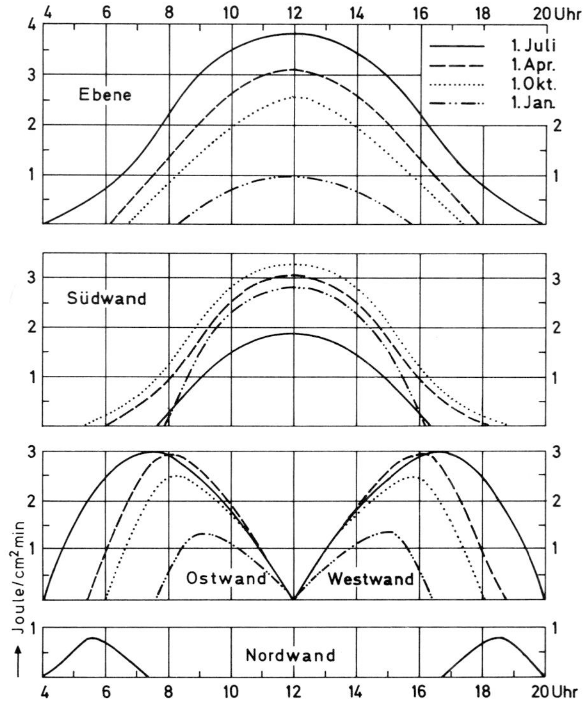

Abb. 58. Der mittlere Tagesgang der Sonnenbestrahlung in J/cm² min für die Ebene und verschieden orientierte Wände in Wien (nach SCHMIDT 1926).

Tab. 15. Tagessummen (in Wh/m²) der auf verschieden orientierte Wände auffallenden Sonnen-, Himmels- und Globalstrahlung bei mittleren Bewölkungsverhältnissen in Wien (nach DIRMHIRN und SAUBERER, 1957).

Wand	S	SO SW	O W	NO NW	N	Differenz S-N-Wand
Sonnenstrahlung						
Dezember	340	260	80	–	–	340
März	1220	1000	570	130	–	1220
Juni	790	1090	1160	700	220	570
September	1430	1260	810	260	–	1430
Himmelsstrahlung						
Dezember	290	280	280	270	250	40
März	750	720	670	640	600	150
Juni	1390	1310	1230	1160	1100	290
September	820	780	730	670	670	150
Globalstrahlung						
Dezember	630	540	360	270	250	380
März	1970	1720	1240	770	600	1370
Juni	2180	2400	2390	1860	1320	860
September	2250	2040	1540	930	670	1580

Für die Beurteilung des Strahlungsgenusses der verschiedenen **Hänge** gilt ebenfalls, daß die Unterschiede zwar in erster Linie durch Unterschiede der Sonnenbestrahlung verursacht werden, daß aber die Himmelsstrahlung doch einen gewissen Ausgleich bewirkt. MORGEN (1957) hat für Trier die Summen der direkten Sonnenbestrahlung errechnet; Tab. 16 enthält einen Auszug aus diesen Zusammenstellungen. Die Werte sind Monatssummen der Sonnenstrahlung in kWh/m^2, wenn keine Bewölkung vorhanden wäre.

Tab. 16. Monatliche Bestrahlungssummen der direkten Sonnenbestrahlung in kWh/m^2 bei wolkenlosem Wetter für Hänge verschiedener Neigung und Himmelsrichtung für Trier (nach MORGEN, 1957).

Monat	Neigung, Hang:	N	NO NW	O W	SO SW	S	Differenz S-N-Hang
Dezember	0° = Ebene	23	23	23	23	23	00
	10° = Hang	08	14	23	35	41	33
	20° = Hang	00	07	23	46	58	58
	90° = Wand	–	–	16	66	96	96
März	0° = Ebene	102	102	102	102	102	00
	10° = Hang	82	92	107	123	130	48
	20° = Hang	57	65	103	137	148	91
	90° = Wand	–	14	65	102	141	141
Juni	0° = Ebene	216	216	216	216	216	00
	10° = Hang	206	210	217	225	226	20
	20° = Hang	191	197	213	229	227	36
	90° = Wand	23	63	102	93	81	58
September	0° = Ebene	125	125	125	125	125	00
	10° = Hang	107	111	128	140	150	43
	20° = Hang	75	93	126	142	167	92
	90° = Wand	–	21	73	115	130	130

Danach erhält im Dezember die Südwand, im März der Südhang von etwa 50° Neigung, im Juni aber der Südost- bis Südwest-Hang von 20° Neigung die stärkste Zustrahlung. Wer Kollektoren zur Nutzung der Sonnenenergie z. B. für Warmwasserbereitung anbringen will, wird diese am besten mit einer Neigung nach Süden um 40–50° anbringen, da bei dieser Neigung der Strahlungsgenuß von Frühjahr bis Herbst sehr hoch ist, während im Winter die Sonnenscheindauer zu gering ist, so daß eine noch steilere Neigung wenig Gewinn bringt.

Die Differenzen im täglichen Strahlungsgenuß der Süd- und Nordhänge aller Neigungen sind zur Zeit der Tag- und Nachtgleiche eindeutig am größten, im Juni dagegen am kleinsten. Die Benachteiligung der Nordhänge ist zur Zeit des stärksten Pflanzenwachstums also nur gering, während der höhere Strahlungsgenuß der Südhänge im Frühjahr diese rascher abtrocknen läßt und somit eine frühere Bestellung ermöglicht. Im Frühherbst, wenn der Wein und andere Früchte Zucker einlagern und reifen, steht den Südhängen viel mehr Strahlung als den Nordhängen zur Verfügung. Die Südost- und Südwest-Hänge stehen in der ganzen Vegetationszeit den Südhängen wenig nach. Im Hochsommer sind allerdings die Südost-Hänge gegenüber den Südwest-Hängen, im Herbst gerade umgekehrt, bevorzugt, weil die Bewölkung im Sommer in der Regel am Nachmittag etwas stärker ist als am Vormittag, im Herbst dagegen vormittags oft Nebel herrscht, der selten über Mittag anhält.

In den Tropen sind die Hangklima-Unterschiede wegen des hohen Mittagsstandes der Sonne geringer als in den gemäßigten Breiten. In den polaren Breiten gehen die Unterschiede ebenfalls zurück, weil die ausgleichende Himmelsstrahlung ein Übergewicht über die dort schwache Sonnenstrahlung erhält.

Betrachten wir nun einige Auswirkungen des unterschiedlichen Strahlungsgenusses auf das **Klima vor Mauern und an Hängen.** Die stärkere Besonnung der Südwände wird oft dazu ausgenutzt, besonders wärmeliebende Pflanzen, wie Weinreben, Spalierobst u. a., zu ziehen. Wir erleben es in jedem Frühjahr, wie sich alle vor einer Südwand stehenden Pflanzen mehrere Tage früher entfalten. Das warme Klima einer **Spalierwand** ist aber nicht nur auf den erhöhten Genuß an Sonnenstrahlung zurückzuführen. Im Juni erhält die Südwand sogar etwas weniger Strahlung als die Ebene. Für einen Platz vor einer Südwand ist der Windschutz mindestens ebenso wichtig. Auch nachts bleibt es infolge der Gegenstrahlung der Mauer vor dieser wärmer als in freier Lage. Die wirksame Ausstrahlung ist nur in eine Hälfte des Himmelsgewölbes möglich. Die Wirkung der langwelligen Strahlung der Wand reicht etwa so weit wie die Mauer hoch ist. Damit ist vor einer Wand die Spätfrostgefahr geringer. Ein Sitzplatz im Garten wird vor einer Südwand im Sommer abends lange angenehm warm bleiben, in der Mittagssonne aber oft sehr heiß sein. Denn vor einer weißen Wand erhält so ein Platz viel kurzwellige Reflexstrahlung, vor einer dunklen eine stark erhöhte langwellige Zustrahlung. Dem zu starken Strahlungsgenuß von der Wand her begegnet man am besten durch eine Begrünung, womit weniger reflektiert wird als vor einer hellen Wand, aber von wo auch weniger langwellige Strahlung ausgeht, weil die transpirierenden Blätter kühler als eine dunkle Wand sind.

Der unterschiedliche Strahlungsgenuß der Hänge wirkt sich vor allem in der Temperatur der Bodenoberfläche und der obersten Bodenschichten, dann aber auch in der Temperatur der bodennahen Luft aus. Obwohl ein Osthang praktisch die gleiche Zustrahlung wie ein Westhang erhält, bleibt er insgesamt etwas kühler als der Westhang, ähnliches gilt für Südost- und Südwesthänge. Die Kraft der Morgensonne wird zum Teil für die Verdunstung des nächtlichen Taus verwendet, andererseits erhalten die Hänge im Südwesten und Westen ihre größte Zustrahlung etwa zu der Tageszeit, in der die Tageshöchsttemperatur eintritt. So wird in der Regel der mäßig geneigte Südwesthang am wärmsten, ihm folgen Süd- und Westhang. Am kühlsten ist im Hochsommer der Nordosthang, in den Übergangsjahreszeiten eindeutig der Nord- und Nordosthang.

Die Unterschiede der Bodentemperatur verschieden orientierter Hänge schwanken sehr nach Jahreszeit, Bodenart und Wetterlage. Sie sind in den Übergangsjahreszeiten meist merklich größer als im Juni und Juli. Im Dezember sind sie angesichts der starken Bewölkung am geringsten. Auf steinhaltigen und leichten Böden machen sich die Unterschiede stärker bemerkbar als auf schweren Böden mit hoher Wasserkapazität. Auch die im Hochsommer dichtere Pflanzendecke dämpft die Unterschiede gegenüber dem Frühjahr. Unterschiede von mehreren Kelvin zwischen den bevorzugten und benachteiligten Hängen sind bis in 50 cm Bodentiefe nachzuweisen. An sonnigen Tagen können die dunklen Felsflächen der Südhänge über 20 K wärmer werden als die der beschatteten Nordhänge. Im Hochgebirge werden die Hangklima-Unterschiede noch größer, weil die Intensität der Sonnenstrahlung mit der Höhe zu- und die der ausgleichenden Himmelsstrahlung abnimmt.

Große Temperaturunterschiede sind vor allem auch in der ruhigen Luft der Pflanzenbestände möglich, besonders wenn die Sonnenstrahlung wie an Weinberghängen auch noch zu einem beachtlichen Teil in den Pflanzenbestand eindringen kann. Dagegen nehmen die Unterschiede in der Lufttemperatur mit der Entfernung von der Bodenoberfläche rasch ab. Die am Tage immer vorhandene Luftbewegung und der unvermeidliche Auftrieb, den die stärker erwärmte bodennahe Luft erhält, läßt die Hangunterschiede in der Lufttemperatur geringer sein als in den Bodenoberflächentemperaturen. In 2 m Höhe wird die Höhenlage am Hang wegen der allgemeinen Temperaturabnahme mit der Höhe für die Lufttemperatur mindestens ebensowichtig wie die Exposition. Wie sich die Hangbestrahlung in der Tageshöchsttemperatur im gedämpften Klima eines Buchenhochwaldes auswirken kann, zeigt Abb. 59. An einem ähnlichen, nicht bewaldeten Berg wären die Unterschiede zwischen Südwest- und Nordosthang etwa von der gleichen Größenordnung, nur wäre die Temperatur, absolut gesehen, überall etwas höher gewesen. Vielfach sind die Unterschiede der Lufttemperatur in den unteren Hanglagen größer als in den oberen, weil diese stärker vom Wind angeblasen werden.

Die Wirkung des Hangklimas ist an der Bepflanzung und landwirtschaftlichen Nutzung, aber auch an der pflanzlichen Zusammensetzung der Wiesen und Wälder zu erkennen. Die Südhänge haben bei der Abtrocknung im Frühjahr oft einen Vorsprung von 5–10 Tagen und erlauben eine zeitige Bestellung. Im Mittelgebirge zeigt sich das unterschiedliche Hangklima auch in einer oft 5–10 Tage früheren Belaubung und einem kräftigeren Zuwachs.

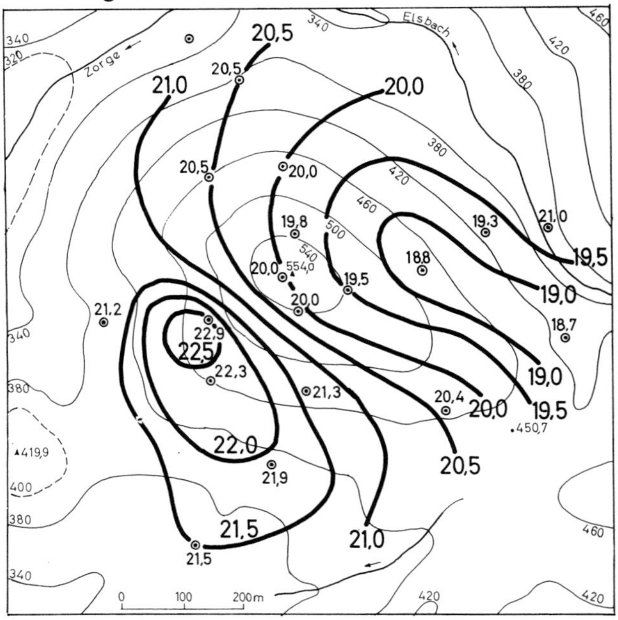

Abb. 59. Die mittlere Verteilung der Tageshöchsttemperatur (°C) am Staufenberg/Harz in 40 cm Höhe im Buchenhochwald an 4 sonnigen Tagen im Juni 1954.

Die Beurteilung des Klimas der Hänge darf aber nicht alleine auf der unterschiedlichen Sonnenzustrahlung aufgebaut werden. So können Südhänge kleiner Seitentäler für den Weinbau ungeeignet bleiben, wenn ein kalter nächtlicher Bergwind die Nachtfrostgefahr erhöht. Die von der Hangrichtung meist weniger abhängige nächtliche Temperaturverteilung ist ebenso wichtig.

7.3.3 Die Kaltluftbildung und die Frostgefährdung

Wenn gewisse Geländelagen nachts regelmäßig kälter sind als andere, ist das nicht unbedingt ein Nachteil. Denn nachts verlieren die Pflanzen durch ihre Atmung ja wieder einen Teil der tagsüber aufgespeicherten Assimilationsprodukte, je wärmer es ist, um so mehr. Stark windgeschützte, untere Hanglagen, die tagsüber besonders warm sind, sich nachts aber auch stärker abkühlen, haben daher insgesamt oft den stärksten Nettozuwachs. Von Nachteil werden die nachts kälteren Lagen jedoch, wenn hier die Frühfröste im Herbst und die Spätfröste im Frühjahr häufiger und stärker auftreten. Die Temperaturverteilung während der Nacht ist daher besonders im Zusammenhang mit der Spätfrostgefährdung untersucht worden, auch wenn diese frostgefährdeten Lagen dieselben sind, die auch in klaren Winternächten die schärfsten Frostgrade und dementsprechend die größten Schäden an Bäumen, Sträuchern und Stauden aufweisen.

Auch in der Nacht entstehen je nach Geländelage erhebliche Unterschiede in der Temperatur der bodennahen Luft. Zu Frösten im Frühjahr oder Herbst kommt es allerdings nur, wenn vorher polare Kaltluft eingeflossen ist, die sich dann nachts durch die Ausstrahlung bis unter den Gefrierpunkt abkühlt. Ganz allgemein wird das Ausmaß der Abkühlung und damit der Grad der Frostgefährdung durch alles gefördert, was die wirksame Ausstrahlung erhöht, den Wärmenachschub aus dem Boden hemmt, das Verbleiben der Kaltluft an Ort und Stelle oder den Zufluß von Kaltluft erleichtert.

Zu größeren Temperaturunterschieden kommt es nur, wenn der Wind einschläft. Bei Wind verhindert die Luftdurchmischung die Bildung einer Bodeninversion; die Geländeunterschiede werden verwischt, es herrscht die normale Temperaturabnahme mit der Höhe. Ist die eingedrungene Polarluft aber genügend kalt, so können im Frühjahr die höchsten Geländelagen vom **Windfrost** erfaßt werden, während die tieferen frostfrei bleiben. Bei Windfrost nimmt die Frostgefahr also mit der Höhe zu. Diese Fälle sind im April und Mai, aber auch im Herbst jedoch viel seltener als die bei Windstille und klarem Himmel auftretenden **Strahlungsfröste.**

Bei klarem Himmel fehlt die Gegenstrahlung der Wolken; die wirksame Ausstrahlung ist groß, die Luft an der ausstrahlenden Bodenoberfläche wird sehr kalt. Kommt Wind oder Bewölkung auf, so kann die Temperatur in Bodennähe auch nachts wieder ansteigen, weil die bodennahe Kaltluft mit wärmerer Luft höherer Schichten durchmischt wird. Unterschiedliche Bewölkung hat auch in benachbarten Gebieten oft verschieden starke Frostschäden zur Folge; dasselbe gilt, wenn der Himmel durch Gebäude, Mauern, Hecken und Bäume mehr oder weniger abgeschirmt ist. Oft wird man feststellen, daß solche Hindernisse die Frostgefahr ringsum bis in eine Entfernung mildern, die gleich der Hindernishöhe ist. Die schwächere oder fehlende Reifbildung macht diesen Ausstrahlungsschutz häufig sichtbar.

In Hausgärten, vor allem aber in geschlossenen Ortschaften und Städten ist die Frostgefahr immer geringer als auf freiem Feld. Die Horizontabschirmung durch

Hänge und Berge vermindert ebenfalls die wirksame Ausstrahlung. So bleibt es am Fuß steiler Berge und in engen Kerbtälern meist wärmer als in der Mitte breiter Täler. Andererseits beginnt die abendliche Abkühlung am Boden der Täler, wo die Sonne hinter den umliegenden Bergen früher verschwindet, oft früher als auf den freien Hanglagen.

Der Wärmenachschub aus dem Boden an die ausstrahlende Oberfläche hat keine geringere Bedeutung. Wo er ungehindert vonstatten geht, wird es immer wärmer bleiben als dort, wo er geschwächt wird. Ein unbewachsener Boden liefert mehr Wärme als ein bewachsener, ein fester Boden mehr als ein lockerer. Die Temperatur sinkt in klarer Nacht besonders tief ab, wenn der Boden mit Gras, Unkraut oder toten Pflanzenresten bedeckt ist, weil die den Boden bedeckende Schicht und die vom Wurzelwerk durchsetzte oberste Bodenschicht die Wärme schlecht aus der Tiefe an die ausstrahlende Oberfläche leiten. Die ausgestrahlte Wärme muß dann vorwiegend der bodennächsten Luft, der Pflanzenschicht und der allerobersten Bodenschicht entnommen werden, die darum besonders kalt werden. Unkrautbedecktes Ödland und niedrige Schonungen sind ausgesprochene Kaltluftherde.

Trockener und damit lufthaltiger Mineralboden wird ebenfalls kälter als ein durchfeuchteter Boden. Grasflächen, Sumpfwiesen, feuchte Mulden und Moore bleiben schon tagsüber wegen großer Verdunstung oft kühl. Wenn sie nachts ganz besonders kalt werden, so liegt es weniger daran, daß sie schon etwas kälter in die Nacht gehen. Diese Böden und Pflanzendecken sind vielmehr trotz hohen Wassergehaltes sehr schlechte Wärmeleiter.

Wegen des verschiedenen Zeitpunktes des wahren Sonnenuntergangs sowie wegen der unterschiedlichen Eigenschaften der Böden und ihrer Bedeckung setzt die nächtliche Abkühlung im ebenen wie im bergigen Gelände an den verschiedenen Stellen verschieden früh am Abend ein und setzt sich auch mit unterschiedlicher Geschwindigkeit fort. Es bilden sich also schon um Sonnenuntergang in Bodennähe verschieden stark abgekühlte Flächen aus. Temperaturunterschiede lösen aber letztlich Ausgleichsströmungen aus. In ebenem Gelände können diese jedoch wegen der sehr großen Stabilität der bodennahen nächtlichen Kaltluft nicht recht in Gang kommen; die zähe Kaltluft klebt fest am Boden. Weite, ebene Flächen sind in klarer, windstiller Nacht also oft kalt, weil die hier gebildete Kaltluft nicht abfließen kann, sich immer stärker abkühlt und an Mächtigkeit gewinnt. Ein dichtes Netz mit Windschutzstreifen kann dabei sogar etwas frostverschärfend wirken, weil es die Luftbewegung hemmt. In einem geneigten Gelände, sei es an einem Hang oder längs eines Talbodens, fließt hingegen die schwere Kaltluft abwärts, sobald sie genügend mächtig ist. Geschwindigkeit und Menge der fließenden Kaltluft wachsen dabei mit der Größe des Einzugsgebietes (z. B. weite, freie Wiesen- und Ackerflächen) und dem Gefälle; bei stärkerem Gefälle kann sich dieses Abfließen zu einem Wind von 2–3 m/s verstärken. Die Kaltluft fließt so lange, wie sie nicht durch Mauern, Dämme, Waldstreifen und ähnliches aufgehalten wird. Dieser **Kaltluftfluß** ist häufig schon früh am Abend zu bemerken. Er kann sich im Gebirge zu einem Hangabwind, in den Tälern zu einem frischen Bergwind entwickeln. Am Boden weiter Täler mit geringem Gefälle sowie in Mulden bildet sich ein **Kaltluftsee** aus, aus dem die Erhebungen als warme Inseln herausragen. An den Bergen ist 100–300 m oberhalb des Talbodens oft eine **warme Hangzone** vorhanden, in der die Frostgefahr am geringsten ist. Es ist die Zone, in der etwa die Obergrenze der Bodeninversion der das Tal ausfüllenden Luft liegt. Die warme Hangzone ist an Nordhängen genauso vorhanden wie an Südhängen. Sie mag in dem einen Tal in 100–200 m, im anderen in 200–300 m über dem Talboden liegen. In jedem Tal wird sie sich jedoch fast immer in ungefähr derselben Höhenlage ausbilden. Oberhalb der warmen Hangzone beginnt die normale Temperaturabnahme mit der Höhe. Je schneller aber die Kaltluft fließt, desto geringer wird die Temperaturdifferenz zwischen warmer Hangzone bzw. Talschulter und Talboden.

Da Hindernisse wie Hecken, Mauern, Straßendämme die Kaltluft stauen, bildet sich vor ihnen ein kleiner Kaltluftsee, wobei der Staubereich mit der Höhe der Hindernisse wächst und mit zunehmender Fließgeschwindigkeit sich verkürzt. Solche Hindernisse, die senkrecht zum Geländegefälle verlaufen, wirken sich für das oberhalb liegende Gelände oft frostverschärfend, für das unterhalb liegende frostmildernd aus. Die Temperaturdifferenz nimmt mit wachsender Hindernishöhe aber nur wenig zu. Je größer aber die Geschwindigkeit der Kaltluft, desto tiefer ist die Temperatur vor dem Hindernis. Soll die Wirkung solcher Hindernisse auf den Kaltluftfluß durch Lücken aufgehoben werden, müssen die Lücken breit sein. Denn sie wirken sich auf die Temperatur um so nachhaltiger aus, je höher das Hindernis, z.B. ein Straßendamm, ist. Wälder oberhalb von Weinbergen und Obstanlagen schützen diese vor dem Zufluß von Kaltluft. Solche Wälder kann man geradezu als Bannwälder bezeichnen.

Allerdings kann der Kaltluftfluß in manchen Geländelagen im Laufe der Nacht so mächtig werden, daß er schließlich die stauenden Hindernisse überströmt. Das trifft besonders für Talmulden an weiten, schwach geneigten Hängen zu. Wenn hier nicht gerade ein breiter Bannwaldstreifen oder ein sehr hoher Damm den Kaltluftfluß bremst, kann die Stauwirkung in der zweiten Nachthälfte verloren gehen. Schließlich kann die Höhe der fließenden Kaltluft die Höhe des Hindernisses auch völlig übersteigen. Das unterhalb liegende Gelände wird dann trotzdem sehr kalt, und die Minimumtemperaturen ober- und unterhalb des Hindernisses unterscheiden sich kaum.

In vielen Mulden und weiten Tälern bildet sich die Kaltluft manchmal sogar früher und kräftiger aus als an Hängen, weil hier die Einstrahlung früher aufhört oder der Wind früher einschläft. Bevor am Abend die Bildung von Kaltluft an den Hängen beginnt, ist oft schon ein seichter Kaltluftsee am Talboden vorhanden, der sich im Laufe der Nacht nur noch weiter vertieft. Die hangabwärts fließende Kaltluft schichtet den Kaltluftsee dann fortlaufend auf. Frühzeitigere und häufigere Bodennebel machen viele Kaltluftseen oft sichtbar. Wenn die Kaltluft auch durch Lükken eines Hindernisses fließt, das Hindernis wird die Kaltluft doch etwas aufhalten und dadurch frostverschärfend wirken. Auch starke Einengungen eines sonst breiten Talquerschnittes durch vorspringende Berghänge, Waldstücke oder sehr starke Talkrümmungen halten einen Teil der Kaltluft auf. Oberhalb solcher Verengungen reicht der Kaltluftsee dann höher den Hang hinauf, und die Temperaturen sinken tiefer als unterhalb solcher Verengungen.

Die Vielgestaltigkeit der Geländeformen, der Bodenarten, des Bodenwuchses und der Siedlungen erlaubte nur allgemeine Regeln über die Frostgefahr aufzustellen. Doch wesentlich ist, daß sich in klaren, windschwachen Nächten in jeder Geländelage fast immer wieder das gleiche Bild der Temperaturverteilung einstellt. Die Frostgefahr wächst also, wenn besonders viel Kaltluft zufließen kann. Große Gras- und Ödlandflächen im oberen Talverlauf vergrößern als ergiebige Kaltluftherde die Frostgefahr in den unteren Talabschnitten. Je größer das Einzugsgebiet für den

Kaltluftfluß ist, um so größer die Frostgefahr. Schwach geneigte Hänge werden oft auch von der Kaltluft überspült. Mulden und Täler sind häufig sehr kalt, es sei denn, das Tal ist sehr eng und von hohen Bergwänden umschlossen. Mulden werden manchmal noch kälter als weite Niederungsmoore, obwohl auch diese als ausgesprochen frostgefährdet gelten. Die günstigsten Lagen bleiben die Hanglagen oberhalb der Kaltluftseen. Einzelne isolierte Höhen sind in der Regel frostsicherer als weite Hochflächen. Über Wasserflächen bleibt die Luft nachts warm. Trifft ein Kaltluftfluß auf einen Stausee, so wird die Luft angewärmt. Das Gelände unterhalb des Sees ist daher meist etwas geschützt. In ebenem Gelände ist die frostmildernde Wirkung von Seen und Flüssen allerdings nur auf die Uferzone beschränkt. Da sich die Luft vorzugsweise von den kalten zu den warmen Flächen bewegt, ist sie mehr zum warmen Wasser als zum Land hin gerichtet, es sei denn, ein überregionaler Wind treibe die Luft vom Wasser zum Land.

Wer eine neue Obst- oder Rebenpflanzung plant, sollte sich über den Grad der Spätfrostgefährdung der Geländelage im klaren sein; dieser kann durch eingehende Messungen auch zahlenmäßig festgelegt werden. Hierzu wurden von Agrarmeteorologen Richtlinien und Methoden erarbeitet, die auf Seite 221 im einzelnen beschrieben sind.

7.3.4 Der Einfluß der Geländeformen auf den Wind

Wie unterschiedlich stark und turbulent der Wind je nach der Geländelage sein kann, hat wohl jeder schon erlebt. Schäden durch den Wind, z. B. Windbruch im Wald oder Bodenverwehungen, treten nicht überall in gleichem Umfang auf. Große Unterschiede sind selbst auf kleinstem Raum möglich. Wenn es schon schwierig ist, die Temperaturverhältnisse einer bestimmten Geländelage aufgrund der Werte einer benachbarten meteorologischen Station abzuschätzen – beim Wind sind genaue quantitative Angaben oft unmöglich. Trotzdem stellen sich verschieden große Windgeschwindigkeiten im Gelände nicht völlig regellos ein; darum sollen wenigstens einige Hinweise auf Geländeabhängigkeiten gegeben und die Stellen genannt werden, wo man häufiger mit Starkwind rechnen muß, die also am ehesten eines Windschutzes bedürfen. Dabei kommt es vor allem auf die Exposition zu der Richtung an, aus der die Starkwinde meistens wehen. Das muß nicht immer die häufigste Windrichtung sein. Die austrocknende Wirkung von östlichen Winden steht der von westlichen, die meist häufiger sind, selten nach.

Das Gelände kann auf zweifache Weise auf das Windfeld einwirken. Einmal gibt es geländebedingte lokale Windsysteme, wie den Berg- und Talwind, den Land- und Seewind. Diese entwickeln aber nur unter ganz bestimmten Bedingungen regelmäßig große Stärken. In breiten Gebirgstälern, wie u. a. im Walliser Rhonetal, können sie so stark werden, daß Windschutzpflanzungen empfehlenswert werden.

Andererseits wird jeder Wind, der durch die Hoch- und Tiefdruckgebiete entsteht, je nach der Geländeform mehr oder weniger aus seiner Richtung abgelenkt, verstärkt oder auch abgeschwächt. Ein Blick in den Klimaatlas genügt, um den Einfluß des Geländes auf die Häufigkeit der einzelnen Windrichtungen zu erkennen. So weht der Wind in dem bei Trier von Südwest nach Nordost verlaufenden Moseltal zu 65% aus einer dieser beiden Richtungen, die 6 anderen Richtungen kommen jeweils nur in etwa 3–7% der Stunden vor. In der Hocheifel dagegen kommt der Wind nur zu 21% aus Südwest, aber zu 17% aus West und zu 15% aus Nordwest.

Die Windrichtung in den Tälern kann sich oft um 45° und mehr von der Richtung auf den Hochflächen unterscheiden. Abb. 60 zeigt eine solche Ablenkung in einem Tal im Fränkischen Jura, in der neben den Stromlinien auch die Geschwindigkeit in % der Werte einer frei gelegenen Basisstation eingetragen ist. Im Schutz der Berge war die Windstärke auf die Hälfte reduziert.

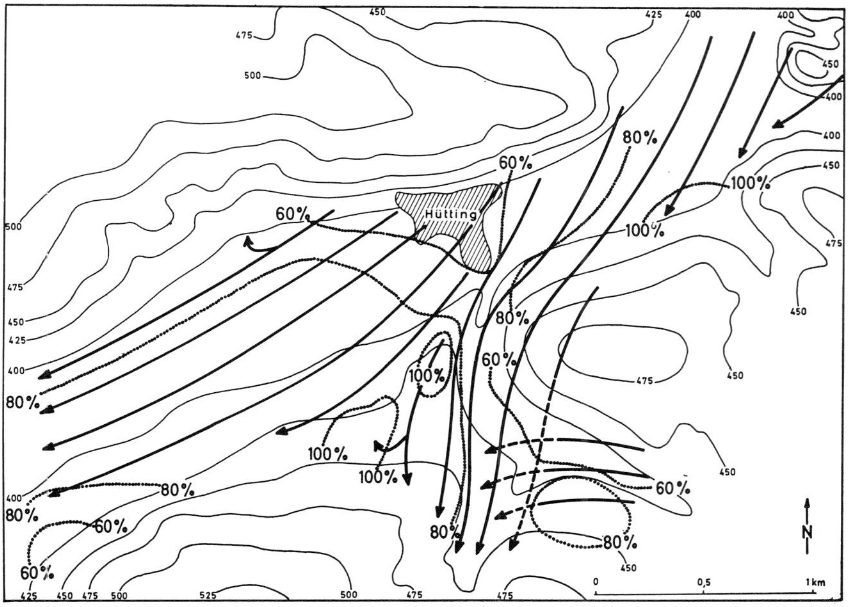

Abb. 60. Die Luftströmung und Windgeschwindigkeit (in % des Wertes der Basisstation) in einem Tal im Fränkischen Jura bei einem Höhenwind aus Nordost.

Am kräftigsten kann sich der Wind naturgemäß über einer weiten, freien Ebene entfalten. Besonders windreich sind die Hochflächen unserer Mittelgebirge. Wegen der Zunahme der Windgeschwindigkeit mit der Höhe nimmt die Windgeschwindigkeit in der Regel, vor allem an einzelnen Bergen, die aus der Ebene herausragen, mit der Höhe am Hang zu. Hinter langgestreckten Bergrücken gibt es oft ähnlich wie hinter einem Windschutzstreifen eine Zone schwächeren Windes. Da Bergrükken undurchlässige Hindernisse oft meist sehr unregelmäßiger Oberfläche darstellen, ist die windgeschützte Zone meist weniger breit als hinter Schutzstreifen, wenn der Abstand in Vielfachem der Höhe der Hindernisse gemessen wird. Zudem kann die Turbulenz und Böigkeit des Windes trotz Windschwächung im Lee der Berge groß sein. Da der Wind ja nicht immer aus derselben Richtung weht, liegt einmal die eine Seite, das andere Mal die andere Seite des Bergrückens im Windschatten.

Wenn ein frischer Wind im rechten Winkel oder auch etwas schräg auf einen langgestreckten Berghang trifft, so wird seine Geschwindigkeit nicht immer gleichmäßig mit der Höhe zunehmen. Nach eigenen Beobachtungen sowie nach Messungen von KAISER (1954) wurden in Abb. 61 die Windverhältnisse dargestellt, die sich in einem solchen Fall ergeben können. Im oberen Teil handelt es sich um einen nicht allzu hohen Berg. Die Neigung des Luvhanges wird bei A an einer Knickstelle merklich geringer. Hier erfährt der Wind oft eine Verstärkung. Der Wind ist auch auf der flachen Anhöhe bei B stark. Aber auch auf der Leeseite des Berges nimmt der Wind nicht immer gleichmäßig ab. Bei C findet man oft eine Zone des sog. Überfallwindes, wo der hier recht turbulente Wind nochmals ein Maximum aufweisen kann. Bei einem bewaldeten Berg wird Windbruch bevorzugt an diesen drei Stellen auftreten. Ist kein Wald vorhanden, so ist vor diesen Punkten die Anpflanzung von Windschutzstreifen empfehlenswert. Im unteren Teil der Abb. 61 geht ein Hang in eine weite, kaum weiter ansteigende Hochfläche über. Die größte Windgeschwindigkeit und die stärkste Deformation der Baumkronen erlebt man an der oberen Hangkante, wo sich die Stromlinien des Windes zusammendrängen. Derartige Windverstärkungen an oberen Hangkanten sind sowohl an nur 10 m hohen Terrassen als auch an 200 m hohen Hängen nachgewiesen worden.

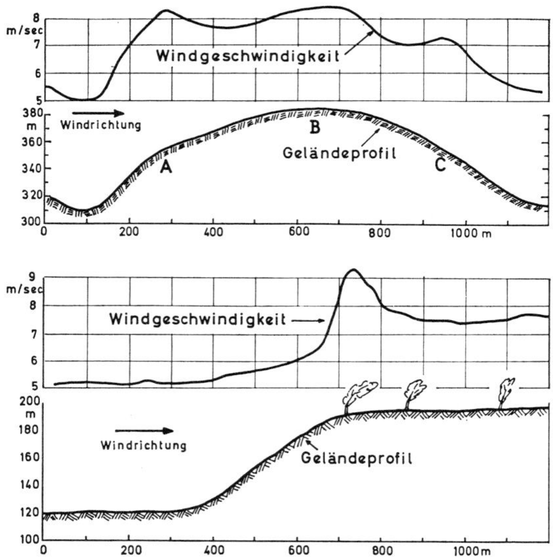

Abb. 61. Die Windgeschwindigkeit beim Überströmen eines Bergrückens und einer Geländeterrasse (nach Messungen von KAISER 1954 und VAN EIMERN 1964, unveröffentlicht). Näheres im Text.

Weht ein Wind in allen Höhen parallel zu einem langgestreckten Tal, etwa ähnlich dem in Abb. 60 dargestellten 800 m breiten Tal (westlicher Teil), so kann er am Talboden oft eine ebensostarke Kraft entfalten wie auf den freien Höhen. In diesem Falle waren die Höhen und die oberen $^2/_3$ der Hänge größtenteils bewaldet. Ein talparalleler Wind war daher am unteren Hang oft schwächer als inmitten des Talbodens, bei Schrägwind an der windzugewandten Seite jedoch oft verstärkt. Überziehen Bodenwellen eine weite Hochfläche, so besitzt jede Welle oft ein Windmaximum und dahinter einen geschwächten, aber vielfach stark verwirbelten

Wind. **Wirbelzonen** gibt es auch hinter langgestreckten, hohen Hindernissen wie Straßendämme oder Bergrücken. **Düseneffekte** mit einer Windverstärkung sind möglich, wenn eine langgestreckte Talseite durch ein Seitental unterbrochen wird. Doch kann dieser Effekt schon bei geringer Drehung des Windes verschwinden. In engen Tälern wird ein talparalleler Wind jedoch wegen der Reibung an den Hängen selten eine düsenartige Verstärkung erfahren. Bei geschlossener Wolkendecke oder nachts werden sich die geländebedingten Zonen mit Windschwächung und Windverstärkung besser voneinander abheben als an einem sonnigwarmen Tag. Bei Strahlungswetter wirkt auch die unterschiedliche Geländeaufheizung auf das Windfeld, die Windschutzwirkung von Höhenrücken ist dann genauso wie die von Windschutzstreifen nicht mehr so deutlich ausgeprägt.

Die unterschiedliche Stärke des Windes im Gelände läßt sich im Winter oft an der Schneeablagerung abschätzen. Auf windexponierten Flächen wird der Schnee häufiger weggeweht, und diese Flächen werden bei Tauwetter rascher schneefrei. Hier ist auch die Gefahr des Auswinterns von Getreide größer. Im Windschutz sammelt sich mehr Schnee an und bleibt länger liegen. Doch ist Vorsicht angebracht, da eine Schneedecke bei Änderung des Windes umgelagert werden kann, und da auch der Grad der Hangbestrahlung die Geschwindigkeit der Schneeschmelze mit beeinflußt. Der Grad der Windexposition ist auch an Neigungen und Kronendeformationen der Bäume erkennbar, wenn etwa gleich hohe und gleichartige Bäume hierzu herangezogen werden.

7.3.5 Das Klima in Städten und Siedlungen

Jede Stadt und Siedlung entwickelt ihr eigenes Klima, das sich von dem der Umgebung unterscheidet. Darüber hinaus bestehen innerhalb einer Stadt beachtliche Klimaunterschiede, und dies nicht nur zwischen Wohnviertel, Industrieviertel, Stadtkern und Stadtrand, sondern auch in den verschiedenartigen Wohnvierteln – hier Hochhäuser mit Grün-, Park- und Straßenflächen, dort lockere Einzelhaussiedlungen oder ältere Wohnviertel mit geschlossener Bebauung. Durch verschiedene Maßnahmen – Art der Bebauung, Offenlassen von Flächen für städtisches Grün, Anlage von Alleen und Frischluftschneisen – läßt sich das Stadtklima beeinflussen und die Stadt auch vom klimatologischen Standpunkt aus wohnlicher machen. Daher erscheint es notwendig, den Garten- und Landschaftsarchitekten hiermit einige Grundlagen zu geben.

Wie bei allen Sonderklimaten bildet sich auch das Stadtklima vor allem bei windschwachem Hochdruckwetter, ganz besonders bei austauscharmen Wetterlagen mit Inversionen aus. Bei bedecktem, windigem Wetter mit geringer Strahlungsbilanz erfährt eigentlich nur das Windfeld durch die Windbremsung, aber auch durch Wirbelbildung und größere Böigkeit eine Änderung, die je nach Gestalt und Anordnung der Baukörper verschieden ist. Insgesamt bewirkt die größere Rauhigkeit der Städte eine im Jahresmittel um 20–30% geringere Windstärke, eine Abnahme der Böenstärke von 10–20% und eine um 5–20% häufigere Windstille. An hohen Gebäuden (Hochhäusern) jedoch, wo es fast ständig zu Wirbelbildung kommt, ist die Böigkeit des Windes eher größer, wodurch Staub vom Boden aufgewirbelt und Schornsteinabgase aus niedrigen Nachbargebäuden in Bodennähe verfrachtet werden können.

Wenn auch jede Stadt je nach Größe und Aufbau sowie nach Geländeform – ob Ebene, Tal- oder Beckenlage – ihre klimatischen Besonderheiten besitzt, so gibt es doch viele Eigenschaften, die allen Städten gemein sind; sie treten zwar, je größer die Städte, um so ausgeprägter hervor, fehlen aber auch kleineren Siedlungen nicht. Neben der größeren Rauhigkeit der Bodenoberfläche ist der wichtigste Unterschied zum Freiland, daß ein großer Teil der Stadtfläche durch Häuser, Straßen, Parkplätze mit Stein und Asphalt bedeckt ist. Hier wird das Regenwasser schnell abgeführt und kaum Wärmeenergie für die Verdunstung verwendet. Diese Flächen werden in der Sonne somit besonders warm, zumal, außer bei hellen Wänden, die Reflexion der Globalstrahlung geringer, die Absorption größer ist. Daher ist es im Sommer in beschatteten Straßen oft noch wärmer als im Grünen. Die Gebäude speichern tagsüber viel Wärme und geben diese nachts nur langsam ab. Schließlich ist die Wärmezufuhr durch Heizungen, Verkehr u. a. nicht zu vernachlässigen. Sie macht im Flächen- und Jahresmittel für die 200 km^2 von Frankfurt/Main 20–25 W/m^2 aus, verglichen mit den rund 50 W/m^2 der Strahlungsbilanz bzw. 130 W/m^2 der Globalstrahlung.

Die in den Städten viel größere Produktion an Luftverunreinigungen durch Abgase (5–25mal mehr) und der Staub (10mal mehr als auf dem Land) mindert die Luftqualität und beeinflußt den Wärmehaushalt. Die Globalstrahlung wird um 15–20% geschwächt, die Sonnenscheindauer ist um 5–15% geringer. Die UV-Strahlung fehlt im Winter oft ganz.

Dem steht eine merkliche Erhöhung der atmosphärischen Gegenstrahlung gegenüber, die die nächtliche Abkühlung sehr verlangsamt. Städte sind somit zu allen Tages- und Jahreszeiten wärmer als die Umgebung, sie sind echte Wärmeinseln. Im Jahresmittel wird die Lufttemperatur um 0,5–1 K erhöht. Die winterlichen Minima sind um 1–2 K höher, die Zahl der Heiztage ist bei uns um 10 pro Jahr geringer. An Einzeltagen sind die Unterschiede aber noch erheblich größer. Die letzten Spätfröste treten oft 2–4 Wochen früher auf als in der Umgebung, entsprechend die ersten Frühfröste im Herbst später.

Das Klima ist in den Städten somit nicht generell schlechter als auf dem Land, abgesehen von der größeren Luftverunreinigung und der Tatsache, daß an einzelnen Sommertagen, zumindest in manchen Stadtteilen, bis weit in die Nacht unangenehm hohe Temperaturen mit Schwüle herrschen können. Ebenfalls kein Nachteil ist, daß die relative Luftfeuchte allein schon wegen der höheren Temperatur, oft aber auch wegen der geringeren Verdunstung im Mittel um 5%, in Einzelfällen bis zu 20% geringer ist. Über vielen Städten, besonders den Großstädten, kann die Bewölkung größer sein, weil die überhitzte Stadt die Bildung von Haufenwolken fördert, wodurch sich über und im Lee der Stadt sogar mehr Schauer auslösen können. Einer oft um 5–10% größeren Niederschlagssumme stehen im Winter aber weniger Schneefall und weniger Tage mit einer Schneedecke gegenüber.

Die größere Zahl der Kondensationskerne fördert die Bildung von Nebel, der darum in vielen Städten etwas häufiger auftritt. Die höhere Temperatur und die geringere Luftfeuchtigkeit indessen wirken der Nebelbildung entgegen. Ob Nebel in einer Großstadt also häufiger ist als in der ländlichen Umgebung oder umgekehrt, ist von Stadt zu Stadt verschieden und auch von der Topographie und der Bodenart der Umgebung abhängig. In manchen Gegenden bildet sich über den Städten jedoch statt Nebel eher Hochnebel aus. Die nächtlichen und besonders die anhaltenden, winterlichen Bodeninversionen sind infolge der relativ warmen Stadtoberfläche oft vom Boden etwas abgehoben. An ihrer Unterseite liegt dann eine Hochnebeldecke, und die Luft zwischen Boden und Inversion füllt sich zunehmend mit allen Luftverunreinigungen an.

Die Wirkung der Wärmeinsel erkennt man besonders im Frühjahr an den oft um Wochen früheren phänologischen Terminen, an dem Vorkommen wärmeliebender Pflanzenarten, während andererseits die größere Luftverunreinigung viele Pflanzen im Wachstum beeinträchtigt, z. B. Flechten.

Infolge der starken Erhitzung über dem Stadtkern bei sonst ruhiger Wetterlage bildet sich oft ein stadteinwärts gerichteter „Flurwind" aus, der im Sommer frischere Luft aus der Umgebung zuführt. Diese gelangt jedoch nur dann wirksam ins Stadtinnere, wenn genügend Frischluftstraßen, z. B. lange, breite und nicht verbaute Grünzüge, möglichst radial dort hineinführen. Solche Frischluftstraßen sind auch bei Wind vorteilhaft. Für den Standort von Industrieansiedlungen ist sehr oft nicht das Lee der Stadt bezüglich der häufigsten Windrichtung maßgebend, sondern in bezug auf die Windrichtung, die bei Boden- oder bodennahen Inversionen vorherrscht, die eine andere sein kann.

Bei Städten in Tallagen oder am Fuße von Hängen sorgt die Luftzufuhr durch den nächtlichen Kaltluftfluß, den Berg- oder den Hangabwind, oft für Erfrischung, wenn diese Luftbewegungen aus einem größeren Einzugsgebiet stammen und nicht schon am Stadtrand durch Querbebauungen aufgehalten werden.

Welche Funktion hat nun das **städtische Grün?** Gleichgültig, ob es sich dabei um mehr oder weniger große Rasenflächen, um Parkanlagen, Alleen, Hausgärten, Wald- oder einzelne Waldstücke, noch begrünte Baulücken oder um die Dachgärten handelt – in allen Fällen erzeugen die Grünflächen keine Luftverunreinigungen. Bäume filtern sogar Staub aus. Ferner verbrauchen die Pflanzen Wasser; die Grünflächen überhitzen sich also bei weitem nicht so stark wie Dächer, besonnte Wände, Steine und Asphalt. Zwischen den größeren kühlen Grasflächen und den wärmeren bebauten Flächen kann sogar ein Luftaustausch in Gang kommen. Je kleiner die Grünflächen jedoch sind, um so weniger können sie der Nachbarschaft Frischluft liefern; kleine Parks bleiben kleine kühle Frischluftoasen.

Grünflächen sind in ihrer Wirkung jedoch nicht gleich. Sattgrüne Rasenflächen sind zwar ganztägig relativ kühl, tagsüber in der Besonnung jedoch merklich wärmer als die Luft im Wald und unter Bäumen. Große baumlose Grünflächen am Rande der Städte bilden nachts viel Kaltluft, die in hängigem Gelände abwärts und auch in die bebauten Täler fließen kann. Tagsüber können sie aber oft keine Frischluft liefern. Dann sind stadtnahe Wälder vorteilhafter, weil deren Luft kühler bleibt. Alleen, Baumreihen und -gruppen filtern zwar etwas Staub und Lärm; sie sind aber mehr eine Wohltat fürs Auge als ein Mittel zur Beeinflussung des Klimas der Nachbarschaft. Dichte Baumreihen längs verkehrsreicher Straßen können sogar den raschen Abtransport der Autoabgase genauso erschweren wie enge, geschlossene Häuserzeilen.

Viel mehr als diese generellen Regeln anzugeben, ist kaum möglich: zu groß ist die Zahl der Variationsmöglichkeiten in Abhängigkeit von Geländeform, Größe der Städte und Verteilung der verschiedenartigen Wohn- und Industriegebiete. Doch je höher der Anteil an Grün, desto besser ist in der Regel das Stadtklima. Verbesserungen des Stadtklimas sind durch entsprechende Pflanzungen noch oft möglich. Ohne eine vorangegangene klimatische Bestandsaufnahme ist jedoch keine optimale Gestaltung zu erzielen.

7.4 Klima und Pflanze

7.4.1 Vorbemerkungen

Das Klima ist neben Boden und Pflanze einer der natürlichen Produktionsfaktoren. Der Landwirt muß das Klima weitgehend hinnehmen, da es nur in beschränktem Umfang und nur beim Klein- und Geländeklima zu beeinflussen ist. Optimale Erträge lassen sich demnach allein dann erzielen, wenn die Gegebenheiten des Klimas durch die richtige Pflanzenwahl und durch eine klimagerechte Pflege von Boden und Pflanzenbestand ausgenutzt werden. Jede Pflanzenart, ja sogar jede Sorte, hat ihre eigenen Ansprüche an das Klima, die erfüllt sein müssen, damit die Pflanzen ausreifen und einen guten Ertrag bringen. Bei Kenntnis dieser Ansprüche und des Klimas lassen sich nicht nur die klimatischen Anbaugrenzen, sondern auch die Gebiete festlegen, in denen die besten Erträge zu erwarten sind. So hat der Körnermaisanbau aus klimatologischen Gründen seinen Schwerpunkt in Deutschland im Oberrheingebiet und in den etwa unter 500 m hoch gelegenen Gebieten Süd- und Südwestdeutschlands, weil hier Wachstum und Reife durch hohe Sommertemperaturen, hohen Strahlungsgenuß und großes Sättigungsdefizit begünstigt werden. Das schließt keinesfalls aus, daß der Mais nicht auch in West- und Norddeutschland gedeihen kann. Auch die Gebiete mit überwiegender Grünlandnutzung, wie das Alpenvorland und die Mittelgebirgslagen, sind vom Klima mitbestimmt. Entscheidend für die Grünlandgebiete ist, falls diese nicht boden- und grundwasserbedingt sind, daß die Vegetationszeit in den Höhenlagen für viele Ackerfrüchte oft zu kurz ist und daß Reife und Ernte durch die hohen Niederschläge sehr erschwert werden.

So wichtig es nun wäre, auf die Ansprüche der Kulturpflanzen an Klima und Witterungsablauf zur Erreichung eines hohen Ertrages einzugehen, so muß wegen der übergroßen Mannigfaltigkeit der Beziehungen auf die Lehrbücher des Acker- und Pflanzenbaues bzw. des Obst- und Gartenbaues verwiesen werden. Was günstige Klima- und Witterungsbedingungen sind, hängt zu sehr von Pflanzenart und -sorte, von Bodenart und -zustand, von der Fruchtfolge, ja oft auch von der Vorwitterung und der Entwicklungsphase der Pflanzen selbst ab. Keine geringe Rolle spielen dabei Bodenbearbeitung sowie Düngung und Pflege der Saaten. Im folgenden seien daher nur die Beziehungen zwischen Klima bzw. Witterung und den Wachstumsphasen der Pflanzen dargelegt, wie sie durch phänologische Beobachtungen festgehalten werden. Ferner sei beschrieben, wie die Pflanzenbestände selbst das Klima, insbesondere das Mikroklima im Bestand, beeinflussen, unter dem sie letztlich leben müssen. Wegen der Bedeutung des Waldes für die Landespflege sei auch auf dessen Fernwirkungen eingegangen. Die engen Beziehungen zwischen Klima und Weinbau rechtfertigen eine gesonderte Behandlung.

7.4.2 Die Pflanzenphänologie

Der Einfluß von Witterung und Klima auf das Pflanzenwachstum kommt deutlich in den Eintrittszeiten der Wachstumsphasen zum Ausdruck. Die Beobachtung der relevanten Daten, nämlich Blattentfaltung, Beginn der Blüte, Reife, Laubverfärbung, Aussaat, Aufgang und Beginn der Ernte, gibt nicht nur einen Anhalt über die Gunst oder Ungunst der Witterung einzelner Jahre. Über viele Jahre festgehalten, geben diese Daten auch Aufschlüsse über die klimatologischen Anbaumöglichkeiten. Die Bestimmung der witterungsmäßig möglichen Zahl der Feldarbeitsstunden, z. B. für die Heuwerbung oder Getreideernte, setzt die Kenntnis der Daten der Schnittreife und deren Schwankungen von Jahr zu Jahr voraus. Will man das Risiko von Spätfrösten für die Obstblüte bestimmen, so müssen das mittlere und die extremen Daten von Blühbeginn und -ende bekannt sein.

Mit der regelmäßigen Beobachtung der Entwicklung der wildwachsenden wie auch der Kulturpflanzen und deren Beziehung zu Wetter und Klima befaßt sich eine eigene Wissenschaft, die Phänologie. Sie betrachtet die Reaktion der Pflanzen auf die Gesamtheit aller Klimaelemente, wie Temperatur, Strahlung, Luftfeuchte u. a. Damit gibt sie uns ein Mittel an die Hand, in einer einzigen Größe mehrere Klimaelemente entsprechend ihrer Auswirkung auf die Wachstumsgeschwindigkeit gewissermaßen zusammenzufassen.

Phänologische Karten sind daher eine wertvolle Ergänzung der Klimakarten. Wegen der engen Beziehung zu Wetter und Klima werden in den meisten Ländern der Erde die phänologischen Beobachtungsnetze durch den Wetterdienst betreut, der auch die Sammlung und Verarbeitung der Beobachtungsdaten übernommen hat. Die Phänometrie, als Zweig der Phänologie, verfolgt messend das Wachstum der Blätter, Halme, Früchte u. a. und ergründet so auch den inneren Wachstumsrhythmus der Pflanzen in Abhängigkeit von der Witterung. Ihre einfachsten Methoden sind die Längen- oder Flächenmessung von Halmen, Blättern und die laufende Dickenmessung von Früchten. Zuwachsmessungen ganzer Pflanzenbestände lassen sich heute sogar mittels radioaktiver Methoden durchführen; dank moderner meteorologischer Verfahren kann selbst der Tagesgang der Nettoassimilation von Pflanzenbeständen messend verfolgt werden.

Die Bedeutung der Phänologie sei an einigen Beispielen dargestellt. Die Eintrittsdaten der Entwicklungsstufen der Pflanzen variieren von Ort zu Ort und von

Tab. 17. Eintrittszeiten phänologischer Phasen auf Grund von 84jährigen Beobachtungen (1896–1946, 1950–1983) in Geisenheim/Rhein (110 m NN). (Mitteilung der Agrarmeteorologischen Forschungsstelle Geisenheim, 1983)

	Blüte Haselstrauch	Huflattich	Salweide	Süßkirsche	Flieder
Mittelwert	7. 2.	10. 3.	21. 3.	14. 4.	27. 4.
frühester Wert	27. 12.	7. 2.	4. 3.	27. 3.	30. 3.
spätester Wert	21. 3.	1. 4.	11. 4.	1. 5.	16. 5.
größte Schwankung (in Tagen)	84	53	38	35	47

	Blüte Holunder	Sommerlinde	Reife Holunder	Roßkastanie
Mittelwert	22. 5.	10. 6.	12. 8.	14. 9.
frühester Wert	3. 5.	24. 5.	22. 7.	28. 8.
spätester Wert	3. 6.	4. 7.	2. 9.	2. 10.
größte Schwankung (in Tagen)	31	41	42	37

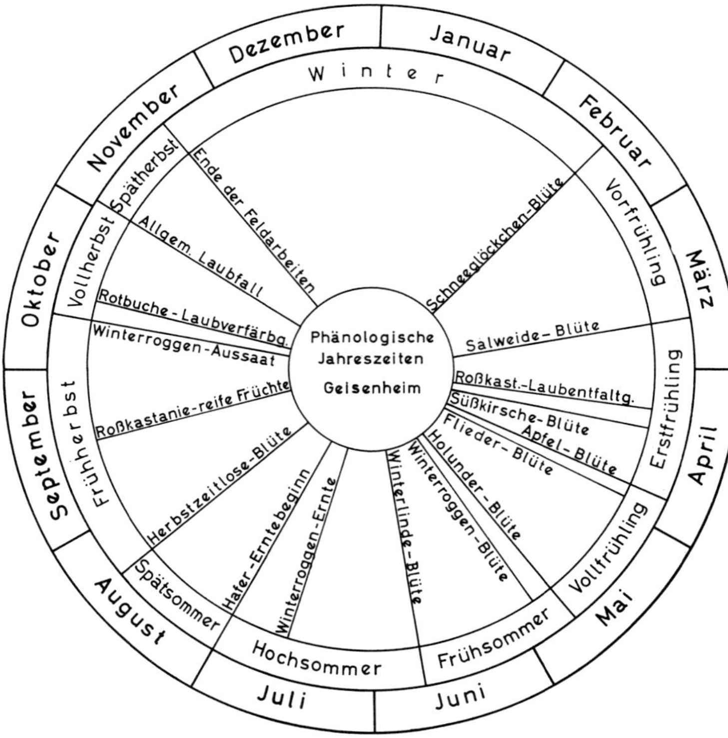

Abb. 62. Mittlere phänologische Jahreszeiten für Geisenheim/Rhein (80 Jahre). (Mitt. der Agrarmeteorologischen Forschungsstelle Geisenheim.)

Jahr zu Jahr; sie ermöglichen eine natürlichere Einteilung des Jahres als die starre Einteilung nach Monaten. Da die Pflanzen in ihren Wachstumsabschnitten oft verschieden auf Temperatur, Sonnenschein und Niederschlag reagieren, ist eine getrennte Betrachtung der Witterung während dieser Wachstumsabschnitte auch sinnvoll. So hat sich eine sog. phänologische Klimatologie entwickelt, welche die Klimadaten nach den phänologischen Jahreszeiten statt nach der willkürlichen Monatseinteilung bearbeitet. Eine phänologische Gliederung des Jahres ist am Beispiel Geisenheim/Rhein in Abb. 62 (nach SCHNELLE 1955) gezeigt.

Die Eintrittszeiten der phänologischen Phasen und damit der Beginn und die Dauer der natürlichen Jahreszeiten schwanken von Jahr zu Jahr, im Frühjahr mehr als im Sommer. Der Charakter eines Jahres entspricht selten während des ganzen Jahresverlaufs den mittleren Verhältnissen. Jahre mit von Frühling bis zum Herbst verfrühter Entwicklung, wie 1921, 1953 und 1959, sind oft auch gute Weinjahre. Wieder andere Jahre haben eine zeitige Frühjahrs-, aber späte Sommerentwicklung oder umgekehrt. Wie sehr die Daten zwischen den frühest und spätest möglichen Terminen schwanken können, zeigt Tab. 17.

Tab. 18. Mittlere Daten des Beginns phänologischer Phasen deutscher Landschaften, Mittel 1947–1966 (nach FREITAG, 1967).

		Schleswig	Hamburg	Braun-schweig	Münster/ Westf.	Aachen	Geisen-heim	Karls-ruhe	Ansbach	Weiden/ Opf.	München
Hafer	Bst	3. 4.	1. 4.	30. 3.	28. 3.	24. 3.	23. 3.	19. 3.	31. 3.	5. 4.	30. 3.
	Au	19. 4.	18. 4.	14. 4.	13. 4.	8. 4.	9. 4.	4. 4.	16. 4.	20. 4.	14. 4.
	Sch	16. 5.	15. 5.	12. 5.	12. 5.	13. 5.	7. 5.	7. 5.	15. 5.	18. 5.	13. 5.
	Ä	22. 6.	19. 6.	20. 6.	19. 6.	16. 6.	13. 6.	11. 6.	21. 6.	24. 6.	20. 6.
	E	12. 8.	10. 8.	8. 8.	7. 8.	4. 8.	31. 7.	29. 7.	6. 8.	10. 8.	8. 8.
Winterweizen	Sch	4. 5.	2. 5.	1. 5.	28. 4.	27. 4.	20. 4.	22. 4.	1. 5.	4. 6.	28. 4.
	Ä	13. 6.	13. 6.	13. 6.	12. 6.	8. 6.	1. 6.	31. 5.	12. 6.	14. 6.	10. 6.
	E	12. 8.	8. 8.	7. 8.	5. 8.	2. 8.	28. 7.	24. 7.	5. 8.	8. 8.	5. 8.
	Bst	10. 10.	9. 10.	21. 10.	18. 10.	22. 10.	16. 10.	13. 10.	10. 10.	7. 10.	11. 10.
Spätkartoffel	Bst	28. 4.	27. 4.	27. 4.	23. 4.	20. 4.	24. 4.	23. 4.	24. 4.	25. 4.	23. 4.
	Au	24. 5.	21. 5.	21. 5.	19. 5.	16. 5.	18. 5.	16. 5.	22. 5.	24. 5.	23. 5.
	BG	21. 6.	22. 6.	21. 6.	18. 6.	16. 6.	18. 6.	18. 6.	26. 6.	23. 6.	25. 6.
	b	8. 7.	8. 7.	6. 7.	4. 7.	3. 7.	3. 7.	30. 6.	5. 7.	6. 7.	6. 7.
	E	22. 9.	22. 9.	18. 9.	15. 9.	19. 9.	25. 9.	22. 9.	19. 9.	20. 9.	24. 9.
Wiese	1. Sch.	16. 6.	11. 6.	6. 6.	7. 6.	4. 6.	5. 6.	4. 6.	5. 6.	8. 6.	4. 6.
Apfel	b	17. 5.	11. 5.	5. 5.	2. 5.	27. 4.	26. 4.	24. 4.	6. 5.	9. 5.	4. 5.
Zeitdauer in Tagen Hafer Bst-E		131	131	131	132	133	130	132	128	127	131
Hafer Bst-Weizen Bst		190	191	205	204	212	207	208	193	185	195
Kartoffel Bst-E		147	148	144	145	152	154	152	148	148	154

Bst = Bestellung, Au = Aufgang, Sch = Schossen, Ä = Ährenschieben, E = Ernte, BG = Bestandsschluß, b = Blüte, 1. Sch = Beginn des ersten Schnitts.

Die Daten von Geisenheim gehören, abgesehen vom Herbst, wegen des günstigen Klimas zu den frühesten in ganz Deutschland. Bei fast allen phänologischen Phasen, besonders aber bei denen der wildwachsenden Pflanzen, nimmt die Schwankungsbreite in den Eintrittsdaten von sehr großen Werten im zeitigen Frühjahr bis zum Frühsommer stark ab, um bis zum Herbst wieder geringfügig zuzunehmen.

In Tab. 18 sind die mittleren Daten von Phasen landwirtschaftlicher Kulturpflanzen für einige deutsche Landschaften wiedergegeben. Bei diesen Phasen, besonders bei Bestellung und Ernte, ist neben der Witterung auch der Boden von Bedeutung, dessen Zustand die Arbeiten auf dem Felde erschweren oder erleichtern kann. Ebensowichtig wie die mittleren Daten und deren Unterschiede sind aber auch die zahlreichen Unterschiede zwischen frühen und späten Jahren, die in Tab. 19 für 3 Orte wiedergegeben seien.

Tab. 19. Frühestes (f) und spätestes (s) Datum des Beginns einiger phänologischer Phasen sowie deren Schwankungsbreite (St.) (1947–1966) (nach Freitag, 1967)

	Schleswig			Münster			Karlsruhe		
	f	s	St.	f	s	St.	f	s	St.
Hafer Bst	17. 3.	21. 4.	35	15. 3.	7. 4.	23	6. 3.	4. 4.	29
Kartoffel Bst	24. 4.	7. 5.	13	15. 4.	30. 4.	15	15. 4.	2. 5.	17
Apfel b	1. 5.	30. 5.	30	18. 4.	14. 5.	26	9. 4.	6. 5.	27
Wiese, 1. Sch	8. 6.	26. 6.	18	30. 5.	16. 6.	17	27. 5.	16. 6.	20
Winterweizen E	28. 7.	1. 9.	33	19. 7.	23. 8.	35	14. 7.	8. 8.	25
Kartoffel E	15. 9.	30. 9.	15	9. 9.	23. 9.	16	12. 9.	3. 10.	21
Winterweizen Bst	4. 10.	15. 10.	11	11. 10.	26. 10.	15	7. 10.	23. 10.	16

Der Termin der Haferbestellung, eine der ersten Arbeiten im Frühjahr, schwankt in Schleswig um 5 Wochen, in Münster nur mehr um rund 3 Wochen. Bei der Kartoffelbestellung sind die Unterschiede schon viel geringer; bei der Apfelblüte können sie wieder etwa 4 Wochen ausmachen. Sehr schlechtes Erntewetter vermag die Getreideernte erheblich zu verzögern, wovon die Hackfruchternte nicht im gleichen Maße abhängig ist. Am wenigsten variiert der Termin der Herbstbestellung, den man nicht beliebig ohne Verluste für die nächstjährige Ernte hinausschieben kann.

Wie aufschlußreich phänologische Karten auch zur Beschreibung des Klimas sind, mögen 3 den größten Teil Europas erfassende Karten zeigen (Abb. 63–65). In der ersten (nach Schnelle 1965) ist der mittlere Beginn der Apfelblüte dargestellt, in der der Einfluß der geographischen Breite, der Seehöhe und des Gegensatzes von Land- und Seeklima zum Ausdruck kommt. So benötigt die Blüte in Mitteleuropa etwa 3–4 Tage, um einen Breitengrad nach Norden und 100 m im Gebirge aufwärts zu wandern. Gleichzeitig verspätet sich die Blüte etwa 1 Tag/100 km in Richtung West-Ost. Der Frühling wandert also eigentlich nicht von Süd nach Nord, sondern von Südsüdwest nach Nordnordost. In Teilen Spaniens setzt die Blüte schon im März ein, erfaßt die Riviera Anfang April und ist Anfang Mai um Hannover, aber erst Ende Mai in Stockholm. Am Oberrhein setzt die Blüte in der letzten Aprildekade ein und erreicht Flensburg am 20. Mai. Der maritime Einfluß zeigt sich darin, daß die Blüte in London schon Ende April, in gleicher Breite in Weißrußland aber erst nach dem 10. Mai einsetzt. Bei den phänologischen Phasen, die vor der Apfelblüte liegen, ist der günstige Einfluß des Seeklimas noch deutlicher erkennbar.

Schneeglöckchen blühen in Deutschland gewöhnlich zuerst am Niederrhein, die Obstbäume aber zuerst am Oberrhein.

Im Laufe des Frühlings und Frühsommers steigt die Temperatur im kontinentalen Klima Osteuropas wesentlich rascher als im maritimen Klima Westeuropas. Dementsprechend wandelt sich der im Frühjahr im Osten noch vorhandene Rückstand bis zum Sommer in einen Vorsprung um, wie die Karte des Beginns der Winterweizenernte (nach SCHNELLE 1965) zeigt (Abb. 64). Selbst innerhalb Deutschlands ist dies zu erkennen. Die Getreideernte beginnt in Ostdeutschland und in Südostbayern früher als in Westdeutschland. Die Wanderungsrichtung des Beginns der Weizenernte ist nunmehr von Südsüdost nach Nordnordwest. In Großbritannien beginnt die Ernte fast 3 Wochen später als in gleicher Breite in Osteuropa.

Die landwirtschaftlichen Arbeiten im Frühjahr beginnen mit der Sommergetreideaussaat und enden weitgehend mit der Bestellung des Winterweizens, wenn man von der Winterfurche absieht. Die Zeitspanne zwischen diesen beiden Terminen kennzeichnet gut die Dauer der Vegetationszeit, die in Abb. 65 wiedergegeben ist. Sie beträgt in Südwestfrankreich und in Süditalien über 260 Tage, im Oberrheingebiet um 210 Tage, in Flensburg nur noch 180 Tage und geht in Stockholm auf 120 Tage zurück.

Die in Abb. 65 eingetragenen Diagramme lassen darüber hinaus die großen Unterschiede des Klimas in Europa erkennen. Alle an der Westküste Europas liegenden Stationen zeigen reichlich Niederschläge in allen Monaten mit einem Minimum im Frühsommer. Im Mittelmeergebiet steht dem regenarmen Hochsommer ein re-

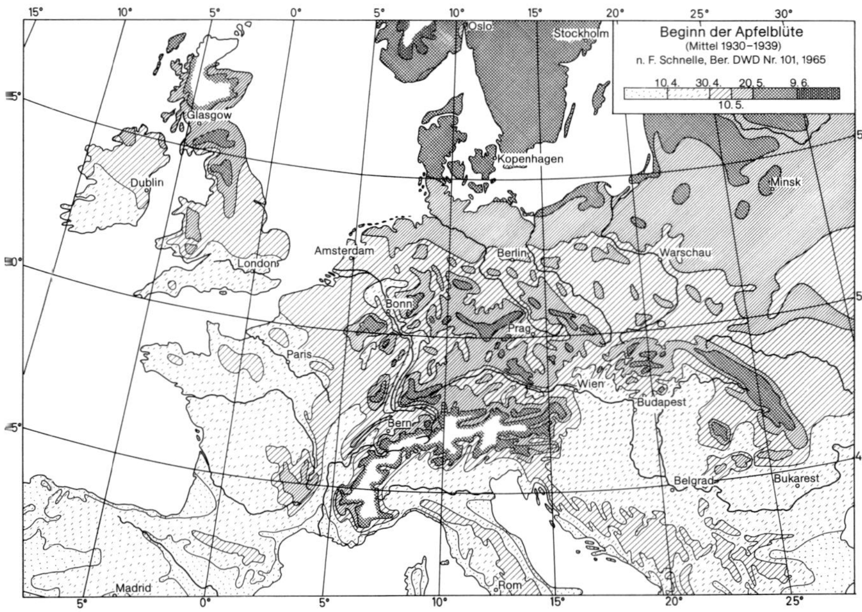

Abb. 63. Der Beginn der Apfelblüte in Mitteleuropa (Mittel 1930–1939). (Nach SCHNELLE 1965.)

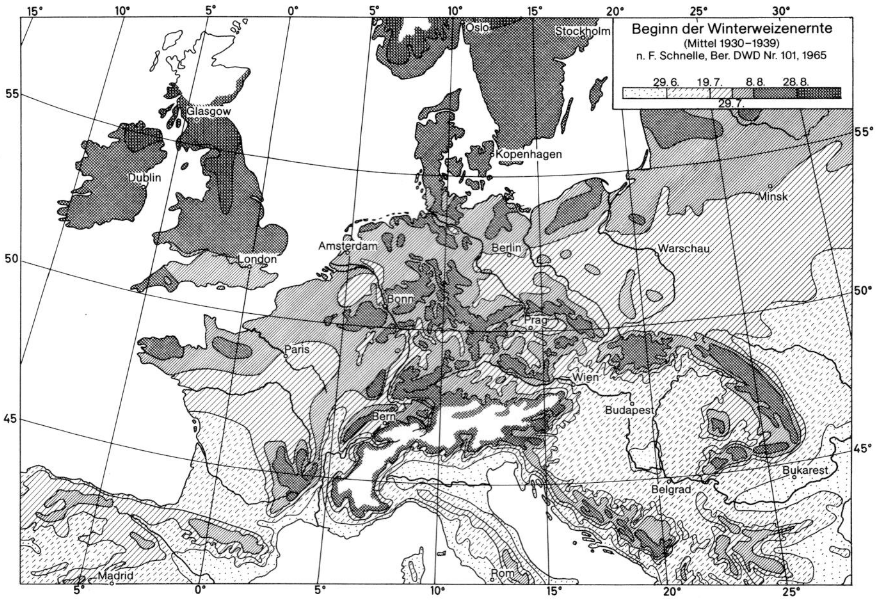

Abb. 64. Der Beginn der Winterweizenernte in Mitteleuropa (Mittel 1930–1939). (Nach SCHNELLE 1965.)

genreicher Spätherbst gegenüber. Auf dem Festland wird das Regenmaximum im Sommer und das Minimum im Winter immer ausgeprägter, je weiter man nach Osten kommt. Die Zunahme der Jahresschwankung der Temperatur von West nach Ost ist unverkennbar.

Auf Grund der Eintrittstermine und Dauer der Obstbaumblüte kann, zusammen mit den Temperaturbeobachtungen, die Frostgefährdung der Blüte und damit auch die Häufigkeit von Frostschutzmaßnahmen abgeschätzt werden. Dabei ergibt sich, daß klimatisch günstige Landschaften mit früher Blüte keineswegs weniger spätfrostgefährdet sein müssen als Gebiete mit später. Oft sind Gebiete mit früher Blüte sogar stärker spätfrostgefährdet. Allerdings spielt hier die Auswirkung des Geländeklimas eine ganz erhebliche Rolle. Ähnlich muß man erst die Daten des Beginns der Gräserblüte und des ersten Wiesenschnittes kennen, um zusammen mit den meteorologischen Messungen die Aussichten auf regenfreie Heubereitung zu erfassen und Unterlagen für die Wirtschaftlichkeit von Heutrocknungsanlagen zu liefern. Aus dem Erntetermin und den Witterungsverhältnissen während der Getreideernte ließ sich auch die mögliche Zahl der Einsatzstunden des Mähdreschers ermitteln und somit die Flächenleistung von Mähdreschern in günstigen, mittleren und schlechten Jahren kalkulieren. Auf beides sei im letzten Kapitel näher eingegangen.

Der Termin der Getreideernte und das Ende der Wachstumszeit, die im Herbst etwa mit dem Unterschreiten einer Tagesmitteltemperatur von 9 °C (etwa mittleres Datum des ersten Nachtfrostes) angesetzt werden kann, bestimmen auch die Vegeationszeit für einen Nach- oder Zwischenfruchtanbau. So beträgt dessen Wachstumszeit am Oberrhein und in der Kölner Bucht im Mittel noch bis zu 100 Tage, am Niederrhein und im Münsterland sowie in den niederen Lagen Hessens 75–90 Tage, in Unterfranken 75–85 Tage, in Niederbayern nur noch 70–75 Tage, während im Mittelgebirge und an der Nordsee meist weniger als 65 Tage hierfür noch gegeben sind.

Die Berglandwirtschaft ist weitgehend Grünlandwirtschaft mit Weidebetrieb. Im Rahmen der Europäischen Gemeinschaft interessierte daher besonders die Weidedauer, d. h. die Zeitspanne zwischen Weideauftrieb und Aufstallung. Aus einer kar-

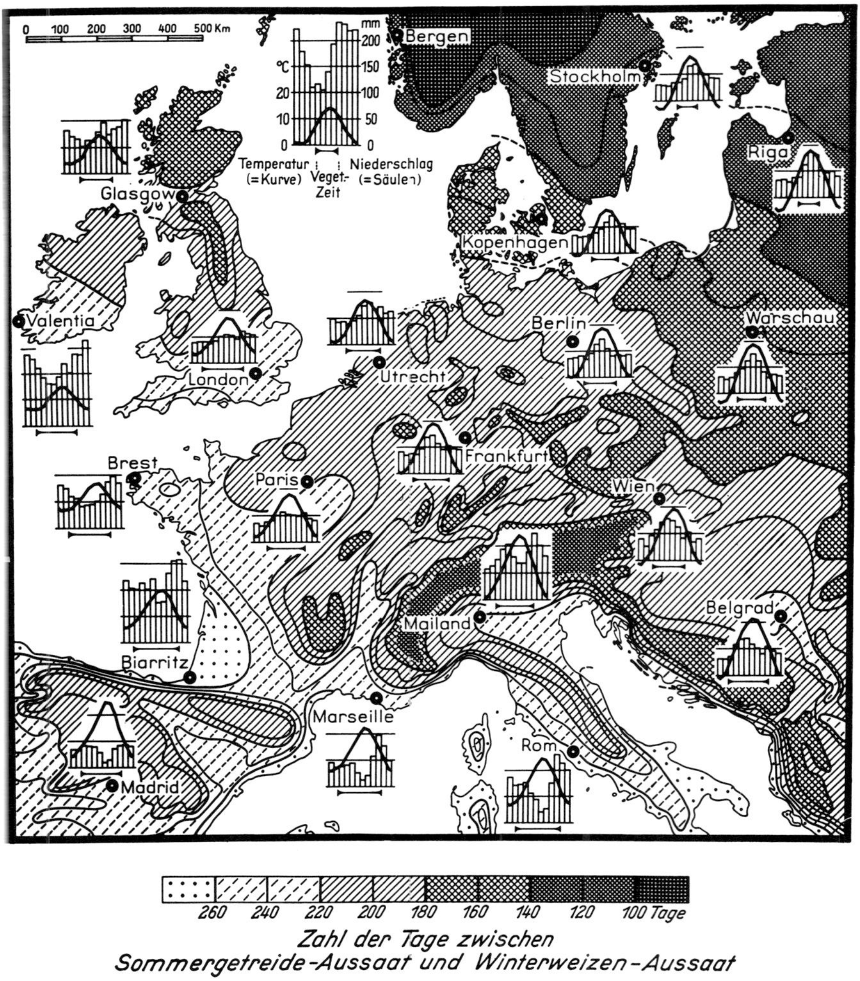

Abb. 65. Klima und Vegetationszeiten in Europa: Mittlere Dauer der landwirtschaftlich nutzbaren Vegetationszeiten im Jahr (nach Brandtner und Schnelle 1962, in Freitag 1965).

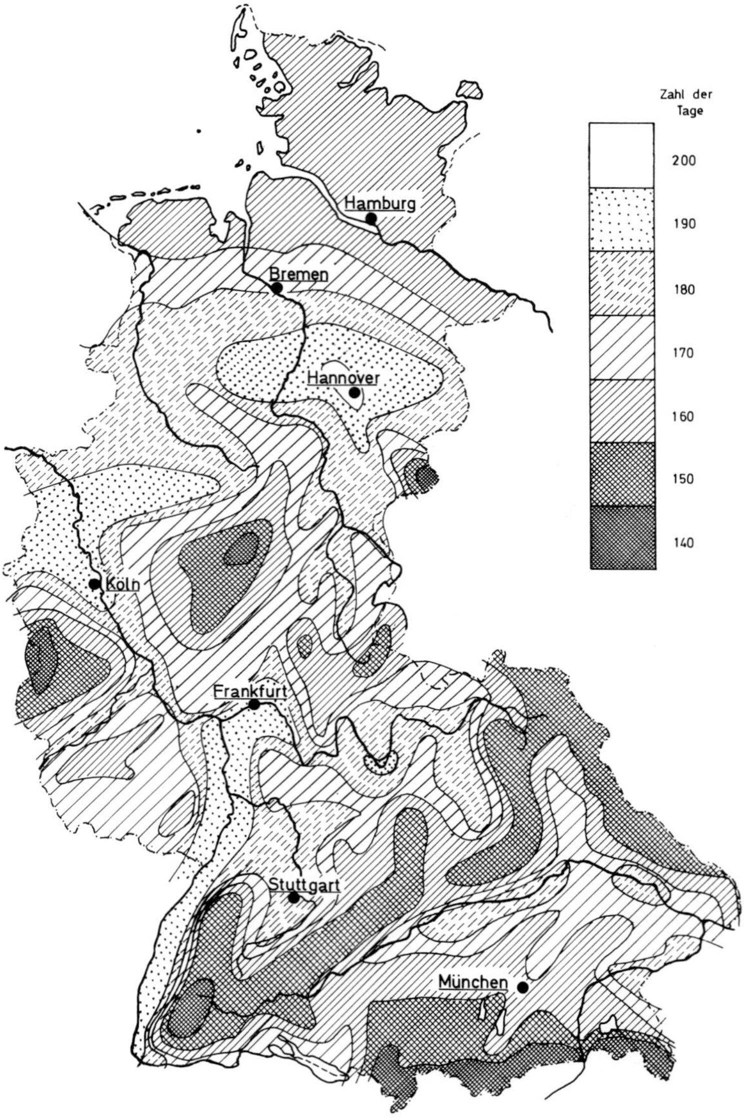

Abb. 66. Die mittlere Dauer der Weidezeit in der Bundesrepublik Deutschland (nach SEEMANN und BRANDTNER 1976).

tenmäßigen Darstellung von SEEMANN und BRANDTNER (1976) ist in Abb. 66 nun die Weidedauer in der Bundesrepublik Deutschland wiedergegeben. Diese Karte konnte so eingehend gezeichnet werden, weil sich ein enger Zusammenhang zwischen dem Beginn des Weideauftriebs und der Apfelblüte bzw. der Aufstallung und der Winterweizenaussaat ergab.

In der Bundesrepublik Deutschland sind die Weidezeiten in den Alpen und den höher gelegenen Teilen von Schwarzwald, Eifel, Sauerland und Harz mit weniger als 150 Tagen am kürzesten, während am Ober- und am Niederrhein und in der nordwestdeutschen Tiefebene das Vieh über 190 Tage im Freien Futter findet. Die Abnahme der Weidedauer mit der Höhe liegt zwischen 6 Tagen je 100 m in den Alpen und 8 Tagen je 100 m in Spessart, Rhön und Harz.

Auch der Pflanzenschutz ist vielfältig an phänologischen Daten interessiert, bestehen doch manche Beziehungen zu dem Auftreten von Krankheiten und Schädlingen. Gelegentlich ist auch schon eine Vorhersage phänologischer Phasen versucht worden, die etwa dem Imker Entscheidungshilfen für die Behandlung seiner Bienenvölker bietet. Ein enger Zusammenhang besteht z. B. zwischen dem Beginn der Obstblüte und der Temperatursumme, die sich ab einem Stichtag am Ende des Winters aus der täglichen oder stündlichen Addition ergibt, wobei man aber nur die Differenzwerte etwa oberhalb von 5 °C addiert. Allerdings sind die bis zum Blühbeginn erforderlichen Temperatursummen in den klimatisch begünstigten Gebieten Deutschlands meist etwas größer als in den ungünstigeren Gegenden mit späterem Blühtermin – möglicherweise eine Folge der dann schon größeren Tageslänge. Auch bei Erbsen und Bohnen tritt, wenn auch nach Sorten verschieden, die Pflückreife erst ein, wenn eine bestimmte Temperatursumme oberhalb 4 oder 5 °C nach der Aussaat erreicht ist. Kennt man die sortenbedingten Unterschiede, so läßt sich mit Hilfe der Temperatursummen die Aufeinanderfolge der Reifedaten etwas besser steuern.

7.4.3 Das Klima in einem Ackerpflanzenbestand

In einem Pflanzenbestand ändern sich zunächst die Strahlungsverhältnisse. Von einem geschlossenen grünen Bestand wird die Globalstrahlung zu 20–25%, der infrarote Teil zu rund 45%, der sichtbare aber nur zu 4–5%, im grünen Bereich zu 9% reflektiert. Die Durchlässigkeit einer einzelnen Blattschicht beträgt im infraroten ebenfalls etwa 45–48%, im sichtbaren aber nur 1–5%, im grünen Bereich etwa 9%. Eine einzige Blattschicht absorbiert somit ungefähr die Hälfte der auffallenden Globalstrahlung, im grünen Bereich um 82%, im übrigen sichtbaren Bereich um 90–96%, im infraroten Bereich um 3–5%. Die Globalstrahlung am Boden eines dichten Bestandes ist daher nicht nur erheblich geschwächt, sondern hat auch eine andere spektrale Zusammensetzung, und zwar um so mehr, je größer der Blattflächenindex ist, d. i. das Verhältnis der Gesamtblattfläche zu der überdeckten Bodenfläche, welche bei vielen Beständen den Wert 4–5 erreichen kann. Von der ursprünglichen Globalstrahlung gelangen dann nur etwa 5–10% bis zum Boden; sie bestehen überwiegend aus infraroter Strahlung. Vom sichtbaren Anteil ist fast nur noch Strahlung des grünen Wellenbereiches vorhanden. Aus diesem Grunde geben Helligkeitsmessungen mit Luxmetern keinen richtigen Aufschluß über den geringen Strahlungsgenuß am Boden eines geschlossenen Pflanzenbestandes. Je tiefer sich ein Blatt innerhalb des Pflanzenbestandes befindet, um so weniger wird es deswegen auch an der Transpiration und besonders an der Assimilation teilnehmen. Die Blätter tief unten im dichten Bestand verlieren somit oft mehr CO_2 durch die Atmung, als sie durch die Assimilation aufnehmen. Die starke Strahlungsschwächung unterdrückt daher häufig auch den Unkrautwuchs, es sei denn, daß das Unkraut mit den Ackerpflanzen gleichzeitig hochwachsen konnte.

Auch die langwellige Wärmeausstrahlung geht vorwiegend von der Bestandsoberfläche aus; die Ausstrahlung des Bodens wird je nach der Bestandsdichte mehr oder weniger stark von den Blättern abgefangen. Die Bestandsoberfläche oder zumindest die oberste Schicht des Bestandes wird zur aktiven Oberfläche. Die gesamte Strahlungsbilanz der bewachsenen Bodenoberfläche geht auf 5–20% des Wertes an der Bestandsobergrenze zurück. Damit ist klar, daß nicht nur die Tagesschwankung der Temperatur im dichten Bestand, sondern auch in den obersten Bodenschichten erheblich geringer sein muß als an der Bestandsoberfläche. Wesentlich für die Temperaturverhältnisse im Bestand bleiben die Dichte sowie der horizontale und vertikale Aufbau des Pflanzenbestandes. Abb. 67 zeigt rechts oben, wie es bei einem niedrigen, nicht geschlossenen Kartoffelbestand in Höhe der Pflanzen um 14 Uhr über 3 K wärmer und nachts 1 K kälter sein kann als 2 m über dem Boden. Auch wenn ein Kartoffelbestand Ende August sich stark gelockert hat und abzusterben beginnt, nimmt die Temperatur im Bestand tagsüber mit der Höhe ab und nachts zu.

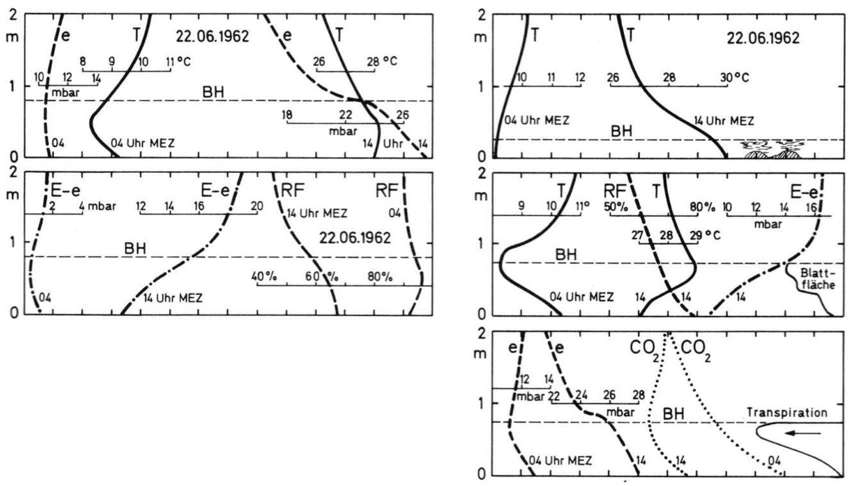

Abb. 67 Vertikalprofile, in und über Pflanzenbeständen, von Lufttemperatur (T), relativer Luftfeuchte (RF), Dampfdruck (e), Sättigungsdefizit (E-e) und CO_2 (schematisch). Links Sommergerste, rechts Kartoffelbestand, oben 22. 6. 1962, nicht geschlossen, Mitte und unten Kartoffelbestand 25. 7. 1962, geschlossen. BH = Höhe des Bestandes.

Anders ist es jedoch, wenn der Bestand ein geschlossenes Blätterdach besitzt (Abb. 67, 25. 7. 1962). Dann ist es unmittelbar an der Bestandsoberfläche tags am wärmsten und nachts am kältesten. Um Sonnenuntergang kann an klaren, windstillen Tagen die Oberfläche über 4 K kälter sein als die Luft in 2 m Höhe. Innerhalb des Bestandes nimmt die Temperatur tags zur Bodenoberfläche hin ab, nachts zu. Das bedeutet, daß sich der Tau überwiegend nur an der Bestandsoberfläche bildet, daß aber andererseits die relative Luftfeuchte im Bestandsinnern tagsüber um 10–20% höher sein kann als außerhalb des Bestandes. Das Sättigungsdefizit ist am

Tage im Bestand ebenfalls viel geringer (Abb. 67, rechts). Aus diesem Grund und infolge der außerordentlich geringen Luftbewegung im Bestand können die beschatteten Blätter wesentlich weniger transpirieren (Abb. 67, rechts unten). Andererseits bleiben sie nach einem Regen bedeutend länger naß und damit anfälliger für Pilzkrankheiten.

Der Dampfdruck ist nachts an der Bestandsoberfläche am geringsten, weil es hier am kältesten ist und sich der Tau in erster Linie dort niederschlägt. Am Tage ist der Bestand eine große Wasserdampfquelle, und der Dampfdruck ist innerhalb des Bestandes oft außerordentlich hoch. In Abb. 67 ist auch die vertikale Verteilung des CO_2-Gehaltes um 4 Uhr und um 14 Uhr eingetragen. Mit der starken nächtlichen Abnahme des CO_2-Gehaltes mit der Höhe geht ein CO_2-Strom nach oben, während der CO_2-Gehalt tagsüber ein Minimum etwa im oberen Bestandsdrittel besitzt. Die stark assimilierenden Blätter oberhalb dieses Minimums werden mit CO_2 aus der Luft von oben versorgt, die schwach assimilierenden Blätter unterhalb des Minimums zehren vom CO_2-Nachschub aus dem Boden. Etwas anders sind die Verhältnisse in einem geschlossenen Getreidebestand, der mit seinen senkrecht stehenden Halmen keine so geschlossene Oberfläche bildet. Die Kaltluft, die sich in klarer Nacht nahe der Oberfläche gebildet hat, kann zu einem gewissen Teil in den Bestand eindringen; am kältesten wird es in etwa $^2/_3$ Bestandshöhe. Die Ähren selbst haben aber immer noch eine tiefere Nachttemperatur, als in 2 m Höhe gemessen wird. Am Tage dringt die Sonnenstrahlung tiefer in den Bestand ein als bei breitblättrigen Rüben und Kartoffeln. Die Temperatur ist in halber Bestandshöhe oft am höchsten. Am Boden der Bestände ist es tags aber nicht nur wieder etwas kühler, sondern, wie Abb. 67 links zeigt, auch relativ und absolut feuchter.

Es bestehen somit erhebliche Unterschiede zwischen den Verhältnissen im Bestand und der Wetterhütte in 2 m. Diese Unterschiede sind bei Windstille und wolkenlosem Himmel am größten und verschwinden bei bedecktem Himmel, Wind und Regen. Die der Sonne ausgesetzten Blätter können je nach ihrer Orientierung noch bis zu 2 K wärmer sein als die umgebende Luft, erschlaffte Blätter, die ihre Transpiration unterbrochen haben, noch mehr. Nachts sind die am stärksten betauten Blätter oft einige Kelvin kälter als die Luft. Im Innern der Bestände stimmen Blatt- und Lufttemperatur wegen der Abschattung weitgehend überein. Mit der Änderung des Reihenabstandes kann auch das Bestandsklima verändert werden. Beim Mais gibt der breite Reihenabstand erst den am Halm sich bildenden Blüten und Kolben ausreichend Licht und Wärme. Die Unterschiede zwischen den Meßwerten des Bestandes und der Wetterhütte wandeln sich laufend mit der Pflanzenentwicklung, so daß Messungen im Bestand nur bei besonderen Versuchen lohnen.

7.4.4 Wald und Klima

Von allen Pflanzendecken nimmt der Wald wegen seiner Höhe und Ausdehnung eine besondere Stellung ein. Wenn wir seine Bedeutung für das Klima kennenlernen wollen, müssen wir klar zwischen dem **Klima am Waldstandort** selbst, d. h. im Wald, und den **Fernwirkungen des Waldes** auf das Klima der Umgebung unterscheiden.

Betrachten wir zunächst einen geschlossenen Hochwald, in dem wegen seiner Höhe eine vertikale Gliederung des Klimas möglich ist. Wir unterscheiden das Klima am Waldboden, im Stammraum, im Kronenraum und an der Kronenoberfläche. Die Bestockungsdichte, d. h. die Überschirmung des Bodens, die das 20fache der überdeckten Bodenoberfläche betragen kann, ist oft wichtiger als die Unterschiede zwischen Laub- und Nadelwald. Sie bedingt die gegenüber dem Freiland so unterschiedlichen Strahlungs-, Licht-, Temperatur-, Feuchte- und Windverhältnisse im Wald.

Ein Wald hat mindestens zwei aktive Oberflächen, die weitaus wirksamere Kronen- und die Bodenoberfläche. Die Kronenoberfläche fängt den größten Teil der Globalstrahlung ab, die am Boden eines dichtbelaubten Buchenwaldes oft nur 5–10% des Freilandwertes, im dichten Fichtenwald noch weniger beträgt; deshalb ist es am Waldboden besonders dunkel. Die kurzwellige Sonnen- und Himmelsstrahlung wird von den Wäldern nur zu 10–15% reflektiert, fast so wenig wie von Wasserflächen. Die langwellige Ausstrahlung, die nachts alleine wirksam ist, entstammt zu 60% der obersten Kronenschicht und nur zu 10% der Bodenoberfläche.

Die höchsten Temperaturen werden am Tage an der Kronenoberfläche, die niedrigsten am Waldboden gemessen. Im Vergleich zu sonstigen Flächen ist die Überwärmung an Sommertagen an den Waldoberflächen aber noch am geringsten. So fand LORENZ (1976) an einem Hochsommertag folgende Überwärmung gegenüber der Lufttemperatur: Wald 4 K, Gras 6 K, Acker 9 K, nackter Boden 12 K. Nachts ist es im Kronenraum selbst und am Waldboden oft einige Grad wärmer als im Stammraum und besonders an der Kronenoberfläche, die am kältesten ist. Im Bestand ist es somit nachts wärmer, tags kühler als im Freiland.

Wegen der hohen Absorption der Globalstrahlung und wegen der geringeren wirksamen Ausstrahlung hat von allen Pflanzendecken der Wald den größten Genuß an Nettostrahlung im Jahr. Die Nettostrahlung beträgt beim Fichtenwald etwa 600 kWh/m^2 Jahr, bei Acker nur 450, bei Gras 400 und bei nacktem Boden um 350 kWh/m^2 Jahr. Schon wegen dieses höheren Energieangebotes und nicht nur wegen der größeren Wurzeltiefe und der großen Blatt- bzw. Nadelmasse verdunsten die Wälder mehr Wasser als andere Flächen, fast so viel wie Gewässer.

Das ausgeglichene Klima im Waldbestand, bei dem die Tagesschwankung der Temperatur sommers im Mittel bereits um 4 K, winters um 2 K geringer ist als im Freien, ist eine Folge der stark geschwächten Ein- und Ausstrahlung, aber auch des erheblich gehemmten Luftaustausches. Selbst bei Sturm wird die Kraft des Windes an der rauhen Waldoberfläche so stark gebrochen, daß am Waldboden kaum 1 m/s überschritten wird. Während die Lufttemperatur im Waldinnern tagsüber niedriger, nachts höher ist als im Freien, ist die Bodentemperatur fast immer um einige Kelvin niedriger. Die Unterschiede sind tagsüber meist größer als nachts und im Sommer größer als im Winter. Nachts ist die Kronenoberfläche am kältesten; die hier gebildete Kaltluft fließt aber nicht wie bei Wiesen hangabwärts, sondern sickert in den Bestand und vermischt sich mit der warmen Bestandsluft. Waldgebiete sind daher keine Herde und Einzugsgebiete für den nächtlichen Kaltluftfluß, während andererseits die tagsüber kühlen Wälder eine Frischluftquelle für die Umgebung darstellen können.

Die Luftfeuchte hat im Wald mindestens zwei Quellen, den Waldboden und den Kronenraum. Während die absolute Luftfeuchte im Wald nur wenig höher ist als im Freien, ist die relative Luftfeuchte tagsüber im Mittel um 5–10% höher, im Sommer eher noch mehr, im Winter weniger. Sie ist auch am Waldboden höher als an der Krone. Nachts steigt sie im Bestand nicht immer auf die dann hohen Werte des Freilandes und an der Kronenoberfläche, an der sich Tau bilden kann, der am Waldboden meist fehlt.

Den größten Anteil an der Verdunstung hat die Transpiration (T) der Blätter bzw. der Nadeln des Kronenraumes. Lärche und Birke transpirieren rund 9% mehr, dagegen Buche etwa 12% und Kiefer über 40% weniger als die Fichte. Die unmittelbare Evaporation (E) vom Boden und die Transpiration der Gras- und Krautschicht bleiben gering wegen des hier geringeren Energieangebotes. Trotzdem bleibt die Luftfeuchte in Bodennähe wegen des geschwächten Luftaustausches hoch. Beachtlich ist aber die Wassermenge, die nach einem Regen oder Schneefall im Pflanzenraum zurückgehalten wird, also nicht zum Boden durchfällt oder am Stamm abfließt. Dieses Wasser, auch **Interzeption** (I) genannt, geht durch Verdunstung unmittelbar in die Atmosphäre. Die Interzeption kann in Mitteleuropa bis zu 1/3 der Jahresniederschlagsmenge ausmachen, in regenreichen Gegenden absolut mehr, relativ jedoch weniger als in regenarmen Gegenden. Beim Fichtenhochwald beträgt das Verhältnis von T : I : E etwa 6 : 3 : 1. Der Kronenbenetzungswert, d. i. die nach einem Regen im Bestand maximal zurückhaltbare Menge, liegt bei 3–10 mm. Dieses Interzeptionswasser, dessen Anteil am Jahresniederschlag sich im Buchenwald auf etwa 20%, im Fichtenwald auf etwa 40% beläuft, erhöht also auch die Gesamtverdunstung und vermindert den Gesamtabfluß in Bächen und Flüssen aus Waldgebieten, verglichen mit Ackerlandschaften. Die Waldoberfläche ist für den über sie hinwegstreichenden Wind auch rauher als alle anderen Oberflächen, selbst die einer Großstadt, was ebenfalls zu einer größeren Verdunstung beiträgt.

Die typischen Eigenschaften des ausgeglichenen Klimas im Waldinnern gehen mehr und mehr verloren, je geringer die Bestandsdichte wird. Die Eigenschaften des Klimas können sich sogar ganz umkehren, wenn der Bestand sehr locker wird, so daß reichlich Strahlung eindringt, der Wind aber insgesamt noch geschwächt bleibt. Dann kann es im Wald tagsüber merklich wärmer und nachts empfindlich kälter werden als im Freiland. Das gilt besonders für Lichtungen und Lochschläge. Kleine Lochschläge liegen zwar meist noch im Schatten der umstehenden Bäume. Außerhalb dieses Schattens sind die stark windgeschützten Lichtungen am Tage wärmer und nachts kälter als das Freiland. Wegen der oft dichten Gras- und Krautschicht und ihrer großen Luftruhe gehören Lichtungen zu den schlimmsten Frostlöchern. Eine Wiederaufforstung vom Rande her ist am ehesten erfolgversprechend. Tagsüber kann die Rindentemperatur der Bäume an der Sonnenseite der Lichtungen 10–15 K höher liegen als an der Schattenseite des gleichen Baumstammes.

Ein eigenes Übergangsklima haben die Waldränder. Diese bilden oft vom Boden bis zum Kronenraum einen geschlossenen Saum, der den Austausch zwischen der Luft im Waldinnern und dem Freiland erschwert. An besonnten Waldrändern übertrifft die Temperatur oft die des sonnenbeschienenen Freilandes, am Schattenrand bleibt sie selbstredend niedriger. Dort ist die Luft- und Bodenfeuchte merklich höher als im Freien. Nachts ist die Abschirmung des Himmels durch die Bäume bei windschwachem Wetter etwa so weit wirksam, wie die Bäume hoch sind. Außerhalb dieser Zone kann die nächtliche Abkühlung genauso wie bei Windschutzstreifen sogar stärker sein als im offenen Freiland. Der Wind wird auch vom Wald schon auf der Luvseite bis etwa zum 5fachen der Bestandshöhe geschwächt. Auf der Leeseite reicht die windschwächende Wirkung von Wäldern aber nicht weiter als die von Baum- und Strauchreihen oder Hecken, wenn die Reichweite in Vielfachem der Hindernishöhe (H) gemessen wird. In 30 H ist die Windschwächung meist erloschen. Der durch die Temperaturunterschiede zwischen Wald und Feld entstehende Wald- und Feldwind ist oft nur unmittelbar am Waldrand spürbar.

Damit haben wir aber schon mit der Erörterung der Wirkung des Waldes auf das Klima der Umgebung begonnen. Dem Wald werden mit Recht zahlreiche Wohlfahrtswirkungen gerade auf das Klima zugesprochen, wenn auch ihr Ausmaß oft falsch eingeschätzt wird. Man darf nicht einfach die Klimaeigenschaften des Waldinnern auf die Umgebung übertragen. Die Wirkung des Waldes auf das Klima hängt vom Großklima der Landschaft ab, ist also in Mitteleuropa anders als in den mediterranen Gebieten oder in den Tropen.

Der Einfluß auf das Klima der Umgebung ist bei gleichem Waldanteil verschieden, je nachdem ob es sich um wenige ausgedehnte oder um viele kleine Waldareale handelt. Waldluft gilt als frisch und rein; der Baumharze, Öle, Terpene und anderer Aromastoffe wegen riecht sie oft ausgesprochen gut. Diese reine Luft wird mit dem Wind auch in die Nachbarschaft getragen. Die Waldluft enthält nachts, durch Lieferung vom Boden her, bis zu 500 ppm CO_2. Tagsüber verbraucht ein Hochwald 3 bis 4mal mehr CO_2 zur Photosynthese als Wiesen und Äcker mit Feldfrüchten. Dementsprechend erzeugt der Wald auch mehr Sauerstoff. Ein Unterschied zwischen Wald und Feld ist aber, was den Sauerstoffgehalt der bodennahen Luft betrifft, wegen des Luftaustausches nicht meßbar. Wälder erzeugen keine Luftverunreinigung – deshalb ist Waldluft so gut –; sie filtern vielmehr einen beachtlichen Teil der festen und flüssigen Schmutzstoffe der Atmosphäre aus. Gasförmige Luftverunreinigungen gehen wie andere Luftmoleküle zwar ungehindert durch den Wald, aber die Rauhigkeit der Waldoberfläche verursacht eine stärkere Durchmischung der Luft, in deren bodennahen Schichten dadurch die gesamte Konzentration an Verunreinigungen herabgesetzt wird. Auch die Blätter sind an den Reinigungsprozessen mit beteiligt, da sie in gewissem Umfang SO_2 aufnehmen. Die luftreinigende Wirkung großer Waldgebiete reicht wohl so weit, wie andererseits große Industriezentren die Luft verunreinigen können. Wald ist auch ein guter Lärmschutz; gerade die unangenehm hohen Frequenzen des schrillen Lärms werden stark ausgefiltert. Auch das Lichtklima wird wegen der geringen Reflexion kilometerweit gemildert, wie ein Vergleich unserer Waldgebirge mit den waldarmen mediterranen Landschaften zeigt. Der Einfluß des Waldes auf die Temperatur und Luftfeuchte der Umgebung reicht in der Regel allerdings weniger weit als seine windschwächende Wirkung.

Obwohl der Wald durch die Verdunstung mehr Wasser an die Atmosphäre abgibt und somit den Flüssen insgesamt weniger Wasser zur Verfügung stellt als Wiesen und Felder, hat er auch positive Wirkungen auf den Wasserhaushalt. Der Waldboden speichert das Wasser gut und hält es auch gut zurück. Große Hochwasser, die oft mit Geschiebeführung infolge Bodenerosion verbunden sind, kommen weniger aus Waldgebieten als von waldfreien Flächen. Die etwas geringere Abflußspende hat im humiden Klima Mitteleuropas noch wenig Bedeutung, in semi-ariden Gebieten wie in Israel gibt man den Windschutzstreifen zur Landschaftspflege den Vorzug vor dem Wald. Die Niederwasserspenden der Flüsse können in anhaltenden Trokkenzeiten allerdings in Waldgebieten noch geringer sein.

Im Wald fließt das Regenwasser sehr selten oberflächlich ab, was den Boden vor Abschwemmungen bewahrt. Daß der Wald die gesamte Niederschlagsmenge erhöht, konnte nicht einwandfrei nachgewiesen werden und ist auch nicht zu erwarten. Allerdings, auf sehr hohen, bewaldeten Bergkämmen und Gipfeln, die oft von Wolken eingehüllt sind, kann die Niederschlagsmenge durch den Wald doch etwas erhöht werden, weil er dort als Nebeltraufe den Wolken viel Wasser entzieht. Der größte Einfluß des Waldes auf den Wasserhaushalt des Bodens in seiner Nachbarschaft beruht letztlich auf seiner windschwächenden Wirkung, die aber wie bei Windschutzstreifen nicht überschätzt werden darf.

7.4.5 Das Klima in einer Obstpflanzung

Viele Eigenschaften des Waldklimas finden wir in einer Obstanlage wieder. Nur erreichen Obstpflanzungen selten die Höhe und Dichte eines Waldes, so daß das Bestandsklima im „Obstwald" nicht so klar ausgeprägt ist wie in einem geschlossenen Buchenhochwald. Bei dichten Beständen und starker Belaubung kann die Kronenoberfläche in klarer Nacht jedoch merklich kälter werden als der Stammraum, während in lockeren Obstanlagen die tiefsten Temperaturen in Bodennähe auftreten. So sind in dichten Anlagen oft die obersten Blüten, in lockeren dagegen die Blüten der unteren Zweige mehr frostgefährdet. Das Kleinklima innerhalb dichtbelaubter Kronen kann sich vom Klima zwischen den Baumreihen merklich unterscheiden. Mit der Schwächung der Luftbewegung ist die Luftfeuchte im Bestand höher. Haben große Obstpflanzungen eine bestimmte Höhe und Dichte erreicht, so geben sie sich selbst Windschutz. In windigen Gegenden, z. B an der Unterelbe, sind daher Windschutzpflanzungen nur für das Aufkommen der Jungbäume notwendig.

7.4.6 Klima, Witterung und Weinbau

Die Weinrebe stellt unter den mitteleuropäischen Kulturpflanzen mit die größten Ansprüche an das Klima. Ihr Anbau beschränkt sich auf die wärmsten deutschen Landschaften mit überwiegend milden Wintern und trocken-warmen Sommern, besonders auf das klimabegünstigte Gebiet des Ober- und Mittelrheins und einiger Nebenflüsse. Die Mehrzahl der deutschen Weinbaugebiete erhält weniger als 700 mm, viele sogar weniger als 600 mm Niederschlag pro Jahr. Bedingt durch die Abnahme der Sommertemperaturen von Süden nach Norden, sind in Baden Weinberge noch oberhalb 500 m und in Franken bis zu 350 m anzutreffen, während sie am Mittelrhein meist unterhalb 300 m Seehöhe verbleiben. Gerade weil der Wein bei uns an der Nordgrenze seines Vorkommens angebaut wird, hängt die klimatologische Eignung eines Standortes außer vom Großklima vor allem vom Klima der betreffenden Geländelage ab. Der durch Boden, Groß- und Geländeklima gegebenen Mannigfaltigkeit der Standorte entspricht die große Vielfalt der Lagenunterschiede unserer Weine, die durch Sorten- und Jahrgangsunterschiede noch vermehrt wird.

Um die klimatische Gunst der Weinbergslagen in vergleichbarer Weise beurteilen zu können, wurde auf Grund langjähriger Erfahrungen und Vergleiche ein Schätzungsrahmen erarbeitet. Dieser stützt sich auf Beobachtungen und Messungen der groß- und geländeklimatologischen Bedingungen der jeweiligen Lage. An erster Stelle steht das Angebot an zugestrahlter Sonnenenergie während der eigentlichen Vegetationszeit; das ist bei der Rebe April bis Oktober. Von den einzelnen Weinbaugebieten liegen für die verschiedenen Hangrichtungen und -neigungen unter Berücksichtigung der mittleren Bewölkung die Unterlagen vor, um für jede Lage das Energieangebot zu bestimmen und die Lagen zu vergleichen. Die Sonnenscheindauer der Weinbaugebiete beträgt von April bis Oktober im Mittel zumindest 1300 Stunden. Von April bis August bringen der Vormittag und der Nachmittag etwa gleich viel Sonnenscheinstunden. Im Herbst, zur Zeit der Ausreife, ist die Zahl der Sonnenscheinstunden am Nachmittag jedoch größer als am Vormittag; daher sind die Südwesthänge vor den Südosthängen in der Regel bevorzugt. Eine Abschirmung des Horizontes durch Bergrücken im Westen von Weinbergslagen ist somit oft ungünstiger als im Osten. In der Klimabewertung werden daher auch die Horizontabschirmung und, mit besonderem Gewicht, die großklimatisch unterschiedliche Häufigkeit der Sonnenscheinstunden bzw. der Bewölkungsgrade berücksichtigt. Daß die Temperaturverhältnisse zur Beurteilung mit herangezogen werden, ist selbstverständlich. Diese sind vornehmlich durch geographische Breite, Seehöhe und Höhe über dem Talboden bestimmt; beide Höhenwerte haben einen Einfluß auf die Abnahme der Tagestemperatur in der Vertikalen.

Ebenso wichtig wie die Temperaturverhältnisse am Tage sind die Verhältnisse in der Nacht. Die Verteilung der nächtlichen Kaltluft ist in bezug auf die Spätfröste im Frühjahr von Bedeutung, weil in Kaltluftlagen oft der Ertrag gemindert und ein vermehrter Frostschutz notwendig ist. Die Frühfröste des Herbstes beeinträchtigen in denselben Lagen die Qualität des Weines, weil das Laub hier vorzeitiger absterben kann und dann eine weitere Zuckereinlagerung unmöglich wird. Bleiben in einem Jahr jedoch die Spätfröste aus und setzen die Frühfröste spät ein, dann bringen die nachts kühlen, tagsüber aber warmen Geländelagen oft einen vorzüglichen Most. Geländelagen, welche besonders unter Spät- und Frühfrösten leiden, weisen häufig auch im Winter die stärksten Frostgrade auf; dabei werden beispielsweise Temperaturen unter $-20\,°C$ dem frosthärteren Riesling und schon unter $-15\,°C$ dem weniger resistenten Silvaner gefährlich. Aus mehreren Gründen ist es daher gerade für Weinbergslagen wichtig, daß sie nicht am Boden von Kaltluftseen oder im Einzugsbereich nächtlicher Kaltluft liegen. Wälder oberhalb von Weinbergen sind wirklich Bannwälder. Hecken, Mauern, besonders aber Windschutzstreifen, bedürfen gerade bei Weingärten einer sorgfältigen Pflege und sollen so verlaufen, daß sie den nächtlichen Kaltluftfluß nicht stauen. Durch die Flurbereinigung geschaffene große Anlagen sind fast immer weniger frostgefährdet als kleine Flächen, die von Wiesen und Weiden oder gar von aufgelassenen, verunkrauteten Rebflächen umgeben sind. Die Hanglagen an der Obergrenze der Talinversion haben gerade für den Weinbau eine besondere Bedeutung.

Stark windexponierte Geländelagen sind erfahrungsgemäß von geringerem Wert als windgeschützte Lagen. Ein eigenes Bestandsklima der Rebanlagen mit tagsüber höheren Temperaturen im Bestand und besonders an der stärker besonnten Bestandsoberfläche bildet sich ja nur bei windschwachem Strahlungswetter aus, während Regen, Wind und geschlossene Bewölkung die Unterschiede verwischen. Bei sonnigem Wetter sind östliche Winde aber mindest ebenso häufig wie westliche, wenn nicht gar noch häufiger. Deshalb ist eine starke Exposition der Lagen gegen Ostwinde genausowenig erwünscht wie gegen Westwinde, zumal Ostwinde im Winter meist größere Kälte bringen als Westwinde. Daneben gibt es noch andere Faktoren, die die klimatische Gunst der Geländelage beeinflussen. Die Nähe größerer Gewässer wirkt nicht nur mildernd auf die Temperatur in klaren Nächten – die Lagen des Rheingaues und am Bodensee profitieren auch von der Reflexion der Sonnenstrahlen an der Wasseroberfläche.

Der Boden und seine Pflege ist für einen Weinberg kaum minder wichtig als das Klima. Wenn der Boden auch einen eigenen Standortfaktor darstellt, hat er mittelbar doch auch einen Einfluß auf das Klima der bodennahen Luftschicht. Je nach der Bodenart können längere Trockenzeiten besser überwunden werden. Den Weinlagen auf ebenen, tiefgründigen Böden der Pfalz steht mehr Bodenwasser zur Verfügung als solchen auf steinigen Hängen oder Schotterlagen. Gerade für diese erweist sich daher eine künstliche Bewässerung in Trockenzeiten als vorteilhaft. Wenn warme, trockene Jahre oft Jahrgänge größerer Weinqualität sind, so ist das auf die größere Wärme und den höheren Strahlungsgenuß zurückzuführen, nicht jedoch auf weniger Regen. Nur weil warm-sonnige Witterung meist auch trocken ist, konnte dieser falsche Eindruck entstehen. Die Bewässerung verhindert dann häufig den vorzeitigen Schluß der Spaltöffnungen und erlaubt längere Assimilationszeiten.

Steinige oder mit Schiefer bedeckte Böden erwärmen sich am meisten, wohl weil durch die Bedeckung, besonders im Frühjahr bei noch geringer Belaubung, die Bodenverdunstung eingeschränkt ist. Bei völliger Belaubung ist der Boden aber stärker beschattet, die raschere Bodenerwärmung ist dann begrenzt. Die Wärmeleitfähigkeit ist auf geschieferten Böden schlechter als auf sonst offenen Böden. Daher erhöhen sie nur tagsüber die Bestandswärme, in der zweiten Nachthälfte wirken sie umgekehrt. Auch Sandböden, die sich rasch erwärmen, können wertvoll sein, wenn sie auf feuchtigkeitsführenden Schichten liegen. Wichtiger als ein zeitiger Austrieb durch eine rasche Bodenerwärmung im Frühjahr, der wegen der Eisheiligen sogar unerwünscht sein kann, ist eine ausgeglichene Wasserversorgung der Pflanzen durch den Boden und damit eine gleichmäßige Assimilationsleistung. Ausgesprochen kalte Böden, d. h. sehr schwere Böden in feuchten Geländelagen, werden vom Winzer sowieso gemieden.

Neben dem Groß- und dem Geländeklima nimmt auch noch das Klima innerhalb des Pflanzenbestandes Einfluß auf Ertrag und Qualität der Trauben, und dies sowohl unmittelbar als auch mittelbar über die Pflanzenkrankheiten und Schädlinge. Eine Rebanlage unterscheidet sich in ihrem Aufbau und ihrer Struktur aber wesentlich von anderen landwirtschaftlichen Pflanzenbeständen. Ein ausgewachsener Kartoffel- oder Rübenbestand bedeckt mit seinen Blättern den ganzen Boden, doch die Reben wachsen, ob Pfahl- oder Drahterziehung, in den Rebzeilen, zwischen denen mehr oder weniger breite freie „Wingertgassen" verlaufen, wo die Sonne bei entsprechender Richtung bis zum Boden hindurchscheinen kann. Strenggenommen ist also zwischen dem Kleinklima in diesen Gassen und dem im Innern der lauberfüllten Reben zu unterscheiden. Eigentlich ist nur die Temperatur der Reben selbst entscheidend, die je nach den Windverhältnissen, der Strahlungsbilanz und Transpirationstätigkeit sich um mehrere Kelvin von der Lufttemperatur unterscheiden kann.

In den Gassen ist es tagsüber immer etwas wärmer als außerhalb und über den Anlagen, wenn die Sonne bis zum Boden vordringt. Die Temperatur ist dann an der Bodenoberfläche am höchsten, weil der Luftaustausch durch den Schutz der Reben stark geschwächt ist. Bei windschwachem Wetter ist dieser Effekt in Weitraumanlagen noch eher als in Normalanlagen gegeben; bei etwas Wind ist es jedoch umgekehrt. In den Stunden, da die Gassen im Schatten der Reben liegen, geht dieser Wärmeüberschuß meist wieder verloren. Nachts erhält der Boden in den Gassen eine Gegenstrahlung der Reben. Die Temperatur nimmt in klarer Nacht in den breiteren Gassen zum Boden hin nur geringfügig ab, und es ist meist wärmer als außerhalb der Anlagen. Weitraumanlagen mit Reihen in Richtung des Gefälles erleichtern den Abfluß von Kaltluft eher als Normalanlagen.

Wie es im Kronen- und Traubenraum der Reben selbst aussieht, hängt sehr von der Blattmasse und damit auch von den sommerlichen Laubarbeiten ab. Die besonnten bzw. frei zum Himmel exponierten Oberflächen der Reben sind am Tage immer etwas wärmer und nachts etwas kälter als die Luft über und neben den Anlagen, dies auch im Vergleich mit den Gassen. Das gilt, obschon abgeschwächt, meist auch noch für den Kronenraum. Ganz im Innern der Rebstöcke wird es tagsüber aber um so kühler und bleibt es nachts um so wärmer, je dichter das Laubwerk ist. Reben in Weitraumanlagen haben meist eine dichtere Belaubung als normal erzogene Reben; sie unterliegen allerdings einer etwas stärkeren Durchlüftung. Beide Effekte wirken entgegengesetzt auf die Temperatur im Rebinnern. Weil der Wind in Weitraumanlagen das Kleinklima jedoch früher und häufiger hinausweht, weisen diese tagsüber oft etwas niedrigere Temperaturen auf als Normalanlagen, was sich in einer etwas geringeren Mostgüte auswirken kann. Das gilt zumindest für Geländelagen, in denen regelmäßig auch bei sonnigem Wetter Wind aufkommt. Die Durchlüftung scheint ansonsten bei Pfahlanlagen noch geringer zu sein als bei Drahterziehung. Die Wahl der Erziehungsform hat natürlich auch eine betriebstechnische Seite, deren Gewicht indessen nicht dazu verleiten sollte, die Auswirkung der Erziehungsform auf das Bestandsklima zu unterschätzen. Daß gerade tagsüber, wenn die Pflanzen transpirieren, der Dampfdruck im Bestand höher ist als darüber, ist selbstverständlich. Die relative Luftfeuchte ist ebenfalls im Bestand meist höher als außerhalb. Die Beschattung am Morgen und die geringere Durchlüftung verzögern auch die Verdunstung des Taues. Das Kleinklima im Weinberg läßt sich kurzzeitig auch durch Langsamberegnung beeinflussen, welche den Dampfdruck erhöht, die Tagestemperatur und damit das Sättigungsdefizit erniedrigt. Vor allem ermöglicht eine rechtzeitige Bewässerung eine ungehinderte Transpiration und Assimilation der Pflanzen.

In den sommerheißen und trockenen Mittelmeerländern treten die Jahrgangsunterschiede in der Weinqualität erheblich hinter den Unterschieden in Mitteleuropa zurück. Die südländischen Weine sind alkoholreicher und haben weniger Säure und Bukett als die mitteleuropäischen. Die Qualität des deutschen Weines wird ja besonders vom Zuckergehalt, angenähert ausgedrückt durch die sog. Öchslegrade des Mostes, von den Duftstoffen, vom Zucker-Säure-Verhältnis und vom Verhältnis der Säurearten zueinander (Äpfelsäure–Weinsäure) bestimmt. Alle diese Größen sind weitgehend davon abhängig, welche Witterungsbedingungen während der Wachstumszeit, vornehmlich aber in den letzten zwei Monaten vor der Lese, geherrscht haben. Wichtig für einen guten Zuckergehalt ist eine große Wärme im Spätsommer und Frühherbst bei ausreichender Wasserversorgung. In Jahren mit ausgesprochen feuchtkaltem Sommer und Herbst kann der Zuckergehalt häufig nicht die gewünschte Konzentration erreichen, und die Säuren werden weniger abgebaut. Aber auch in sehr trockenen Sommern, wenn die Assimilation durch Wassermangel oft unterbrochen ist, kann das Öchsle-Säure-Verhältnis zu klein sein. Vor allem der Abbau der Säurearten und ihr Verhältnis zueinander sind wetterbedingt. Bei kühlfeuchter Witterung enthalten die Trauben mehr Äpfel- und weniger Weinsäure, in heißen, trockenen Jahren ist es umgekehrt. Eine bessere Wasserversorgung bedeutet auch größere Beeren, womit der Anteil der Zellwände und damit auch der weniger erwünschten Pektinstoffe abnimmt. Gerade die Weinreben führen uns die Vielfalt vor, mit der Klima und Witterung die biochemischen Prozesse in den Pflanzen und damit die Qualität mitbestimmen.

Schließlich kann sich die Witterung mittelbar über Pflanzenkrankheiten und Schädlinge auf Ertrag und Qualität des Weines auswirken. Wie bei anderen Pilzkrankheiten (s. Seite 217) findet eine Infektion der Rebenblätter mit der *Peronospora* (falscher Mehltau) nur statt, wenn besonders auf der Unterseite der Blätter Tau- oder Regentropfen genügend lange vorhanden sind. Denn die Sporen schwärmen nur in Wassertropfen, von wo ihre Keimschläuche in die Spaltöffnungen eindringen. Die Zeit vor der Infektion bis zum Auftreten des Pilzrasens (Inkubationszeit) ist temperaturabhängig. Warme Witterung mit häufigen Regenfällen fördert also die Ausbreitung dieser Krankheit, während die gleiche Regenmenge, von einem starken Schauerregen herrührend, bei sonst trockener Witterung kaum Einfluß hat, was auch für die Änderung des Bestandsklimas durch Beregnung in Dürreperioden gilt. Ein meteorologisch begründeter *Peronospora*-Warndienst aufgrund von Temperatur, Luftfeuchte und Niederschlag wird im Weinbau allerdings durch die sehr unterschiedlichen Geländeklimate erschwert. Die von den Weinbauämtern herausgegebenen Spritzwarnungen basieren daher auf vielen lokalen Befallsbeobachtungen unter allgemeiner Berücksichtigung der Witterung. Auch das Bestandsklima spielt eine Rolle. Stärker durchlüftete Bestände sind wegen der oft rascheren Abtrocknung im Vorteil. So gefährlich die *Botrytis* (Traubenfäule) im August und September ist, für späte Lesen kann sie als Edelfäule qualitätssteigernd sein. Auch diese Krankheit entwickelt sich besonders in feuchten Jahren, zumal an Wundstellen der Trauben, die auch vom Hagel herrühren können.

Die Witterung wirkt sich somit in ganz unterschiedlicher Weise auf Ertrag und Qualität des Weines aus, in jeder Geländelage und in jedem Jahr etwas anders. Kein Monat des Jahres ist ohne Bedeutung. Am wichtigsten ist jedoch, daß Frostschäden ausbleiben, daß den Reben immer eine gute Wasserversorgung geboten wird und daß vor allem eine günstige Witterung im Spätsommer und Frühherbst für eine deutliche Zunahme des Most-Säure-Verhältnisses sorgt.

7.5 Das Klima in besonderen Räumen

7.5.1 Das Klima im Gewächshaus

Gewächshäuser, Frühbeetkästen oder Tunnels aus Folien über Gartenbeeten werden in erster Linie zur Erzeugung eines besonderen Klimas verwendet, um Pflanzen aus wärmeren Zonen zu ziehen und um die Vegetationszeit zu verlängern. In den Gewächshäusern können den Pflanzen oft sogar bessere Wachstumsbedingungen geboten werden, als diese in ihrem Herkunftsland in der Natur vorfinden.

Die besonderen Eigenschaften des Klimas unter Glas oder Folien kommen durch den Abschluß des Innenraumes von der Außenluft zustande. Durch Heizung, Versprühen von Wasser, Lüftung, Schattieren, künstliche Beleuchtung sowie durch CO_2-Begasung kann das Klima den Bedürfnissen der Pflanzen noch mehr angepaßt werden. Betrachten wir zunächst die Situation in einem ungeheizten Gewächshaus, beginnend mit den Strahlungs- und Lichtverhältnissen. Wenn in der Gewächshaustechnik immer wieder von Licht gesprochen wird, so sei erneut daran erinnert, daß Licht an sich nur ein Sinneseindruck unseres Auges mit einem Maximum bei 0,55 μm ist, während die Pflanzen nahe 0,45 μm und 0,67 μm zwei Absorptionsmaxima und bei 0,55 μm ein ausgesprochenes Minimum haben. Die ultraviolette Strahlung wird vom Glas meist weitgehend zurückgehalten, während Folien und vor allem Plexiglas diese Strahlung noch mehr oder weniger durchlassen. Dagegen dringt der größte Teil der sichtbaren und der infraroten Strahlung bis etwa 2,8 μm durch alle verwendeten Materialien hindurch. Doch können die Verluste keinesfalls vernachlässigt werden; im Winter, auch frühmorgens und abends sowie bei bedecktem Himmel wirken sie sich gravierend auf die Pflanzen aus. Bereits die Bauweise und die Art des verwendeten Glases oder Kunststoffes beeinflussen die Verluste. Die einfallende Globalstrahlung erleidet an den festen Bauteilen meist eine Minderung von 10–15%, wobei diese bei Stahlhäusern am geringsten ist, bei Beton- oder Holzkonstruktionen aber über diese Werte hinausgehen kann. Das Glas selbst absorbiert je nach seiner Dicke einen Teil der Strahlen, der ebenfalls bei 10% liegt. Hauptsächlich in den Industriezentren ist eine wiederholte Glasreinigung geboten, da die Verschmutzung die Strahlung bis über 50% schwächen kann.

An sich könnte der Neigungswinkel der Dächer und die Orientierung, d. h., ob Ost-West- oder Nord-Süd-Haus, für den Strahlungsgenuß gleichgültig sein. Denn davon wird weder die Größe der beschienenen Bodenfläche noch der Auftreffwinkel der Sonne auf den Boden berührt. Trotzdem hat der Auftreffwinkel der Sonnenstrahlen eine Bedeutung, geringfügig deswegen, weil der Weg der Strahlen durch das Glas bei flachem Einfall etwas länger wird. Der Hauptgrund ist aber die Abhängigkeit der Reflexion der Sonnenstrahlen am Glas vom Auftreffwinkel. Bei senkrechtem Einfall der Strahlen auf das Glas werden nur 10% reflektiert. Bei einem Winkel von 30 ° wächst der reflektierte Teil schon auf etwa 18%, bei 10 ° auf etwas über 50% und bei 5 ° gar auf reichlich 70%, bis bei streifendem Einfall praktisch keine Sonnenstrahlen mehr durchdringen. Diese starke Reflexion bei flachem Auftreffwinkel ist im Winter sowie frühmorgens und abends nicht mehr zu vernachlässigen, zumal die Strahlung dann schwach ist. Aus diesem Grunde sind Ost-West-Häuser vorteilhafter als Nord-Süd-Häuser, steile Dächer günstiger als flache. Im Sommer spielt beides keine Rolle. Doch darf angesichts der wenigen Sonnenscheinstunden im Winter beides nicht überbewertet werden. Der kleine Vorteil des Ost-West-Hauses kann durch eine ungleichmäßige Bodenfeuchte und ein ungleichmäßiges Wachstum in der Nord- und Südhälfte des Hauses sogar zu einem Nachteil werden. Die schwache Strahlung an trüben Wintertagen muß daher in allen Haustypen durch eine Zusatzbelichtung ergänzt werden. Für alle Pflanzen, deren Blütenbildung eine größere Tageslänge voraussetzt, ist eine schwache Zusatzbelichtung im Winter immer notwendig.

Die angebotene Strahlungsenergie wird im Gewächshaus zum größten Teil für die Transpiration der Pflanzen, zur Erwärmung von Boden und Luft und geringfügig für die Assimilation verwendet. Ein merklicher Teil wird, wie im Freien auch, von den Blättern reflektiert, besonders im infraroten Wellenbereich.

Nun ist es in den Gewächshäusern stets wärmer, im Sommer oft sogar erheblich wärmer als außen, und das, obwohl die Pflanzen innen einen geringeren Genuß an Sonnen- und Himmelsstrahlung haben als außen. Im Sommer wird sogar schattiert, um die Temperatur nicht zu hoch steigen zu lassen bzw. um Schatten- und Halbschattenpflanzen überhaupt ziehen zu können. Eine Ursache für die höhere Temperatur ist der Abschluß der Innenluft von der Außenluft, wodurch der Luftaustausch stark gehemmt wird. Daß der Luftaustausch ein so wesentlicher Faktor ist, erkennt man daran, daß mit dem Öffnen aller Lüftungsfenster die Innentemperatur rasch sinkt, jedoch nicht bis auf die Außenwerte. Denn auch dann ist der Austausch immer noch geringer als die im Freien herrschende Luftdurchmischung. Für die Übertemperatur ist aber noch ein zweiter Grund gegeben, den man auch als Gewächshauseffekt bezeichnet. Die kurzwellige Strahlung geht durch Glas hindurch, nicht dagegen die langwellige Ausstrahlung des Erdbodens und der Atmosphäre, welche durch das Glas absorbiert wird (Abb. 68). Dafür geht von der Glasfläche entsprechend ihrer Temperatur selbst eine langwellige Strahlung zum Boden des Gewächshauses und in den Weltraum aus. Diese Gegenstrahlung des Glases kompensiert annähernd die gesamte langwellige Ausstrahlung des Bodens, was der Gegenstrahlung der Atmosphäre nur bei einer dichten geschlossenen Wolkendecke möglich ist. Schon dieser Effekt kann die Pflanzen in ungeheizten Häusern und Frühbeetkästen vor Früh- und Spätfrösten bewahren. Transparente Folien aus Polyäthylen lassen allerdings noch einen beachtlichen Teil der langwelligen Strahlung hindurch und haben dementsprechend eine schwächere Gegenstrahlung. In klarer, windstiller Nacht ist es in folienbedeckten Frühbeetkästen somit kälter als unter Glas. Die Durchlässigkeit der Folientunnel für die langwellige Strahlung wird durch die meist starke Kondenswasserbildung an ihrer Innenseite allerdings etwas beeinträchtigt. Bei sehr dichtem Luftabschluß ist unter ihnen auch wegen des geringen Luftvolumens bei sonnigem Wetter die Temperatur sehr stark erhöht. Wenn Folientunnel nicht lüftbar oder die Folien nicht gelocht sind, dürfen sie wegen der oft unerträglich hohen Temperaturen nicht allzulange nach dem Aufgang der Pflanzen über diesen belassen werden.

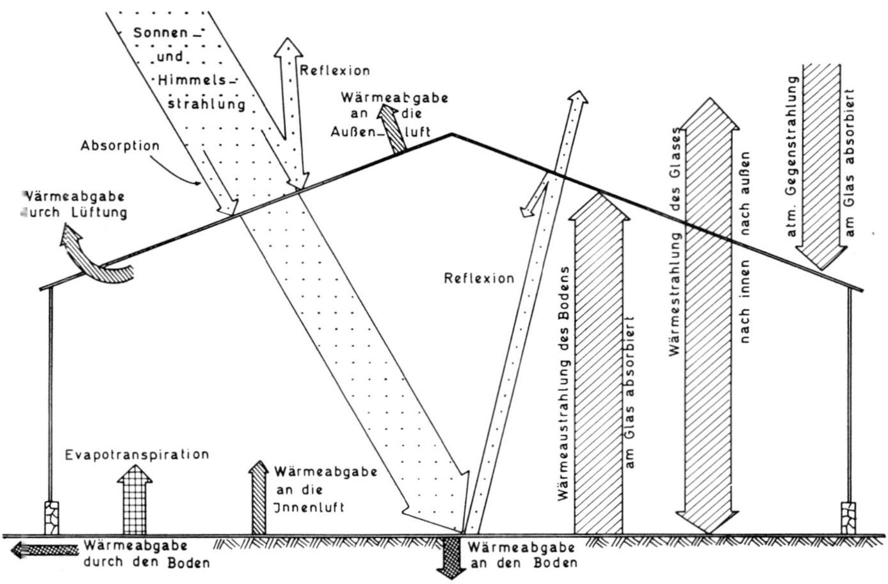

Abb. 68. Die Wärmeströme bei einem nicht geheizten Gewächshaus am Tage (nach SEEMANN 1971).

Die Temperatur ist in ungeheizten Häusern immer höher als draußen, nachts um 1–3 K, tagsüber in praller Sonne aber nicht selten um 10–20 K, falls nicht entsprechend gelüftet wird. In einem leerstehenden Haus sind die Übertemperaturen oft noch größer, da der Kühleffekt der Pflanzentranspiration fehlt. Wird es allerdings zu heiß und trocken, so schließen die Blätter ihre Spaltöffnungen; Transpiration und Assimilation werden unterbrochen, und es kann noch heißer werden. Dann sind Kühlungsmaßnahmen dringend geboten. Schattierung und Lüftung sind schon recht wirksam. Dauerschattierungen schränken den Strahlungsgenuß an trüben Tagen allerdings oft zu stark ein. Noch nachhaltiger wirkt eine Verdunstungskühlung in Form einer Benetzung der Pflanzen oder einer Rieselwand (Kühlmatte), durch welche die Luft eingesaugt wird.

Während es im Sommer oft darum geht, überschüssige Wärme zu entfernen, ist es im Winter umgekehrt. Dann muß das Haus auf die gewünschte Temperatur angeheizt werden, wobei die benötigte Heizleistung von den unvermeidlichen Wärmeverlusten bestimmt wird; diese ergeben sich aus verschiedenen Gründen: Das wärmere Glas gibt unmittelbar Wärme an die Luft sowie durch die Ausstrahlung ab. Selbst bei völlig geschlossenem Haus dringt durch Undichtigkeiten Kaltluft ein und geht Warmluft verloren. Ferner fließt Wärme durch den Boden in die Tiefe sowie seitlich in die Nachbarschaft, so daß den Pflanzen nahe den Wänden oft eine niedrigere Bodentemperatur geboten wird als denen in der Mitte.

Die Größe der Wärmeverluste wächst mit der Temperaturdifferenz innen – außen und mit der Windgeschwindigkeit. Die Bauweise, auch ob ein- oder mehrschiffig, die Lage des Hauses zur Windrichtung, ob an einem windgeschützten oder windoffenen Standort, alles das läßt die Wärmeverluste und damit die notwendige Heizleistung in einem so weiten Bereich schwanken, daß nicht näher darauf eingegangen werden kann. Zur Wirksamkeit der Heizung sei aber bemerkt, daß diese um so größer ist, je tiefer der Heizkörper angebracht ist, am besten also dicht über dem Boden. Denn die angeheizte Warmluft steigt ja nach oben, und die von den Heizrohren ausgehende Wärmestrahlung, welche etwa ebenso groß ist wie die direkte Wärmeabgabe an die Luft, kommt den Pflanzen zugute. Eine reine Bodenheizung trägt wenig zur Erwärmung der Luft bei. Der normale Temperaturverlauf unter Glas entspricht, wenn nicht geheizt wird, dem der Außentemperatur. Allerdings sind die Schwankungen, die durch eine dauernd wechselnde Bewölkung hervorgerufen werden, meist merklich größer als im Freien. Da die Tagesmaxima stärker erhöht sind als die Minima, ist die Tagesschwankung der Temperatur innen größer als außen. In geheizten Häusern wird die Tagesschwankung dagegen oft geringer sein als außen, da durch die Heizung zu tiefe nächtliche Minima vermieden werden. In den Häusern wird man aber auch im Winter durch eine entsprechende Regulierung der Heizung eine Tagesschwankung aufrechterhalten, d. h. nachts mit einer niedrigeren Temperatur fahren als am Tage. Dadurch werden die nächtlichen Atmungsverluste der Pflanzen geringergehalten und ihre Nettoassimilation gesteigert. Es ist jedoch nicht angebracht, im Winter Tag für Tag den gleichen Tagesgang der Temperatur zu erzeugen; vielmehr wird man durch entsprechende Regler die Temperatur an sonnigen Tagen höher ansetzen als an trüben, da bei trübem Wetter die höhere Temperatur wegen Lichtmangel oft nur unzureichend für die Assimilation ausgenutzt werden kann.

Die Temperatur ist im Gewächshaus nicht überall gleich. Wenn nicht geheizt wird, bleibt natürlich auch unter Glas die Oberfläche des Bodens bzw. des Pflanzenbestandes die Heizfläche. Bei nur niedrig wachsenden Pflanzen liegt sie in Bodennähe, bei hochwachsenden, wie Tomaten, liegt sie im obersten Drittel des Bestandes. Selbstredend wird bei Kulturtischen die höchste Temperatur an deren Oberfläche gemessen, und zwar eine oft sehr hohe, wenn der Tisch nicht ganz mit Pflanzen bedeckt ist. Die sonnenbeschienenen Blätter haben tagsüber nur sehr selten eine Untertemperatur, sehr häufig aber eine Übertemperatur im Verhältnis zur unmittelbar aufliegenden Luft. Die Temperatur nimmt dann sowohl in Richtung des abgeschatteten Bestandsinneren als auch nach oben hin ab. Je besser die Lüftung, um so geringer sind allerdings die Temperaturunterschiede. Nachts sind bei geschlossenem und nicht geheiztem Haus die Glasflächen die Hauptkühlflächen, denn die Wärmeverluste gehen ja besonders vom Dach, aber auch von den Steh- und Giebelwänden aus. Dann ist es unmittelbar unter dem Dach geringfügig kühler als im ganzen Haus, in dem die Temperatur sonst nahezu in allen Höhen gleich ist. Neben dem Temperaturminimum unter dem Dach ist in klaren Nächten ein schwaches Minimum auch in Höhe der Pflanzenoberfläche gegeben. In geheizten Häusern, ob am Tage oder in der Nacht, wird sich dagegen die Warmluft vor allem oben unter dem geschlossenen Dach ansammeln; bei Sonnenschein kann allerdings die Pflanzenoberfläche etwas wärmer als die Luft sein. Diese unwirtschaftliche Temperaturschichtung kann durch Ventilatoren eingeschränkt werden, welche die von den Heizkörpern aufsteigende Luft verwirbeln.

Dies wirft die Frage auf, wo und wie die Lufttemperatur am besten gemessen wird und wo die Thermometerfühler anzubringen sind, welche die Heizung regulieren. Die Gefahr, daß die Thermometer, falls sie von der Sonne beschienen werden, Übertemperaturen, je nach Thermometertyp sogar bis zu 10 K anzeigen, ist bei schwacher Luftbewegung im Gewächshaus sehr groß. Übertemperaturen sind auch durch die Wärmestrahlung von nicht allzuweit entfernten Heizungsrohren möglich. Auch die Thermometerhalter können in der Sonne überhitzt sein und diese Wärme an die Thermometer weitergeben. Der Meßfehler ist bei Ventilation der Thermometer plus zusätzlichem Strahlungsschutz am geringsten. Eine Ventilation ist aber oft nicht möglich; sie stört zudem die Temperaturschichtung. In der Praxis reicht vielfach, wie auf Seite 107 beschrieben, eine 0,1 mm dicke Aluminiumfolie als Strahlungsschutz aus. Das gilt für Thermometer wie für Meßfühler zur Temperaturregelung. Wichtig ist, daß die Strahlungsschutzschirme oben offen sind, damit sich keine Warmluft darunter staut, und daß sie so weit hinaufreichen, daß auch die hochstehende Junisonne den Meßfühler nicht trifft. Schreibgeräte dürfen nicht unmittelbar auf einen Tisch gestellt werden; da dieser sich überhitzt und dadurch die Meßwerte verfälschen kann, muß die Tischunterlage kleiner dimensioniert sein als das Gerät. Ohne diese Vorsichtsmaßnahmen nützt auch das beste Thermometer nichts.

Gewöhnlich findet man die Thermometer so aufgehängt, daß sie bequem abzulesen sind oder, wie bei Fühlern für Reglerarmaturen, daß sie bei der Arbeit nicht stören, also in 1,5–2 m Höhe. Im Winter, wenn die Temperatur im Haus mit der Höhe beachtlich zunimmt, zeigen diese Thermometer dann aber oft um 5 K höhere Temperaturen, als im Bereich der Pflanzen herrschen. Im Sommer, wenn es nahe der Pflanzenoberfläche, auch bei offener Lüftung, um den gleichen Betrag wärmer sein kann als in 2 m Höhe, erweist sich eine Meßhöhe von 2 m als genauso ungeeignet. Will man die Temperaturverhältnisse im Pflanzenbereich kennen und den Pflanzen durch verschiedene Maßnahmen optimale Temperaturen bieten, dann gehören die Thermometer und Meßfühler an die Oberfläche des Pflanzenbestandes, bei lockeren hohen Beständen, z. B. Tomaten, in das obere Bestandsdrittel. Durch Aufhängung der Fühler etwa an Haken und Kette kann die Meßhöhe der Bestandsentwicklung angepaßt werden, bzw. können die Thermometer bei Arbeiten solange hochgezogen werden.

In geheizten Häusern ist es technisch nicht allzu schwierig, den Pflanzen die für das Wachstum optimalen Temperaturverhältnisse zu bieten. Hinsichtlich des Lichtes läßt sich das angestrebte Optimum unter den überwiegend schlechten Bedingungen im Winter in der Regel nur durch eine entsprechende Zusatzbeleuchtung erreichen. Am wirtschaftlichsten sind Leuchtstofflampen, weil sie meist nur im sichtbaren Bereich strahlen; Lampentypen, die besonders im roten und blauen Bereich strahlen, sind für die Photosynthese besonders wichtig. Viel schwieriger ist die Regelung der Luftfeuchtigkeit, wobei oft gar nicht einmal so klar ist, durch welche Werte bzw. welchen Tagesgang der Luftfeuchte das Optimum, je nach Pflanzenart, repräsentiert wird. Der Grund ist, daß sowohl der Verlauf der relativen Luftfeuchte wie der des Sättigungsdefizits stark vom Verlauf der Lufttemperatur abhängen. Optimale Feuchtewerte ohne gleichzeitige Benennung der zu jeder Feuchte gehörenden optimalen Temperatur anzugeben, das erscheint wenig sinnvoll. Der Gärtner denkt bei der Luftfeuchte vor allem an die relative Feuchte, vornehmlich deshalb, weil diese meistens mit dem scheinbar leicht zu handhabenden Haarhygrometer gemessen wird. Für die Wasserbeanspruchung der Pflanzen durch die Transpiration ist dagegen das Sättigungsdefizit wichtiger.

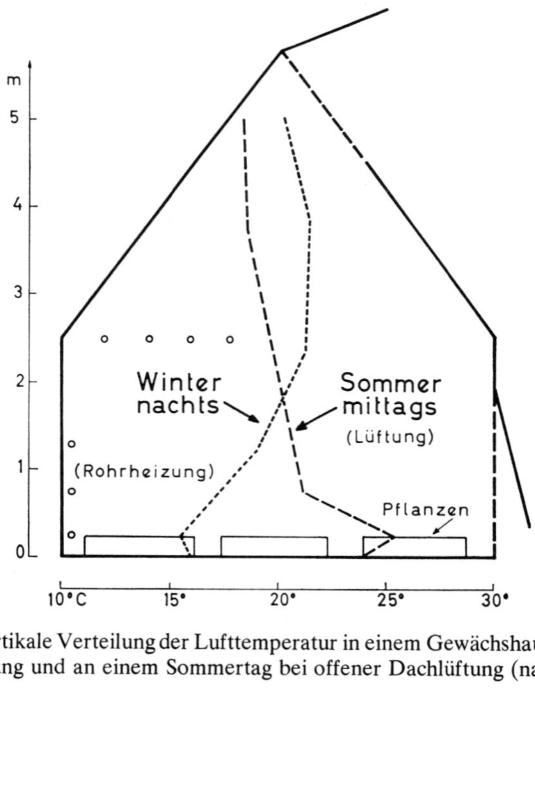

Abb. 69. Die vertikale Verteilung der Lufttemperatur in einem Gewächshaus in einer Winternacht mit Heizung und an einem Sommertag bei offener Dachlüftung (nach King 1970).

Der Dampfdruck ist im Gewächshaus wegen der hohen Evapotranspiration und wegen des erschwerten Austausches zwischen Innen- und Außenluft immer höher als außen, häufig sogar beträchtlich höher. Deswegen empfinden wir die Treibhausluft fast stets als schwül, zumal die Schwüle durch die hohe Gegenstrahlung vom Glas her noch verstärkt wird. Mit dem höheren Dampfdruck ist auch die Taupunkttemperatur höher als außen, bei kaltem Wetter nicht selten sogar höher als die Temperatur der Außenluft. Kühlen sich die Glasdächer unter die Taupunkttemperatur ab, so beschlagen sie auf der Innenseite. Dichte Tunnels aus Folien über Pflanzenbeeten sind daher bei kühler Witterung oft tagelang angelaufen, und das zu Boden fließende Kondenswasser erübrigt ein Gießen. Der Dampfdruck sinkt, wenn gelüftet wird, meistens rasch, jedoch nie unter die Außenwerte. Die relative Luftfeuchte kann im Gewächshaus höher oder niedriger sein als draußen. Nachts und im Winter ist sie in der Regel, jedoch nicht immer, niedriger als draußen, da die wärmere Gewächshausluft mehr Wasserdampf bis zur Sättigung aufzunehmen vermag. In ungeheizten Häusern ist nachts eine Kondensation an den Pflanzen bei hoher relativer Feuchte nicht immer auszuschließen. In diesem Fall muß leicht gelüftet und gleichzeitig geheizt werden. Tagsüber ist die relative Feuchte gelegentlich geringer als draußen, wenn nämlich die Temperatur innen erheblich höher ist als außen. Der höhere Dampfdruck kann aber auch einmal das Umgekehrte bewirken. Das Sättigungsdefizit und damit die Transpirationsbeanspruchung kann im Gewächshaus gerade an heißen Sommertagen recht hohe Werte annehmen, so daß die Pflanzen ihre Spaltöffnungen schließen und damit die Assimilation einstellen. Als optimal für die Aufrechterhaltung der Transpiration gelten in erster Annäherung Werte des Sättigungsdefizits E-e zwischen 6,5 und 16 mbar. Abweichungen davon bestehen natürlich noch je nach Art und Entwicklungsphase der einzelnen Pflanzen. Bei niedrigen Temperaturen muß, um solche Werte zu erreichen, die relative Feuchte niedrig sein, z. B.: bei 12 °C und E-e = 6,5 mbar darf die relative Feuchte nicht höher als 54% sein. Bei 35 °C und E-e = 16 mbar darf sie jedoch nicht unter 71% absinken, was leider oft geschieht. Als grobe Faustregel gilt, daß die relative Feuchte etwa gleich dem 2–3fachen Wert der Temperatur in °C sein soll, z. B. bei 20 °C etwa 40–60% (King 1970). Bei zu hoher Luftfeuchte, die meist nachts oder bei trübem Wetter eintritt, hilft Lüften oder Heizen, um die Feuchte zu senken.

Strenggenommen müßte das Sättigungsdefizit nicht auf die herrschende Luft-, sondern auf die Pflanzentemperatur bezogen werden, die bei mäßiger Strahlung etwa 4 K, bei intensiver Strahlung um mehr als 10 K über der Lufttemperatur liegen kann. Da bei Überhitzung die Pflanzen ihre Spaltöffnungen schließen, um eine lebensbedrohliche Wasserdampfabgabe zu vermeiden, ist an heißen Tagen das Sättigungsdefizit oft erheblich zu groß und muß durch Kühlung und Befeuchtung gemindert werden. Es helfen schon Schattierung und gute Lüftung, vor allem aber das Besprühen und Gießen der Pflanzen. Die Befeuchtung der Luft durch Versprühen von Wasser bringt kaum etwas ein; immerhin scheint das Resultat um so besser zu werden, je feiner die versprühten Tröpfchen sind. Einen hohen Wirkungsgrad hat die Mattenkühlung, dabei muß die mittels Ventilatoren in das Gewächshaus gesaugte Luft durch feuchtgehaltene Mattenwände (Rieselwände) hindurch, die nahezu die Temperatur des feuchten Thermometers (s. Psychrometer) besitzen. Die Regulierung der Luftfeuchte hängt auch von der Art der Heizung ab. So liefert eine Bodenheizung meist mehr Wasserdampf als eine Luftheizung.

Für die Messung der relativen Luftfeuchte gilt ähnliches wie für die Temperaturmessung. Hygrometer, die der Sonne ausgesetzt sind, können nachweislich um 10–15% zu geringe Werte anzeigen. Das gilt auch für Hygrostaten, welche die Befeuchtungsgeräte ein- und ausschalten. Auch hier sollten die Meßfühler bei geschlossenem Bestand unmittelbar über den Kulturen, bei lockerem, hohem Bestand im oberen Bestandsdrittel installiert werden.

Der besonders bei geschlossenen Häusern gehemmte Austausch der Innen- mit der Außenluft erschwert auch den Nachschub an CO_2, das die Freilandpflanzen ja zumeist aus Schichten von einigen 100 m Mächtigkeit erhalten. Der CO_2-Gehalt kann in geschlossenen Gewächshäusern merklich unter 300 ppm sinken, weil Boden- und Pflanzenatmung nie so viel CO_2 nachliefern, wie die rasch wachsenden Pflanzen benötigen. Der Abschluß von der Außenluft erlaubt jedoch die Begasung der Gewächshausluft mit CO_2. Es lassen sich jedoch nicht beliebig hohe CO_2-Werte erreichen. Denn je mehr der CO_2-Gehalt anwächst, um so größer werden auch die Verluste. Es ist meist unwirtschaftlich, einen CO_2-Gehalt über 1000 ppm zu erzeugen, zumal die Pflanzen nur bei entsprechend hoher Strahlungsintensität, jedoch kaum bei bedecktem Wetter auf die Begasung reagieren.

Es gibt so viele Möglichkeiten, das Klima im Gewächshaus durch Heizung, Lüftung, Beleuchtung, Schattierung und Wasserzufuhr zu regulieren, und die Ansprüche der Pflanzen an das Klima sind so unterschiedlich, daß hier nicht weiter darauf eingegangen werden kann. Es konnten nur die wichtigsten Unterschiede des Klimas unter Glas gegenüber dem Freiland aufgeführt werden. Doch abschließend sei noch etwas zum Klima des Standortes für Gewächshäuser gesagt, da es das Klima im Glashaus mit beeinflußt. Daß ein Gewächshaus genügend weit von schattenwerfenden Hindernissen entfernt sein soll, ist selbstredend, d. h., etwa $3^1/_2$mal so weit von im Süden stehenden Hindernissen entfernt, wie diese hoch sind – so weit nämlich reicht der Schatten an einem Dezembermittag. Um wirkungsvoll lüften zu können, sollte die Luft der Umgebung nicht infolge eines zu starken Windschutzes stagnieren. Vor zu starkem Wind, der die Wärmeverluste im Winter übermäßig steigert, kann ein gut aufgebauter Windschutz bewahren. Dabei ist es von Vorteil, daß Schutzpflanzungen mit optimaler Durchlässigkeit die größte Windschwächung in einer Entfernung vom 3–8fachen ihrer Höhe aufweisen, den Strahlungsgenuß der Häuser also nicht zu beeinträchtigen brauchen.

7.5.2 Das Klima in Lager- und Kellerräumen

Für eine verlustarme Lagerung von Obst, Kartoffeln, Gemüse u. a. ist die Einhaltung bestimmter Werte der Temperatur und Luftfeuchte unerläßlich. Obwohl es heute Klimaanlagen gibt, um das Lagerklima zu steuern, behalten die Frischluftzufuhr von außen durch Ventilatoren oder einfache Zu- und Abluftschächte ihre große Bedeutung.

Die Temperaturverhältnisse im leeren Keller- oder Lagerraum werden in erster Linie vom Verlauf der Außentemperatur und dem Grad der Wärmeisolierung der Mauern, beim Keller auch der darüber lagernden Schichten bestimmt. Bauliche Veränderungen über einem Keller können sein Klima schon merklich ändern. Normalerweise ist die Schwankung der Temperatur in solchen Räumen viel geringer als außen; im Sommer liegt die Innentemperatur meist unter, im Winter meist über der Außentemperatur. Durch die Atmung des Lagergutes wird aber auch dauernd Wärme erzeugt, so daß die meist gewünschte Lagertemperatur von 3–5 °C leicht überschritten werden kann. Bei hoch aufgeschütteten Kartoffellagern ist es im Innern des Kartoffelhaufens oft noch wärmer, wenn nicht Obacht gegeben wird. Die überschüssige Wärme muß durch Lüften nach außen abgegeben werden. Das ist aber nur möglich, wenn die Außentemperatur unter der optimalen Innentemperatur liegt. Im Winter herrschen außen fast immer entsprechend tiefe Temperaturen, die eine Lüftung ermöglichen. In den Übergangsjahreszeiten treten die notwendigen tiefen Außentemperaturen jedoch nur nachts auf, und das nicht einmal in jeder Nacht. So sinkt z. B. im Oktober in Bonn nur in etwa 12 Nächten, in Weihenstephan dagegen schon in 20 Nächten die Tiefsttemperatur unter 5 °C; im April sinkt die Tiefsttemperatur in Bonn an 18, in Weihenstephan aber an 23 Nächten unter 5 °C. Die Zahl der Nächte, in denen zur Erniedrigung der Lagertemperatur gelüftet werden kann, ist in weiten Teilen Deutschlands also im Herbst und Frühjahr gering, was eine Regelung der Luftzu- und -abfuhr von Hand erschwert. Dann bewähren sich sog. Thermoregler, die, auf die gewünschte Lagertemperatur eingestellt, die Frischluftzufuhr öffnen und schließen, je nachdem, ob es außen kälter oder wärmer ist als innen, bzw. die Frischluftzufuhr so lange offen lassen, wie dadurch innen die Temperatur günstiger für das Lagergut gestaltet werden kann.

In Lagern oder Kellern wird oft angestrebt, die relative Luftfeuchte etwa unter 80–85%, in Weinkellern um 90% zu halten. Schimmelpilze gedeihen nur in sehr feuchter Luft, die vermieden werden soll. Boden und Lagergut liefern meist immer auch Wasserdampf, wodurch die relative Luftfeuchte steigt. Die Frischluftzufuhr erniedrigt die Innenluftfeuchte aber nur dann, wenn der Dampfdruck außen geringer ist als innen. Bei welcher relativen Luftfeuchte der Außenluft daher noch gelüftet werden darf, um die Kellerluft unter 80% zu halten, zeigt Tab. 20.

Tab. 20. Zulässige höchste Außenluftfeuchte für die Frischluftzufuhr in Keller- und Lagerräumen bei einer maximal zulässigen Innenluftfeuchte von 80 %.

Außentemperatur °C	2	4	6	8	10	15	20	25
Lagertemperatur °C	Außenluftfeuchte in %							
4	100	80	70	61	53	38	28	20
6	100	92	80	70	61	43	32	23
8	100	100	91	80	69	50	36	27
10	100	100	100	92	80	57	41	31

7.5.3 Das Klima in Stallungen

In belegten Viehställen ist es, abgesehen von den warmen Tagesstunden im Sommer, stets wärmer als draußen, und es herrscht immer eine hohe Luftfeuchte, weil die Tiere reichlich Wärme und Wasserdampf an die Stalluft abgeben und weil diese ja mehr oder weniger von der Außenluft abgeschlossen ist. Pferde und Rinder führen der Luft je GVE (Großvieheinheit = Tier mit einem Lebendgewicht von 500 kg) und Stunde etwa 300 g Wasserdampf und bei 10 °C etwa 2500 J zu. Bei Schweinen sind es rund 400 g Wasserdampf und etwa 4300 J. In einem Rinderstall von 5 × 13 m^2 Grundfläche und 2,7 m Höhe geben 10 Tiere in einer Stunde doppelt so viel Wasserdampf ab, wie die Luft im Stall bei 10 °C und 100% relativer Feuchte fassen kann. Um eine optimale Luftfeuchte im Stall zu erzielen und beschlagene feuchte Wände und Türen zu vermeiden, muß also durch Lüftung eine große Was-

Tab. 21. Lüftungsraten für Stallungen zur Aufrechterhaltung einer bestimmten Stalluftfeuchte, in m^3/h GVE.

Außentemperatur in °C		−20	−15	−10	−5	0	5
Außenluftfeuchte in %		85	85	85	85	75	75
Stall-temperatur °C	Stalluft-feuchte %	Frischluftbedarf					
5	85	54	64	70	93	134	454
10	80	39	43	48	58	73	118
20	80	20	21	22	24	27	32

serdampfmenge abgeführt werden. Das Stallklima soll ja den Tieren Wohlbefinden vermitteln und damit ihre Leistungsfähigkeit erhalten. Für Rinder gelten dazu 10 °C und eine Feuchte nicht über 80% als optimal. Dem Menschen erscheint das als zu kühl, aber ein Stallklima, das uns angenehm wäre, ist für die Tiere schon eine Belastung.

Bei 10 °C und 80% relativer Feuchte beträgt der Dampfdruck 9,8 mbar. Um die Luftfeuchte unter diesem Wert zu halten, muß gelüftet werden, wobei die erforderliche Frischluftmenge vom Dampfdruck der Außenluft abhängt. Bei niedriger Außentemperatur und -feuchte kommt man mit geringeren Frischluftmengen aus; mit steigender Außentemperatur und -feuchte wächst auch die benötigte Frischluftmenge, wie Tab. 21 zeigt.

Als Regel gilt, daß die Frischluftzufuhr mindestens 100 m^3/h GVE schaffen können muß. Mit der Frischluft dringt aber auch Kälte in den Stall. Um dann zu große Wärmeverluste zu vermeiden, könnte man versucht sein, die Frischluftzufuhr zu drosseln; das aber würde die Luftfeuchte zu hoch ansteigen lassen. Ein Stall läßt sich demnach nur dann auf einer gewünschten Feuchte und Temperatur halten, wenn gleichzeitig die Wärmeverluste auf den anderen Wegen, nämlich infolge der Wärmeleitung durch Dach und Wände und durch deren Abstrahlung, so weit wie möglich eingeschränkt werden. Stallungen benötigen daher gerade zur Aufrechterhaltung der notwendigen Innenluftfeuchte dicke Wände mit besonderer Wärmeisolierung. Erst dadurch verbleibt die von den Tieren erzeugte Wärme im Raum und kann fast ganz zur Lüftung verwendet werden. Die jeweilige Lüftungsrate wächst ja auch mit dem Temperaturunterschied zwischen der Innen- und der Außenluft.

Außer Wärme und Wasserdampf erzeugen die Tiere auch reichlich Kohlendioxid, je GVE und Stunde etwa 0,16 m^3. Dazu kommen noch Schwefelwasserstoff, Ammoniak und andere Gase, welche die zur Überwachung des Stallklimas oft verwendeten Thermohygrographen nach wenigen Monaten unbrauchbar machen können. Wenn die Lüftung etwa 50 m^3 Frischluft je Stunde und GVE zuführt, läßt sich der Kohlendioxidgehalt eines belegten Stalles auf 0,35 Vol.-% halten, was immer noch das 12fache des Kohlendioxidgehaltes der Außenluft ausmacht, für die Tiere aber unschädlich ist.

7.5.4 Das Klima in Schlepper- und Mähdrescherkabinen

Da die landwirtschaftliche Maschine – zumindest zeitweise – der Arbeitsplatz des Landwirts ist, soll abschließend auf das Klima an diesem Arbeitsplatz kurz eingegangen werden.

Vor allem drei Faktoren machen die Arbeit auf der Maschine zu einer Belastung: der Lärm, im Sommer die Hitze und auf Mähdreschern schließlich noch der Staub.

Moderne Großmaschinen erzeugen Geräuschpegel zwischen 90 und 100 dB. Bei 80–90 dB beginnt aber bereits eine Beeinträchtigung der Arbeitsleistung, ab 130 dB ruft der Lärm allgemein Schmerzempfindungen hervor. Deshalb fordert die Berufsgenossenschaft heute für selbstfahrende Maschinen einen Höchstlärmpegel von 90 dB. Besonders gravierend wirkt, daß man sich nicht an Lärm gewöhnen kann. Die vermeintliche Gewöhnung ist nämlich in Wirklichkeit ein echter Gehörschaden, der die Geräusche nur leiser empfinden läßt.

Betrachtet man die Fahrerkabine eines Traktors oder Mähdreschers aus klimatischer Sicht, so wird sofort klar, daß sie ein Musterbeispiel für den Glashauseffekt darstellt, besonders, wenn am Nachmittag bei tiefer stehender Sonne die Strahlung durch die Glasscheiben ungehindert eindringen kann. So verwundert es nicht, daß in unklimatisierten Kabinen Lufttemperaturen bis zu 55 °C, auf dem Fahrersitz Oberflächentemperaturen bis zu 70 °C gemessen wurden. Dabei sollte die Lufttemperatur nach DIN-Vorschriften 26 °C längerfristig nicht überschreiten.

Für den Mähdrescherfahrer stellt der Staub die größte Belastung dar. Besonders hohe Konzentrationen treten bei Rückenwind auf. So wurden in Versuchen Staubkornanteile bis 110 mg/m^3 Luft nachgewiesen. Der Feinstaub, der in die Lunge eindringen und damit außerordentlich gesundheitsschädlich sein kann, ist mit 4–8% am Gesamtstaub beteiligt. Sein Gehalt sollte 8 mg/m^3 Luft nicht überschreiten. Bei den schon erwähnten Versuchen zeigte sich, daß dieser kritische Wert im allgemeinen nicht erreicht wird.

Zum Schutz vor diesen Einflüssen gibt es eine Reihe von Vorrichtungen. Sie reichen von einfachen Schutzdächern über aufwendige Schutzhauben mit oder ohne Ventilatoren bis zu Halb- oder Ganzkabinen mit Wasserverdunstungs- oder Vollklimaanlagen.

Die einzige Möglichkeit, gleichzeitig alle Belästigungsfaktoren befriedigend in den Griff zu bekommen, ist die Kabine mit Vollklimaanlage, wenn auch nicht verschwiegen werden darf, daß sie gewisse Nachteile mit sich bringt. So verschluckt sie vor allem die hohen Quietsch- und Klappergeräusche, was für die Funktionsüberwachung der Maschine nachteilig sein kann. Auch die Sicht kann behindert werden. Geöffnete Kabinen erweisen sich oft als Staubfänger. Daß die Klimaanlage einer ständigen Wartung bedarf, muß ebenfalls betont werden.

Trotzdem sollte man sich beim Kauf insbesondere größerer Mähdrescher und Schlepper überlegen, ob nicht eine solche Einrichtung zur Verbesserung des Klimas am Arbeitsplatz angebracht ist.

8 Witterungsschäden und ihre Verhütung durch angewandte Agrarmeteorologie

Unsere Kulturpflanzen sind längst nicht in der Lage, alle an ihrem Standort auftretenden extremen meteorologischen Situationen zu meistern. Man braucht nur an die Temperatur zu denken. Jeder weiß, daß zu tiefe Werte Kälteschäden hervorrufen, ja sogar den Tod der Pflanze herbeiführen können. Andererseits schränken zu hohe Temperaturen die physiologischen Vorgänge ein oder bringen durch irreparable Schädigung oder Zerstörung der Eiweißstrukturen in den Zellen die Pflanze sogar gänzlich zum Absterben.

Ähnlich ist es beim Bodenwassergehalt. Sinkt er unter einen bestimmten Schwellenwert, so sind die Pflanzen nicht mehr in der Lage, mit ihren Wurzeln Wasser aufzusaugen. Steigt er dagegen bis in die Nähe der Feldkapazität an, dann wird der Gehalt an Bodenluft so gering, daß den Wurzeln nicht mehr genügend Sauerstoff für ihre Lebensvorgänge zur Verfügung steht.

Ähnliche physiologische Grenzen lassen sich auch für praktisch alle anderen meteorologischen Parameter finden.

Solchen Beschränkungen unterliegen aber nicht nur die Nutzpflanzen selbst, sondern auch ihre tierischen und pflanzlichen Schädlinge. Hier wird ein Über- oder Unterschreiten der meteorologischen Grenzen für den Pflanzenbauer von teilweise erheblichem Nutzen und daher sehr wünschenswert sein.

Diese Grenzen aufzudecken, die schädigenden Einflüsse zu erkennen und die meteorologischen Bedingungen zu analysieren, die zu den genannten »Grenzüberschreitungen« führen, dies alles gehört zu den ureigensten Aufgaben der Agrarmeteorologie. Deswegen soll in den folgenden Abschnitten darüber ausführlich berichtet werden.

8.1 Direkte Einflüsse

8.1.1 Der Winterfrost

8.1.1.1 Vorbemerkung

Das regelmäßige jahreszeitliche Auf und Ab der Temperatur hat bei den Pflanzen im Lauf der Entwicklungsgeschichte Einrichtungen entstehen lassen, die es ihnen ermöglichen, ihre Temperaturempfindlichkeit den Gegebenheiten der Umwelt anzupassen. Offensichtliches Zeichen hierfür ist das Abwerfen des frostempfindlichen Laubes vor Beginn der kalten Jahreszeit und das Austreiben neuer Blätter erst wieder im Frühjahr, wenn die Lufttemperatur deutlich ansteigt. Neben diesen sichtbaren Erscheinungen laufen aber unsichtbar noch eine Vielzahl von physiologischen Prozessen ab, die die Anpassung der Pflanze an den jahreszeitlichen Temperaturgang widerspiegeln.

3.1.1.2 Bäume und Sträucher

Aus dieser Fähigkeit ist leicht abzuleiten, daß direkte Winterfrostschäden an den bei uns heimischen Pflanzen nur verhältnismäßig selten auftreten. So weiß man von Apfelbäumen, daß sie bei voller Gewöhnung an winterliche Witterung Temperaturen von −30 °C bis −35 °C ohne größere Schäden überstehen; besonders frostresistente Sorten überleben sogar −40 °C. Selbst die Süßkirsche kann in tiefster Winterruhe −27 °C bis −33 °C ertragen. Lediglich solche Gehölze, die ihre ursprüngliche Heimat in südlicheren Gegenden mit milderen Wintern haben, sind bei uns in der kalten Jahreszeit häufig vom Frost bedroht: Wein, Aprikosen, Pfirsiche, Walnüsse, aber auch Zierpflanzen wie etwa Rosen.

Man sollte sich jedoch beim Betrachten dieser Frostresistenzwerte darüber im Klaren sein, daß sich die oben genannten Temperaturschwellen auf die Gewebetemperaturen der Pflanze beziehen. Diese sind aber, wie sowohl Experimente als auch Rechenmodelle immer wieder zeigen, besonders in windschwachen Strahlungsnächten tiefer als die Temperatur der umgebenden Luft, so daß Frostschäden schon bei höheren Lufttemperaturen auftreten. Tab. 22 zeigt, welche Unterschiede zwischen der Luft- und der Gewebetemperatur bei geringer Luftbewegung und klarem Himmel auftreten können.

Tab. 22. Luft- und Pflanzentemperatur in windschwachen Strahlungsnächten.

Lufttemperatur	− 10 °C	− 20 °C	− 30 °C
Pflanzentemperatur	− 13 bis − 14 °C	− 24 bis − 26 °C	− 35 bis − 38 °C

Die Pflanzen können ihre Kältefestigkeit aber nicht nur dem Sommer-Winter-Rhythmus anpassen; auch kürzere Perioden relativ hoher oder relativ niederer Temperatur verursachen eine Veränderung in der Kälteempfindlichkeit. So ist bekannt, daß anhaltende Kälteperioden im Winter die Frostresistenz erheblich verstärken können, daß aber auf der anderen Seite Tauwetterperioden zu einer Resistenzminderung führen. Tritt nach einer längeren Tauwetterlage plötzlich strenger Frost ein, so kann durchaus die Gefahr bestehen, daß der Resistenzwert höher liegt als die Umgebungstemperatur, daß also die Pflanze einen Frostschaden erleidet. Derlei Schädigungen treten weit häufiger auf als solche infolge langfristig tiefer Temperaturen.

Ein aktiver Schutz vor Winterschäden ist bei Bäumen und Sträuchern schon ihrer Größe wegen praktisch nicht möglich. Hier hilft nur Vorsorge. Sie beginnt bei einer überlegten Auswahl der Standorte. Die stärksten Winterfröste treten meist in denselben Geländelagen und auf denselben Böden auf, die auch im Frühjahr als besonders spätfrostgefährdet gelten. Auch stark windexponierte Lagen sollte man meiden, insbesondere Flächen, die dem kalten, trockenen Ostwind ausgesetzt sind; denn er ist es, der am häufigsten Ausfälle verursacht.

Weiter ist genau zu prüfen, welche Obstarten in Frage kommen. Ein Aprikosen- oder Pfirsichbaum auf einem Moorboden beispielsweise wird nie zu einem Erfolg führen. Da sich die verschiedenen Sorten einer Obstart in ihrer Frostverträglichkeit oft erheblich unterscheiden, hängt insbesondere bei kritischen Standorten viel von einer umsichtigen Wahl ab. Auch die Düngung will durchdacht sein. Zuviel Stickstoff und zuwenig Kali beeinträchtigen die Kältefestigkeit in jedem Fall.

Häufig kommt es im ausgehenden Winter an Obstbäumen, aber auch an Waldbäumen, vor allem an harten Laubhölzern (Eiche, Buche) und an unteren Partien von Tannen zu langen senkrechten Längsrissen am Stamm, besonders an der Süd- bis Westseite. Diese **Frostrisse** können sich radial in den darunter liegenden Holzkörper fortsetzen. Sie reißen in klarer Winternacht oft mit Knall, im Wald oft mehrmals im Laufe der Jahre an gleicher Stelle. Die tiefen Risse werden dann von Wülsten, den **Frostleisten** nach dem Auftauen überwachsen. In Astgabeln findet man auch ganze **Frostplatten.**

Die Kälte trifft die äußeren Holzringe eher als die inneren, es entstehen Tangentialspannungen. Bei Schneedecke und klarem Himmel kann sich im Spätwinter die besonnte Seite um 10 K über die Lufttemperatur erwärmen und auftauen. In der sehr kalten Nacht gefriert sie wieder. Hierdurch entstehen die Gewebespannungen. Wenn schon ein Saftstrom eingesetzt hatte, kann die aufgetaute Rindenseite auch mehr Wasser verdunsten als u. U. durch den Stamm nachgeliefert wird. Es gibt Frostplatten.

Obstbäume lassen sich schützen, wenn der tägliche Wechsel von Auftauen und Gefrieren durch Kalken oder Umhüllen der Stämme mit Matten vermieden wird, im Wald durch Waldmäntel am Bestandsrand und Vermeiden von Überhalt in Frostlagen.

8.1.1.3 Niederwüchsige Pflanzen

Pflanzen von niederem Wuchs bedürfen einer besonderen Betrachtung, da sie im Winter teilweise oder ganz von Schnee bedeckt sind.

Wie schon auf Seite 37 erklärt wurde, bewirkt der Schnee eine hervorragende Wärmeisolierung, was zur Folge hat, daß unter einer Schneedecke höchstens geringer Frost auftritt. Anders verhält es sich, wenn Pflanzen teilweise über sie hinausragen.

Der Wärmeverlust durch die langwellige Ausstrahlung der Schneeoberfläche kann durch Wärmenachschub aus dem Erdboden nicht kompensiert werden, weil der Schnee, wie bereits erläutert, ein außerordentlich schlechter Wärmeleiter ist. Also wird die zur Ausstrahlung benötigte Energie der obersten Schneeschicht und der unmittelbar darauf liegenden Luftschicht entnommen, wodurch gerade dort die Temperatur besonders tief absinkt. So haben Messungen ergeben, daß in der bodennächsten Luftschicht ein Temperaturrückgang unter −16 bis −18 °C überhaupt nur dann erfolgen kann, wenn eine wenigstens einige Zentimeter starke Schneedecke vorhanden ist.

Deshalb sind Pflanzenteile, die aus dem Schnee herausragen, einer ganz besonders großen Frostgefährdung ausgesetzt. So kann man häufig an Immergrünen, z. B. *Buxus* oder *Taxus,* einen scharfen Übergang zwischen erfrorenen und ungeschädigten Stellen entsprechend der Schneedeckenobergrenze beobachten.

Aber nur in den wenigsten Gegenden Deutschlands liegt regelmäßig den ganzen Winter über eine Schneedecke, und auch wenn kein Schnee liegt, können nach dem oben gesagten noch Tiefsttemperaturen von −16 bis −18 °C auftreten, was für empfindliche Kulturen bereits zu tief ist. Hier kann, soweit es die Höhe der Pflanze erlaubt, durch eine künstliche Abdeckung Frostschutz betrieben werden. Dazu kommen in erster Linie Stroh, Reisig und Folien aus Kunststoff oder Metall in Frage. Neuerdings werden auch Abfallprodukte aus der Benzinherstellung in Form von Sprays oder Schäumen auf den Markt gebracht. Die „kurzen" Materialien, wie Torf, Sägemehl oder Laub, sind weniger geeignet, weil sie sich im Frühjahr nur schwer wieder vollständig entfernen lassen. Vom wirtschaftlichen Standpunkt aus sind Folien vorteilhaft, weil man sie mit Maschinen auslegen kann.

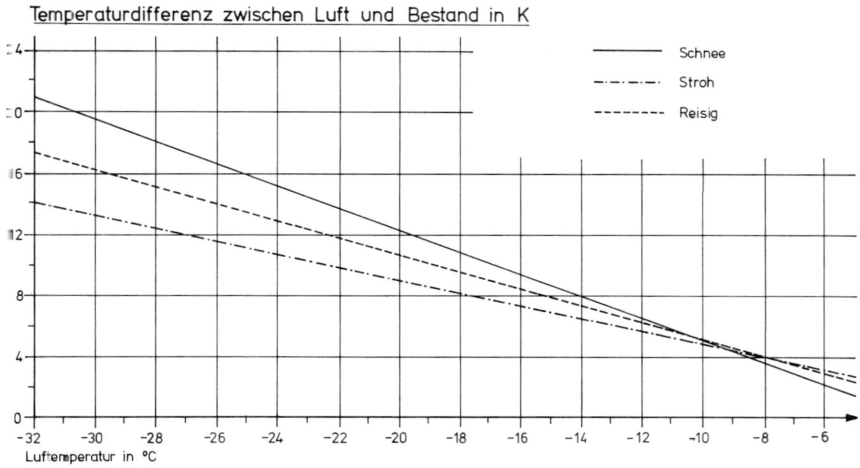

Abb. 70. Wärmedämmwirkung verschiedener Abdeckmaterialien: Temperaturdifferenz zwischen Luft und einem Preiselbeerbestand in Abhängigkeit von der Lufttemperatur (tägliche Minimumtemperaturen). Nähere Erläuterung im Text (nach HÄCKEL und VAN EIMERN 1975).

Abb. 70 soll eine Vorstellung von der Schutzwirkung verschiedener Abdeckungen vermitteln. In der Graphik ist die Temperaturdifferenz zwischen Luft und einem abgedeckten, etwa 30 cm hohen Preiselbeerbestand gegen die Lufttemperatur aufgetragen (tägliche Tiefstwerte). Die schraffierten Linien charakterisieren Temperaturen im abgedeckten Bestand. Bei der Stroh- und der Reisigabdeckung wurde der Schnee künstlich ferngehalten. Nach der Abbildung sinkt unter einer Strohabdeckung die Temperatur unter −10 °C erst bei einer Außentemperatur von −19 °C, unter einer Reisigabdeckung bei etwa −22 °C und unter Schnee bei ca. −28 °C.

Bei Sonderkulturen wie Kulturpreiselbeeren hat sich unter bestimmten Umständen ein Frostschutz durch Überfluten der Bestände mit Wasser bewährt. Die Schutzwirkung beruht hier auf dem enormen Wärmevorrat des Wassers und seiner beim Gefrieren frei werdenden Erstarrungswärme.

8.1.1.4 Wintergetreide

Das Wintergetreide ist zwar unter Schnee vor schädlichen Temperaturen in idealer Weise geschützt; man darf aber nicht davon ausgehen, daß ihm überhaupt keine Gefahr droht.

Frisch gefallener Schnee ist meist leicht und locker, nicht umsonst spricht man von Pulverschnee. Bleibt der Schnee aber längere Zeit liegen, spielen sich an den Eiskristallen Vorgänge ab, die zu einer Verdichtung führen. Schmilzt gar die Oberfläche an und gefriert wieder, so entsteht eine harte, eisige Kruste. Man spricht dann von Harsch. Im Hochgebirge kann die Verdichtung des Pulverschnees bis zu glasklarem Gletschereis führen.

Als Folge der Verkrustungen wird der Gasaustausch erheblich gedrosselt, unter Umständen sogar ganz verhindert. Da an Pflanzen selbst bei sehr tiefen Temperaturen infolge der Atmung noch ein Gaswechsel stattfindet, ist leicht einzusehen, daß sich unter einer verharschten Schneedecke Kohlendioxid anreichert und der Gehalt an Sauerstoff verarmt. Unter ungünstigen Bedingungen kann diese Störung des Gashaushaltes zu Schädigungen, ja zum Erstickungstod und Ausfaulen der jungen Pflänzchen führen. Gleichzeitig kann dadurch der gefürchtete Schneeschimmel gefördert werden.

Darüber hinaus kommt es besonders im Spätwinter zu den ebenfalls gefürchteten Auswinterungsschäden. Wenn kein Schnee mehr liegt und die schon wieder höher steigende Sonne den Boden tagsüber spürbar erwärmt, regt sich in den Getreidepflänzchen wieder erstes Leben: Enzymatische Vorgänge laufen an, die die Frostresistenz sehr stark vermindern; insbesondere kommt der Saftstrom in Gang. Wenn dann in der Nacht wieder Frost einsetzt, der auch den Boden gefrieren läßt und damit die Wassernachlieferung in die Pflanzen zumindest zeitweise unterbricht, kann es leicht zu schweren Schadbildern kommen.

8.1.1.5 Frost im Wurzelraum der Pflanzen

Die Wurzeln sind relativ ungefährdet, obgleich sie weitaus frostempfindlicher sind als die oberirdischen Pflanzenteile. Temperaturen von −10 °C bis −15 °C im Wurzelraum können bei empfindlichen Kulturen bereits zu Vollausfall führen. Auch diese erhöhte Frostanfälligkeit ist die Folge eines Anpassungsprozesses. Im Boden treten nämlich längst keine so tiefen Temperaturen auf wie in der Luft. Ab einer Bodentiefe von 5–10 cm sinkt die Temperatur kaum mehr unter −6 °C, bleibt also weit oberhalb des für Wurzeln als gefährlich geltenden Bereiches.

Anders als im natürlichen Boden verhalten sich die Temperaturen im künstlichen Boden von Pflanzkübeln, Blumenkästen und Containern aller Art. Hier kann die Temperatur des Kultursubstrates bei einer längeren Frostperiode ohne weiteres in den gefährlichen Bereich sinken. Zwei Gründe sind es, die diesen Temperaturabfall verursachen: Einmal ist der Wärmevorrat in derlei Gefäßen weitaus kleiner als im gewachsenen Boden, und zum zweiten ist die Fläche, an der eine Wärmeabgabe an die kalte Umgebung stattfindet, ungleich größer als am Erdboden. Als Beispiel sei ein würfelförmiges Substratvolumen mit einer Kantenlänge von 20 cm genannt. Im Boden steht dieses Volumen über eine einzige Quadratfläche von $20 \times 20\ cm^2$, als Container hingegen über 5 solcher Flächen mit der Luft im Wärmeaustausch. Generell läßt sich sagen: Je kleiner das Pflanzgefäß, desto tiefer sinkt die Temperatur in seinem Kultursubstrat. Welche Temperaturunterschiede gegenüber dem Erdboden schon in einer einzigen Winternacht auftreten können, zeigt Tab. 23.

Tab. 23. Temperaturverhältnisse in einem 15-Liter-Container im Vergleich zur Temperatur der Luft und im natürlichen Boden in einer Winternacht (in °C) (nach KING, 1973a).

Uhrzeit		15	18	21	0	3	6	9
Lufttemperatur in 2 m Höhe		−4,3	−5,8	−7,7	−8,3	−9,0	−7,8	−7,5
Container	5 cm Tiefe	−2,1	−3,7	−6,0	−7,2	−8,0	−7,5	−7,5
	10 cm Tiefe	−1,3	−2,3	−3,8	−5,3	−6,2	−6,3	−6,0
	20 cm Tiefe	−0,1	−0,8	−1,8	−2,6	−4,0	−4,3	−4,5
Erdboden	5 cm Tiefe	−0,3	−1,3	−1,4	−2,0	−2,3	−2,0	−2,0
	10 cm Tiefe	+0,4	−0,3	−0,3	−0,6	−0,8	−0,8	−0,8
	20 cm Tiefe	+1,3	+0,5	+0,2	+0,2	+0,2	+0,3	+0,3

Es gibt jedoch noch eine ganz andersartige Gefährdung der Wurzeln durch Frost, besonders der zarten Wurzeln des Wintergetreides: die **Frosthebung**. Unter Frosthebung versteht man das Heben der Bodenoberfläche durch darunter entstehendes Eis. Dabei spielen zweierlei Vorgänge eine Rolle: Zunächst besteht infolge eines Dampfdruckgefälles von den wärmeren, tieferen Schichten des Bodens (höherer Dampfdruck) zur kälteren Bodenoberfläche hin (geringerer Dampfdruck) ein ständiger Wasserdampftransport, der eine Anreicherung von Wasser in den seichteren Schichten zur Folge hat. Der nach oben transportierte Wasserdampf gefriert dort zu Eis.

Neben diesem ständigen Antransport von Wasser spielt bei der Frosthebung auch die Tatsache eine Rolle, daß Wasser sich beim Gefrieren ausdehnt, das entstehende Eis also mehr Raum benötigt als das flüssige Wasser, aus dem es entstanden ist.

Die Frosthebung ist konsequenterweise bei wasserreicheren Böden stärker ausgeprägt als bei wasserärmeren. Beim Sand mit seiner geringen Wasserkapazität fehlt die Frosthebung gänzlich. In einem Lehmboden kann sie in einer einzigen Nacht 1 cm betragen. Im Laufe einer langanhaltenden Frostperiode mit tiefer Bodengefrornis kann die Oberfläche 3–4 cm gehoben werden. Man hat im Boden schon Eisschichten mit einer Dicke bis zu einigen Zentimetern gefunden. Auf Wintergetreidefeldern kann sich die Frosthebung sehr schädlich auswirken. Die kleinen Getreidepflanzen können mitgehoben werden, während die tieferen Wurzeln im gefrorenen Boden festgehalten werden und abreißen. Im Frühjahr stehen dann nicht mehr genügend Wurzeln für die Nährstoff- und Wasserversorgung der Pflanze zur Verfügung, so daß sie zugrunde gehen muß.

Bei einem grobschollig gepflügten Boden bleibt die Wassernachlieferung aus tieferen Schichten wegen der Unterbrechung der kapillaren Verbindungen in Grenzen, hier sind diese Eisanreicherungen als positiv zu bewerten: sind sie es doch, die dem Boden zur notwendigen Lockerung verhelfen. Man spricht in solchen Fällen von **Frostgare.**

In einem nicht sachgemäß bereiteten Boden können die genannten Vorgänge jedoch sehr nachteilige Wirkungen haben. Am Beginn der Tauperiode ist der Bodenwassergehalt in der zuvor gefrorenen Schicht oft über Feldkapazität angereichert, darunter ist er vorübergehend an Wasser verarmt. Der Abtrockungsvorgang im Frühjahr dauert damit länger. Das hat zur Folge, daß sich der Boden langsamer erwärmt und erst später befahrbar wird.

8.1.2 Der Spät- und Frühfrost

8.1.2.1 Entstehung

Die häufigsten Frostschäden treten nicht im Winter auf, sondern im Herbst und im Frühjahr, wenn die Pflanzen noch nicht oder nicht mehr genügend kälteresistent sind. Dem zeitlichen Verhältnis zum Winter entsprechend nennt man Fröste im Herbst Frühfröste und solche im Frühjahr Spätfröste. In Gebirgstälern und Moorgebieten werden selbst im Sommer noch gelegentlich Fröste beobachtet. Sieht man von solchen ungünstigen Lagen ab, darf man grob damit rechnen, daß in Deutschland im Mittel die ersten Fröste etwa Mitte Oktober, die letzten zwischen Ende April bis Mitte Mai auftreten. Die Termine können jedoch in den einzelnen Jahren erheblich von diesen Daten abweichen.

Zu Frühfrösten im Herbst kommt es häufig, wenn ein über Mitteleuropa liegendes Hoch auf seiner Ostseite kalte, trockene Festlandsluft aus Nordosten heranführt. Hierbei kühlt sich der Boden und die unterste Luftschicht in den klaren und der fortgeschrittenen Jahreszeit entsprechend schon recht langen Nächten durch ungehinderte Ausstrahlung so stark ab, daß die Temperatur unter null Grad sinken kann.

Anders ist die Wetterlage, die normalerweise zu Spätfrösten führt. Hier wird auf der Westseite, der sog. Rückseite, eines Tiefdruckgebietes aus Nordwesten bis Norden polare Kaltluft nach Deutschland geführt, die sich vor den Alpen staut. Wenn ein nachfolgendes Zwischenhoch durch Druckanstieg die Auflösung der Staubewölkung und eine Windabschwächung bewirkt, wird in der Nacht – ebenfalls durch intensive Ausstrahlung – die Ausbildung einer bodennahen Kaltluftschicht gefördert, in der das Quecksilber leicht unter die Frostmarke sinken kann.

Die Wolkenauflösung wird an der Leeseite der Mittelgebirge durch föhnartige Vorgänge begünstigt. Dadurch kann z. B. an der Mosel Frost herrschen, während gleichzeitig in der Nordeifel infolge von Staubewölkung die Temperatur über dem Gefrierpunkt bleibt.

Meist bewirkt erst die nächtliche Ausstrahlung bei klarem Himmel und Windstille das Absinken der Temperatur unter die Null-Grad-Grenze. Man spricht deshalb in solchen Fällen von Strahlungsfrösten. Ihre Stärke und Häufigkeit hängt sehr von der Geländeform, der Bodenart, seinem Zustand, seiner Bearbeitungsform und seinem Wassergehalt ab. Die lokale Entstehung des Strahlungsfrostes, das Auftreten von Kaltluft und ihre Bewegungsformen sowie die Kartierung frostgefährdeter Gebiete sind in Kapitel 7.3.3 und 9.2.1 ausführlich behandelt. Generell läßt sich sagen: Je tiefer die Geländeform und je schlechter die Wärmeleitfähigkeit des Bodens ist, desto größer ist die Gefahr eines Strahlungsfrostes.

Gelegentlich kann aber bereits die eingedrungene Kaltluft Temperaturen unter null Grad haben. Man spricht dann von Advektivfrösten. Hier ist die Gefährdung praktisch für alle Geländelagen gleich.

Wenn der Wind in der Frostnacht stärker als 1,5 m/s bleibt, spricht man auch von Windfrost. Diese Form kommt eher an der Küste als im Binnenland vor. Hier sind es besonders die dem Wind zugewandten höheren Hanglagen, auf denen mit gefährlichen Temperaturen gerechnet werden muß.

8.1.2.2 Vorbeugende Frostschadenverhütung

Es ist eine Binsenweisheit, daß Reben, Obst und sonstige empfindliche Kulturen am ehesten von Frostschäden verschont bleiben, wenn sie in geländeklimatisch günstigen Lagen angebaut werden. Die Versuchung indessen, Pflanzungen wegen der leichteren Pflege und Bodenbearbeitbarkeit in ebenen Tallagen oder am Fuß von Hängen anzulegen, ist groß. Man sollte sich darüber im klaren sein, daß die bei der Bearbeitung eingesparten Kosten am Ende durch den Aufwand für Frostschutz oder durch Verluste infolge möglicher Frostschäden weit übertroffen werden können.

Die deutschen Weinbaugebiete sind in den letzten Jahren praktisch vollständig nach dem Grad ihrer Spätfrostgefährdung kartiert worden (s. Kapitel 9.2.1), so daß das Spätfrostrisiko für jede geplante Neuanlage vorweg abgeschätzt werden kann.

Vor der Anlage neuer Obstpflanzungen sollte man sich tunlichst durch den Agrarmeteorologen beraten lassen. Solche Lagen, die voraussichtlich allzuhäufig

Schutzmaßnahmen verlangen werden, wird man angesichts der dafür notwendigen Kosten besser gleich einer anderen Nutzung zuführen.

Hat man eine Stelle für die Neuanlage eines Obstgartens oder eines Weinberges ausgesucht, so kann man das häufig noch vorhandene Restrisiko in den meisten Fällen durch Klimaverbesserungen weiter verkleinern. Auch dabei läßt man sich am besten vom Fachmann beraten, denn oft führen wohlgemeinte Eingriffe zu völlig unerwarteten, ja gegenteiligen Effekten.

Zunächst geht es darum, die Entstehung von Kaltluft zu verhindern oder wenigstens einzuschränken. Das Aufforsten von Ödland, Trockenlegen von feuchten Wiesen und Sümpfen, das Kultivieren von Moorflächen und Anlegen von Weihern und Seen schaltet zwar Kaltluftherde aus, ob aber der Aufwand im richtigen Verhältnis zum Nutzen steht, ob es sich lohnt, zum Frostschutz natürliche Biotope zu zerstören, das ist eine Frage, die nicht generell beantwortet werden kann.

Besteht dagegen die Gefahr der Kaltluftzufuhr aus Quellen, die nicht beeinflußt werden können, dann gilt es, den Kaltluftstrom geschickt an der empfindlichen Kultur vorbeizuführen. So kann man oberhalb von gefährdeten Anlagen hohe Baum- und Strauchreihen, besser noch Waldstreifen pflegen oder neu anlegen und die hangabwärts gleitende Kaltluft umlenken. Unterhalb solcher Anlagen dürfen keine derartigen Reihen stehen, denn sie würden für die Kaltluft wie Staumauern wirken. Lassen sich diese Hindernisse nicht beseitigen, müssen darin wenigstens breite Lükken geschlagen werden, die die zähe Kaltluft abfließen lassen.

Im ebenen Gelände wird man frostempfindliche Kulturen nicht in die unmittelbare Nachbarschaft von frostgefährdeten Flächen legen, weil sich Kaltluft über die Entstehungsfläche hinaus noch etwas auszubreiten vermag. Der Einflußbereich ist allerdings sehr begrenzt und nur bei schwachem Wind vorhanden. Er ist selten größer, als die Kaltluftquellfläche breit ist. Die gleichen Verhältnisse gelten auch für die frostschützende Wirkung von Gewässern: ihr Einflußbereich ist nur sehr begrenzt. Die Anlage von Stauseen, Weihern oder Kanälen nur zum Zwecke des Frostschutzes steht daher meist in keinem finanziell vernünftigen Verhältnis zu ihrem Nutzen.

Neben diesen langfristig wirksamen Maßnahmen des indirekten Frostschutzes gibt es auch solche, die nur begrenzte Zeit wirksam bleiben. So kann man Wärme aus dem Boden mobilisieren, um die durch Ausstrahlung abgegebene Energie wenigstens zu einem Teil zu ersetzen, so daß der Temperaturrückgang etwas gemildert wird. Dazu ist notwendig, alle Wärmestrombarrieren am oder im Boden abzubauen. Also wird z. B. das Unkraut entfernt, das ja mit seinen vielen Lufteinschlüssen einen Wärmetransport außerordentlich behindert. Die Bodenbearbeitung soll etwa 10–14 Tage vor dem Einsetzen gefährdeter Phasen, etwa der Obstblüte, beendet sein, damit sich der gelockerte Boden bis dahin wieder etwas setzen kann und die durch das Lockern hervorgerufene Verschlechterung der Wärmeleitfähigkeit wenigstens teilweise rückgängig gemacht wird. Während kritischer Phasen sollte der Boden nicht gemulcht sein. Ist eine Grasnarbe vorhanden und gibt es gewichtige Gründe, sie nicht zu entfernen, sollte man sie wenigstens so kurz wie irgend möglich halten.

Eine reichliche Kalidüngung mindert auch hier die Frostempfindlichkeit, viel Stickstoff erhöht sie. Sprühmittel, die den Austrieb und die Blüte verzögern und auf diese Weise die Gefahr von Frostschäden verringern, haben wie Wuchsstoffpräparate keine befriedigende Wirkung gezeigt. Auch die Wahl der passenden Baumform kann vorbeugenden Frostschutz bedeuten – Hochstämme ragen aus der am Boden lagernden Kaltluft mehr heraus als Niederstämme. Allerdings, bei strengen Frösten oder wenn sich die Zufuhr von Kaltluft nicht oder nicht ganz unterbinden läßt, wird die Kaltluftschicht so mächtig, daß auch eine hohe Baumform keinen Vorteil mehr bringt. Hinzu kommt, daß die Wahl der Baumform in zunehmendem Maße von arbeitstechnischen Gesichtspunkten bestimmt wird.

Insgesamt sollte man bedenken, daß es auch unter Berücksichtigung aller dieser Gesichtspunkte nicht gelingen wird, Frostschäden völlig zu verhindern. Je nach dem Wert der Kultur wird man bereit sein, ein gewisses Risiko einzugehen, besonders wenn man in der Lage ist, die noch auftretenden Fröste durch direkte Maßnahmen zu bekämpfen.

8.1.2.3 Methoden der akuten Frostschadenverhütung

Das Erkennen der Frostgefahr

Vorbedingung für einen erfolgreichen Frostschutz ist das rechtzeitige Erkennen der Gefahr. Eine langfristige Frostvorhersage ist leider nicht möglich. Eben deshalb sollte man in den kritischen Wochen die über den Rundfunk oft mehrmals täglich verbreiteten Frostwarnungen beachten, die auch im Abonnement über Telefon erhältlich sind. Wegen der Größe der Vorhersagebereiche und der oft auf kleinstem Raum erheblichen Unterschiede der nächtlichen Tiefsttemperatur können diese Warnungen aber nur Hinweise und keine festen Vorhersagen sein. Liegt eine Warnung vor, so muß der Landwirt, Gärtner oder Winzer das Wetter selbst daraufhin beobachten, ob sich die Wolken gegen Abend auflösen und der Wind einschläft. Die Temperatur ist an geeigneter Stelle mit einem guten Thermometer, möglichst in Nähe der zu schützenden Anlagen, zu verfolgen. In Hausnähe ist sie oft einige Grad höher als im freien Gelände. Elektrische Warnthermometer melden auch automatisch, wenn die Temperatur in der gefährdeten Anlage etwa auf 2 oder 1 °C gesunken ist. Manche Warngeräte berücksichtigen sogar die Unterkühlung der Pflanzenteile unter die Lufttemperatur.

Einen ersten Anhalt, wie tief die Temperatur nachts sinken kann, gibt die Taupunktregel (Tab. 37 und 38). Bestimmt man abends einige Male in 1- bis 2stündigem Abstand die Taupunkttemperatur, so besteht dann Frostgefahr, wenn dieser Wert unter oder nahe 0 °C liegt. Nachtfrost ist kaum zu erwarten, wenn der Taupunkt mehrere Grad über 0 °C liegt. In manchen Geländelagen sinkt die Temperatur aber unter die abendliche Taupunkttemperatur.

Der Zeitpunkt des Anlaufens der Schutzmaßnahmen hängt auch von der Empfindlichkeit der Pflanzen ab, die mit ihrer fortschreitenden Entwicklung steigt. So halten bei Äpfeln die noch geschlossenen, aber schon kräftig ausgebildeten Blütenknospen fast −4 °C kurzzeitig aus, voll entfaltete Blüten Fröste bis etwa −2 °C, kleine Früchte aber nur mehr −1 °C. Bei Birnen gelten für diese 3 Stadien etwa −4, −2 und −1 °C, während bei Kirschen bereits die schwellenden Knospen bei −2 °C erfrieren können und die Früchte höchstens noch −1 °C Lufttemperatur ertragen. Doch bestehen große Sortenunterschiede. Auch die Art des Schutzverfahrens und die bis zur vollen Wirksamkeit der Schutzmaßnahmen notwendige Zeit ist für den Beginn der Maßnahme mit zu berücksichtigen.

Die Wahl des Bekämpfungsverfahrens hängt von vielen Faktoren ab, nicht zuletzt von Personalaufwand und Kosten, die leider manches gute Verfahren unrentabel gemacht haben. Eine Beratung durch die Dienststellen des Pflanzenschutzes, der Beratungsringe oder des Wetterdienstes ist zu empfehlen. Der Deutsche Wetterdienst hat zahlreiche Frostschutzmethoden und -geräte einer eingehenden Prüfung unterzogen, von denen ein großer Teil durch die Biologische Bundesanstalt Braunschweig amtlich anerkannt wurde. Die Prüfungsberichte enthalten alle Angaben, die für die Anwendung der Methoden und Geräte wichtig sind.

Frostschutz durch Abdecken, Räuchern oder Nebeln

Durch Bedecken der Pflanzen mit Strohmatten, Strohpuppen, mehreren Lagen Papier u. a. wird die Ausstrahlung der Pflanzen oder der gefährdeten Pflanzenteile herabgesetzt. Diese Methode ist aber arbeitsaufwendig und lohnt meist nur in Kleinbetrieben. Bei Folien ist zu beachten, daß wohl PVC-Folien, nicht jedoch Polyäthylenfolien Frostschutz gewähren, denn letztere sind für die langwellige Ausstrahlung durchlässig. Wenn möglich, sind die Pflanzen nicht zu bedecken, sondern so zu überziehen, daß das Abdeckmaterial die Pflanzen nicht berührt; denn dieses kühlt sich ja ab und kann die Kälte an die Pflanzen übertragen. Abdeckmaterial, zumal Folien über Weinreben, sollte man wegen der Gefahr des Wegwehens und des Vergeilens der Pflanzen nicht viele Tage über den Pflanzen belassen. Der Temperatureffekt dieser Methode ist zwar klein, sie verhindert aber auch eine starke Taubildung. Nicht betaute Pflanzen halten nachweislich den Frost besser aus als betaute. Zu dieser Methode ist auch das Aufsprühen von Eiweißschaum zu zählen, was aber nur bei unmittelbar am Boden wachsenden Pflanzen wie Erdbeeren sinnvoll ist.

Rauch und Nebel setzen ebenfalls die Ausstrahlung herab. Ihre Anwendung erfüllt aber nur in Ebenen und sehr weiten Tallagen ihren Zweck, weil sich dort – im Gegensatz zu engen Tälern und hängigem Gelände – nicht immer wieder Kaltluft unter die schützende Decke schiebt. Räuchern und Nebeln sind daher nur im Großeinsatz als Gemeinschaftsmaßnahme vieler erfolgreich. Der Effekt ist allerdings begrenzt. Die Methode führt nur bei leichtem bis mäßigem Frost zu einem befriedigenden Ergebnis, nicht jedoch bei strengem Frost unter $-4\,°C$. Da dieses Verfahren, verglichen mit anderen, relativ billig ist, hat es noch seine Berechtigung, auch wenn nicht in jedem Fall ein voller Erfolg erzielt wird. Bei der Anlage der Rauch- und Nebelquellen ist besonders auf schwache Luftströmungen zu achten, die für die Verteilung der schützenden Decke notwendig sind. Man sollte tunlichst nicht erst mit dem Räuchern beginnen, wenn die Temperatur auf $0\,°C$ gesunken ist, sondern früher, um die vorangegangene Abkühlung schon zu verringern. Neben industriell gefertigten Rauch- und Nebelquellen sind stark rauchende Brennmaterialien zu empfehlen, welche auch feucht sein können und dann mehr Wasserdampf liefern. Es kommen auch Schwarztorf, Reisig, Abraum von Feld und Wiese in Frage. Als Anzündematerial können glühende Briketts dienen. Voraussetzung für den Erfolg ist eine gute Vorbereitung. In Beuteln oder Säcken verpacktes Brennmaterial läßt sich rasch mit der notwendigen Brennstellendichte verteilen.

Frostschutz durch Geländeheizung

Die Geländeheizung unter Verwendung von Ölöfen ist in ihrer Wirksamkeit eine der sichersten Methoden, wenn man die „Richtlinien für die Geländeheizung“ der Biologischen Bundesanstalt berücksichtigt und amtlich anerkannte Geräte verwendet. Die Heizung setzt eine gute Vorbereitung voraus; die Kosten sind wegen des hohen Personalaufwandes im letzten Jahrzehnt aber leider stärker gestiegen als die

Erträge. Über die Zahl der benötigten Öfen oder Brennstellen und die Anschaffungskosten unterrichten am besten die von den Herstellern mitgelieferten Unterlagen, die Agrarmeteorologischen Dienststellen oder die amtlichen Anerkennungen der Biologischen Bundesanstalt.

Die Geländeheizung soll die Wärmeverluste der Pflanzenbestände in der Nacht wieder wettmachen. Einfache Ölöfen oder Behälter wie Blecheimer, die mit Öl gefüllt brennen, heizen nur die Luft. Da die angeheizte Luft rasch nach oben entweicht, ist eine große Dichte der Brennstellen notwendig, was auch für offen ausgelegte Festbrennstoffe gilt. Ölöfen mit aufgesetzten Kaminen, deren Wandungen sich auf 600–700 °C erwärmen können, geben zusätzlich noch reichlich Strahlungswärme an die Pflanzen und sind besonders wirkungsvoll. Um Verbrennungsschäden zu vermeiden, sind sie von Sträuchern und Reben mindestens 50 cm fernzuhalten. Viele Öfen sind so konstruiert, daß mit sinkendem Ölspiegel der Luftzutritt größer wird, wodurch die Heizleistung im Laufe der Nacht steigt. Andere Öfen sind regulierbar. Es gibt auch Brenner mit zentraler Ölversorgung, die einfacher zu bedienen sind. Die Öfen verbrennen etwa 1/2–3 l Öl je Stunde; ihr Fassungsvermögen reicht für eine Nacht. Der konische Bau der Öfen bzw. ihrer Bestandteile erlaubt eine raumsparende Stapelung. Kleine und damit billigere Öfen sind nicht unbedingt wirtschaftlicher, da wegen ihrer geringeren Leistung mehr Öfen benötigt werden.

Je nach der Ofentype, der Größe und Arrondierung der Fläche werden um 200–500 Öfen je ha benötigt. Temperaturerhöhungen von 2–4 K, oft noch mehr, sind bei richtiger Aufstellung und Bedienung ohne weiteres zu erzielen. Da die Pflanzen für kurze Zeit, besonders wenn sie trocken sind, Fröste bis −2 °C aushalten, können durch die Heizung Schäden bis −6 °C gemildert werden. Sind derart strenge Fröste aber häufig, dann ist die Geländelage für frostempfindliche Kulturen ungeeignet. Die gestiegenen Kosten für die Öfen, vor allem aber die Personal- und Ölkosten, haben die Heizung mit Öfen an die Grenze ihrer Wirtschaftlichkeit gebracht. Das gilt zumindest für den Obstbau. Aus diesem Grunde ist die alte Methode des Auslegens von Festbrennstoffen wieder interessant geworden, auch wenn sie nicht den gleichen Sicherheitsgrad wie Ölöfen hat. Statt Braunkohlenbriketts stehen jetzt etwa 3 kg schwere Briketts aus Sägemehl, Schweröl und Montanwachsen zur Verfügung. Daneben gibt es 6 kg schwere Heizkerzen, Frostkiller genannt; diese aus Wachsen und Paraffinen bestehenden Kerzen werden von Erdölfirmen in Pappzylindern mit wettersicherem Blechdeckel geliefert. Ihre Anwendung verlangt weniger Arbeit; sie sind billiger, dafür werden aber rund 700–800 Briketts oder 400–500 Kerzen je ha benötigt. Bei leichten bis mäßigen Frösten bieten diese Brennstoffe einen guten Schutz. Die Briketts brennen etwa 4 Stunden, so daß notfalls weitere ausgelegt werden müssen. Die Brennrückstände lassen sich als Dünger in den Boden einarbeiten. Die Heizkerzen haben eine über 8–9 Stunden weitgehend gleichbleibende Heizleistung. Man kann sie löschen, später weiter verwenden oder nach dem Erkalten wegtransportieren.

Bei der Heizung bildet sich immer eine Luftzirkulation aus. Die aufsteigende Warmluft muß von der Seite her durch kältere Luft ersetzt werden. Einzelne große Feuer sind gefährlich, weil ihr kräftiger Aufwind besonders viel Kaltluft aus der Umgebung heranzieht. Die Ränder der zu schützenden Anlage müssen daher 2 bis 3mal so dicht mit Brennstellen besetzt werden wie das Innere. Das ist der Hauptgrund, warum bei großen, arrondierten Flächen weniger Brennstellen je Hektar benötigt werden als bei kleinen und bei schmalen Flächen. In Frostlöchern, zur Talsohle hin, an Einbruchsstellen der Kaltluft sowie an der Windseite müssen viele Öfen stehen. Durch Mattenzäune an den Zuflußstellen der Kaltluft kann diese zusätzlich abgehalten werden. Öfen oder Festbrennstoffe sollten schon an Ort und Stelle in Reserve sein und zusätzlich angezündet werden, wenn die Temperatur stärker zurückgeht. Abb. 71 gibt ein Beispiel für die Aufstellung von Öfen in einer Apfelanlage. In der Regel rechnet man bei kleinen Flächen und an den Rändern großer Flächen mit Abständen von 4–5 m zwischen den Öfen, im Innern größerer Anlagen mit 7–8 m. Die Öfen an der kältesten Stelle werden zuerst angezündet, und zwar dann, wenn dort 0 °C unterschritten wird oder wenn sich Eis auf der Frosterkennungsscheibe bildet. Nur wenn Pflanzen und Luft trocken sind, kann man bis −2 °C Lufttemperatur warten. Am schnellsten geht das Anzünden mit besonderen Anzündekannen, die mit einem Benzin-Öl-Gemisch gefüllt sind. Sie sind ebenso notwendiges Zubehör wie Thermometer, Taschenlampen und Reservedochte für die Kannen. Die Heizung ist so lange fortzusetzen, bis am Morgen die Temperatur endgültig über 0 °C liegt.

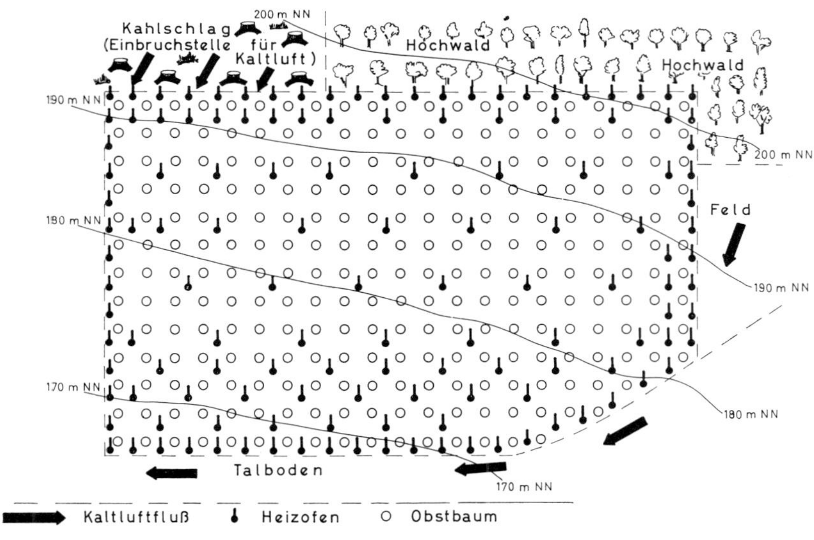

Abb. 71. Beispiel für die Aufstellung von Frostschutzöfen in einer Obstanlage.

Frostschutz durch Beregnen

Die Feldberegnung in einer Frostnacht kann heute als eine der sichersten Methoden der Frostabwehr gelten, wenn sie genau nach den von der Biologischen Bundesanstalt herausgegebenen Richtlinien erfolgt. Regner allein für den Frostschutz sind allerdings recht teuer, aber sie können ja auch zur Anreicherung des Wassers im Boden verwendet werden. Vielfach sind Regneranlagen zum Bewässern schon vorhanden, deren Rentabilität nun durch die Frostabwehr erhöht wird. Manchmal erlaubt es die Beregnung dann auch, frostempfindliche Pflanzen wie Gemüse u. a. noch etwas zeitiger im Frühjahr auszubringen oder günstiges Wetter nach dem ersten Frost im Oktober noch auszunutzen.

Worauf beruht nun die Schutzwirkung der Beregnung? Durch die Beregnung wird lediglich die Temperatur der zu schützenden Pflanzenteile, nicht jedoch die Lufttemperatur auf 0 °C oder nur wenig darunter gehalten. Das bei Frostgraden auf die Blätter und Blüten fallende Wasser gefriert beim Auftreffen oder unmittelbar danach (s. Abb. 72). Beim Übergang des Wassers zu Eis werden 335 kJ Wärme je Liter Wasser frei. Ist immer ausreichend Wasser im Stadium des Gefrierens auf den Pflanzenteilen vorhanden, so bleibt deren Temperatur auf nahezu 0 °C. Die Beregnung darf nie unterbrochen werden. Andere Wirkungen der Beregnung, wie die Luftdurchmischung, die Erhöhung der Luftfeuchte und die bei der Abkühlung des Wassers frei werdende Wärme (4,2 kJ je Liter und Grad), sind im Vergleich zum eigentlichen Frostschutzeffekt nur geringfügig. Abb. 73 zeigt die Wärmeströme von und zu einem beregneten Blatt in einer Frostnacht. Die beregneten Pflanzenteile, die ja wärmer sind als die Luft, geben laufend Wärmeenergie unmittelbar an die Luft ab (L), und dies um so mehr, je kälter die Luft und je stärker der Wind ist. Ferner wird immer Wasser und Eis auf den Pflanzenteilen in einem von der Luftfeuchte und der Windgeschwindigkeit abhängigen Ausmaß verdunsten (V). Diese Wärmeverluste einschließlich der wirksamen Wärmeausstrahlung, d. i. die Ausstrahlung minus der Zustrahlung (Q), müssen ganz durch die frei werdende Erstar-

Abb. 72. Eisbedeckung an einem Apfelbaum bei Frostschutzberegnung.

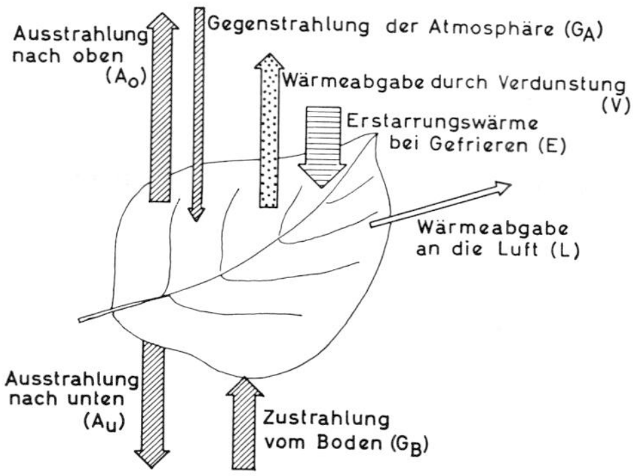

Abb. 73. Die Wärmeströme von und zu einem beregneten Blatt während einer Frostnacht. Wenn die Blattemperatur konstant nahe 0° C bleiben soll, muß $E = L + V + A_o - G_A + A_u - G_B$ sein.

rungswärme (E) ersetzt werden. Andererseits kann auch nicht mehr Wasser gefrieren und dabei Wärme frei werden, als über L, V und Q abgeführt werden kann. Ist die Luftfeuchte zu niedrig oder die Windgeschwindigkeit zu hoch, so verlieren die Pflanzen mehr Wärme, als sie beim Gefrieren des Wassers erhalten. Daher darf nur dann beregnet werden, wenn die relative Luftfeuchte höher als 60% und der Wind schwächer als 5 m/s (= 18 km/h) ist, d. h., man darf höchstens noch bei Windstärke 3 beregnen. Auch durch höhere Wassergaben ist dann kein Frostschutz mehr möglich, weil zunächst immer nur ein Teil des Wassers an den Pflanzen haften bleibt, dessen Erstarrungswärme überdies nicht mehr ausreicht, die Wärmeverluste zu kompensieren.

Die Mindestwassermenge, die aufzubringen ist, hängt an sich davon ab, wieviel Wasser gefrieren muß und an den Pflanzen haften bleibt. Nach den bisherigen Erfahrungen reicht für die Abwehr eines Frostes bis zu −6 °C bei schwachem Wind eine Mindestwassermenge von 1,5–2 mm/h (15–20 m^3/hah) für niedrige Kulturen, wie Erdbeeren, Frühkartoffeln, Gemüse, Tabak, Zierpflanzen, aus. Bei Obstanlagen sind mindestens 2 mm/h und bei Rebenanlagen 2–2,5 mm/h notwendig. Da aber auch eine gute Regneranlage eine Fläche nie völlig gleichmäßig beregnet, sind diese Werte um 30% zu erhöhen, um die Mindestwassermenge für jeden Punkt der beregneten Fläche zu gewährleisten. Es sind also für niedere Kulturen 2,1–2,9 mm, für Obstanlagen 2,9 mm und für Rebenanlagen 2,9–3,5 mm je Stunde erforderlich. Der Betriebsdruck der Regner muß dabei 4,5–5,5 bar aufweisen, wenn die Düsenweite 4 mm beträgt, und 5,5–6,5 bar bei einer Düsenweite von 4,5 mm. Höhere Wassergaben sind nicht zu empfehlen; sie können zu einer untragbaren Eisbelastung und zu starker Vernässung des Bodens führen. Der Wasservorrat sollte für 3 Nächte mit je 10 Stunden Beregnung reichen.

So niedrige Regenmengen werden nur von Schwachregnern geliefert, die in der Regel als Drehstrahlregner ausgebildet sind. Der Schwenk- und Drehrhythmus der Regner muß gewährleisten, daß die Pflanzen in jeder Minute mindestens einmal benetzt werden; bei längeren Umdrehungszeiten kann das Wasser vor der nächsten Benetzung schon ganz gefroren sein, und die Temperatur der Pflanzen fällt ab. Eine Unterbrechung der Beregnung darf während der Froststunden unter gar keinen

Umständen vorkommen. Denn sobald keine Gefrierwärme mehr verfügbar wird, schützt der Eispanzer nicht mehr. Wegen der Verdunstungskälte können die Pflanzenteile sich dann sogar unter die Lufttemperatur abkühlen, was sie erst recht schädigt. Flächen, die durch mangelnden oder gegen Morgen abnehmenden Wasserdruck unzureichend beregnet werden, können größere Frostschäden erleiden als nicht beregnete Flächen. Damit die Regengabe überall die erforderliche Höhe erreicht, muß die Schlagfrequenz der Schwinghebel so groß sein, daß innerhalb der Wurfweite keine Stelle trocken bleibt. Selbstredend müssen sich die Strahlen der einzelnen Regner überlappen, die deshalb im gleichseitigen Dreiecksverband aufgestellt werden, wobei die Seitenlänge etwa 18–21 m je nach Betriebsdruck betragen kann.

Am wirkungsvollsten zu schützen sind Pflanzen, die das Wasser gut auffangen können, also die niedrigen, breitblättrigen, unten am Boden wachsenden. Bei ihnen haben sich Regner auch wegen der in unmittelbarer Bodennähe geringeren Luftbewegung gut bewährt. Bei Obstbäumen und Reben bedingt der Entwicklungsstand die Größe der Auffangfläche und damit den Schutzeffekt. Normalerweise sind offene Obstblüten ausreichend groß, um genügend Wasser aufzufangen. Reben halten aber wenig Wasser, wenn ihre Knospen klein, etwa im Stadium der „Wolle“ sind. Von den Knospen wird das meiste Beregnungswasser abgestoßen; es gefriert zu wenig auf ihnen – wegen des ungünstigen Verhältnisses von Volumen zu Oberfläche ist ein Frostschutz durch Beregnung in diesem Stadium kaum noch möglich. Die Reben müssen erst große Blätter entwickelt haben, bevor sie in der Frostnacht beregnet werden dürfen.

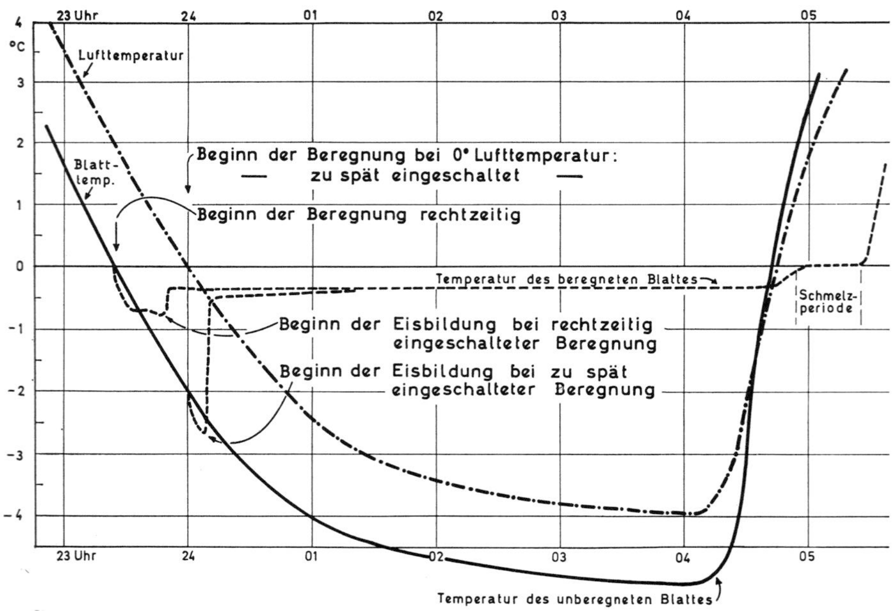

Abb. 74. Verlauf der Temperatur der Luft sowie von beregneten und unberegneten Blättern in einer klaren Frostnacht (schematisch).

Wesentlich für den Erfolg der Beregnung ist der richtige Zeitpunkt des Einschaltens (s. Abb. 74). Bei sehr hoher Luftfeuchte und Windstille kann man warten, bis die Temperatur an der kältesten Geländestelle auf 0 °C abgesunken ist. Liegt die Luftfeuchte aber merklich unter 100%, so muß mit der Beregnung früher begonnen werden. Die ausstrahlenden Pflanzenteile sind in klarer Nacht ja immer etwas kälter als die umgebende Luft, und zwar um so mehr, je trockener die Luft ist. Solange sie nicht bewegt werden, schaden ihnen Pflanzentemperaturen von −1 bis −2 °C meist noch nicht. Mit Beginn der Beregnung werden die Pflanzen jedoch geschüttelt. Durch den plötzlichen Schütteleffekt bei Einsetzen der Beregnung kann der Schaden schon eintreten, bevor das Wasser zu gefrieren beginnt, und das um so eher, je stärker die Pflanzen gegenüber der Luft unterkühlt waren. Es kommt aber noch ein zweiter Effekt hinzu, besonders bei Luftbewegung. Mit Beginn der Beregnung setzt sofort auch die Verdunstung an den Blättern ein. Wird die Beregnung erst bei 0 °C Lufttemperatur begonnen, so kann die Verdunstungskälte die Pflanzen zunächst auf die Temperatur des feuchten Thermometers, d. h. merklich unter 0 °C abkühlen. Da diese Temperatur um so tiefer unter der Lufttemperatur liegt, je geringer die Luftfeuchtigkeit ist, steigt die Gefahr mit sinkender Luftfeuchtigkeit. Bis der Gefriervorgang einsetzt, können die Pflanzen also auch schon geschädigt sein, und eine weitere Beregnung wäre sinnlos. Es muß also mit der Beregnung begonnen werden, wenn die Temperatur des feuchten Thermometers auf 0 °C gesunken ist. Dann herrscht bei einer relativen Feuchte von 90% noch eine Lufttemperatur von 0,6 °C, bei 80% von 1,2 °C und bei 70% von 1,9 °C. Um die Feuchttemperatur zu bestimmen, benützt man entweder ein Psychrometer (s. Seite 111), oder man mißt Lufttemperatur und relative Feuchte und verwendet entsprechende Tafeln oder Abb. 40 (Seite 112) zur Berechnung. Da bei einer relativen Feuchte unter 60% und bei einem Wind über 5 m/s in 2 m Höhe überhaupt nicht beregnet werden soll, empfiehlt sich auch die Aufstellung eines Hygrometers und eines Windmessers. Die Meßhöhe von Thermo- und Hygrometer soll etwa der Höhe der zu schützenden Pflanzenteile entsprechen, bei Obst in Höhe der unteren Zweige, bei Reben in 50 cm und bei niederen Kulturen in etwa 5 cm Höhe. Mit Einsetzen der Beregnung werden Haarhygrometer aus der beregneten Fläche entfernt. Ein zweites Thermometer wird zudem außerhalb der beregneten Fläche benötigt, wo am besten auch der Windmesser steht.

Die Beregnung muß am Morgen so lange fortgesetzt werden, bis die Temperatur außerhalb der Anlage eindeutig steigt und 0 °C überschritten worden ist. Wenn der Wind jedoch stärker als 0,5 m/s ist, sich also das Schalenkreuz eines Anemometers noch dreht, und wenn die Luftfeuchte außerhalb der Anlage unter 80% beträgt, dann wartet man besser, bis sich die Eisschicht von den Pflanzen abzuheben beginnt, notfalls bis 1–2 °C erreicht sind.

Wenn schon eine Regneranlage vorhanden ist und das Wetter die Beregnung ermöglicht, dann sollte man auch beregnen. Voraussetzung für den Erfolg sind jedoch die strikte Befolgung der Richtlinien, die einwandfreie Betriebssicherheit der Anlage, die man 2–4 Wochen vorher überprüft haben sollte, und die Überwachung der Lufttemperatur, der Luftfeuchte und des Windes. Bei den Kosten der Beregnungsanlage spielt der Preis für gute Thermometer keine Rolle mehr.

Auch bei Unterglaskulturen hat sich die Beregnung bewährt. Beregnete Frühbeetfenster überziehen sich mit einer Eisschicht, die auch die Undichtigkeiten verschließt. Bei ununterbrochener Beregnung sinkt dann die Temperatur unter dem

Glas kaum unter 0 °C. Diese Methode ist bei strengen Frösten etwas sicherer als das Abdecken mit Matten.

Wie bei der Heizung wächst auch bei der Beregnung die Schutzwirkung und Wirtschaftlichkeit mit der Größe der zu schützenden Fläche. Denn mit wachsender Größe verringert sich der Anteil der Randzonen, die bei der Heizung dichter mit Öfen zu besetzen sind und die bei der Beregnung eventuell zu wenig Wasser erhalten, also möglichst auf nichtgefährdete Nachbarstreifen verlegt werden sollen. Eine unzureichende Heizung, z. B. zu geringe Dichte der Brennstellen, kann noch in Ofennähe stehenden Pflanzen einen Schutz bieten. Eine unzureichende Beregnung ist jedoch immer gefährlich. Eine zu hohe Regengabe mindert zwar nicht die Frostschutzwirkung, kann aber den Boden vernässen, der sich nachher nur langsam wieder erwärmt, und führt zu Bruchschäden an Bäumen und Ästen. Die Kosten sind im allgemeinen hoch und je nach den örtlichen Verhältnissen, z. B. wegen der Wasserversorgung, sehr unterschiedlich. Deswegen muß in jedem Einzelfall vorher eine Kalkulation erstellt werden; dazu kann der Wetterdienst Unterlagen über die Häufigkeit der Spätfröste nach Beginn der Vegetationszeit liefern (s. Seite 221).

8.1.3 Stark- und Dauerregen

Schäden durch Stark- und Dauerregen entstehen dann, wenn der Boden das angebotene Niederschlagswasser nicht mehr oder nicht schnell genug aufnehmen kann.

Ist der Niederschlag nur mäßig stark, aber lange anhaltend, so kann zwar der Boden den anfallenden Regen aufnehmen, aber nach Erreichen der Feldkapazität beginnt das überschüssige Wasser ins Grundwasser zu versickern. Dabei werden auch die lösbaren Nährstoffe mit nach unten wegtransportiert, der Boden wird also ausgelaugt.

Bei sehr intensiven Niederschlägen, etwa einem Platzregen, kann der Boden die plötzlich anfallende Wassermenge nicht mehr aufnehmen, wenn im Bodeninneren weniger Wasser abtransportiert wird als oben drauffällt. Es kommt dann zu einem erodierenden Oberflächenabfluß. Da leichte Böden beinahe doppelt soviel Niederschlagswasser pro Zeiteinheit aufnehmen können wie schwere, sind gerade die stark lehm- und tonhaltigen Böden besonders gefährdet. Daß der oberflächliche Abfluß und damit die **Erosion** mit zunehmender Hangneigung zunimmt, ist selbstverständlich.

Die Erosion kann Boden abschwemmen und tiefe Rinnen hinterlassen. Dem Bodenabtrag an den Hängen steht eine Anschwemmung in den niederen Lagen gegenüber, wo der Boden deshalb oft viel feinkörniger ist. Die Anschwemmung nährstoffreichen Bodens ist aber meist kein Gewinn, werden doch vielfach die Pflanzen überdeckt und die Struktur des Bodens zerstört.

Gegen Bodenabtrag kann man sich am besten dadurch schützen, daß man den Boden so wenig wie möglich ohne Bedeckung läßt. Grobscholliger Boden zwischen den Rebzeilen eines Weinberges ist wasseraufnahmefähiger und weniger erosionsanfällig als glatter Boden. In der ersten Hälfte der Vegetationszeit sind besonders die Hackfruchtflächen und Maisfelder gefährdet. Eine zu frühe Unkrautbekämpfung kann den Bodenabtrag in bedenklicher Weise fördern. Mildern kann man ihn durch Pflügen und durch die Anordnung der Pflanzenreihen längs der Höhenlinien, also nicht hangauf- und -abwärts; oft sind das die einzigen Mittel.

Zu den Schäden durch anhaltende Nässe gehört auch das **Auswachsen** reifen Getreides auf dem Halm. Ist es vollreif geworden, durchlaufen die Körner zunächst noch eine mehr oder weniger lange Phase der Keimruhe. Diese hängt, sehr verschieden nach Sorte und Art, von den meteorologischen Bedingungen zwischen bestimmten Reifungsphasen ab. Der Deutsche Wetterdienst hat einen Auswuchs-Warndienst aufgebaut, der Hinweise darauf gibt, für welche Getreidesorten zum gegebenen Zeitpunkt Auswuchsgefahr besteht (s. auch Kapitel 9.3.2).

Nässe oder Starkregen, zusammen mit Wind oder gar Sturm, führen oft zu Lagergetreide. In Geländelagen mit starkem und böigem Wind treten besonders häufig Lagerschäden auf. Dort ist auf erhöhten Schutz des Getreides vor Fußkrankheiten zu achten.

8.1.4 Der Hagel

8.1.4.1 Die aktive Hagelbekämpfung

Heute will man Hagel nicht mehr als etwas Unabwendbares hinnehmen, sondern versucht ihn zu bekämpfen. Das geschieht entweder durch aktive Beeinflussung, die in den Entstehungsprozeß eingreift, oder durch passive Abwehr, bei der die hagelempfindlichen Kulturen mit Spezialnetzen abgedeckt werden.

Zur aktiven Bekämpfung sei auf Seite 63 verwiesen. Wie dort ausführlich erläutert, entsteht Niederschlag meist über einen Eiskristall. Wenn im Vergleich zu der in der Wolke befindlichen Wassermenge nur wenige Eiskristalle vorhanden sind, frieren viele unterkühlte Wassertröpfchen an den Kristallen an, was ein sehr schnelles Wachstum und damit außerordentlich große Eiskörner zur Folge hat. Beim Durchfallen der Wolkenschicht mit Temperaturen über 0 °C kann die große Eismenge nicht mehr restlos schmelzen: als Hagel erreicht sie den Boden.

Sämtliche bisherigen Versuche zur aktiven Hagelbekämpfung beruhten auf der Vorstellung, daß praktisch alle Eiskristalle über einen Eiskeim entstehen. Aus dieser Überzeugung heraus setzte man an zwei Stellen des Entstehungsprozesses an. Einmal wurde versucht, die in der Wolke vorhandene große Menge an unterkühltem Wasser auf sehr viele Eiskristalle zu verteilen. Dadurch sollte erreicht werden, daß die Hagelkörner höchstens noch so weit wachsen, daß sie im Fallen unterhalb der Null-Grad-Grenze wieder schmelzen und in Form von Regen den Erdboden erreichen. Dazu mußte eine möglichst große Zahl von entsprechend wirksamen Eiskeimen künstlich in die Wolke eingebracht werden. Außerdem wollte man den Gefriervorgang bereits bei Temperaturen von nur wenigen Grad unter Null einleiten, damit es erst gar nicht zu einer übermäßig großen Menge unterkühlten Wassers kommen sollte. Dazu waren Substanzen notwendig, die schon bei den gewünschten Temperaturen wirksam sind. Am geeignetsten hatte sich dafür Silberjodid erwiesen: aus 1 Gramm ließen sich 10^{13} Keime freisetzen, die bereits bei Temperaturen von etwa -4 bis -5 °C aktiv sind. Das Silberjodid wurde entweder mit Generatoren – das sind gasbetriebene Brenner, die die Substanz vom Boden oder von Flugzeugen aus in den Aufwind der Wolken hinein verdampfen – oder mit Raketen an die Stellen befördert, wo es wirksam werden sollte. Trotz vieler Versuche in aller Welt konnte kein eindeutiger, statistisch abgesicherter Erfolg nachgewiesen werden. Keines der positiven Ergebnisse hielt bisher einer wissenschaftlichen Nachprüfung stand. In einigen Fällen wurden durch Zufallsergebnisse große Hoffnungen geweckt, die jedoch durch entsprechende, wissenschaftlich fundierte Großexperimente widerlegt werden mußten. In anderen Fällen mußte man sogar eine Hagelverstärkung hinnehmen.

Natürlich fragt man sich in Fachkreisen, warum dieses physikalisch so einleuchtende Verfahren keine Wirkung zeigt. Neuere Versuchsergebnisse deuten darauf hin, daß man von falschen Voraussetzungen ausgegangen war. Es gibt heute Hinweise darauf, daß sich Hagelkörner auch noch über andere Entstehungsmechanismen bilden können, auf die das Silberjodid keinen Einfluß hat. Die Vorgänge sind höchst kompliziert und noch längst nicht restlos geklärt.

Wegen der großen wirtschaftlichen Bedeutung einer brauchbaren Hagelabwehr wird jedoch an vielen Stellen der Welt mit Nachdruck an diesem Problem gearbeitet, so daß ein Durchbruch in absehbarer Zeit nicht auszuschließen ist. Bis dahin sollte der Landwirt zur Sicherheit eine Hagelversicherung abschließen, auf keinen Fall aber auf den Aberglauben hereinfallen, daß das Abschießen von Böllern oder einfachen Raketen oder gar das Läuten der Kirchenglocken Hagelunwetter vertreiben könne.

8.1.4.2 Die passive Hagelbekämpfung

Bei der passiven Hagelbekämpfung werden die gefährdeten Kulturen mit einem speziellen Kunststoffnetz überzogen, das die Hagelkörner abfängt. Selbstverständlich ist der finanzielle Aufwand nur auf kleinen Flächen mit gewinnbringenden Sonderkulturen gerechtfertigt. Italien ist das klassische Land der Hagelschutznetze, wo wertvolle Obstkulturen geschützt werden.

Unter den Netzen, die aus arbeitstechnischen Gründen während der gesamten Hagelsaison über den Plantagen bleiben müssen, ist eine erhebliche Änderung des Mikroklimas zu beobachten: Zunächst wird ein Teil der Globalstrahlung abgeschattet, was einen Verlust bis zu 20% ausmachen kann. Das bedeutet, daß für die physiologischen Vorgänge weniger Energie zur Verfügung steht; daraus ergibt sich nicht nur eine geringere Photosyntheseleistung, sondern beispielsweise auch eine geringere Fruchtausfärbung. Der verminderte Strahlungsgenuß bringt es auch mit sich, daß die Maximaltemperatur keine so hohen Werte erreicht wie in einer Anlage ohne Schutzeinrichtung. Das Netz erhöht aber andererseits die atmosphärische Gegenstrahlung. Damit ist eine Erhöhung der nächtlichen Tiefstwerte verbunden. Zusammen betrachtet ergibt das eine geringere Tagesamplitude der Temperatur und damit erhöhte Respirationsverluste. Wegen des verminderten Wärme- und Wasserdampfaustausches stellt sich durchschnittlich eine um 1 K erhöhte Tagesmitteltemperatur ein, was ein besseres Pflanzenwachstum bewirkt. Bei Apfelbäumen wurden z. B. bis zu 30 cm längere Jahrestriebe gemessen. Andererseits erhöht der geringere Austausch den mittleren Feuchtegehalt der Luft; die Folge ist eine längere Blattbenetzungsdauer und dadurch eine größere Infektionsgefahr. Die Pflanzeninhaltsstoffe sind unter Schutznetzen gegenüber freien Pflanzen geringfügig reduziert: bei Äpfeln hat man etwa um 10% reduzierte Zucker- und um etwa 8% verminderte Säurewerte festgestellt.

8.1.5 Anhaltende Trockenheit

Längere niederschlagsfreie Perioden, oft verbunden mit Hitze, können zu größten Ertragsminderungen führen. Wirkliche Dürreperioden sind in Mitteleuropa zum Glück nicht allzu häufig. Je nach Bodenart und Kultur wirken sich aber schon in Normaljahren Trockenzeiten von 1–2 Wochen Dauer ertragsmindernd aus.

Bei jungen Pflanzenbeständen lassen sich Trockenheitsschäden durch eine entsprechende Bodenpflege mindern: Durch Lockerung des Bodens werden die feinen Bodenhohlräume (Kapillaren) zerstört, in denen das Wasser aus tieferen Schichten aufsteigt. Dabei trocknet der Boden zwar oberflächlich stark aus, die Feuchte im Untergrund bleibt jedoch besser erhalten. Bei längeren Trockenperioden und älteren Pflanzenbeständen hilft nur eine Bewässerung. In unseren Breiten ist dafür die künstliche Feldberegnung am geeignetsten. Wann eine Regengabe nötig ist, hängt ganz wesentlich von der Kultur und vom Wasserhaltevermögen des Bodens (nutzbare Kapazität, nK, s. Seite 48) ab.

Bedauerlicherweise gibt es wenige verläßliche Angaben, welchen Wasserbedarf die verschiedenen Kulturen im Lauf der Vegetationszeit haben. So weiß man vom Mais, daß der Boden zur Zeit der Blüte mindestens 40 bis 50% n. K., sonst 30 bis 35% aufweisen sollte. Bei Kartoffeln muß ab dem Knollenansatz der Bodenwassergehalt oberhalb 40% n. K. liegen, nach der Blüte reichen 35% aus. Zuckerrüben verlangen ab Bestandsanschluß mindestens 30 bis 35% n. K.

Welche Wassermenge sich gerade im Boden befindet, kann mit dem auf Seite 49 angegebenen Verfahren der klimatischen Wasserbilanz grob abgeschätzt werden. Wo keine Messungen vorhanden sind, sollte man sich aber mehr auf amtliche Beregnungsempfehlungen verlassen. Wie diese zustande kommen, wird auf Seite 227 genauer beschrieben.

Bei der künstlichen Beregnung sollte man beachten, daß zwischen dem **Kunstregen** und dem natürlichen Landregen einige Unterschiede bestehen. Ein Landregen fällt meist bei kühler Witterung mit hoher relativer Luftfeuchte; seine Intensität ist nicht allzu groß, die Tropfen sind mit 0,5–1 mm klein. Aus diesen Gegebenheiten können keine Nachteile für die Bodenstruktur erwachsen. Die künstliche Beregnung arbeitet, wenn nicht gerade Sprühgeräte für besondere Zwecke verwendet werden, mit größeren Tropfen. Es werden oft 20–30 mm in 3–6 Stunden aufgebracht. Bei zu starken Regengaben in zu kurzer Zeit besteht die Gefahr, daß die Krümelstruktur zerstört und die oberste Bodenschicht verschlämmt wird. Bei heißem Wetter folgt dann oft Verkrustung. Die Beregnung bei Nacht findet in bezug auf Temperatur und Luftfeuchte unter ähnlichen Verhältnissen wie bei Landregen statt. Bei Tagberegnung sind hingegen im allgemeinen die Temperaturwerte hoch, die Feuchtewerte niedrig; das hat Wasserverluste zur Folge. Bedenken sollte man auch, daß durch den Kunstregen die Temperatur im Pflanzenbestand und besonders im Boden nachhaltig herabgesetzt wird. Die Steigerung der relativen Feuchte im Bestand hält zwar weniger lange vor; dennoch sollte man die damit verbundene Erhöhung der Infektionsgefahr nicht übersehen.

8.1.6 Der Wind

8.1.6.1 Wind und Windschäden

Wind ist an sich erwünscht und notwendig: Bei leichter Luftbewegung trocknen die Felder im Frühjahr besser ab als bei Windstille. Ohne Wind wäre die Bestäubung vieler Blüten kaum möglich. Mäßiger Wind fördert die Wasserabgabe der Pflanzen und damit ihren Nährstofftransport. Vom Wind angeblasene Bestände trocknen morgens rascher ab und sind somit weniger anfällig für Pilzkrankheiten – bekannt ist auch, daß an stark windgeschützten Stellen der Blattlausbefall häufig größer ist. Der Wind überträgt Samen und Sporen, oft sogar auf große Entfernungen, und bewerkstelligt damit die Befruchtung der Pflanzen. Auch unmittelbar auf den Menschen kann der Wind wohltuend wirken, wird doch heißes und schwüles Wetter erst durch eine frische Brise erträglich. Wind im Übermaß kann allerdings zu erheblichen Nachteilen führen.

Nicht nur Stürme verursachen Schäden – diese fallen nur besonders auf –, auch die Böigkeit des Windes kann sich verheerend auswirken. Durch sie werden vor allem die etwa ab Windstärke 8 einsetzenden mechanischen Schädigungen hervorgerufen. Der Windwurf von Bäumen im Wald ist nicht immer am windexponierten Waldrand am stärksten, sondern oft erst in einiger Entfernung davon, weil die rauhe Waldoberfläche die Turbulenz und Böigkeit des Windes beträchtlich steigern kann. Auch das Getreide wird vor allem dort zu Lagergetreide niedergeworfen, wo der Wind besonders verwirbelt und böig ist.

Die Sturmschäden nehmen von der Küste landeinwärts ab und im Gebirge mit der Höhe zu. Sie fehlen aber auch im Binnenland nicht gänzlich. Hier sind vor allem die starken Sturmböen gefürchtet, mit denen heftige Gewitter das Ende hochsommerlicher Hitzeperioden einleiten.

Der Landwirt und Gärtner kann Sturmschäden auf dem Feld selten verhindern, auch wenn Windschutzpflanzungen Stürme merklich dämpfen und die Standfestigkeit der Pflanzen durch entsprechende Düngung verbessert werden kann. Nicht immer so augenfällig, in ihrem Ausmaß jedoch oft ganz erheblich sind die von häufigen, mittelstarken bis starken Winden verursachten Schäden. Beständiger starker Wind führt über kurz oder lang zu Bodenverwehungen, besonders in einem trockenen Frühjahr und bei Feldern ohne Pflanzendecke. Solche Verwehungen treten auf, wenn wenigstens die alleroberste Bodenkrume stark ausgetrocknet ist und die Windstärke mindestens den Wert 6 erreicht (8 m/s oder 30 km/h, gemessen in 2 m Höhe).

Besonders anfällig gegen Verwehungen sind leichte Sandböden (Dünenbildung), kultivierte Moorflächen, aber auch noch mancher Lößboden. Löß wurde bekanntlich in der Eiszeit durch den Wind verfrachtet und dann abgelagert. Die mittleren Böden mit einer guten Krümelstruktur und einem hohen Schluffanteil besitzen eine gute Bindefähigkeit und werden deshalb kaum vom Wind verweht.

Ist die oberste, abgetrocknete Bodenschicht erst einmal beseitigt, schafft sich der Wind durch weitere Austrocknung und allmähliches Pulverisieren kleiner Krümel erneut verwehbares Material, was zu einem immer weiter fortschreitenden Abtrag führt. Daß durch seine dem Sandschliff vergleichbare Tätigkeit auch die Pflanzen beschädigt werden, liegt auf der Hand.

8.1.6.2 Der Windschutz und seine Wirkung auf die Pflanzen

Der beste Schutz gegen den Bodenabtrag ist eine geschlossene Pflanzendecke. Herbstzwischenfrüchte bewahren insbesondere leichte Böden vor Windschäden. In erosionsgefährdeten Gegenden der USA läßt man die Getreidestoppeln als Schutz vor Windverwehungen noch lange nach der Ernte stehen. Reichliche Zufuhr organischer Substanz, Erhöhung des Kalkgehalts von sauren Sandböden zur Verbesserung ihrer Bindefähigkeit sowie das Pflügen senkrecht zur Hauptwindrichtung sind wertvolle Schutzvorkehrungen. Darüber hinaus stellen Windschutzstreifen eine wirkungsvolle Maßnahme dar. Sie sind darum aus den Sand- und Moorgebieten Nordwestdeutschlands nicht wegzudenken.

Im Zusammenhang mit Verwehungen sollte man auch auf Schneeverwehungen hinweisen. Windschutzeinrichtungen verhindern, daß die schützenden Schneemassen auf den Flächen verlagert oder diese gar bloßgeweht werden; sie mindern damit die gefährlichen Auswinterungsschäden und Kahlfröste. In Kanada und weiten Teilen der Sowjetunion ist die Erhaltung einer geschlossenen Schneedecke für die gleichmäßige Versorgung des Bodens mit Winterfeuchte einer der wichtigsten Windschutzeffekte.

Mit dem Wind steigt auch die Verdunstung des Bodenwassers. In allen windexponierten Lagen trocknet der unbewachsene Boden viel rascher aus als in geschützten Lagen. Aus diesem Grund kann ein Windschutz in Gebieten mit geringen Niederschlägen und in solchen mit trockenem Frühjahr sinnvoll sein. Windschutz kann auf Feldgemüseflächen, die mehrfach im Jahr eine Ernte bringen und darum mehrfach bepflanzt und beregnet werden, Wasser sparen helfen. Die Erhaltung der Bodenfeuchte im Windschutz mindert gleichzeitig die Verwehbarkeit des Bodens.

Etwas anders ist es mit der Transpiration geschlossener Pflanzenbestände. Die im Windschutz üppiger wachsenden Pflanzen haben vielfach einen größeren Blattflächenindex. Das bringt eine etwas erhöhte Verdunstung mit sich. Dazu kommt, daß die Blätter in den Mittagsstunden warmer Sommertage bei geschwächtem Wind nicht so schnell ihre Stomata schließen wie bei starker Windexposition, um sich damit vor zu großem Wasserverlust zu schützen. Auch dieser Vorgang kann zu einer Erhöhung der Transpirationsrate im Windschutz beitragen. Wo das Bodenwasser nicht als begrenzender Faktor auftritt, ermöglicht jedoch die längere Frist, in der die Stromata geöffnet bleiben, eine längere Photosynthesedauer und damit eine größere Produktivität der Pflanzen. Aus diesen Gründen kann der Bodenwassergehalt im Windschutz bei geschlossenen Pflanzenbeständen geringfügig kleiner sein als außerhalb.

Die potentielle Verdunstung ist im Windschutz selbstverständlich immer reduziert. Deshalb sollte man bei der Verwendung von Meßgeräten, die die potentielle Verdunstung messen, wie Evaporimeter (s. Seite 119), in künstlich windgeschützten Lagen immer vorsichtig sein.

Der Wind hat aber auch einen erheblichen Einfluß auf die Temperatur eines Pflanzenbestandes. Durch erhöhten Wind wird die Wärme aus dem Bestand gewissermaßen hinausgeblasen, genauso wie wir einen heißen Gegenstand durch Blasen abkühlen können. Das hat zur Folge, daß an sonnigen Tagen die Temperatur im Windschutz bis zu 2 K höher sein kann als im ungeschützten Gelände. Die Nachttemperaturen sinken auf diese Weise allerdings auf etwas tiefere Werte als ohne Windschutz. Das hat freilich zweierlei Konsequenzen: Einmal sind die Respirationsverluste dadurch geringer, was eine erhöhte Nettoassimilation zur Folge hat.

Auf der anderen Seite steigt dadurch das Frostrisiko etwas an, wenn auch nur geringfügig.

Der Temperatureffekt ist am deutlichsten in den allerobersten Schichten des Bestandes bzw. Bodens festzustellen. Durch diesen Effekt wird bei Windschutz der Aufgang der Saaten beschleunigt und bei niederen Kulturen, z. B. Erdbeeren, eine Verfrühung der Reife um 1–5 Tage bewirkt. Auch das Wachstum der Gräser auf den Weiden beginnt deshalb im Windschutz früher. Die Weidezeit kann in manchen Jahren um 1–2 Wochen verlängert werden. Bei Gemüse und Hackfrüchten kann man auf gut geschützten Flächen eine Ertragssteigung von 5–10%, in manchen Fällen sogar 15–20% erreichen.

Windschutz bewirkt eine Erhöhung der Tauspende und der Benetzungsdauer. Die höhere Taumenge ist eine Folge der tieferen Nachttemperaturen; die längere Benetzungsdauer ergibt sich darüber hinaus aus der verminderten Verdunstung.

Die erhöhte Taumenge trägt dazu bei, daß in den frühen Vormittagsstunden die Bodenwasservorräte noch geschont bleiben, während sie außerhalb windgeschützter Lagen bereits zu dieser Zeit die Verdunstung bestreiten müssen. Daß eine längere Benetzungszeit ein erhöhtes Infektionsrisiko für Pilzkrankheiten bedeutet, darf selbstverständlich nicht verschwiegen werden.

Das bessere Wachstum der Pflanzen im Windschutz auf einen höheren CO_2-Gehalt der bodennahen Luft zurückzuführen, dürfte in der Regel unrichtig sein. Nur nachts ist die Anreicherung der bodennahen Luft mit CO_2 um so größer, je schwächer der Wind und je höher die Bodenfeuchte ist. Hiervon profitieren die Pflanzen aber nur bis 1 Stunde nach Sonnenaufgang. Danach ist selbst im Windschutz der Luftaustausch so stark, daß die CO_2-Anreicherung verlorengegangen ist. Andererseits kann allein durch den Luftaustausch bei starker Assimilation der Pflanzen so viel CO_2 aus Luftschichten bis zu einigen 100 m Höhe nach unten gelangen, daß der CO_2-Gehalt in Bodennähe nicht zu stark absinkt. Abb. 75 stellt die Wirkungen des Windschutzes in einer Übersichtsgraphik dar.

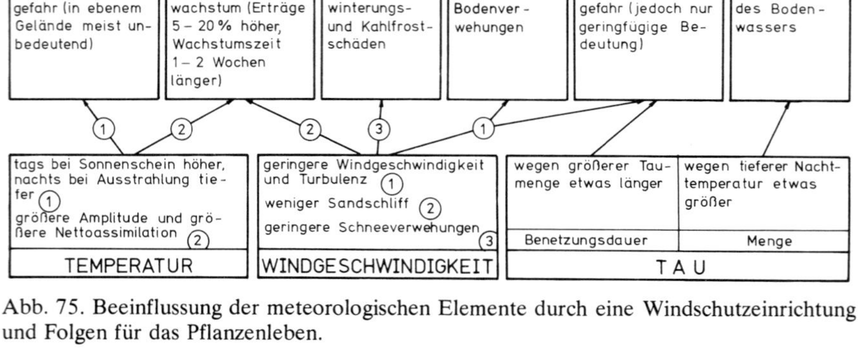

Abb. 75. Beeinflussung der meteorologischen Elemente durch eine Windschutzeinrichtung und Folgen für das Pflanzenleben.

8.1.6.3 Windschutzanlagen

Systematische Windschutzanlagen sind bei weitem nicht immer und überall notwendig. Viele Geländelagen befinden sich im Schutz vorgelagerter Berg- und Höhenrücken. Die natürliche Rauhigkeit der Erdoberfläche, verstärkt durch Wälder, Baum- und Strauchgruppen, Alleen, Gehöfte und Siedlungen, bietet bereits einen gewissen Schutz und schwächt großflächig den Wind. Jeder Baum und Strauch in der Landschaft erfüllt in diesem Sinne seinen Zweck. Oft reichen aber diese allgemeinen Windschutzeinrichtungen nicht aus, den Wind in der notwendigen Weise zu dämpfen. Dann helfen nur mit System angelegte Windschutzpflanzungen. Im kleinen sind das die schon sehr wirkungsvollen Hecken um die Hausgärten. Für Gemüse und andere niedere Kulturen läßt sich ein guter Schutz durch den streifenweisen Anbau von Mais oder hohem Getreide erzielen, ebenso durch das Aufstellen von Matten und Netzen, die außerdem dort, wo man sie gerade braucht, schnell errichtet werden können. Zu nennen sind weiter größere Schutzpflanzungen um freistehende Gehöfte und schließlich großräumige Anlagen aus Hecken, Baum- oder Strauchreihen.

Alle Schutzeinrichtungen wirken im Prinzip gleich: Die Breite der Zone mit Dämpfung der Windgeschwindigkeit, also die Wirkungsweite des Streifens, wächst mit der Höhe des Streifens und ist ihr direkt proportional. Das heißt, die Wirkung eines 10 m hohen Windschutzes reicht 5mal so weit wie die eines 2 m hohen.

Die Wirkungsweite ist in erster Linie abhängig von der Anströmrichtung. Bei senkrechtem Auftreffen des Windes auf den Streifen reicht die Wirkung am weitesten. Trifft der Wind unter einem Winkel von 45 ° auf, so schrumpft sie auf etwa $^2/_3$ dieses Maximalwertes. Selbst ein Wind parallel zum Streifen wird wegen der Reibung am Streifen und seinen immer vorhandenen Richtungsschwankungen noch beiderseits in einer Breite geschwächt, die etwa dem Doppelten der Streifenhöhe entspricht.

Neben der Höhe des Streifens ist es vor allem der Grad seiner Durchlässigkeit, der Ausmaß und Reichweite der Windschwächung bestimmt. Ist das Hindernis sehr dicht (enggepflanzte Fichten) oder ganz undurchlässig (Mauern und Dämme), so wird es mehr oder weniger überströmt. Unmittelbar dahinter ist der Wind sehr schwach, über dem Streifen jedoch erheblich verstärkt. Das bedeutet, daß an der Obergrenze des Hindernisses eine sehr starke Zunahme der Windgeschwindigkeit mit der Höhe (Scherung) zu beobachten ist. Eine solche Windscherung hat zur Folge, daß sich in einem Abstand von etwa 4- bis 8facher Streifenhöhe (H) ein Wirbel mit waagerechter Rotationsachse bildet, der bis zum Boden durchdringen und dort sogar eine Windverstärkung hervorrufen kann. Das ist der Grund dafür, daß hinter hohen Straßendämmen Lagergetreide nur schwer vermeidbar ist.

Die windschwächende Wirkung solcher Schutzanlagen beginnt, wie aus Abb. 76 ersichtlich, bereits auf der Luvseite im Abstand von etwa 5 · H bis 10 · H und hört auf der Leeseite in rund 20 · H bis 25 · H wieder auf. Die stärkste Windschwächung im Lee wird in etwa 1 · H bis 4 · H beobachtet, die Geschwindigkeit beträgt dort etwa 25% der Freilandgeschwindigkeit.

Anders sieht es bei Streifen mittlerer Dichtigkeit aus. Sie lassen den Wind zu etwa 50% durch. Dieser Durchlässigkeit entsprechen etwa 2- bis 4reihige Laubholzstreifen aus Bäumen mit Sträuchern im Stammraum. Auch hier beginnt die Windschwächung bereits auf der Luvseite in etwa 10 · H bis 5 · H. Hinter den Streifen liegt die Zone stärkster Windschwächung in 4 · H bis 8 · H. Die Geschwindigkeit geht dabei

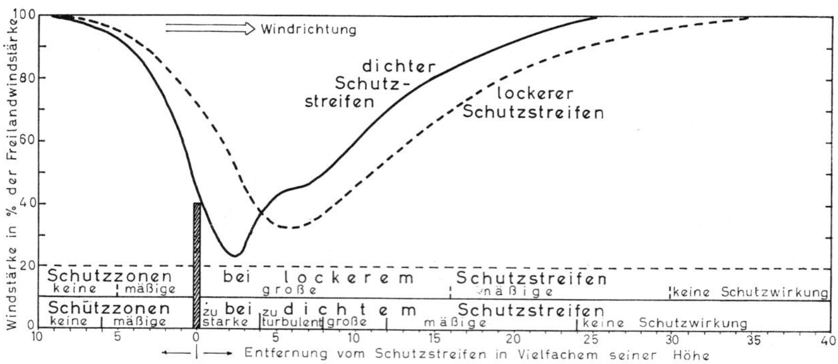

Abb. 76. Windverhältnisse an einem lockeren (etwa 50% Durchlässigkeit) und einem dichten (etwa 20% Durchlässigkeit) Windschutzstreifen bei einem Wind senkrecht zum Streifenverlauf (nach NAEGELI in GEIGER 1961).

nicht unter 30% des Freilandwertes zurück. Nach etwa 30 · H bis 40 · H ist die Stärke des ungeschwächten Windes wieder erreicht. Die Wirbelbildung hinter solchen Streifen ist wesentlich schwächer ausgeprägt als bei dichten Hindernissen. Im Winter, d. h. im unbelaubten Zustand, ist die windschwächende Wirkung etwa halb so groß wie im Sommer. Daß die Zone stärkster Winddämpfung bei mitteldichten Schutzanlagen in einem Abstand von 4 · H liegt, ist besonders vorteilhaft, wenn Gehöfte, Stallungen oder Geflügelhäuser geschützt werden sollen. Sie erhalten damit einen guten Windschutz, ohne dabei eine nennenswerte Lichteinbuße zu erleiden, wenn die Streifen in dieser Entfernung angelegt werden.

Nach dem soeben Gesagten sind sehr dichte Hindernisse in der Regel nur dort zu empfehlen, wo auf kleinem Raum eine sehr starke Windabschwächung gewünscht wird. So schützen viele dichte Streifen in 5 · H bis 10 · H Abstand das intensive Gemüseanbaugebiet nahe Avignon im Rhonetal gegen den kalten und starken Mistral. Lockere Streifen sind dort angebracht, wo der Wind über große Flächen hinweg geschwächt werden soll, die heute wegen der Mechanisierung in der Landwirtschaft ja immer mehr erwünscht sind. Schädliche Randeffekte bleiben dabei ebenso gering wie der Landverlust.

Generell sollte man bei der Anlage von Windschutzeinrichtungen die folgenden Gesichtspunkte nicht außer acht lassen: Eine Schutzpflanzung wirkt dann vorteilhaft, wenn sie aus 2- bis 4reihigen Baum- und Strauchstreifen besteht und eine unruhige Firstlinie besitzt, d. h., wenn zahlreiche einzelne Bäume in unregelmäßigen Abständen über die mittlere Höhe des Streifens als sog. Überhälter hinausragen, wie in Abb. 77 gezeigt. Sie können die Bremswirkung der Streifen erheblich erhöhen.

Größere Lücken in den Streifen wirken dagegen wie Düsen, in und hinter denen sich der Wind sogar erheblich verstärken kann. Wegeinfahrten werden daher besser schräg oder kulissenartig oder aber in den Ecken zweier senkrecht zusammentreffender Streifen angelegt.

Schutzpflanzungen mit einem annähernd dreieckigen Querprofil, also etwa eine Baumreihe mit beiderseits niedrigen Strauchreihen, bieten dem Wind weniger Wi-

Abb. 77. Windschutzstreifen mit einzelnen, die Strauchreihen überragenden Bäumen (Überhälter). Holsteinische Wallhecke (Knick) in Garstedt bei Hamburg. Vorn Schalenkreuzanemometer mit Windfahne.

derstand als hohe Streifen mit annähernd rechteckigem Querschnitt. Derartig „stromlinienförmige" Pflanzungen haben nur im Gebirge oder nahe der Küste einen Sinn, wo dauernder, starker Wind eine andere Pflanzungsart nicht hochkommen läßt.

Bei einreihigen Streifen läuft man dagegen Gefahr, daß leicht große Lücken mit Düsenwirkung entstehen. Streifen mit mehr als 3–4 Reihen sind an sich nicht notwendig. Sie sind nur mit überflüssigem Landverlust verbunden; außerdem werden sie rasch zu dicht. Aus anderen Gründen können aber auch sie ihren Zweck haben: so wird bei ihnen die Verjüngung erleichtert; unter Umständen ist auch noch ein Holzgewinn möglich.

Im kontinentalen Klima mit strengeren Wintern als in Mitteleuropa sind Waldstreifen oft die einzigen pflanzlichen Windschutzeinrichtungen, die lückenlos hochgebracht werden können. Für Flächen, die nicht anderweitig nutzbar sind, empfiehlt sich aus diesem Grund eine Aufforstung immer. Die Schutzwirkung eines Hochwaldes reicht allerdings nur deshalb weiter als die eines schmalen Streifens, weil Wälder gewöhnlich viel höher werden. Die Reichweite der Winddämpfung durch einen Wald ist, in vielfachem der Waldhöhe gemessen, sogar etwas geringer als hinter einer Hecke oder einzelnen Baumreihen.

Die teilweise umstrittenen Alleebäume an den Straßenrändern üben ebenfalls eine erhebliche Windschutzwirkung aus. In unmittelbarer Nähe und im Stammraum kann der bodennahe Wind allerdings geringfügig verstärkt sein; für den Kraftfahrer ergeben sich daraus wohl geringe Vorteile, z. B. weniger Schneeansammlungen auf der Straße, aber durch verstärkten Seitenwind auch erhebliche Nachteile, die eine nicht zu unterschätzende Gefahrenquelle darstellen.

In diesem Zusammenhang muß darauf hingewiesen werden, daß sich hinter einem Schutzstreifen der Schnee immer dort besonders stark anhäuft, wo der Wind am meisten geschwächt ist. Schneezäune und dichte Hecken sollte man daher nicht so anlegen, daß das Windminimum mit einer Straße zusammenfällt.

Auch auf einzelne Nachteile, die aber weit geringer sind als die Vorteile von Windschutzpflanzungen, soll eingegangen werden. Streifen an den Ackerrändern schaffen eine gewisse Wurzelkonkurrenz, der man jedoch wie bei den holsteinischen „Knicks" (Wallhecken) durch beiderseitige Gräben begegnen kann. Die Abschattung der Sonne und damit eine verzögerte Bodenabtrocknung beschränkt sich auf die unmittelbare Nachbarschaft der Streifen.

Lästig mag der Laubfall sein. Sonstige nachteilige Randeffekte werden von den Äckern ferngehalten, wenn die Streifen längs der Wege und Gräben gepflanzt werden. Diese sind in der Regel auf ihrer West- und Südseite zu bepflanzen. Nur wo die Gefahr besteht, daß die Wege zu sehr unter Nässe und Schneeansammlungen leiden, die Gräben zu sehr vom Laub verunreinigt werden, ist deren Nord- bzw. Ostseite vorzuziehen. Wo Acker- und Weideland durch Wege getrennt sind, wählt man für die Pflanzung, auch zum Schutze des Viehs, die Grünlandseite.

Über Richtung und Reihenabstand von Windschutzpflanzungen sollte man folgendes wissen: In weiten Teilen Mitteleuropas herrschen West- und Südwestwinde vor; ihnen folgen in der Häufigkeit die austrocknenden Ostwinde. Daher wird man in der Regel Nord-Süd- oder Nordwest-Südost-Streifen bevorzugen. Lokal können aber andere Windrichtungen bedeutungsvoller sein; im bergigen Gelände werden sie wesentlich vom Verlauf der Täler bestimmt. Auch jahreszeitlich sind die Windrichtungen unterschiedlich häufig. So hat der Nordwestwind, an der Nordseeküste sogar der Nordwind, im Sommer eine nicht zu unterschätzende Bedeutung. Bei der Unbeständigkeit der Witterung kommen bei uns eben alle Windrichtungen vor. Es ist daher empfehlenswert, nicht nur Streifen senkrecht, sondern auch parallel zur Hauptwindrichtung anzupflanzen. Dabei kann der Abstand der Parallelstreifen untereinander 2- bis 3mal so groß sein wie der Abstand der Streifen senkrecht zur Hauptwindrichtung.

Eine Fläche östlich eines Nord-Süd-Streifens erfährt auf einer Breite von 25 · H eine mittlere Windschwächung von etwa 15%. Diese Schwächung würde auf etwa 25% ansteigen, wenn auch auf der Ostseite des Feldes in 25 · H Abstand ein Parallelstreifen verliefe. Wenn die quer und die parallel zu den Nord-Süd-Streifen wehenden Winde noch durch Ost-West-Streifen abgefangen werden, wird die mittlere Windschwächung noch merklich größer. Diese Ost-West-Streifen erlauben somit einen größeren Abstand der Nord-Süd-Streifen. Als Faustregel gilt, daß zum normalen Landschaftsschutz bei nur parallelen Streifen diese in einem Abstand vom 15- bis 30fachen ihrer zu erwartenden Endhöhe gepflanzt werden sollten. Bei einem rechteckigen Netz von Schutzstreifen und 10 m Streifenhöhe haben sich Abstände von 250–500 m für die Nord-Süd-Streifen und etwa 1000 m für die Ost-West-Streifen bewährt. Damit sind so große Ackerflächen gegeben, daß der Einsatz von Landmaschinen nicht mehr beeinträchtigt wird und der „Landverlust" unter 1–2% bleibt. Zum Schutze sehr windempfindlicher Böden oder hochwertiger Kulturen sind natürlich geringere Abstände nötig, die kleiner sein müssen als die normale Reichweite eines einzelnen Streifens. Im übrigen wird die Schutzwirkung eines einzelnen Streifens durch die Zahl der vorgelagerten Streifen nicht erhöht. Sein Einfluß auf das Windfeld ist praktisch so groß, wie wenn er alleine stünde.

In der Ebene wird man sich beim Windschutz an das vorgegebene Netz der Wege, Gräben und Ackergrenzen halten. Im Berg- und Hügelland ist neben der möglichen Windverstärkung längs der Täler die große Windexposition der oberen Hänge und Hochflächen zu beachten. Hier wird oft ein etwas geringerer Abstand notwendig sein. Wo der Stau des nächtlichen Kaltluftflusses keine Rolle spielt, sind Streifen längs der Höhenlinien vorzuziehen, die auch die Bodenabschwemmung bei Starkregen hemmen. Besonders windgefährdet sind die Kanten, mit denen ein Hang in eine Hochfläche übergeht. Dem stehen konvexe Knickstellen an Hängen oft wenig nach. Auf eine Zone verstärkten Windes mit erhöhter Turbulenz an freien Hängen auf der Leeseite von Höhenzügen war schon hingewiesen worden.

Für die Wahl der Strauch- und Baumarten gilt: Man nehme eine Mischung aus Arten, die in der betreffenden Landschaft beheimatet sind; und man vergegenwärtige sich dabei, wie sie später die endgültige Dichte und Höhe des Streifens bestimmen werden. Bei der Artenwahl soll letztlich der Ratschlag des Forstmannes oder des Landschaftspflegers ausschlaggebend sein.

8.2 Indirekte Einflüsse über Krankheiten und Schädlinge

Kaum weniger bedeutend als die unmittelbare Wirkung von Wetter und Klima auf Verbreitung, Gedeihen und Ertrag der Kulturpflanzen ist ihr Einfluß auf Krankheiten und Schädlinge. Zu einem Krankheitsbefall, erst recht zu einer epidemischen Ausbreitung kommt es nur unter einer doppelten Voraussetzung: Die Wirtspflanzen müssen sich in einem anfälligen Zustand befinden, und gleichzeitig müssen genügend Erreger – Viren, Bakterien oder Pilzsporen – in einem infektionstüchtigen, d. h. ansteckenden Stadium vorhanden sein. Beides ist in hohem Maße von den Umweltbedingungen abhängig, vor allem von der Temperatur und Feuchte, vom Wind und von der Blattnässe durch Tau, Nebel oder Regen. Ist eine Pflanze oder ein Pflanzenbestand einmal infiziert, so wird auch der weitere Krankheitsverlauf durch den Witterungsablauf bestimmt. Ähnliches gilt auch für das Massenauftreten und für die Aktivität tierischer Schädlinge, die wie Blattläuse Überträger von Viruskrankheiten sind oder wie der Apfelwickler die Früchte unmittelbar schädigen. Klima und Witterung beeinflussen nicht nur den gesamten Entwicklungszyklus der Schädlinge einschließlich der Vermehrung. Diese können, wie auch die Sporen, vom Wind weit verbreitet werden. Ihre Aktivität und damit Gefährlichkeit ist somit weitgehend von Wind, Temperatur, Strahlung und Feuchte abhängig.

Dabei spielt das Bestandsklima eine entscheidende Rolle; man darf aber nicht vergessen, daß dieses in das Gelände- und das Großklima eingebettet ist. So kommen manche Krankheiten und Schädlinge in bestimmten Klimabereichen überhaupt nicht vor, z. B. der Kartoffelkrebs, der im Mittelmeergebiet fehlt, weil dort das Klima zu warm und zu sommertrocken ist. Auch innerhalb eines Klimagebietes, etwa dem, in dem auch Deutschland liegt, sind die Ausbreitungsbedingungen für Pflanzenschädlinge schon merklich differenziert. Schließlich kann es bei dicht benachbarten Schlägen zu Unterschieden kommen, etwa wenn der eine in einer feuchten Mulde und der andere an einem vom Wind angeblasenen Hang liegt.

Es ist nur folgerichtig, daß umgekehrt auch die Bekämpfungsmaßnahmen von der Witterung beeinflußt werden. Der Boden darf nicht zu naß, muß also noch befahrbar sein. Die Giftstoffe können oft nur bei bestimmter Witterung ihre Wirkung voll und nachhaltig entfalten. Andererseits kann z. B. das eine Wuchsstoffherbizid bei kalter Witterung zu Schäden an den Kulturpflanzen führen, das andere nicht, so daß die Wahl eines Bekämpfungsmittels in kühleren Klimaten anders ausfallen kann als in wärmeren. Auch die Geschwindigkeit des Abbaues, z. B. von Herbiziden, im Boden hängt von dessen Temperatur und Feuchte ab. Zum falschen Zeitpunkt angewandt, kann ein Herbizid den Nachbau anderer Kulturen im Folgejahr gefährden.

Starkwind verhindert eine gute und gleichmäßige Verteilung der Pflanzenschutzmittel. Hubschrauber können nur bei günstigem Flugwetter eingesetzt werden. Bei der Ausbringung von Mitteln ist selbst eine schwache lokale Windbewegung zu berücksichtigen. Der Wind kann die Spritzmittel auf Nachbarkulturen treiben, so daß die wegen der Rückstände vorgeschriebene Wartezeit nicht eingehalten ist, falls die Nachbarflächen kurz vor der Ernte stehen.

Hier tut sich für den Agrarmeteorologen ein weites Betätigungsfeld auf. So kann er bei der Erforschung der Zusammenhänge zwischen Vorkommen, Vitalität und Entwicklung der Erreger und der Witterung mithelfen. Er kann durch Untersuchungen des Bestands- und Mikroklimas besonders gefährdete Lagen ausfindig machen. Die Bedeutung der Benetzungsdauer für die Infektion war Anlaß zur Konstruktion spezieller Meßgeräte (s. Seite 118). Phänologische Beobachtungen zeigen die Stadien auf, in denen Pflanzen besonders empfindlich und Schädlinge besonders aktiv sind. Mit phänologischen Prognosen, z. B. einer Vorhersage des Blühzeitpunktes, gibt der Agrarmeteorologe dem Praktiker eine wichtige Entscheidungshilfe für den Zeitpunkt der Vorblütespritzung, etwa gegen den Apfelblütenstecher.

Die Arbeiten auf diesem Gebiet gestalten sich zum Teil recht schwierig. Denn jede Krankheit verhält sich anders, und beinahe jede Kulturpflanze hat allein schon eine oder gar mehrere spezifische Krankheiten, die für sie besonders gefährlich werden können, wie Getreiderost, Apfelschorf, Kartoffelkrautfäule, Blattfleckenkrankheit bei Rüben, *Peronospora* bei Weinreben und Hopfen.

Die Temperatur- und Feuchtebedingungen für Entwicklung und Vermehrung sind aber nicht nur von Pilzart zu Pilzart, sondern auch innerhalb der einzelnen Lebensstadien verschieden. So keimen die Pilzsporen – d. h.: entwickeln Keimschläuche, die in das pflanzliche Gewebe eindringen – nur in flüssigem Wasser. Die Blätter müssen, um infiziert zu werden, genügend lange naß sein, sei es durch Tau, Nebel oder Regen. Deswegen haben Häufigkeit und Dauer von Regenfall eine große Bedeutung. Die für eine Infektion notwendige Dauer der Blattnässe hängt ja nach der Art der Wirtspflanze und des Erregers verschieden von der Temperatur zur Zeit der Blattnässe ab. Sie nimmt in der Regel zunächst mit steigender Temperatur ab, um nach einem Temperaturoptimum wieder zuzunehmen. Die untere und die obere Temperaturgrenze für eine Infektion ist bei jeder Pilzart verschieden. Für die Infektion der Kartoffel mit *Phytophthora* muß die Temperatur zwischen 10 und 23 °C liegen. Diese Krankheit setzt bei uns also feuchtwarmes Wetter voraus; in den Südstaaten der USA muß dagegen die Maximumtemperatur unter 23 °C liegen, was dort kühl-feuchtes Wetter bedeutet. Die größte Gefahr für einen Pilzbefall besteht aber nicht unbedingt dann, wenn optimale Temperaturen herrschen. So ist ein Befall des Hopfens mit *Peronospora* gerade nach kühlen Nächten gegeben, weil dann frühzeitig und langanhaltend Tau auf den Blättern vorhanden ist. Die Zeitspanne zwischen Infektion und Sichtbarwerden der Krankheit (Inkubationszeit) ist weitgehend temperaturbestimmt. Beim Weizenschwarzrost beträgt sie 22 Tage bei 4–5 °C, 15 Tage bei 10–11 °C und 7 Tage bei 21 °C.

Die Berücksichtigung von Temperatur und Dauer der Blattnässe erlaubt beim Apfelschorf eine kurative (heilende) Bekämpfung, bei der Spritzmittel eingespart werden können. Während des Spätherbstes und Winters bilden sich auf den überwinternden Blättern Sporenlager, in denen Ascosporen reifen. Diese werden im zeitigen Frühjahr bei günstigen Temperaturen während und nach einem Regen aus den Fruchtkörpern herausgeschleudert, schweben in der Luft und werden vom Wind verbreitet. Sie sind im Frühjahr reichlich vorhanden und gelangen auf bereits grüne Apfelteile und Blätter. Hier keimen sie unter feuchtwarmen Bedingungen. Nach der Infektion wächst der Pilz unter der Blatthaut, bis es zum Krankheitsausbruch mit sichtbarem Schorf kommt. Danach bilden sich abermals neue Sporen, die nicht nur die Blätter, sondern auch die Früchte infizieren können. Mills und La Plante (1951) haben die für eine Infektion notwendige Dauer der Blattnässe in Abhängigkeit von der Temperatur festgestellt, wobei eine Unterbrechung der Blattnässe bis zu 4 Stunden die Infektion noch nicht verhindert (Tab. 24). Bei anderen Pilzkrankheiten kann der Erreger durch kürzere oder erst durch längere Unterbrechungen der Blattnässeperioden beeinträchtigt werden.

Tab. 24. Dauer der für eine Erstinfektion durch Apfelschorf erforderlichen Blättnässe und Inkubationszeit in Abhängigkeit von der Temperatur (Mills und La Plante, 1951)

Temperatur °C	Infektion leicht	mittel	schwer	Inkubationszeit in Tagen
	Blattnässedauer in Stunden			
6	25	34	51	–
8	18	24	37	über 17
10	14	19	29	16
12	12	16	24	14
14	10	14	22	13
16	9	13	21	10
18	9	12	18	9
20	9	12	18	8
22	9	12	18	8

Unter unseren Klimabedingungen ist für mittelschweren und schweren Befall Regen erforderlich, leichter Befall ist aber auch bei Tau möglich. Da die Benetzungsdauer in windgeschützten Lagen länger anhält, in taureichen Lagen häufiger ist, hat auch das Geländeklima eine große Bedeutung. Infektionsbedingungen herrschen fast immer, wenn ein Regen erst nach 18 Uhr aufhört, da die Blätter dann meist bis zum nächsten Vormittag naß bleiben. Eine Warnung vor einem Schorfbefall ist für ein größeres Gebiet aber wegen der großen lokalen Unterschiede der Dauer der Blattnässe (Regenschauer, taureiche Geländelagen) nicht möglich. Durch Messungen der Blattnässedauer und der Temperatur in einer Obstanlage kann der Obstbauer aber selbst abschätzen, wann er eingreifen muß. Neuerdings gibt es auch elektronische Mikroprozeßrechner, die den Zeitpunkt signalisieren, an dem eine Spritzung nötig ist.

Die starke Abhängigkeit von der meteorologischen Umwelt hat auch bei anderen Pflanzenkrankheiten schon lange zu Versuchen angeregt, den Lebensrhythmus der Erreger und ihre Befallsaktivität in Rechenmodellen nachzuvollziehen mit dem Ziel, optimale Bekämpfungsmöglichkeiten zu erkennen. Für die Kartoffelkraut- und Knollenfäule sind in dieser Richtung schon beachtliche Erfolge erzielt worden.

Betrachten wir abschließend einige Gesichtspunkte zum Befall mit Schadinsekten im Hinblick auf Wetter und Klima. Nicht nur die Geschwindigkeit der Entwicklung dieser Tiere, auch die Zahl der Generationen in einem Jahr sowie ihre Aktivität ist vornehmlich von Temperatur, Sonnenschein und Wind abhängig. Zudem kann der Wind, wie die Heuschreckenschwärme zeigen, für eine Verbreitung der Insekten auf große Entfernungen verantwortlich sein. So können Saatkartoffeln nur dort vermehrt werden, wo das Klima einen starken Befall mit Blattläusen, insbesondere mit der Pfirsichblattlaus, verhindert. Der aktive Flug der die Abbauviren übertragenden Blattlaus findet nur bei Temperaturen von 18–26 °C und Luftfeuchten über 50% statt und hört bei einem Wind über 2 m/s auf. Kartoffelsaatgut wird daher vornehmlich in den kühlen und windreichen Gegenden nahe der norddeutschen Küste und in Höhenlagen vermehrt. Bei Insekten spielt aber auch das Kleinklima, besonders das Klima in Pflanzenbeständen oder hinter Windschutzanlagen, eine große Rolle. All diese Faktoren können ein Massenauftreten fördern oder hemmen, wobei der Wettereinfluß schon bei den Überwinterungsbedingungen beginnt.

Der für die Wurmstichigkeit der Äpfel mit verantwortliche Apfelwickler überwintert als eingesponnene Larve. Die Entwicklung der Larven beginnt bei etwa 10 °C. Die Dauer bis zum Schlüpfen der Motte ist nun sehr abhängig von der Temperatur. Die Hauptschlüpfzeit liegt meist im Juni. Die Schlüpfperiode der ersten Generation kann 6–8 Wochen betragen. Zum Schlüpfen müssen genügend Tage mit Mitteltemperaturen über 15 °C gegeben sein. Versuche, mit Hilfe von Temperatursummen (Summen der Tagesmitteltemperaturen) den Schlüpftermin vorauszusagen, litten jedoch unter der großen Streuung im Erscheinen der Falter.

Wichtiger ist, daß die Wickler, wie viele andere Insekten auch, nur in der Abenddämmerung aktiv fliegen und ihre Eier ablegen, und dies auch nur, wenn bestimmte Temperaturen herrschen, d. h. an warmen Abenden. Der Apfelschalenwickler tut dies 2 Stunden vor Sonnenuntergang bei Temperaturen über 17,5 °C und 1 Stunde nach Sonnenuntergang bei über 15 °C. Die Temperatur bestimmt dann, wann die Larven erscheinen; beim Apfelschalenwickler ist das bei 15 °C nach etwa 16 Tagen, bei 20 °C nach 9–10 Tagen der Fall. Apfelwickler und Apfelschalenwickler bringen oft auch eine zweite Generation aus Raupen hervor, falls diese vor Anfang August ausgewachsen sind. Das ist zu erwarten, wenn die Mitteltemperatur von Juni und Juli etwas über 18 °C liegt. Es ist daher sinnvoll, die Temperaturverhältnisse des Frühsommers gerade im Hinblick hierauf zu verfolgen.

Es bestehen somit in jedem Falle sehr komplizierte Dreiecksverhältnisse zwischen Wirtspflanze, Erreger bzw. Schädling und den Umweltbedingungen, wobei jeder Faktor jeden anderen mit beeinflußt, und das je nach dem Entwicklungsstadium von Pflanze, Erreger bzw. Schädling in unterschiedlicher Weise. Hinzu kommt der Mensch, der seinerseits alle 3 Faktoren mehr oder weniger beeinflussen kann. Es ist darum verständlich, daß bei der Mannigfaltigkeit der Beziehungen auch bezüglich der Bedeutung von Wetter und Klima für den Pflanzenschutz diese noch nicht in vollem Umfang geklärt sein können und daß noch manche Verbesserungen zu erwarten sind.

9 Beispiele agrarmeteorologischer Beratung durch den Deutschen Wetterdienst

9.1 Vorbemerkung

Die nachfolgend aufgeführten Beratungsdienste stellen nur eine begrenzte Auswahl besonders interessant erscheinender Beispiele dar. Außerdem wurden nur solche Fälle ausgewählt, die bei der Drucklegung dieses Buches abgeschlossen waren. Verschiedene Beratungsunterlagen aus dem Gebiet der Phänologie sind besonders markante Beispiele für die Denkweise dieses Wissenschaftszweiges. Sie wurden deshalb schon im Hauptkapitel 7 aufgeführt: die Karte der Weidedauer auf Seite 168, die Karte der landwirtschaftlich nutzbaren Vegetationszeit auf Seite 167 und die Karten des Beginns der Apfelblüte auf Seite 165 und der Winterweizenernte auf Seite 166.

Darüber hinaus wird zur Zeit an einer Fülle von weiteren Untersuchungen über Beregnungsbedürftigkeit, Anbauberatung, Düngeempfehlungen, Pflanzenschutz und Maschineneinsatz gearbeitet, die der Landwirtschaft Hilfestellungen bei der lang- und der kurzfristigen Planung geben sollen.

9.2 Einmal-Beratung für langfristige Planung

9.2.1 Die Kartierung der Frostwahrscheinlichkeit

Der Spätfrost ist mit die größte Gefahr für den Ertrag einer Obstanlage oder eines Weinberges. Wer eine neue Anbaufläche plant, sollte sich deshalb von vornherein über das Frostschadenrisiko im klaren sein. Als Entscheidungshilfe für solche Vorhaben stellt der Deutsche Wetterdienst für eine Vielzahl von Flächen Karten der Frostgefährdung zur Verfügung.

Zur Erarbeitung dieser Karten werden kleinklimatische Meßnetze eingerichtet. Diese bestehen aus einer sog. Basisstation und einer der Geländelage und -form entsprechenden Zahl von Meßstellen mit Minimumthermometern. Die Basisstation wird in 50 cm Höhe aufgebaut. Sie enthält in einer Wetterhütte Registriergeräte für Lufttemperatur und -feuchtigkeit sowie ein Minimumthermometer; daneben steht ein Windmesser. Die mit einem einfachen Strahlungsschutz versehenen Minimumthermometer werden, ebenfalls in 50 cm Höhe, in netzartiger Anordnung im Gelände verteilt. Die Temperaturmessungen dieses Netzes werden durch Meßfahrten im Gelände, Ballonaufstiege sowie Augenbeobachtungen ergänzt. Für die Datenerfassung kommen nur windstille, wolkenlose Strahlungsnächte im Frühjahr und Herbst in Frage, weshalb eine systematische Analyse oft sehr zeitaufwendig ist. Mit den so gewonnenen Ergebnissen kann die Abweichung der Temperatur an den mit Thermometern bestückten Geländepunkten von der Temperatur an der Basisstation bestimmt und nach statistischen Gesetzmäßigkeiten ausgewertet werden. Unter Einbeziehung der Meßwerte einer Standardstation des Klimanetzes und der phänologischen Daten für Beginn und Ende der Frostgefährdungszeit werden Kartierungen möglich, wie sie Abb. 78 als Beispiel zeigt. Gleichzeitig sind dort die Minimumtemperaturen in einer klaren Oktobernacht eingetragen, welche zwischen der wärmsten und der kältesten Stelle um 7 K differieren.

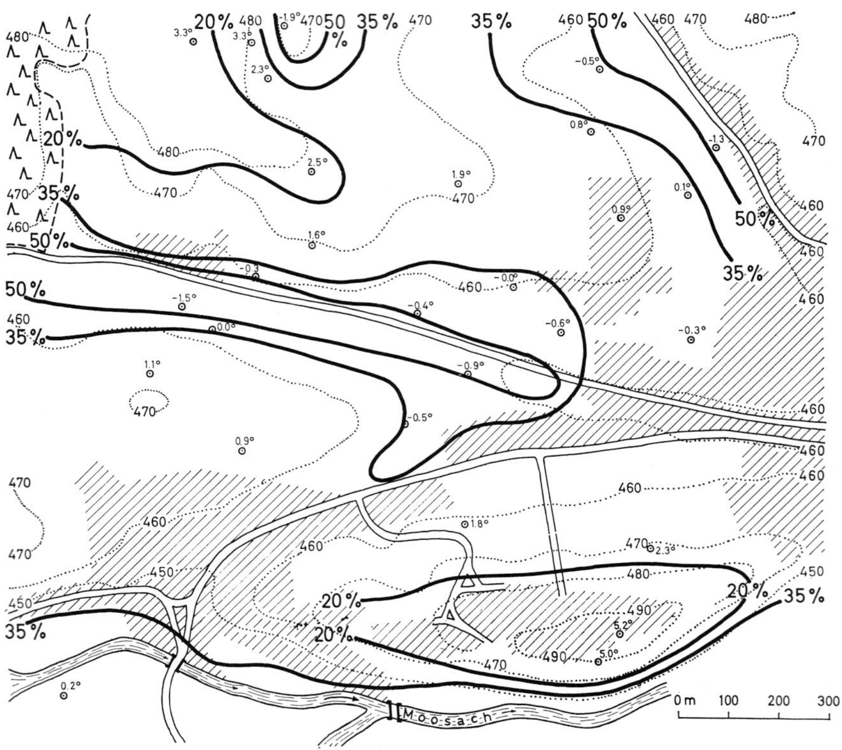

Abb. 78. Häufigkeit von Spätfrost (Unterschreiten von 0 °C) in 50 cm Höhe nach Beginn der Süßkirschenblüte in % aller Jahre. Zahlen an den Meßstellen: Tiefsttemperatur am 16. 10. 1956, schraffiert: bebautes Gelände einschließlich Gärten.

Tab. 25. Definition der Frostgefährdung.

Gefährdungs-zone	Eine bestimmte Temperatur-schwelle wird unterschritten	Wahrscheinlichkeit des Eintretens in einem beliebigen Jahr in %
0	sehr selten	1
1	1–2mal in einem Menschenalter	5
2	1–2mal in einem Jahrzehnt	14
3	sehr häufig	47
4	fast in jedem Jahr	80

Darüber hinaus hat SCHNELLE (1965) ein Schema erarbeitet, das von der Wahrscheinlichkeit des Unterschreitens bestimmter Schwellentemperaturen in bestimmten Zeitabschnitten ausgeht und somit eine Definition von Gefährdungszonen ermöglicht. Tab. 25 zeigt, wie diese festgelegt sind.

9.2.2 Karte der Feldarbeitstage für die verschiedenen Verfahren der Futterernte

Die Planung des Maschineneinsatzes, insbesondere bei Maschinenringen, erfordert eine genaue Vorstellung über den günstigsten Zeitpunkt und die Anzahl der verfügbaren Tage für bestimmte landwirtschaftliche Arbeiten. Von besonderem Interesse ist die witterungsmäßig verfügbare Zahl der Feldarbeitstage für die verschiedenen Verfahren der Futterernte, sei es für die Gewinnung von Naßsilage, Anwelksilage, Gärheu, Unterdachtrocknungsheu oder Bodentrocknungsheu. Auf Grund eingehender Feldversuche in Süd- und Norddeutschland ergab sich, daß der Abtrocknungsvorgang auf der Wiese etwa proportional zum Logarithmus der Sättigungsdefizitsumme (gemessen in mbar mal Stunden) abläuft. Für Naßsilage (80% Wassergehalt) benötigt man danach etwa 40 mbar mal Stunden, für Bodentrocknungsheu (20% Wassergehalt) mindestens 425 mbar mal Stunden (SPATZ et al. 1970).

Auf diesen Erkenntnissen aufbauend, hat PFAU (1971) ein Rechenmodell konstruiert, mit dessen Hilfe die mittlere Zahl der für die verschiedenen Verfahren der Futterernte zur Verfügung stehenden Tage berechnet werden kann. Das Verfahren erfaßt über den Rohfasergehalt auch das Alter des Erntegutes, das eine wesentliche Rolle beim Abtrocknen spielt, und berücksichtigt, daß Gras bei einem bestimmten Luftfeuchtegehalt nicht unter einen bestimmten Wassergehalt (s. Seite 42) abgetrocknet werden kann.

Mit Hilfe dieser Rechnungen lassen sich für die verschiedenen Gegenden Deutschlands die Dekaden bestimmen, in denen im Mittel die günstigsten Erntebedingungen zu erwarten sind. Günstigste Erntebedingungen bedeuten dabei: die größtmögliche Zahl von Tagen, an denen ein Schnitt zu dem erwarteten Trocknungsergebnis führt, gleichzeitig aber die kürzestmögliche Zeit bis zum Eintreten des verlangten Trocknungszustandes. Die Ergebnisse der Rechnungen sind in Abb. 79 dargestellt. Sie enthält die für die Heuwerbung und alle Konservierungsarten günstigsten Zeiträume. Wie man sieht, ist in Norddeutschland die erste Dekade des Juni am meisten begünstigt. In mittleren und südlicheren Gebieten ist die zweite Juni-Dekade günstiger. Auf Ende Juni verschiebt sich die optimale Dekade in den Mittelgebirgslagen und im Alpenvorland. Im Schwarzwald und im Saar-Nahe-Bergland ist erst die erste Juli-Dekade sinnvoll zu nutzen. Im Alpengebiet und im Niederrheinischen Tiefland ist bereits die dritte Mai-Dekade von der Witterung begünstigt.

Eine analoge Karte existiert auch für die Grummetwerbung, aus der hervorgeht, daß in Nord- und Westdeutschland der günstigste Zeitpunkt in der letzten Juli-Dekade liegt, im Süden und Osten dagegen Ende August.

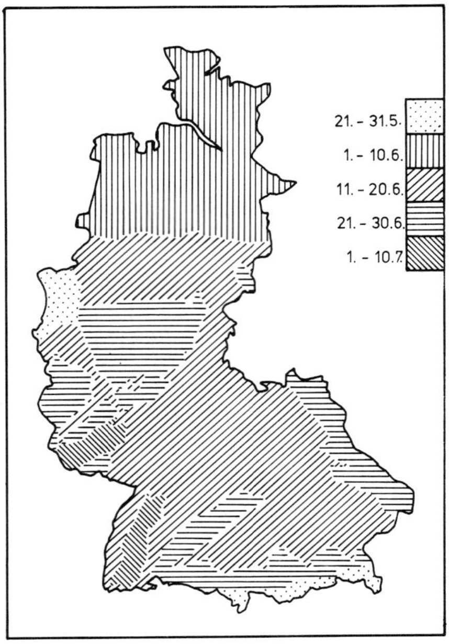

Abb. 79. Der für Heuwerbung und alle Konservierungsarten günstigste Zeitraum (nach PFAU 1971).

9.2.3 Karte der für den Mähdreschereinsatz zur Verfügung stehenden Tage

Die Verwendung des Mähdreschers zur Getreideernte erfordert einen möglichst geringen Wassergehalt im Korn. Erst bei Kornfeuchten unter 20% ist eine Mähdreschererernte ohne nachträgliche Trocknung des Getreides möglich. Der Verlauf der Kornfeuchte nach Erreichen der Gelbreife ist weitgehend von der Witterung abhängig. Es ist deshalb möglich, den zeitlichen Verlauf der Kornfeuchte angenähert zu berechnen, wobei als Parameter die Lufttemperatur, die Luftfeuchte und die Niederschlagsdauer eingehen. Sie und das Feuchtegleichgewicht zwischen dem Korn und der Umgebungsluft gestalten den Abtrockungsverlauf. Ein mathematisches Modell, das von HEGER (1973) entwickelt wurde, berücksichtigt ferner die obere und untere Grenzfeuchte des Kornes als Folge von Quellungsvorgängen und dem Absterben der Pflanze nach der Gelbreife.

Ausgehend vom mittleren Datum für das Einsetzen der Gelbreife, wurde der Kornfeuchteverlauf für die diesem Termin folgenden 30 Tage berechnet. Dazu wurden 15 Jahre umfassende Reihen von etwa 70 gleichmäßig über das gesamte Bundesgebiet verteilten Stationen verwendet. Auf diese Weise ließ sich für Wintergerste, Winterweizen und Hafer die Zahl der Tage mit Kornfeuchten unter 20% und unter 15% errechnen, also die Zahl der für den Mähdreschereinsatz geeigneten Tage.

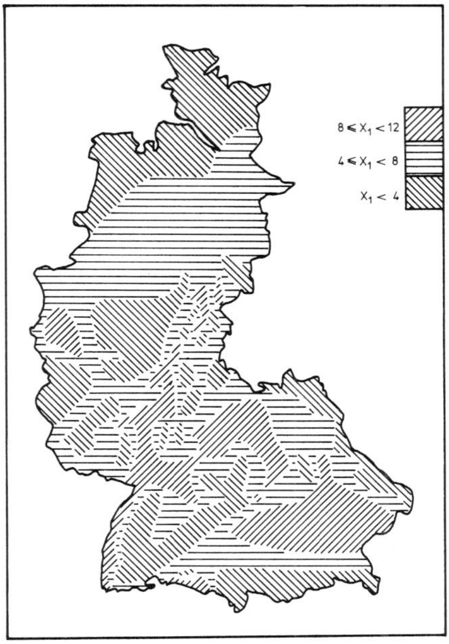

Abb. 80. Mittlere Anzahl der Mähdruschtage (x_1) für Winterweizen bei einer Sicherheit von 90% (nach HEGER 1973).

Die Ergebnisse sind kartographisch zusammengestellt. Abb. 80 zeigt die Verhältnisse für Winterweizen. Angegeben ist die jährliche Zahl der Tage mit einer Kornfeuchte von weniger als 20% in den 30 Tagen nach dem Einsetzen der Gelbreife bei einer Sicherheit von 90%.

Wie man sieht, stehen für die Winterweizenernte im Mittel bestenfalls 12 Erntetage zur Verfügung. Diese Optimalbedingungen sind aber nur in wenigen Gebieten in Bayern, Hessen und in Rheinland-Pfalz zu finden. In den Mittelgebirgen, am Alpenrand und in den küstennahen Gebieten sind es weniger als 4 Tage. In den übrigen Teilen der Bundesrepublik stehen für den Mähdrusch 4–8 Tage zur Verfügung.

9.2.4 Die Möglichkeiten der Unterdachtrocknung von Heu

Das Gras auf der Wiese hat einen Wassergehalt von 75–85%. Die günstigste Lagerungsfeuchtigkeit von Heu liegt bei etwa 20% und darunter. Erfahrungsgemäß erfordert die Freilandtrocknung auf diesen Wassergehaltswert etwa 3–5 Tage.

Diese konventionelle Art der Heuwerbung ist mit einem erheblichen Witterungsrisiko verbunden. Deshalb wird zunehmend versucht, die Trocknung vollständig oder teilweise unter Dach durchzuführen. Am günstigsten hat sich folgender Weg erwiesen: Das Gras wird im Freiland auf 60% oder 40% Wassergehalt heruntergetrocknet, dann fährt man es ohne Bröckelverlust ein und trocknet es anschließend unter Dach auf 20–15% aus. Dabei muß das überschüssige Wasser in etwa

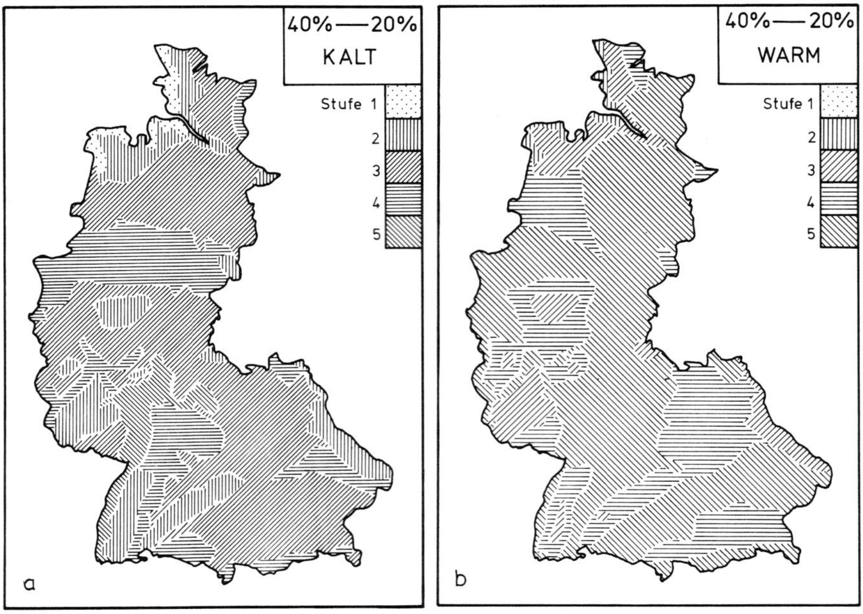

Abb. 81 a und b. Möglichkeiten für die Unterdachtrocknung von Heu mit unbehandelter (a) und um 5 K vorgewärmter (b) Luft bei einer beabsichtigten Senkung des Wassergehaltes von 40% auf 20%. Stufeneinteilung: Die Abtrocknung erfolgt innerhalb von 10 Tagen in 25% aller Fälle = Stufe 1, in 45% = Stufe 2, in 67% = Stufe 3, in 77% = Stufe 4 und in praktisch 100% = Stufe 5 (nach Pfau 1969).

8–10 Tagen abgeführt sein, wenn unnötige Qualitätsverluste vermieden werden sollen.

Bei dieser künstlichen Trocknung treten 3 Fragen auf:

- Wie groß ist die zu entfernende Wassermenge?
- Wieviel Wasser kann 1 m^3 Luft aufnehmen?
- Wie lange dauert der Trocknungsprozeß unter Berücksichtigung eben dieser Wasseraufnahmefähigkeit für jede Trocknungsstunde?

Auf der Basis dieser Fragen hat Pfau (1969) ein Heutrocknungsmodell entwikkelt, das es gestattet, den Trocknungsprozeß in der Unterdachanlage rechnerisch zu verfolgen. Dazu verwendet er Stundenwerte der Lufttemperatur und der Luftfeuchtigkeit und berechnet damit in Stundenschritten die Abnahme des Wassergehalts. Die Rechnungen wurden für 26 Stationen und 15 Jahre durchgeführt.

Der Trocknungsvorgang wurde für jedes einzelne Jahr berechnet, und zwar beginnend 2 Tage nach dem phänologischen Datum des Wiesenschnittes, weil nach etwa 2 Tagen eine Freilandabtrocknung auf 60–40% erfolgt ist. Die Abtrocknung wurde bis 20% und 14% Wassergehalt berechnet.

Wie im Kapitel 3.2 schon genauer auseinandergesetzt wurde, hängt der minimale Wassergehalt des Grases von der relativen Luftfeuchtigkeit ab. Dieser Tatsache wurde dadurch Rechnung getragen, daß eine Abtrocknung unter diesen Gleichgewichtswert nicht zugelassen wurde. Solche Fälle treten bevorzugt in den Abend- und Nachtstunden mit ihren hohen Werten der relativen Luftfeuchte auf.

Alle Rechnungen erfolgten für Luft, die künstlich um 5 K vorgewärmt wurde, und für unbehandelte Luft.

Die auf diese Weise erhaltenen Ergebnisse über die Abtrocknungsgeschwindigkeit wurden in ein Punktesystem eingebettet, bei dem steigende Punktzahl steigende Eignung für Unterdachtrocknung bedeutet.

Dabei wurde folgende Stufeneinteilung gewählt: Die Abtrocknung erfolgt innerhalb von 10 Tagen in 25% aller Fälle = Stufe 1, in 45% = Stufe 2, in 67% = Stufe 3, in 77% = Stufe 4, in praktisch 100% aller Fälle = Stufe 5.

In Kartendarstellungen wurden gleich eingestufte Gebiete ausgewiesen. Die Abb. 81a und 81b enthalten die Darstellungen für eine Abtrocknung von 40% auf 20% für vorgewärmte und nicht vorgewärmte Luft.

Man sieht, daß im Küstengebiet und in den Mittelgebirgen eine Unterdachtrocknung ohne Zusatzheizung kaum möglich ist. Günstige Gebiete liegen im Rhein- und im Donautal, in den südlichen Teilen der Norddeutschen Tiefebene und am föhnbegünstigten Alpenrand. Bei zusätzlicher Heizung steigt die Eignung aller Gebiete, zum Teil sogar erheblich.

9.3 Regelmäßige Beratungen

9.3.1 Die Beregnungsberatung

Die Feldberegnung ist ein sehr aufwendiges Betriebsmittel. Das dafür notwendige Wasser ist ein teuerer und gebietsweise knapp werdender Rohstoff. Sie ist also nur dann zu rechtfertigen, wenn ein entsprechender Erfolg erwartet werden darf.

Dieser kann allerdings beträchtlich sein, wie Abb. 82 zeigt. Dort sind die Zuckerrübenerträge beregneter und unberegneter Flächen gegenübergestellt. In den Trokkenjahren waren die Erträge bei Beregnung bis zu dreimal höher. Es zeigt sich aber auch, daß Zusatzregen nur dann sinnvoll ist, wenn die Pflanze sonst Wassermangel leiden würde. Ähnliches fand man auch bei anderen Kulturen. Eine unüberlegte, zu großzügige Beregnung bringt also keinerlei Ertragssteigerung, sondern ist nur Geld- und Wasserverschwendung.

Um die Feldberegnung sinnvoll einsetzen zu können, hat man sich mit ihr in den letzten Jahren sehr intensiv befaßt. Dabei fand man, daß der Wasserbedarf keinesfalls für alle Kulturen gleich ist und außerdem stark vom Entwicklungsstadium der Pflanze abhängt. Getreide verlangt bei der Bestockung nur etwa 25 bis 30% nutzbarer Kapazität (n. K.). Ab der Mitte des Schossens sollten 40–45% n. K. zur Verfügung stehen. Während des Ährenschiebens und bis über die Blüte hinaus ist auf eine Wasserversorgung zwischen 40 und 50% n. K. zu achten. Lediglich Braugerste sollte ab dem Blühstadium nicht mehr zu feucht gehalten werden. Der Mais ist hinsichtlich des Wasserbedarfs eine sehr anspruchslose Kultur. Lediglich vom Ährenschieben bis zum Ende der Blüte sollten unbedingt 40 bis 50% n. K. vorhanden sein, sonst kann der Pollen nicht keimen und die Kolben bleiben großenteils leer. Nach der Blüte reichen 30 bis 35% n. K. aus. Auch die Zuckerrübe benötigt während ihrer Jugendentwicklung nur wenig Wasser. Außer einer eventuell notwendigen Auflaufberegnung ist üblicherweise keine zusätzliche Wassergabe nötig. Sie wächst dann

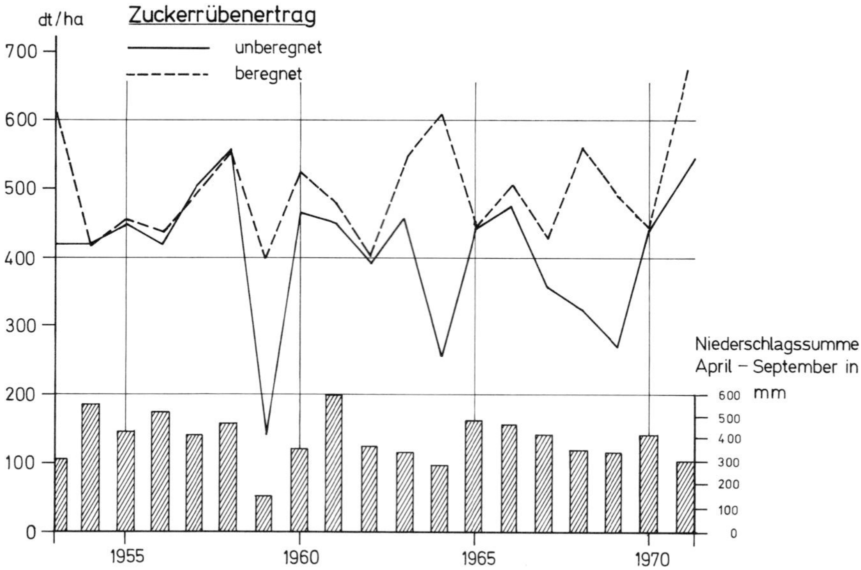

Abb. 82. Zuckerrübenertrag auf beregneten und unberegneten Flächen in Völkenrode nach Bramm et al., 1981.

schnell in die Tiefe und bildet verarbeitungsfreundliche, gerade Rübenkörper. Ab Bestandsschluß darf der Bodenwassergehalt nicht mehr unter 30 bis 35% n. K. sinken. Ab 2 bis 3 Wochen vor der Ernte wird nicht mehr beregnet, es sei denn, der Boden verlangt eine Ernteanfeuchtung. Die Kartoffel versorgt sich bis zum Knollenansatz aus der Saatknolle ausreichend mit Wasser. Ab diesem Zeitpunkt, der etwa mit dem Bestandsschluß zusammenfällt, gelten 40% n. K. als unterer Grenzwert. Nach der Blüte reichen 35% n. K. aus.

Zur Erstellung der Beregnungsberatung wird täglich der Bodenwassergehalt ausgesuchter Standorte berechnet und mit dem augenblicklichen Mindestwasserbedarf der verschiedenen Kulturen verglichen. Ist der berechnete nur noch wenig größer als der Mindestwert und werden für die nächsten Tage keine ergiebigen Niederschläge erwartet, so wird eine Beregnungsempfehlung von 25 bis 30 mm je nach Boden ausgesprochen. Mit dieser „Vorhaltezeit“ wird ermöglicht, daß noch alle Flächen eines Betriebes rechtzeitig beregnet werden können. Die Berechnung erfolgt nach der Wasserhaushaltsgleichung:

$$B' = B + R - V - S - A$$

dabei bedeutet B' den heutigen und B den gestrigen Bodenwassergehalt. R ist der Niederschlag, V die Verdunstung, S die Versickerung beziehungsweise der kapillare Aufstieg, A der Oberflächenabfluß jeweils von gestern bis heute. Kennt man B von einem beliebigen Starttag sowie R, V, S und A von allen folgenden Tagen, so kann man B' für jeden Tag berechnen. Für den Startwert von B werden entweder Bodenwasserbestimmungen durchgeführt oder man beginnt mit den Rechnungen, wenn der Boden vom Winter her noch auf Feldkapazität steht. Der Niederschlag wird gemessen, die Verdunstung berechnet. Man benützt dafür in zunehmendem Maße die Formel von PENMAN und versucht dabei, das Verdunstungsverhalten der einzelnen Kulturen zu berücksichtigen. Die Vertikalbewegung des Wassers sowie der Oberflächenabfluß werden durch stark vereinfachte Ansätze eingebaut. Abb. 83 zeigt berechnete und im Vergleich dazu gemessene Werte des Bodenwassergehaltes.

Die Hinweise werden über den Fernsprechansagedienst (0)1154, Alibiphon oder schriftlich verbreitet.

Zur Zeit wird beim Deutschen Wetterdienst an einem Verfahren zur individuellen Beregnungsberatung gearbeitet. Sein Ziel ist es, für jeden Schlag eines landwirtschaftlichen Betriebes den Wassergehalt des Bodens einzeln zu berechnen. Dazu muß in den Computer eingegeben werden, welche Kulturen auf den verschiedenen Schlägen stehen und wie groß Feldkapazität und Welkepunkt sind. Außerdem muß der Landwirt den auf seinem Hof gefallenen Niederschlag zusammen mit Angaben über verabreichten Zusatzregen an den Computer melden. Dazu soll zu gegebener Zeit Bildschirmtext eingesetzt werden. Die Daten werden zusammen mit Wettermeldungen und Informationen über die Pflanzenentwicklung vom Deutschen Wetterdienst verrechnet. Die Ergebnisse erhält der Kunde wieder über Bildschirmtext in Form einer Beregnungsempfehlung zurück.

Verlauf des Bodenwassergehaltes in Prozent n. K. Wurzelraum 60 cm, Versuch 1982
Station: 13 Weihenst, Kultur: FKAR, Feldkapazität: 206 mm, Welkepunkt: 96 mm

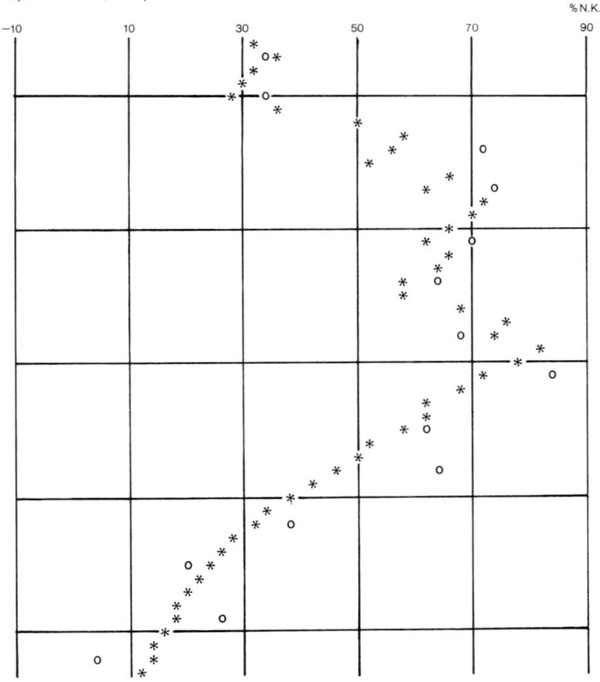

Datum	Temp.	RF	Regn. ZR	Datum	AV	PV
6.6.	28.3	37.		6.6.	3.4	7.0
7.6.	22.6	61.	7.6	7.6.	2.7	3.4
8.6.	24.6	40.		8.6.	3.1	5.9
9.6.	25.4	44.	03.	9.6.	2.9	5.8
10.6.	24.0	39.		10.6.	2.7	5.8
11.6.	23.3	61.	11.4	11.6.	2.8	3.6
12.6.	13.0	91.	16.5	12.6.	0.4	0.4
13.6.	12.5	69.	9.7	13.6.	1.5	1.5
14.6.	13.2	53.		14.6.	2.3	2.3
15.6.	15.9	42.		15.6.	3.4	3.4
16.6.	14.0	90.	14.0	16.6.	0.5	0.5
17.6.	16.1	52.		17.6.	2.8	2.8
18.6.	16.7	75.	12.4	18.6.	1.8	1.8
19.6.	15.5	68.		19.6.	2.2	2.2
20.6.	20.3	40.		20.6.	5.5	5.5
21.6.	19.1	68.		21.6.	2.7	2.7
22.6.	23.2	51.	8.1	22.6.	5.4	5.4
23.6.	17.6	76.		23.6.	1.9	1.9
24.6.	21.9	47.		24.6.	5.3	5.4
25.6.	24.1	55.	4.6	25.6.	5.2	5.2
26.6.	19.5	74.	14.0	26.6.	2.3	2.3
27.6.	17.4	71.	9.6	27.6.	2.2	2.2
28.6.	17.7	60.	0.6	28.6.	3.1	3.1
29.6.	15.1	81.	10.6	29.6.	1.3	1.3
30.6.	17.4	44.		30.6.	4.3	4.3
1.7.	20.1	43.		1.7.	5.2	5.2
2.7.	24.4	46.		2.7.	6.4	6.4
3.7.	26.7	52.	1.5	3.7.	6.4	6.5
4.7.	18.0	54.	3.0	4.7.	3.7	3.7
5.7.	22.2	44.		5.7.	5.4	5.8
6.7.	22.1	52.		6.7.	4.6	4.9
7.7.	20.8	54.		7.7.	4.0	4.4
8.7.	23.4	44.		8.7.	4.5	6.2
9.7.	25.4	37.		9.7.	4.5	7.0
10.7.	27.8	43.		10.7.	4.1	7.0
11.7.	25.1	43.		11.7.	3.7	7.0
12.7.	25.9	44.		12.7.	3.4	7.0
13.7.	26.4	42.		13.7.	3.1	7.0
14.7.	26.6	38.		14.7.	2.8	7.0
15.7.	29.0	33.		15.7.	2.6	7.0
16.7.	28.3	41.		16.7.	2.3	7.0
17.7.	23.7	50.		17.7.	1.8	5.2
18.7.	22.5	54.		18.7.	1.5	4.3
19.7.	20.7	66.		19.7.	1.4	2.8
20.7.	25.3	58.		20.7.	1.3	4.5
21.7.	29.7	38.		21.7.	1.6	7.0
22.7.	23.7	45.		22.7.	1.2	5.1
23.7.	23.7	45.		23.7.	1.1	5.0

Abb. 83. Verlauf des berechneten (*) und gemessenen (0) Bodenwassergehaltes in einer Frühkartoffelkultur. Temperatur (Temp., °C) und relative Feuchte (RF, %) jeweils um 14 Uhr MOZ gemessen. Niederschlag (REGM), aktuelle (AV) und potentielle (PV) Verdunstung in mm.

9.3.2 Der Auswuchs-Warndienst

Die Keimfähigkeit eines Getreidekornes kann schon sehr früh, zum Teil noch während der Milchreife, erreicht werden. Tritt die Keimung bei noch auf dem Halm stehendem Getreide ein, so spricht man von Auswuchs.

In einem Rechenmodell konnten GRAHL und SCHRÖDTER (1976) die Keimruheverkürzung in Abhängigkeit von der sortenspezifischen Auswuchsneigung, der Temperatur, der Strahlung und der Evapotranspiration beschreiben. Aus diesem Modell wurde ein Warndienst für Weizen entwickelt, der nach Abschluß einer Erprobungsphase seit 1978 regelmäßig durchgeführt wird.

In diesem Warndienst werden für etwa 70 Orte in der Bundesrepublik während der kritischen Zeit täglich Bewertungsziffern errechnet, die einen Hinweis auf die Auswuchsgefährdung geben. Die Berechnungen werden den Pflanzenschutzbehörden zur Verfügung gestellt, die sie in ihre Warnmeldungen aufnehmen, aber auch über Rundfunk verbreitet.

Da die Auswuchsgefahr bei Winterweizen erheblich anders ist als bei Sommerweizen, werden die Bewertungsziffern für die beiden Arten gesondert ausgewiesen.

Die Gefahr für Auswuchs bewegt sich bei den verschiedenen Sorten innerhalb sehr weiter Grenzen. Ein 9stufiges Bewertungsschema dafür gibt die „Beschreibende Sortenliste Getreide–Mais–Ölfrüchte“ des Bundessortenamtes an die Hand. Mit Hilfe dieser Notenstufen läßt sich ein sortenspezifischer Risikofaktor berechnen, der folgendermaßen zu verstehen ist: Ist für eine Sorte und einen Ort die Bewertungsziffer auf Grund des Auswuchsmodells größer als der Risikofaktor, so bedeutet das: Für diese Sorte besteht, sofern sie die Vollreife erreicht hat, bei feuchter Witterung akute Auswuchsgefahr; sie muß, je nachdem, wie weit der Risikofaktor überschritten ist, innerhalb der nächsten 8–14 Tage geerntet werden. Besonders gefährdete Sorten haben demnach niedere, wenig gefährdete hohe Risikofaktoren. Tab. 26 soll daraus eine auszugsweise Übersicht für besonders verbreitete Winterweizensorten liefern.

Tab. 26. Risikofaktoren für die Auswuchsgefährdung einiger wichtiger Winterweizensorten nach der Beschreibenden Sortenliste Getreide, Mais und Ölfrüchte für 1978.

Note nach Bundessortenamt	Risikofaktor	Sorte (Winterweizen)
9	16–31	Carstacht
8	32–47	—
7	48–56	Diplomat
6	57–66	z. B. Benno, Huntsman
5	67–76	z. B. Kormoran, Disponent, Kranich, Vuka
4	77–84	z. B. Nimbus, Caribo, Carisuper
3	85–91	z. B. Magnat, Duellant, Monopol, Jubilar
2	92–95	—
1	95	—

Ein Beispiel möge das Gesagte verdeutlichen: Für einen bestimmten Ort wird vom Auswuchswarndienst die Winterweizen-Bewertungsziffer 76 genannt. Das bedeutet, daß dort für alle Sorten mit Risikofaktoren bis 76 Auswuchsgefahr besteht; das sind diejenigen, deren Note nach Bundessortenamt 5 oder höher ist.

9.3.3 Der Phytophthora-Warndienst

Die Kartoffelkraut- und Knollenfäule wird durch den Pilz *Phytophthora infestans* hervorgerufen. Etwa ab Ende Juni können sich, vor allem bei feuchtwarmer Witterung, an den Spitzen, aber auch auf der gesamten Spreite der unteren Kartoffelblätter Faulstellen ausbilden. Unter besonderen Witterungsverhältnissen kann die Krankheit in wenigen Tagen auf das gesamte Laubwerk und schließlich auch auf die Knollen übergreifen.

Der Pilz gelangt meistens mit nur ganz vereinzelten infizierten Saatkartoffeln auf die Felder. Seine Sporen, die auf dem weißlichen Pilzrasen freigesetzt werden, können durch Regen und Wind rasch verbreitet werden. In dem Maße, wie genügend tropfbar flüssiges Wasser bei entsprechenden Temperaturen zur Verfügung steht, ist Keimung und weiteres Wachsen des Pilzes dann mehr oder weniger schnell möglich.

Zur Bekämpfung sind Spritzungen notwendig, die im Abstand von etwa 8–12 Tagen wiederholt werden müssen, in feuchten Jahren sogar in noch kürzeren Intervallen. Wie SCHRÖDTER und ULLRICH (1967) zeigen konnten, sind diese prophylaktischen Spritzungen nicht unbedingt erforderlich, weil unter Umständen auf Grund meteorologischer Bedingungen eine Ausbreitung der Krankheit nicht möglich ist. Sie entwickelten deshalb eine sog. Negativprognose. Negativprognose heißt sie deshalb, weil sie nicht den Befall, sondern das Ende der witterungsbedingt befallsfreien Zeit vorherzusagen gestattet. Ihr Ziel ist es, den günstigsten Anfangstermin für eine optimale Bekämpfung zu finden und damit den Aufwand für Spritzmittel und die Umweltbelastung so gering wie möglich zu halten.

Das Modell, auf das sich diese Prognose stützt, berücksichtigt die unterschiedlichen meteorologischen Bedürfnisse des Krankheitserregers in seinen verschiedenen Entwicklungsstadien. So zeigte sich, daß eine Sporenkeimung nur in einer mehr als 4stündigen Feuchtperiode (tropfbar nasse Blätter) und bei Temperaturen von 10–12 °C möglich ist, daß eine Sporangienbildung nur stattfinden kann, wenn während mindestens 10stündiger Feuchtperioden die Temperatur zwischen 20 und 22 °C liegt, daß das Myzelwachstum von Temperaturen im Bereich 15–20 °C abhängt und daß es eine Hemmung der Befallsentwicklung bei Luftfeuchtigkeiten unter 70% gibt.

Mit Hilfe dieser Zusammenhänge ließ sich eine Bewertungsziffer berechnen, die direkt die Ausbreitung der Krankheit beschreibt. Solange diese Bewertungsziffer unter 150 liegt, bleibt der Befall unter 0,1% der infektionsfähigen Fläche. Bei Bewertungsziffern zwischen 150 und 270 müssen die Bestände überwacht werden, denn der Befall ist auf 0,1–1% angewachsen. Ab Bewertungsziffern von 270, die gleichbedeutend sind mit der Aussage, daß mindestens 1% der Fläche befallen ist, muß mit einer schnellen Ausbreitung gerechnet werden, so daß Bekämpfungsmaßnahmen notwendig werden.

Die Berechnung der Bewertungsziffer durch den Deutschen Wetterdienst beginnt mit dem Auflaufen der Kartoffeln; sie erfolgt aus den stündlichen Beobachtungen von 70 meteorologischen Stationen. Die Berechnungen werden einmal wöchentlich durchgeführt, die erhaltenen Bewertungsziffern zu einer Gesamtbewertungsziffer (GBZ) addiert und diese zu einer Kartendarstellung zusammengefaßt. In Abb. 84 ist die Karte vom 25. 7. 1977 dargestellt. Sie gilt für das Auflaufdatum 7. Mai. Ihr Inhalt ist folgendermaßen zu interpretieren: Um Köln und im Münster-

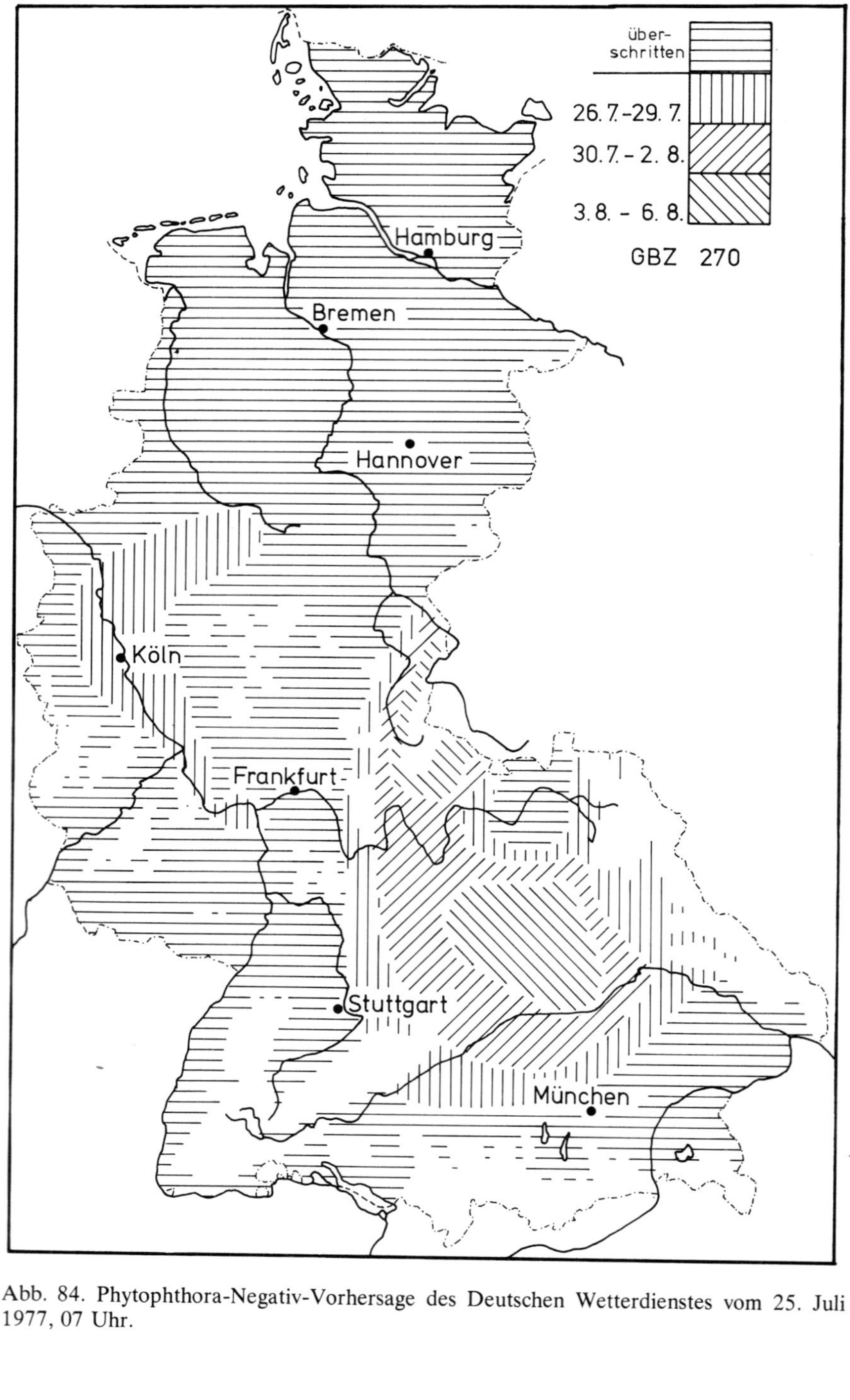

Abb. 84. Phytophthora-Negativ-Vorhersage des Deutschen Wetterdienstes vom 25. Juli 1977, 07 Uhr.

land liegt die GBZ am 25. 7. oberhalb 150, aber noch unter 270, der Befall hat also die 0,1 %-Schwelle bereits überschritten. Die „kritische" Gesamtbewertungsziffer von 270 kann zwischen dem 26. 7. und dem 29. 7. erreicht werden. Vor diesem Datum sind also Spritzungen nicht erforderlich.

Unterscheidet sich an einem Standort das Auflaufdatum vom 7. Mai, so kann die dafür gültige GBZ mit Hilfe von ebenfalls zur Verfügung stehenden Ergänzungskarten korrigiert werden.

Die Karten werden während der phytophthora-kritischen Zeit wöchentlich den Bezirksstellen der Pflanzenschutzämter zugesandt, wo sie in die Pflanzenschutz-Warndienste eingearbeitet werden und so jedem Landwirt zur Verfügung stehen.

9.3.4 Der Waldbrand-Warndienst

Die Waldbrandgefahr hängt von der Zünd- und Brennfähigkeit der im Wald und an den Waldrändern vorhandenen Brennstoffe ab. Die Zündbereitschaft wächst mit der Austrocknung der Brennstoffe, also mit abnehmendem Wassergehalt. Die US-amerikanischen und kanadischen Feuerwarndienste nutzen diese Tatsache aus, indem sie Lindenholzstäbchen im Freien auslegen und aus deren Gewichtsabnahme auf den Grad der Brennbarkeit und damit der Waldbrandgefahr schließen.

Die Austrocknung ist eine Folge des Verdunstungsprozesses, dessen Intensität vor allem von der Sonnenstrahlung, der Windgeschwindigkeit, der Luftfeuchtigkeit und der Niederschlagsmenge abhängt. Daher ist die Wasserbilanz, d. h. Niederschlag minus Verdunstung (N − V), eine geeignete Größe, um die meteorologischen Vorbedingungen für einen Waldbrand abzuschätzen.

Auf Grund umfangreicher Untersuchungen konnten BAUMGARTNER, KLEMMER, RASCHKE und WALDMANN (1967) feststellen, daß die Summe N − V der jeweils letzten 5 Tage vor einem Waldbrand genügt, um eine von 5 Gefahrenklassen für diesen Tag hinreichend sicher festzulegen.

Diese Gefahrenklassen sind folgendermaßen definiert: 1 = schwach, 2 = leicht, 3 = mäßig, 4 = stark und 5 = außergewöhnlich hoch. Sie sind in Tab. 27 näher erläutert.

Auf Grund dieser Ergebnisse wird vom Deutschen Wetterdienst ein Waldbrand-Warndienst durchgeführt, der für jeden Tag die Gefahrenklasse angibt. Die Gefährdungssituation wird den Forstverwaltungen mitgeteilt und gegebenenfalls über Rundfunk verbreitet.

Tab. 27. Richtwerte der Differenz Niederschlagssumme minus Verdunstungssumme der jeweils letzten fünf Tage als Maß der Waldbrandgefahrenklasse des folgenden Tages (nach BAUMGARTNER, KLEMMER, RASCHKE und WALDMANN, 1967).

Gefahren-klasse	1	2	3	4	5
März	größer + 5	+ 5 bis − 3	− 3 bis − 9	− 9 bis − 15	kleiner − 15
April	größer + 3	+ 3 bis − 8	− 8 bis − 16	− 16 bis − 27	kleiner − 27
Mai	größer − 3	− 3 bis − 16	− 16 bis − 25	− 25 bis − 35	kleiner − 35
Juni	größer − 12	− 12 bis − 24	− 24 bis − 32	− 32 bis − 41	kleiner − 41
Juli	größer − 12	− 12 bis − 24	− 24 bis − 31	− 31 bis − 40	kleiner − 40
August	größer − 8	− 8 bis − 20	− 20 bis − 28	− 28 bis − 37	kleiner − 37
September	größer − 6	− 6 bis − 18	− 18 bis − 26	− 26 bis − 35	kleiner − 35

9.3.5 Witterungshinweise für die Landwirtschaft und Agrarmeteorologisches Berichtswesen

Seit einigen Jahren können in der ganzen Bundesrepublik im Fernsprechansagedienst unter der einheitlichen Nummer (0) 1154 zum Ortstarif Witterungshinweise für die Landwirtschaft abgerufen werden. Sie werden täglich aktualisiert und enthalten neben einer Witterungsvorhersage für die nächsten 5 bis 6 Tage verschiedenste agrarmeteorologische Hinweise: zum Beispiel über den Bodenwassergehalt, den Bedarf an Feldberegnung und die Bodenbefahrbarkeit. Bodentemperaturen, Verdunstungsraten und Erntebedingungen (Heuwerbung, Mähdreschereinsatz) werden vorhergesagt und Empfehlungen über witterungsabhängige Arbeiten gegeben. Schließlich enthält der Ansagedienst Informationen zum Pflanzenschutz. Die Berichte werden in Zusammenarbeit zwischen dem Deutschen Wetterdienst und der für das betreffende Bundesland zuständigen Pflanzenschutzbehörde erstellt. Darüber hinaus werden den Landwirten für ihre tägliche Arbeit spezielle gedruckte Wetterberichte zur Verfügung gestellt.

Neben einem allgemeinen landwirtschaftlichen Bericht gibt es spezielle, die auf die besonderen Probleme des Weinbaus und des Hopfenbaus eingehen. Diese können vom zuständigen Wetteramt bezogen werden. Als Rückblick veröffentlicht das Zentralamt des Deutschen Wetterdienstes den „Agrarmeteorologischen Wochenhinweis", der landwirtschaftlich relevante Informationen über 23 Orte der Bundesrepublik enthält. Abb. 85 zeigt einen Originalabdruck daraus. Schließlich bieten alle agrarmeteorologischen Dienststellen des Deutschen Wetterdienstes teilweise sehr ausführliche Monatsberichte an.

STUTTGART 401 M UEBER NN (SAND.LEHM)

TAG DER MESSUNG		DO.	FR.	SA.	SO.	MO.	DI.	MI.	SUMME
SONNENSCHEINDAUER	STUNDEN	6	2	9	5	0	0	7	29
GLOBALSTRAHLUNG	JOULE/QCM	1717	1102	2143	1566	642	416	1790	9376
LUFTTEMPERATUR-MAXIMUM (2 M)	GRAD C	16	15	20	19	15	10	17	
LUFTTEMPERATUR-MINIMUM (2 M)	GRAD C	7	9	6	10	10	8	8	
LUFTTEMPERATUR-MINIMUM (5CM)	GRAD C	3	7	3	8	10	8	7	
BODENTEMPERATUR 10 CM TIEFE	GRAD C	13	12	14	15	13	11	13	
(TAGESMITTEL) 20 CM TIEFE	GRAD C	12	12	12	14	14	12	12	
50 CM TIEFE	GRAD C	11	11	11	12	12	12	11	
BODENFEUCHTE 0- 20 CM TIEFE	MM		71				83		
(UNTER GRAS) 20- 60 CM TIEFE	MM		145				155		
0- 60 CM TIEFE	%NK		89				106		
NIEDERSCHLAG (24 STUNDEN)	MM	4	0	4	5	7	17	.I	37
RELATIVE LUFTFEUCHTE (14 UHR)	%	47	51	24	43	77	93	47	
VERDUNSTUNG	MM	2	2	4	3	1	0	2	14
WASSERBILANZ	MM	2	-2	0	2	6	17	-2	23

KULTUREN	ARBEITEN UND WACHSTUM	VERLAUF/ERTRAG	PFLANZENSTAND
GRASLAND	GRAESER IM WACHSTUM	NORMAL	GUT
WINTERROGGEN	IM SCHOSSEN	BESCHLEUNIGT	GUT
WINTERWEIZEN	BEGINN DES SCHOSSENS	NORMAL	GUT
SOMMERGERSTE	ALLGEMEINES AUFGEHEN	BESCHLEUNIGT	GUT
HAFER	IN DER BLATTENTWICKLUNG	BESCHLEUNIGT	GUT
MAIS	BEGINN DER AUSSAAT	ZEITW. UNTERBR.	
FRUEHKARTOFFELN	NICHT ANGEBAUT		
SPAETKARTOFFELN	AUSLEGEN BEENDET	NORMAL	
FUTTERRUEBEN	BEGINN DES AUFLAUFENS	NORMAL	GUT
ZUCKERRUEBEN	BEGINN DES AUFLAUFENS	NORMAL	GUT
SUESSKIRSCHEN	ALLGEMEINE BLUETE	NORMAL	GUT
SPAETZWETSCHEN	ALLGEMEINE BLUETE	NORMAL	GUT
AEPFEL(SPAET)	BEGINN DER BLUETE	NORMAL	GUT
REBEN	BEGINN DES AUSTRIEBS	LANGSAM	GUT

Abb. 85. Agrarmeteorologischer Wochenhinweis des Deutschen Wetterdienstes. Original-Abdruck aus dem Bericht für den 27. April bis 3. Mai 1978.

Wolkenbilder

Abb. 86. Federwolken, Cirrusaufzug („Wetterbäume") vor einer sich nähernden Warmfront oder Okklusion. Mitte rechts faserige Cirruswolken (Cirrus fibratus), unten in dichte Eiswolken (Cirrus spissatus) übergehend.

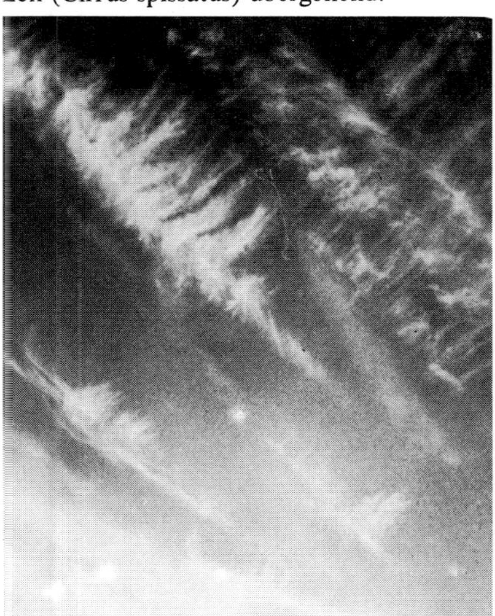

Abb. 87. Faserige Federwolken mit ausgefransten Rändern (Cirrus fibratus vertebratus), ähnlich der Form eines Fischskelettes. Die Wolken gehen links unten in eine Schleierwolke (Cirrostratus) über. Aufzugswolken vor einer Warm- oder Okklusionsfront.

Abb. 88. Federwolken (Cirrus uncinus, Hakencirren). Wolkenbüschel mit faserigen Schleppen. Mit starkem Höhenwind weit vorauseilende Vorboten einer Tiefdruckstörung. Unten einzelne Haufenwolken.

Abb. 89. Schleierwolke (Cirrostratus). Weißlicher, dünner Wolkenschleier ohne faserige Struktur. Der Halo, ein Ring mit scharfem Innenrand um die Sonne, ist durch Lichtbrechung an vielen Eiskristallen der Schleierwolke entstanden.

Abb. 90. Grobe Schäfchenwolken (Altocumulus stratiformus perlucidus) in einer Schicht. Die hellen Ballen sind z. T. wellenförmig angeordnet. Im Hintergrund mittelhohe Schichtwolken (Altostratus). Oft vor sich auflösenden Warmfronten oder im Warmsektor.

Abb. 91. Feine Schäfchenwolken (Cirrocumulus) herrschen als kleine runde Flocken, teils in wellenförmigen Bändern angeordnet, vor. Sie treten mit Schleier- und Federwolken am Rande von Zyklonen auf.

Abb. 92. Mittelhohe Schichtwolke (Altostratus translucidus), durch die die Sonne noch wie durch eine Mattscheibe scheint. Diese Wolke entsteht in aufgleitender Warmluft. Bei weiterer Verdichtung verschwindet die Sonne, Niederschlag wird möglich. Im Hintergrund eine durch Föhn am Alpennordrand entstandene Wolkenlücke.

Abb. 93. Grobe Schäfchenwolken (Altocumulus stratiformus perlucidus), hier als etwas dikkere Ballen in einer Schicht, zwischen denen der blaue Himmel sichtbar ist. Bei oder am Beginn schönen, beständigen Wetters.

Abb. 94. Türmchenwolken (Altocumulus castellanus). Langgestreckte mittelhohe Haufenwolke, aus der einzelne, zinnenartige Quellungen aufragen. Diese Wolke am Morgenhimmel kündet Gewitter am Nachmittag an.

Abb. 95. Mandel- oder linsenförmige Wolken (Altocumulus lenticularis). Diese mittelhohen Wolken sind charakteristisch für Föhnwetter in der absinkenden Luft vor dem Gebirgsrand. Sie heben sich klar gegen den oft tiefblauen Himmel ab und sind häufig Auflösungsformen grober Schäfchenwolken, wie sie am oberen Bildrand noch erkennbar sind.

Abb. 96. Föhnmauer, vom Flugzeug aus gesehen. Der Föhn streicht von rechts oben nach links unten; beim Absteigen der Luftmassen auf der Leeseite lösen sich die Wolken rasch auf.

Abb. 97. Haufenschichtwolken (Stratocumulus opacus). Ballen in einer dichten Wolkenschicht mit meist grauer Unterseite, oft hellen Rändern und wenigen Lücken.

Abb. 98. Tiefe Schichtwolkendecke (Stratus nebulosus) über reiner, klarer Polarluft. In Mitteleuropa herrscht unter Stratus jedoch häufig starker Dunst.

Abb. 99. Schönwetterwolken (Cumulus humilis). Flache Haufenwolken, die sich an einem ungestörten Sommertag in einheitlicher Höhe bilden und sich nachmittags stärker entwickeln können. Gegen Abend lösen sie sich auf.

Abb. 100. Aufgetürmte Haufenwolken (Cumulus congestus), vom Flugzeug aus aufgenommen. Typische Sommerwolke, häufig in frischer Polarluft auf der Rückseite von Zyklonen und im Zwischenhoch, hier hinter einer Regenfront.

Abb. 101. Mächtig aufgetürmte Haufenwolke (Cumulus congestus) an einem Sommernachmittag in der Entwicklung zu einer Gewitterwolke (Cumulonimbus).

Abb. 102. Von Haufenwolken umgebene Gewitterwolke (Cumulonimbus incus) mit Schauerregen (Hintergrund). Der obere Teil der Wolke ist schon vereist und breitet sich links wie ein Amboß aus.

Abb. 103. Gewitterwolke (Cumulonimbus incus), deren oberer vereister Teil sich deutlich wie ein Amboß ausbreitet.

Abb. 104. Böenkragen an der unteren, vorderen Seite einer Gewitterwolke, mit Beutelformen (Cumulonimbus mamma), unmittelbar vor Eintreffen der Gewitterbö. Die mächtige Wolke verdunkelt den Himmel.

Abb 105. Schauerwolken (Cumulonimbus), aufgetürmte Haufenwolken sowie Fractus-Wolken (zerrissene Cumuluswolken) unmittelbar nach Durchzug einer Kaltfront. Die dem Graupelschauer folgende wolkenfreie Zone ist typisch, aber rasch vorübergehend.

Abb. 106. Flacher Wiesennebel auf windgeschützter Waldwiese. Der Nebel fehlt am geringfügig wärmeren Waldrand.

Anhang

Tabellen

Tab. 28. Sonnenauf- und -untergang für Orte auf 10° östlicher Länge in Mitteleuropäischer Zeit (MEZ). (Benutzungsanleitung siehe nächste Seite.)

Geographische Breite	48°		50°		52°		54°	
Datum	A	U	A	U	A	U	A	U
1. 1.	8.10	16.38	8.19	16.28	8.29	16.18	8.49	16.08
11. 1.	8.08	16.48	8.16	16.40	8.25	16.31	8.36	16.21
21. 1.	8.01	17.02	8.08	16.55	8.16	16.47	8.25	16.38
1. 2.	7.49	17.19	7.55	17.13	8.01	17.07	8.08	17.00
11. 2.	7.34	17.35	7.39	17.31	7.44	17.26	7.50	17.20
21. 2.	7.17	17.51	7.21	17.48	7.25	17.44	7.29	17.40
1. 3.	7.03	18.03	7.05	18.01	7.07	17.58	7.10	17.55
11. 3.	6.43	18.19	6.44	18.17	6.45	18.16	6.46	18.15
21. 3.	6.23	18.33	6.23	18.33	6.22	18.34	6.22	18.34
1. 4.	6.00	18.49	5.58	18.50	5.56	18.53	5.54	18.55
11. 4.	5.40	19.03	5.37	19.06	5.34	19.10	5.30	19.14
21. 4.	5.21	19.17	5.17	19.22	5.12	19.27	5.06	19.32
1. 5.	5.04	19.29	4.58	19.37	4.51	19.44	4.44	19.51
11. 5.	4.49	19.45	4.41	19.52	4.33	20.00	4.25	20.09
21. 5.	4.36	19.57	4.27	20.06	4.18	20.16	4.09	20.26
1. 6.	4.27	20.09	4.17	20.19	4.06	20.30	3.55	20.41
11. 6.	4.22	20.17	4.11	20.28	4.00	20.39	3.48	20.51
21. 6.	4.22	20.22	4.11	20.33	3.59	20.44	3.47	20.56
1. 7.	4.24	20.22	4.14	20.32	4.03	20.43	3.51	20.55
11. 7.	4.32	20.19	4.23	20.28	4.13	20.37	4.01	20.48
21. 7.	4.42	20.09	4.34	20.18	4.25	20.27	4.14	20.37
1. 8.	4.55	19.57	4.48	20.04	4.40	20.12	4.32	20.19
11. 8.	5.08	19.41	5.02	19.47	4.56	19.53	4.49	20.00
21. 8.	5.22	19.24	5.18	19.28	5.13	19.33	5.07	19.38
1. 9.	5.37	19.02	5.34	19.06	5.30	19.10	5.26	19.14
11. 9.	5.51	18.42	5.49	18.44	5.47	18.46	5.44	18.48
21. 9.	6.04	18.21	6.03	18.22	6.03	18.22	6.02	18.23
1. 10.	6.18	18.01	6.18	18.00	6.19	17.59	6.20	17.58
11. 10.	6.32	17.41	6.34	17.39	6.37	17.36	6.39	17.58
21. 10.	6.46	17.22	6.50	17.19	6.54	17.15	6.58	17.10
1. 11.	7.03	17.03	7.08	16.58	7.14	16.52	7.20	16.47
11. 11.	7.18	16.49	7.25	16.42	7.32	16.35	7.39	16.28
21. 11.	7.33	16.38	7.41	16.30	7.49	16.22	7.58	16.13
1. 12.	7.47	16.31	7.56	16.22	8.05	16.13	8.15	16.03
11. 12.	7.58	16.28	8.08	16.19	8.18	16.09	8.29	15.58
21. 12.	8.06	16.30	8.16	16.20	8.26	16.10	8.37	15.59

Bestimmung des Sonnenauf- und -unterganges für einen beliebigen Ort in Deutschland

In Tab. 28 sind die Uhrzeiten des Sonnenauf- und -unterganges für 4 Orte in Mitteleuropäischer Zeit wiedergegeben, die auf 10 ° östlicher Länge und auf 48 °, 50 °, 52 ° bzw. 54 ° nördlicher Breite liegen. Der 10. Längengrad verläuft etwa durch Ulm–Würzburg–Hamburg. Für einen beliebigen Ort stellen wir aus dem Atlas seine geographische Breite und Länge fest. Wir bestimmen dann zuerst den Sonnenauf- bzw. -untergang für die geographische Breite des Ortes und für 10 ° östlicher Länge durch Schätzung aus den Auf- und Untergangszeiten der dem Ort benachbarten, in der Tabelle aufgeführten Breiten. Für jeden Längengrad, den der Ort westlich 10 ° östlicher Länge liegt, werden 4 Minuten hinzugefügt, für jeden Längengrad, den der Ort östlich liegt, werden 4 Minuten abgezogen.

Beispiel: Wann geht am 21. Mai die Sonne in Mannheim (Breite 49½ °, Länge 8½ °) auf und unter? Bei 10 ° östlicher Länge und 48 ° Breite geht die Sonne laut Tabelle um 4.36 Uhr auf, in 50 ° Breite um 4.27 Uhr; demnach schätzen wir für 49½ ° Breite 4.29 Uhr. Mannheim liegt 1½ ° westlich von 10 ° östlicher Länge, es sind also noch 6 Minuten hinzuzufügen. Die Sonne geht somit in Mannheim am 21. Mai um 4.35 Uhr MEZ auf. Auf gleiche Weise ergibt sich für den Sonnenuntergang 20.10 Uhr. Wollen wir den Sonnenaufgang z. B. für den 26. Mai bestimmen, so bestimmen wir zuerst den Aufgang für den 21. Mai und dann für den 1. Juni und schätzen aus den ermittelten Uhrzeiten die Aufgangszeit für den 26. Mai. Die Genauigkeit dieser Zeitbestimmung beträgt etwa 2–3 Minuten.

Tab. 29. Umrechnungsformeln

Energie
1 cal = 4,186 J = 4,186 Ws; 1 J = 0,239 cal = 1 Ws
1 kcal = 1,16 Wh; 1 kWh = 860 kcal

Druck
1 bar = 10^5 N/m² = 10^5 Pa = 10^6 dyn/cm²
1 bar = 1000 mbar = 0,99 atm = 750 Torr = 1,02 kp/cm²
1 mbar = 0,750 Torr = 0,750 mm Hg = 100 Pa
1 Torr = 1,0 mm Hg = 1,33 mbar
1 atm = 101 325 N/m² = 1,013 bar = 1,033 at
(atm = physikalische Atmosphäre; at = technische Atmosphäre)

Temperatur
$°C = \frac{5}{9}(°F - 32)$; $°F = \frac{9}{5}°C + 32$ (s. auch Tab. 31)
$°C = K - 273{,}2$; $K = °C + 273{,}2$

Niederschlag
1 mm Niederschlagshöhe = 1 l/m² = 10 m³/ha
1 inch = 25,4 mm; 1 mm = 0,0394 inches

Tab. 30. Umrechnung verschiedener Energiestromeinheiten

		$\frac{mcal}{cm^2 \cdot min}$	$\frac{cal}{cm^2 \cdot h}$	$\frac{mJ}{cm^2 \cdot s}$	$\frac{J}{cm^2 \cdot h}$	$\frac{W}{m^2}$
$\frac{mcal}{cm^2 \cdot min}$	=	1	0,060	0,0698	0,251	0,698
$\frac{cal}{cm^2 \cdot h}$	=	16,7	1	1,16	4,19	11,6
$\frac{mJ}{cm^2 \cdot s}$	=	14,3	0,862	1	3,6	10,0
$\frac{J}{cm^2 \cdot h}$	=	3,98	0,239	0,27	1	2,78
$\frac{W}{m^2}$	=	1,43	0,0859	0,1	0,36	1

Tab. 31. Umrechnung von Grad Fahrenheit (°F) in Grad Celsius (°C)

Fahrenheit	0	1	2	3	4	5	6	7	8	9
−40	−40,0	−40,6	−41,1	−41,7	−42,2	−42,8	−43,3	−43,9	−44,4	−45,0
−30	−34,4	−35,0	−35,6	−36,1	−36,7	−37,2	−37,8	−38,3	−38,9	−39,4
−20	−28,9	−29,4	−30,0	−30,6	−31,1	−31,7	−32,2	−32,8	−33,3	−33,9
−10	−23,3	−23,9	−24,4	−25,0	−25,6	−26,1	−26,7	−27,2	−27,8	−28,3
− 0	−17,8	−18,3	−18,9	−19,4	−20,0	−20,6	−21,1	−21,7	−22,2	−22,8
0	−17,8	−17,2	−16,7	−16,1	−15,6	−15,0	−14,4	−13,9	−13,3	−12,8
10	−12,2	−11,7	−11,1	−10,6	−10,0	− 9,4	− 8,9	− 8,3	− 7,8	− 7,2
20	− 6,7	− 6,1	− 5,6	− 5,0	− 4,4	− 3,9	− 3,3	− 2,8	− 2,2	− 1,7
30	− 1,1	− 0,6	0,0	0,6	1,1	1,7	2,2	2,8	3,3	3,9
40	4,4	5,0	5,6	6,1	6,7	7,2	7,8	8,3	8,9	9,4
50	10,0	10,6	11,1	11,7	12,2	12,8	13,3	13,9	14,4	15,0
60	15,6	16,1	16,7	17,2	17,8	18,3	18,9	19,4	20,0	20,6
70	21,1	21,7	22,2	22,8	23,3	23,9	24,4	25,0	25,6	26,1
80	26,7	27,2	27,8	28,3	28,9	29,4	30,0	30,6	31,1	31,7
90	32,2	32,8	33,3	33,9	34,4	35,0	35,6	36,1	36,7	37,2
100	37,8	38,3	38,9	39,4	40,0	40,6	41,1	41,7	42,2	42,8

	Zehntelgrade								
°F	0,1	0,2	0,3	0,4	0,5	0,6	0,7	0,8	0,9
°C	0,1	0,1	0,2	0,2	0,3	0,3	0,4	0,4	0,5

Tab. 32. Windstärke, Windgeschwindigkeit in 10 m Höhe und Windwirkung

Beaufortgrad	Bezeichnung	Auswirkung des Windes	Geschwindigkeit km/h	m/s	Staudruck mbar
0	still	Windstille, Rauch steigt gerade empor.	0–1	0–0,2	0
1	leiser Zug	Windrichtung angezeigt nur durch Zug des Rauches, aber nicht durch Windfahne.	2–5	0,3–1,5	0–0,01
2	leichte Brise	Wind am Gesicht fühlbar, Blätter säuseln, Windfahne bewegt sich.	6–11	1,6–3,3	0,02–0,06
3	schwache Brise	Blätter und dünne Zweige bewegen sich, Wind streckt einen Wimpel.	12–19	3,4–5,4	0,02–0,18
4	mäßige Brise	Hebt Staub und loses Papier, bewegt Zweige und dünnere Äste.	20–28	5,5–7,9	0,19–0,38
5	frische Brise	Kleine Laubbäume beginnen zu schwanken. Schaumköpfe bilden sich auf Seen.	29–38	8,0–10,7	0,39–0,71
6	starker Wind	Starke Äste in Bewegung, Pfeifen in Telegraphen-Leitungen, Regenschirme schwierig zu benutzen.	39–49	10,8–13,8	0,72–1,17
7	steifer Wind	Ganze Bäume in Bewegung, fühlbare Hemmung beim Gehen gegen den Wind.	50–61	13,9–17,1	1,18–1,80
8	stürmischer Wind	Bricht Zweige von den Bäumen, erschwert erheblich das Gehen im Freien.	62–74	17,2–20,7	1,81–2,63
9	Sturm	Kleinere Schäden an Häusern (Rauchhauben und Dachziegel werden abgeworfen).	75–88	20,8–24,4	2,64–3,66
10	schwerer Sturm	Entwurzelte Bäume, bedeutende Schäden an Häusern.	89–102	24,5–28,4	3,67–4,95
11	orkanartiger Sturm	Verbreitete Sturmschäden schäden (sehr selten im Binnenland).	103–117	28,5–32,6	4,96–6,52
12	Orkan	Schwerste Verwüstungen.	über 117	über 32,6	über 6,52

Tab. 33. Windrichtungstabelle

360-Grad-Skala	Himmelsrichtung
0	Nord (N)
22,5	Nord-Nordost (NNO)
45	Nordost (NO)
67,5	Ost-Nordost (ONO)
90	Ost (O)
112,5	Ost-Südost (OSO)
135	Südost (SO)
157,5	Süd-Südost (SSO)
180	Süd (S)
202,5	Süd-Südwest (SSW)
225	Südwest (SW)
247,5	West-Südwest (WSW)
270	West (W)
292,5	West-Nordwest (WNW)
315	Nordwest (NW)
337,5	Nord-Nordwest (NNW)
360	Nord (N)

Tab. 34. Faktoren der HAUDEschen Formel in mm/mbar Tag zur Bestimmung der potentiellen Verdunstung, gültig für mitteleuropäische Verhältnisse: a nach HAUDE (1952) und VAN EIMERN (1968), b – e nach Abt. Agrarmeteorologie des Deutschen Wetterdienstes.

	a Gras, kurz gehalten	b Wiese	c Mais	d Zuckerrüben	e Winterweizen
April	0,24	0,29	–	0,15	0,26
Mai	0,29	0,29	–	0,23	0,34
Juni	0,29	0,28	0,26	0,30	0,34
Juli	0,28	0,26	0,25	0,36	0,34
August	0,26	0,25	0,25	0,32	–
September	0,23	0,23	–	0,26	–
Oktober	0,20	0,22	–	–	–

Tab. 35. Sättigungsdefizit in Abhängigkeit von Temperatur und relativer Luftfeuchtigkeit in mbar. (Berechnen der potentiellen Verdunstung mit Hilfe von Tab. 34.)

Tempe-ratur in °C	Relative Luftfeuchte in % 30	35	40	45	50	55	60	65	70	75	80	85	90	95	100
0	4,3	4,0	3,7	3,4	3,1	2,7	2,4	2,1	1,8	1,5	1,2	0,9	0,6	0,3	0,0
1	4,6	4,3	3,9	3,6	3,3	3,0	2,6	2,3	2,0	1,6	1,3	1,0	0,7	0,3	0,0
2	4,9	4,6	4,2	3,9	3,5	3,2	2,8	2,5	2,1	1,8	1,4	1,1	0,7	0,4	0,0
3	5,3	4,9	4,5	4,2	3,8	3,4	3,0	2,7	2,3	1,9	1,5	1,1	0,8	0,4	0,0
4	5,7	5,3	4,9	4,5	4,1	3,7	3,3	2,8	2,4	2,0	1,6	1,2	0,8	0,4	0,0
5	6,1	5,7	5,2	4,8	4,4	3,9	3,5	3,1	2,6	2,2	1,7	1,3	0,9	0,4	0,0
6	6,5	6,1	5,6	5,1	4,7	4,2	3,7	3,3	2,8	2,3	1,9	1,4	0,9	0,5	0,0
7	7,0	6,5	6,0	5,5	5,0	4,5	4,0	3,5	3,0	2,5	2,0	1,5	1,0	0,5	0,0
8	7,5	7,0	6,4	5,9	5,4	4,8	4,3	3,8	3,2	2,7	2,1	1,6	1,1	0,5	0,0
9	8,0	7,5	6,9	6,3	5,7	5,2	4,6	4,0	3,4	2,9	2,3	1,7	1,1	0,6	0,0
10	8,6	8,0	7,4	6,8	6,1	5,5	4,9	4,3	3,7	3,1	2,5	1,8	1,2	0,6	0,0
11	9,2	8,5	7,9	7,2	6,6	5,9	5,3	4,6	3,9	3,3	2,6	2,0	1,3	0,7	0,0
12	9,8	9,1	8,4	7,7	7,0	6,3	5,6	4,9	4,2	3,5	2,8	2,1	1,4	0,7	0,0
13	10,5	9,8	9,0	8,3	7,5	6,8	6,0	5,3	4,5	3,8	3,0	2,3	1,5	0,8	0,0
14	11,2	10,4	9,6	8,8	8,0	7,2	6,4	5,6	4,8	4,0	3,2	2,4	1,6	0,8	0,0
15	12,0	11,1	10,3	9,4	8,5	7,7	6,8	6,0	5,1	4,3	3,4	2,6	1,7	0,9	0,0
16	12,8	11,8	10,9	10,0	9,1	8,2	7,3	6,4	5,5	4,6	3,6	2,7	1,8	0,9	0,0
17	13,6	12,6	11,7	10,7	9,7	8,7	7,8	6,8	5,8	4,9	3,9	2,9	1,9	1,0	0,0
18	14,5	13,5	12,4	11,4	10,3	9,3	8,3	7,2	6,2	5,2	4,1	3,1	2,1	1,0	0,0
19	15,4	14,3	13,2	12,1	11,0	9,9	8,8	7,7	6,6	5,5	4,4	3,3	2,2	1,1	0,0

20	16,4	15,2	14,1	12,9	11,7	10,6	9,4	8,2	7,0	5,9	4,7	3,5	2,3	1,2	0,0
21	17,5	16,2	15,0	13,7	12,5	11,2	10,0	8,7	7,5	6,2	5,0	3,7	2,5	1,2	0,0
22	18,6	17,2	15,9	14,6	13,3	11,9	10,6	9,3	8,0	6,6	5,3	4,0	2,7	1,3	0,0
23	19,7	18,3	16,9	15,5	14,1	12,7	11,3	9,9	8,5	7,0	5,6	4,2	2,8	1,4	0,0
24	21,0	19,5	18,0	16,5	15,0	13,5	12,0	10,5	9,0	7,5	6,0	4,5	3,0	1,5	0,0
25	22,3	20,7	19,1	17,5	15,9	14,3	12,7	11,1	9,5	7,9	6,4	4,8	3,2	1,6	0,0
26	23,6	21,9	20,2	18,6	16,9	15,2	13,5	11,8	10,1	8,4	6,7	5,1	3,4	1,7	0,0
27	25,1	23,3	21,5	19,7	17,9	16,1	14,3	12,5	10,7	8,9	7,2	5,4	3,6	1,8	0,0
28	26,6	24,7	22,8	20,9	19,0	17,1	15,2	13,3	11,4	9,5	7,6	5,7	3,8	1,9	0,0
29	28,2	26,1	24,1	22,1	20,1	18,1	16,1	14,1	12,1	10,1	8,0	6,0	4,0	2,0	0,0
30	29,8	27,7	25,6	23,4	21,3	19,2	17,0	14,9	12,8	10,7	8,5	6,4	4,3	2,1	0,0
31	31,6	29,3	27,1	24,8	22,6	20,3	18,0	15,8	13,5	11,3	9,0	6,8	4,5	2,3	0,0
32	33,4	31,0	28,7	26,3	23,9	21,5	19,1	16,7	14,3	11,9	9,6	7,2	4,8	2,4	0,0
33	35,4	32,8	30,3	27,8	25,3	22,7	20,2	17,7	15,2	12,6	10,1	7,6	5,1	2,5	0,0
34	37,4	34,7	32,1	29,4	26,7	24,0	21,4	18,7	16,0	13,4	10,7	8,0	5,3	2,7	0,0
35	39,5	36,7	33,9	31,1	28,2	25,4	22,6	19,8	16,9	14,1	11,3	8,5	5,6	2,8	0,0

Tab. 36. Sättigungsdefizit in Abhängigkeit von Lufttemperatur und Psychrometerdifferenz in mbar

Temperatur in °C	Psychometerdifferenz in K 0,0	0,5	1,0	1,5	2,0	2,5	3,0	3,5	4,0	4,5	5,0	5,5	6,0	6,5	7,0	7,5	8,0	8,5	9,0	9,5	10,0	10,5	11,0	11,5	12,0
0	0,0	0,6	1,1	1,6	2,2	2,7	3,2	3,7	4,2	4,7	5,2	5,7													
1	0,0	0,6	1,1	1,7	2,2	2,8	3,3	3,8	4,3	4,8	5,3	5,8	6,3												
2	0,0	0,6	1,2	1,7	2,3	2,8	3,4	3,9	4,4	5,0	5,5	6,0	6,5	7,0											
3	0,0	0,6	1,2	1,8	2,3	2,9	3,5	4,0	4,6	5,1	5,6	6,1	6,7	7,2											
4	0,0	0,6	1,2	1,8	2,4	3,0	3,6	4,1	4,7	5,2	5,8	6,3	6,8	7,4	7,9										
5	0,0	0,6	1,3	1,9	2,5	3,1	3,7	4,3	4,8	5,4	5,9	6,5	7,0	7,6	8,1	8,6									
6	0,0	0,7	1,3	1,9	2,6	3,2	3,8	4,4	5,0	5,6	6,1	6,7	7,2	7,8	8,3	8,9									
7	0,0	0,7	1,4	2,0	2,7	3,3	3,9	4,5	5,1	5,7	6,3	6,9	7,5	8,0	8,6	9,1	9,7								
8	0,0	0,7	1,4	2,1	2,7	3,4	4,0	4,7	5,3	5,9	6,5	7,1	7,7	8,3	8,8	9,4	10,0	10,5							
9	0,0	0,7	1,4	2,1	2,8	3,5	4,2	4,8	5,5	6,1	6,7	7,3	7,9	8,5	9,1	9,7	10,3	10,8	11,4						
10	0,0	0,8	1,5	2,2	2,9	3,6	4,3	5,0	5,7	6,3	7,0	7,6	8,2	8,8	9,4	10,0	10,6	11,2	11,7	12,3					
11	0,0	0,8	1,6	2,3	3,0	3,8	4,5	5,2	5,9	6,5	7,2	7,8	8,5	9,1	9,7	10,3	10,9	11,5	12,1	12,7					
12	0,0	0,8	1,6	2,4	3,2	3,9	4,6	5,4	6,1	6,8	7,4	8,1	8,8	9,4	10,1	10,7	11,3	11,9	12,5	13,1	13,7				
13	0,0	0,8	1,7	2,5	3,3	4,0	4,8	5,6	6,3	7,0	7,7	8,4	9,1	9,8	10,4	11,1	11,7	12,3	12,9	13,5	14,1	14,7			
14	0,0	0,9	1,7	2,6	3,4	4,2	5,0	5,8	6,5	7,3	8,0	8,7	9,4	10,1	10,8	11,5	12,1	12,8	13,4	14,0	14,6	15,2	15,8		
15	0,0	0,9	1,8	2,7	3,5	4,4	5,2	6,0	6,8	7,5	8,3	9,0	9,8	10,5	11,2	11,9	12,5	13,2	13,9	14,5	15,1	15,8	16,4	17,0	
16	0,0	0,9	1,9	2,8	3,7	4,5	5,4	6,2	7,0	7,8	8,6	9,4	10,1	10,9	11,6	12,3	13,0	13,7	14,4	15,0	15,7	16,3	17,0	17,6	18,2
17	0,0	1,0	1,9	2,9	3,8	4,7	5,6	6,4	7,3	8,1	8,9	9,7	10,5	11,3	12,0	12,8	13,5	14,2	14,9	15,6	16,2	16,9	17,6	18,2	18,8
18	0,0	1,0	2,0	3,0	4,0	4,9	5,8	6,7	7,6	8,4	9,3	10,1	10,9	11,7	12,5	13,2	14,0	14,7	15,4	16,2	16,8	17,5	18,2	18,9	19,5
19	0,0	1,1	2,1	3,1	4,1	5,1	6,0	7,0	7,9	8,8	9,6	10,5	11,3	12,2	13,0	13,8	14,5	15,3	16,0	16,8	17,5	18,2	18,9	19,6	20,2

20	0,0	1,1	2,2	3,3	4,3	5,3	6,3	7,3	8,2	9,1	10,0	10,9	11,8	12,6	13,5	14,3	15,1	15,9	16,6	17,4	18,1	18,9	19,6	20,3	21,0
21	0,0	1,2	2,3	3,4	4,5	5,5	6,5	7,5	8,5	9,5	10,4	11,4	12,3	13,1	14,0	14,9	15,7	16,5	17,3	18,1	18,8	19,6	20,3	21,1	21,8
22	0,0	1,2	2,4	3,5	4,6	5,7	6,8	7,9	8,9	9,9	10,9	11,8	12,8	13,7	14,6	15,4	16,3	17,1	18,0	18,8	19,6	20,4	21,1	21,9	22,6
23	0,0	1,3	2,5	3,7	4,8	6,0	7,1	8,2	9,2	10,3	11,3	12,3	13,3	14,2	15,2	16,1	17,0	17,8	18,7	19,5	20,4	21,2	21,9	22,7	23,5
24	0,0	1,3	2,6	3,8	5,0	6,2	7,4	8,5	9,6	10,7	11,8	12,8	13,8	14,8	15,8	16,7	17,6	18,6	19,4	20,3	21,2	22,0	22,8	23,6	24,4
25	0,0	1,4	2,7	4,0	5,3	6,5	7,7	8,9	10,0	11,2	12,3	13,3	14,4	15,4	16,4	17,4	18,4	19,3	20,2	21,1	22,0	22,9	23,7	24,6	25,4
26	0,0	1,4	2,8	4,2	5,5	6,8	8,0	9,3	10,5	11,6	12,8	13,9	15,0	16,1	17,1	18,1	19,1	20,1	21,1	22,0	22,9	23,8	24,7	25,6	26,4
27	0,0	1,5	2,9	4,3	5,7	7,1	8,4	9,7	10,9	12,1	13,3	14,5	15,6	16,7	17,8	18,9	19,9	20,9	21,9	22,9	23,9	24,8	25,7	26,6	27,5
28	0,0	1,6	3,1	4,5	6,0	7,4	8,7	10,1	11,4	12,7	13,9	15,1	16,3	17,4	18,6	19,7	20,8	21,8	22,8	23,9	24,8	25,8	26,8	27,7	28,6
29	0,0	1,6	3,2	4,7	6,2	7,7	9,1	10,5	11,9	13,2	14,5	15,8	17,0	18,2	19,4	20,5	21,6	22,7	23,8	24,9	25,9	26,9	27,9	28,8	29,8
30	0,0	1,7	3,3	4,9	6,5	8,0	9,5	11,0	12,4	13,8	15,1	16,4	17,7	19,0	20,2	21,4	22,6	23,7	24,8	25,9	27,0	28,0	29,0	30,0	31,0
31	0,0	1,8	3,5	5,2	6,8	8,4	9,9	11,5	12,9	14,4	15,8	17,1	18,5	19,8	21,1	22,3	23,5	24,7	25,9	27,0	28,1	29,2	30,3	31,3	32,3
32	0,0	1,8	3,6	5,4	7,1	8,8	10,4	12,0	13,5	15,0	16,5	17,9	19,3	20,6	22,0	23,3	24,5	25,8	27,0	28,1	29,3	30,4	31,5	32,6	33,7
33	0,0	1,9	3,8	5,6	7,4	9,1	10,8	12,5	14,1	15,6	17,2	18,7	20,1	21,5	22,9	24,3	25,6	26,9	28,1	29,4	30,6	31,7	32,9	34,0	35,1
34	0,0	2,4	4,0	5,9	7,7	9,5	11,3	13,0	14,7	16,3	17,9	19,5	21,0	22,5	23,9	25,3	26,7	28,0	29,3	30,6	31,9	33,1	34,3	35,4	36,6
35	0,0	2,2	4,1	6,1	8,1	10,0	11,8	13,6	15,3	17,0	18,7	20,3	21,9	23,4	24,9	26,4	27,8	29,2	30,6	31,9	33,2	34,5	45,7	36,9	38,1

Tab. 37. Taupunkttemperatur (°C) in Abhängigkeit von Lufttemperatur und relativer Luftfeuchtigkeit als Orientierungshilfe für die nächtliche Tiefsttemperatur.

Relative Luftfeuchte in %	Lufttemperatur in °C 0	1	2	3	4	5	6	7	8	9	10
35									−6	−6	−5
40								−6	−5	−4	−3
45							−5	−4	−3	−2	−1
50					−5	−5	−4	−3	−2	−1	0
55				−5	−4	−3	−2	−1	0	1	2
60		−6	−5	−4	−3	−2	−1	0	1	2	3
65	−6	−5	−4	−3	−2	−1	0	1	2	3	4
70	−5	−4	−3	−2	−1	0	1	2	3	4	5
75	−4	−3	−2	−1	0	1	2	3	4	5	6
80	−3	−2	−1	0	1	2	3	4	5	6	7
85	−2	−1	0	1	2	3	4	5	6	7	8
90	−1	0	1	2	3	4	5	6	7	8	9
95	−1	0	1	2	3	4	5	6	7	8	9
100	0	1	2	3	4	5	6	7	8	9	10

Tab. 38. Taupunkttemperatur (°C) in Abhängigkeit von Lufttemperatur und Psychrometerdifferenz als Orientierungshilfe für die nächtliche Tiefsttemperatur.

Psychrodifferenz in K	Lufttemperatur in °C 0	1	2	3	4	5	6	7	8	9	10
0,0	0	1	2	3	4	5	6	7	8	9	10
0,5	−1	0	1	2	3	4	5	6	7	8	9
1,0	−3	−2	0	1	2	3	4	5	6	7	8
1,5	−4	−3	−2	−1	1	2	3	4	5	6	7
2,0	−6	−5	−3	−2	−1	0	2	3	4	5	6
2,5			−5	−4	−2	−1	0	1	3	4	5
3,0				−5	−4	−3	−1	0	1	3	4
3,5					−6	−4	−3	−1	0	1	3
4,0						−6	−4	−3	−1	0	1
4,5							−6	−5	−3	−2	0
5,0									−5	−3	−2
5,5										−5	−3
6,0											−5

Die Bestimmung der potentiellen Evapotranspiration nach Penman

Die Formel von Penman (1963) zur Bestimmung der potentiellen Evapotranspiration einer ausgedehnten Grasfläche lautet:

$$pET = (\frac{\Delta}{\gamma} Q_t + E_{at})/(\frac{\Delta}{\gamma} + 1) \text{ mm/Tag}$$

Δ = Änderung des Sättigungsdampfdruckes je K (Temperatur) (Tab. 39), γ = Psychrometerkonstante = 0,67 (s. 113), Q_t = Strahlungsbilanz einer Grasfläche, E_{at} = advektiver oder aerodynamischer Energieanteil an der Evapotranspiration

$$E_{at} = 0{,}26\ (1 + 0{,}54\ u_2)(E - e)$$

$u_2 = {}^2\!/_3 u_{10}$ (S. 115), u_2 und u_{10} = Windgeschwindigkeit, Tagesmittel, m/s in 2m bzw. 10m Höhe über Grund, E − e Tagesmittel des Sättigungsdefizites in mbar (Tab. 36).

Die Strahlungsbilanz Q_t setzt sich aus dem kurzwelligen (QK_t) und dem langwelligen (QL_t) Anteil zusammen:

$$Q_t = QK_t + QL_t = (S + H)(1 - r)_t - (A - G + R_l)_t$$

Der Index „t" soll besagen, daß die Strahlungsströme in der Einheit „mm-Wassersäule" angegeben werden. Dabei entspricht ein 24-Stundenmittel des Energieangebotes von 28,9 Wm^{-2} = 0,694 $kWhm^{-2}\ d^{-1}$ einer Wassersäule von 1mm/Tag (Verdunstungswärme). S + H sind die Sonnen- plus Himmelsstrahlung (Globalstrahlung), G ist die Gegenstrahlung der Atmosphäre, A die langwellige Ausstrahlung der Grasoberfläche, R_l die Reflexion der Gegenstrahlung, die hier vernachlässigt werden kann.

Bei einer angenommenen Albedo für Gras von 25% (r = 0,25) und einer Angabe der Globalstrahlung in Wm^{-2} ergibt sich für QK_t

$$QK_t = \frac{0{,}75}{28{,}9} (S + H) \text{ mm/Tag}$$

Liegen keine Werte der Globalstrahlung vor, jedoch solche der täglichen Sonnenscheindauer, so läßt sich die Globalstrahlung nach der Gleichung

$$S + H = R_A\,(a + b\frac{n}{N})$$

abschätzen. R_A ist die extraterrestrische Sonnenstrahlung, abhängig von der Jahreszeit und der geographischen Breite (Tab. 40). n ist die gemessene Sonnenscheindauer, N die astronomisch mögliche Sonnenscheindauer, errechenbar aus Tab. 28.

Nach PENMAN ist a = 0,18 und b = 0,55. GOLCHERT (1981) fand für 8 deutsche Stationen im Mittel a = 0,20 und b = 0,56.

Da in den wenigsten Fällen direkte Meßwerte der Strahlungsbilanz oder gar der langwelligen Strahlungsströme verfügbar sind, schlägt PENMAN folgende Gleichung zur Berechnung von QL_t vor:

$$QL_t = \frac{\sigma\, T^4}{28{,}9}\,(0{,}56 - 0{,}078\sqrt{e}\,) \times (0{,}10 + 0{,}90\,\frac{n}{N})$$

$\sigma = 5{,}67 \times 10^{-8}\ Wm^{-2}K^{-4}$, T = Lufttemperatur in Kelvin (Siehe Tab. 39)
e = Dampfdruck in mbar.

Beispiel:
Ort in 50° n. Breite, 11. Juli, $R_A = 473{,}0\ Wm^{-2}$ (Tab. 40), $t = 20{,}0\,°C$,
Rel. Feuchte = 67%, E = 23,4 mbar, e = 15,7 mbar, E − e = 7,7 mbar, $\Delta = 1{,}45$ (Tab. 39), n = 12,7 Stunden, N = 16,3 Stunden (Tab. 28), $u_2 = 1{,}9\,m/s$, $\sigma T^4 = 419{,}0\ Wm^{-2}$ (Tab. 39):

$$S + H = 473{,}0 \times (0{,}20 + 0{,}56 \times \frac{12{,}7}{16{,}3}) = 301{,}0\ Wm^{-2}$$

$$QK_t = \frac{0{,}75}{28{,}9} \times 301{,}0 = \underline{7{,}81\ mm}$$

$$QL_t = -\frac{419{,}0}{28{,}9}\,(0{,}56 - 0{,}078\,\sqrt{15{,}7}\,) \times (0{,}10 + 0{,}90 \times \frac{12{,}7}{16{,}3}) = \underline{2{,}92\ mm}$$

$$Q_t = 7{,}81 - 2{,}92 = \underline{4{,}89\ mm}$$

$$E_{at} = 0{,}26\,(1 + 0{,}54 \times 1{,}9) \times 7{,}7 = \underline{4{,}06\ mm}$$

$$pET = (\frac{1{,}45}{0{,}67} \times 4{,}89 + 4{,}06) / (\frac{1{,}45}{0{,}67} + 1)$$

$$\underline{pET = 4{,}63\ mm/Tag}$$

Tab. 39. Ausstrahlung eines schwarzen Körpers (σT^4), Sättigungsdampfdruck (E) sowie deren Änderungen in Abhängigkeit von der Temperatur T (t °C + 273,2 = K)

t °C	σT^4 Wm^{-2}	$4\sigma T^3$ $Wm^{-2} K^{-1}$	E mbar	Δ (T) mbar K^{-1}
0	315,9	4,6	6,11	0,45
1	320,5	4,7	6,57	0,48
2	325,2	4,7	7,05	0,51
3	330,0	4,8	7,58	0,54
4	334,8	4,8	8,13	0,57
5	339,6	4,9	8,72	0,61
6	344,5	5,0	9,35	0,65
7	349,5	5,0	10,01	0,69
8	354,5	5,1	10,72	0,73
9	359,6	5,1	11,47	0,78
10	364,7	5,2	12,27	0,83
11	369,9	5,2	13,12	0,88
12	375,1	5,3	14,02	0,93
13	380,4	5,3	14,97	0,98
14	385,8	5,4	15,98	1,04
15	391,2	5,4	17,04	1,10
16	396,6	5,5	18,17	1,17
17	402,1	5,6	19,37	1,23
18	407,7	5,6	20,63	1,30
19	413,3	5,7	21,96	1,37
20	419,0	5,7	23,37	1,45
21	424,8	5,8	24,86	1,53
22	430,6	5,8	26,43	1,62
23	436,4	5,9	28,09	1,70
24	442,4	6,0	29,83	1,79
25	448,3	6,0	31,67	1,89
26	454,4	6,1	33,61	1,99
27	460,5	6,2	35,65	2,10
28	466,7	6,2	37,80	2,21
29	472,9	6,3	40,06	2,32
30	479,2	6,3	42,43	2,44

Tab. 40. Extraterrestrische Sonnenstrahlung in W/m^2, berechnet nach GOLCHERT, 1981, für eine mittlere Solarkonstante von 1370 W/m^2. (1 $W/m^2 = 0{,}024$ kWh/m^2 Tag)

Geographische Breite Datum	48°	50°	52°	54° Nord
1. 1.	103,4	89,5	76,0	62,4
11. 1.	112,4	98,4	84,7	71,3
21. 1.	134,8	120,6	106,5	92,6
1. 2.	149,2	135,0	120,8	106,6
11. 2.	179,4	160,4	144,0	131,9
21. 2.	202,9	189,1	178,9	161,0
1. 3.	228,5	215,1	201,5	187,7
11. 3.	261,6	249,0	236,1	223,0
21. 3.	294,7	283,2	271,3	259,1
1. 4.	331,7	321,6	311,0	300,1
11. 4.	363,3	354,5	345,5	336,0
21. 4.	393,0	385,9	378,3	370,4
1. 5.	419,8	414,2	408,2	402,0
11. 5.	442,2	438,1	433,7	429,0
21. 5.	460,9	458,1	454,9	451,7
1. 6.	475,3	473,6	471,6	470,9
11. 6.	483,7	482,6	481,3	479,9
21. 6.	487,0	485,6	484,6	483,6
1. 7.	483,1	482,2	480,9	479,6
11. 7.	474,6	473,0	471,2	469,2
21. 7.	461,1	458,4	455,2	452,1
1. 8.	440,8	436,9	432,6	428,1
11. 8.	418,2	412,8	407,1	401,0
21. 8.	392,0	385,2	377,9	370,3
1. 9.	360,3	351,8	342,9	333,6
11. 9.	329,1	319,2	309,0	299,8
21. 9.	296,7	285,5	274,0	262,2
1. 10.	264,0	251,8	239,2	226,4
11. 10.	231,9	223,7	205,5	192,0
21. 10.	201,1	187,4	173,6	159,6
1. 11.	170,7	156,8	142,7	128,6
11. 11.	146,7	132,6	118,6	103,4
21. 11.	127,1	113,0	99,2	85,4
1. 12.	112,5	98,7	84,9	71,6
11. 12.	103,4	89,6	76,1	62,9
21. 12.	100,1	86,3	73,0	59,9

Wetterdienst-Anschriften

Dienststellen des Deutschen Wetterdienstes

Zentralamt (mit Abteilung Agrarmeteorologie):
Frankfurter Str. 135, 6050 Offenbach 1. Tel. (0611) 80621

Wetterämter
Seewetteramt: Bernhard-Nocht-Str. 76, 2000 Hamburg 4. Tel. (040) 311231
Berlin: Zentralflughafen Tempelhof, 1000 Berlin 42. Tel. (030) 6918197
Bremen: Flughafen, 2800 Bremen. Tel. (0421) 553090
Essen: Wallneyer Str. 10, 4300 Essen 1. Tel (0201) 712021–24
Frankfurt: Frankfurter Str. 135, 6050 Offenbach 1. Tel. (0611) 8092634
Freiburg: Stefan-Meier-Str. 4, 7800 Freiburg 1. Tel (0761) 273057
Hannover: Flughafen, 3000 Hannover. Tel. (0511) 732051
München: Bavariaring 10, 8000 München 2. Tel (089) 530084–88
Nürnberg: Flughafenstr. 100, 8500 Nürnberg. Tel. (0911) 525001–3
Schleswig: Regenpfeiferweg 9, 2380 Schleswig. Tel. (04621) 24021–2
Stuttgart: Alexanderstr. 112, 7000 Stuttgart. Tel. (0711) 247351
Trier: Sickingenstr. 41, 5500 Trier. Tel. (0651) 45045

Agrarmeteorologische Dienststellen
Ahrensburg: Wulfsdorfer Weg 200, 2070 Ahrensburg. Tel. (04102) 55100
Bonn: Ludwig-Erhard-Str. 121, 5300 Bonn 2. Tel. (0228) 378682
Braunschweig: Bundes-Allee 50, 3300 Braunschweig. Tel. (0531) 51064
Freiburg: s. Wetteramt Freiburg
Geisenheim: Kreuzweg 25, 6222 Geisenheim (Rhg). Tel. (06722) 8372
Trier: s. Wetteramt Trier
Weihenstephan: Hohenbachernstr. 17, 8050 Freising. Tel. (08161) 71246-7
Würzburg: Matthias-Ehrenfried-Straße 48, 8700 Würzburg. Tel. (0931) 870777

Zentralen des Österreichischen und des Schweizerischen Wetterdienstes

Zentralanstalt für Meteorologie und Geodynamik,
Hohe Warte 38, A 1190 Wien. Tel. (0222) 364453
Schweizerische Meteorologische Anstalt,
Krähbühlstr. 58, CH 8044 Zürich. Tel. (01) 2569111

Bildquellen

Die Zeichnungen sind, soweit in der Legende nicht anders vermerkt, nach Vorlagen der Verfasser erstellt worden. Die Fotos der nachstehend nicht aufgeführten Abbildungsnummern stammen von den Verfassern, alle übrigen wurden freundlicherweise zur Verfügung gestellt von:

W. Eichenberger, Boll-Simmeringen, aufgen. v. H. Pfändler: 96
Dr. J. Grunow †., früher Hohenpeißenberg 91, 101, 103
Dr. F. Krügler, Hamburg: 86, 87, 88, 89, 90, 95, 97, 98, 99, 102, 104, 106
Deutscher Wetterdienst, Wetteramt München: 20
Deutscher Wetterdienst, Zentralamt, Offenbach/M.: 25, 28, 94
Institut für Obstbau, Universität Stuttgart-Hohenheim: 72

Literaturverzeichnis

mit Quellennachweis für klimatologische und phänologische Daten. * = zu vertieftem Studium bzw. als Nachschlagewerk geeignet.

BAIER, W.: Crop-weather models and their use in yield assessments. WMO-No 458, Techn. Note No. 151, Genf, 1977.

* BAUMGARTNER, A.: Entwicklungslinien der forstlichen Meteorologie. Forstwiss. Cbl. 67, 156–175, 201–220, 1967.

BAUMGARTNER, A., KLEMMER, L., RASCHKE, E. und WALDMANN, G.: Waldbrände in Bayern 1950–1959. Mitt. Staatsforstverwaltung Bayerns, 36. H., 1–23, 1967.

BISWAS, M. R., und BISWAS, A. K. (ed.): Food, climate and man. J. Wiley and sons, New York, 1979.

BLAXTER, K., FOWDEN, R. (ed.): Food, nutrition and climate. Applied Science Publishers, London, 1982.

* BLÜTHGEN, J., und WEISCHET, W.: Allgemeine Klimageographie, 3. Aufl., W. de Gruyter, Berlin, 1980.

BRAMM, A., TRIES, B., und SIEGERT, E.: Zusammenfassende Ergebnisse aus den Völkenroder Beregnungsversuchen 1953 bis 1981. Landbauforschung Völkenrode, 31, 3, 1981.

* BUDYKO, M. J.: Climate and life. Acad. Press, New York, 1974.

DAVIES, J. W.: Mulching effects on plant climate and yield. WMO-No. 388, Techn. Note No. 136, Genf, 1975.

* DIRMHIRN, J.: Das Strahlungsfeld im Lebensraum. Akad. Verlagsges. Frankfurt/M. 1964.

* VAN EIMERN, J. KARSCHON, R., RAZUMOWA, L. und ROBERTSON, G. W.: Windbreaks and shelterbelts, WMO, Techn. Note No. 59, Genf, 1964.

VAN EIMERN, J.: Weitere Ergebnisse der Messung der potentiellen Verdunstung in Freising-Weihenstephan. Meteorol. Rdsch. 21, 109–113, 1968.

* ERIKSEN, W.: Probleme der Stadt- und Geländeklimatologie. Wiss. Buchges., Darmstadt, 1975.

FLEISCHER, R. und GRÄFE, K.: Die Ultrarotstrahlungsströme aus Registrierungen des Strahlungsbilanzmessers nach Schulze. Ann. Meteor., 7, 87–95, 1955/56.

* FLEMMING, G.: Wald, Klima und Wetter. VEB Deutscher Landwirtschaftsverlg, DDR-Berlin, 1982.

* FLOHN, H.: Witterung und Klima in Mitteleuropa. 2. Aufl., Hirzel, Stuttgart, 1954.

FLOHN, H.: Zur Didaktik der allgemeinen Zirkulation der Atmosphäre. Geograph. Rdsch. 12, 129–142, 189–195, 1960.

* FORTAK, H.: Meteorologie. In der Reihe: Das Wissen der Gegenwart, Dt. Buchgemeinsch., 2. Aufl. Berlin, 1983.

FRANKENBERGER, E.: Über vertikale Temperatur-, Feuchte- und Windgradienten in den untersten 7 Dekametern der Atmosphäre. Ber. Dt. Wetterdienst Nr. 20, 1955.

FREITAG, E.: Studien zur phänologischen Agrarklimatologie Europas. Ber. Dt. Wetterdienst Nr. 98, 1965.

FUSS, F.: Der Einfluß der Bodenbedeckung auf das Klima des Bodens und der bodennahen Luft. Ber. Dt. Wetterdienst, Nr. 74, 1961.

GARTE, L.: Frühere Einlegegurken durch Mulchfolie. Gemüse 6, 91–94, 1970.

* GATES, D. M.: Biophysical ecology. Springer-Verl., New York, Heidelberg, 1980.

* GEIGER, R.: Das Klima der bodennahen Luftschicht. 4. Aufl, Vieweg, Braunschweig, 1961.

* GLOYNE, R. W. und LOMAS, J.: Lecture notes for training agricultural meteorological personnel. WMO-No. 551, Genf, 1980.

GOLCHERT, H. L.: Monatliche Globalstrahlungsverteilung in Deutschland. Meteor. Rdsch. 34, 143–151, 1981.
GRAHL, A. und SCHRÖDTER, H.: Eine neue Methode der Auswuchsvorhersage bei Weizen. Landwirtsch. Forsch., S.-H. 32, 17–24, 1976.
HÄCKEL, H.: Über Verbesserungen an der elektrischen Methode zur Messung der Benetzungsdauer unmittelbar an der Pflanze. Z. Pflanzenkrankheiten (Pflanzenpath.) und Pflanzenschutz, 85 (11), 651–656, 1978.
HÄCKEL, H. und VAN EIMERN, J.: Untersuchungen über die Wärmedämmwirkung verschiedener Abdeckmaterialien bei Cranberry-Beständen. Mitt. Klosterneuburg, 25, 433–446, 1975.
HAUDE, W.: Verdunstungsmenge und Evaporationskraft eines Klimas. Ber. Dt. Wetterdienst US-Zone Nr. 42, 225–229, 1952.
HEGER, K.: Zur Abschätzung des Witterungsrisikos auf die Ernte des Getreides mit dem Mähdrescher unter Benutzung eines agrarmeteorologischen Modells. Ber. Landwirtsch. 51, 176–207, 1973.
JAHNS, G. und JANSSEN, J.: Klimatisierung von Fahrerkabinen landwirtschaftlicher Fahrzeuge. Grundl. Landtechnik, 32, Nr. 5, 1982.
JORDAN, E.: Schutz der Obstblüte vor Frostgefahr. Obstbau 81, 64–68, 1962.
KAISER, H.: Über Strömungsverhältnisse im Bergland. Meteor. Rdsch. 7, 214–217, 1954.
KING, E.: Beiträge zum Gewächshausklima. Erwerbsgärtner 24, 645–648, 1970.
KING, E.: Substrat-Temperaturen von Baumschulgroßcontainern im Vergleich mit Bodentemperaturen. Baumschulpraxis 3, Nr. 2, 37–38, 1973a.
KING, E.: Untersuchungen über kleinräumige Änderungen des Kaltluftflusses und der Frostgefährdung durch Straßenbauten. Ber. Dt. Wetterdienst, Nr. 130, 1973b.
KÖPPEN, W. und GEIGER, R.: Die Klimazonen der Erde, nach Wandkarte J. Perthes Verlag, Darmstadt, 1961.
KREUTZ, W.: Das Eindringen des Frostes in Böden unter gleichen und verschiedenen Witterungsbedingungen während des sehr kalten Winters 1939/40. Wiss. Abh. Reichsamt Wetterdienst, Bd. IX, Nr. 2, 1942.
LARCHER, W.: Ökologie der Pflanzen. UTB Nr. 232, 3. neub. Aufl. Ulmer-Verl. Stuttgart, 1980.
* LEE, R.: Forest microclimatology. Columbia Univ. Press, New York, 1978.
LEE, R.: Forest hydrology. Columbia Univ. Press, New York, 1980.
* LIETH, H. (ed.) Phenology and seasonality modeling. Ecol. Studies No. 8, Springer Verl. Berlin–Heidelberg, 1974.
* LILJEQUIST, G. H., und CEHAK, K.: Allgemeine Meteorologie, 2. Aufl. F. Vieweg u. S., Braunschweig, 1979.
LORENZ, D.: Temperaturmessungen von Boden- und Wasseroberflächen von Luftfahrzeugen aus. Pure and applied Geophysics 67, 197–220, 1976/II.
MILLS, W. D. und LA PLANTE, A. A.: Diseases and insects in the orchard. Cornell Ext. Bull. 711, 21, 1951.
* MONTHEITH, J.: Vegetation and the atmosphere. Vol. 1: Principles, 1975, Vol. 2: Case studies, 1976, Acad. Press, London.
* MONTHEITH, J.: Grundzüge der Umweltphysik (Übers. a. d. Englischen). Steinkopf, Darmstadt, 1978.
MORGEN, A.: Die Besonnung und ihre Minderung durch Horizontbegrenzung. Veröff. Meteor. Hydrol. Dienst DDR, Nr. 12, 1957.
* MUNN, R.: Descriptive micrometeorology, Acad. Press, New York, 1966.
* MUNN, R.: Biometeorological methods. Acad. Press, New York, 1970.
NAEGELI, W.: Untersuchungen über die Windverhältnisse im Bereich von Windschutzstreifen. Mitt. Schweiz. Anstalt forstl. Versuchswesen 23, 221–270, 1943; 24, 657–737, 1946.
N. N.: Agrometeorology of the wheat crop. Proc. WMO Symposium Oct. 1973 WMO-No 396, 1974, Veröff. Dt. Wetterdienst, Offenbach/M.

N. N.: Agrometeorology of the maize (corn) crop. WMO-No 481, Proc. Symposium Ames/ Iowa, USA, July 1976, Genf 1978.

* N. N.: Guide to agricultural meteorological practices. 2nd ed., WMO-Nr. 134, T. P. 61, Genf, 1981.

* Oke, T. R.: Boundary layer climates. Methuen, London, 1978.

Penman, H. L.: Vegetation and hydrology. Techn. Comm. No. 53. C. A. B., Farnham Royal, Bucks., 1963.

Pfau, R.: Studie über die meteorologischen Voraussetzungen für eine Unterdachtrocknung von Heu. KTBL-Ms.-Druck Nr. 17, 1969.

Pfau, R.: Verfügbare Feldarbeitstage für die verschiedenen Verfahren der Futterernte. KTBL-Ms.-Druck Nr. 38, 1971.

Reidat, R.: Arbeitsblätter zur Ermittlung des Sonnenstandes und der Besonnungsdauer. Ann. Meteor. 7, 321–337, 1955/56.

* Reuter, H.: Die Wissenschaft vom Wetter. 2. Aufl. Springer, Heidelberg–Wien, 1978.

Schmidt, W.: Auswertung der Wiener Sonnenstrahlungsmessungen für praktische Zwecke. Fortschr. Landwirtsch. 1, H. 19, 1926.

* Schnelle, F.: Pflanzenphänologie. Akad. Verlagsges. Geest u. Portig KG, Leipzig, 1955.

* Schnelle, F. (Hg.): Frostschutz im Pflanzenbau. Bd. 1: Die meteorol. und biolog. Grundlagen der Frostschadenverhütung, 1963, Bd. 2: Die Praxis der Frostschadenverhütung, 1965, BLV-Verlag, München.

Schrödter, H. und Ullrich, J.: Eine mathematisch-statistische Lösung des Problems von Epidemien mit Hilfe meteorologischer Parameter, dargestellt am Beispiel der Kartoffelkrautfäule. Agric. Meteor. Elsevier, Amsterdam, 4, 119–136, 1967.

Schüepp, M. und Schirmer, H.: Das Klima Österreichs, der Bundesrepublik Deutschland, der Deutschen Demokratischen Republik und der Schweiz. Arb. Ber. d. Schweiz Meteorol. Zentralanstalt, Nr. 39, Zürich, 1973.

* Seemann, J.: Das Klima im Gewächshaus. In: Bohn (Hg.): Die Technik im Gartenbau, Teil 1, 3. Aufl. E. Ulmer Verl., Stuttgart, 1971.

Seemann, J. und Brandtner, E.: Karte der Dauer der Vegetationsperiode in den EG-Mitgliedstaaten – Kommission der EG, Mitt. Landwirtsch., 1976.

Seemann, J., Chirkow, Y. I., Lomas, J., und Primault, B.: Agrometeorology. Springer, Berlin–Heidelberg, 1979.

* Smith, L. P. Methods in agricultural meteorology. Elsevier, Amsterdam, 1975.

Spatz, G., van Eimern, J., Lawrynowicz, R.: Der Trocknungsverlauf von Heu im Freiland. Bayer. Landw. Jahrbuch 47, 446–464, 1970.

Thornthwaite, C. W. and Mather, J. R.: Instructions and tables for computing potential evapotranspiration and the water balance. Drexel Inst. Technol., Vol. X, No. 3, 181–311, Centerton, N. J., 1957.

Walter, H.: Vegetationszonen und Klima. 5. Auflage, UTB 14, Ulmer-Verl. Stuttgart, 1983.

van Wijk, W. R. (ed.): Physics of Plant Environment. North Holland Publ. Comp., Amsterdam, 1963.

Regelmäßige Zusammenstellungen der auf dem Gebiet der Agrarmeteorologie und benachbarter Wissenschaftsgebiete erschienenen Literatur sind zu finden in:
Agrarmeteorologische Bibliographie. Erscheint seit 1949 jährlich beim Deutschen Wetterdienst, Offenbach/M.
und
Agricultural Meteorology, an International Journal, Kapitel „Recently published papers“. Erscheint seit 1964 im Elsevier-Verlag, Amsterdam.

Folgende Veröffentlichungen enthalten meteorologische, klimatologische bzw. phänologische Daten (Tabellen, Karten); soweit nicht anders vermerkt, sind sie herausgegeben vom Zentralamt des Deutschen Wetterdienstes, Offenbach/M.

Europäische Gemeinschaft, Komm. der: Atlas über die Sonnenstrahlung in Europa, Bd. 1: Globalstrahlung auf horizontale Flächen. (56 Tabn., 18 Karten). W. Grösschen-Verlag, Dortmund, 1979.

Freitag, E.: Phänologische Gebietsmittel für die Bundesrepublik Deutschland. Ber. Dt. Wetterdienst, Nr. 108, 1967.

Kalb, M. und Noll, H.: Klimadaten von Europa, Teil I, Nord-, West- u. Mitteleuropa, 173 Tabn., 1980. (ähnlich Teil II: Südwesteuropa u. Mittelmeerländer, Teil III: Südost- und Osteuropa.

Klima der Bundesrepublik Deutschland

Lfg. 1: Schirmer, H., Vent-Schmidt, V.: Mittlere Niederschlagssummen für Monate und Jahr, 1931–1960, 24 S., 46 S. Tabellen u. Abbn., 16 Karten, 1979.

Lfg. 2: Kalb, M.: Besondere Niederschlagshöhen für Monate und Jahr, 1931–1960, 8 S., 36 S. Tabellen, 2 Karten, 1980.

Klimaatlanten der Länder der Bundesrepublik Deutschland, 1949/50 bis 1967.

Klimaatlas der Schweiz, bislang 10 Teillieferungen erschienen, Schweiz. Meteorolog. Anstalt, Zürich.

Klimatologie der Schweiz (Zahlentabellen, Regionale Klimabeschreibungen u. a., Bislang 27 Hefte als Anlagen der Annalen der Schweiz. Meteor. Anstalt erschienen)

Klimatographie von Österreich, herausgeg. v. d. Österreich. Akademie der Wissenschaft, 1. u. 2. Lfg., 1958, 1960.

Ergebnisse der Strahlungsmessungen in Österreich, Publ. Nr. 178 der Zentralanstalt f. Meteorologie und Geodynamik, Wien.

Müller, M. J.: Handbuch ausgewählter Klimastationen der Erde, 2. Aufl., Universität Trier, 1980, (Klimadaten von 1162 Stationen, 12 Karten).

Schirmer, H.: Langjährige Monats- und Jahresmittel der Lufttemperatur und des Niederschlags in der Bundesrepublik Deutschland für die Periode 1931–1960. (Tabellen und Karten). Ber. Dt. Wetterdienst, Nr. 115, 1969.

Schnelle, F. (Hg.): Beiträge zur Phänologie Europas. Teile I–IV, Ber. Dt. Wetterdienst, Nr. 101, 1965; Nr. 118, 1970; Nr. 144, 1977; Nr. 158, 1980.

Schnelle, F. et al.: Beiträge zur Phänologie Deutschlands. Ber. Dt. Wetterdienst US-Zone, Nr. 4 u. 39, 1952, Ber. Dt. Wetterdienst Nr. 1, 1953; Nr. 95, 1964.

Periodika

Deutsches Meteorologisches Jahrbuch, jährlich.
Deutscher Wetterdienst, Meteorol. Observatorium Hamburg: Ergebnisse von Strahlungsmessungen in der Bundesrepublik Deutschland sowie von speziellen Meßreihen, jährlich seit 1976.
Monatlicher Witterungsbericht des Dt. Wetterdienstes.
Monatliche Witterungsberichte agrarmeteorologischer Dienststellen.
Agrarmeteorologischer Wochenhinweis. Wöchentlich mit Tageswerten agrarmeteorologischer und phänologischer Daten von 23 Stationen und Karten.
Europäischer Wetterbericht, Amtsblatt des Deutschen Wetterdienstes, täglich.
Berliner Wetterkarte, Amtsblatt des Instituts für Meteorologie der Freien Universität Berlin, täglich, u. a. mit Satellitenbild: „Das Europäische Wetterbild" und Vorhersagekarten der Wetterdienste bis 6 Tage im voraus.
Annalen der Schweizerischen Meteorologischen Anstalt (Jahrbuch)
Ergebnisse der täglichen Niederschlagsmessungen, Quartalhefte, Schweiz. Meteorol. Anstalt, Zürich.
Agrarmeteorol. Blätter der Schweiz, Verlag: Eidg. Landwirtschaftl. Forschungsanstalt CH-Tänikon.
Veröffentlichungen der Zentralanstalt für Meteorologie und Geodynamik, Wien, Hohe Warte 38:
Täglicher Wetterbericht
Monatsübersicht der Witterung in Österreich
Beobachtungen an der Zentralanstalt f. Met. u. Geodynamik
Meteorologisches Jahrbuch

Sachregister

Halbfette Seitenzahlen: eingehende Behandlung des betreffenden Stichworts

Bewässerungslandbau
Agrotechnische Grundlagen der Bewässerungswirtschaft
Von Prof. Dr. Wolfram Achtnich, Stuttgart-Hohenheim. 621 Seiten mit 292 Tab. und 390 Abb., darunter 69 Karten. Kst. DM 168,–

Alternativen im Landbau
Eine kritische Gesamtbilanz
Von Prof. Dr. R. Diercks, München. 380 Seiten mit 27 Farbf., 88 Abb. und 68 Tab. Ln. mit Schutzumschlag DM 38,–

Biologisch-dynamische Landwirtschaft
Eine Einführung
Von Prof. Dr. H. Koepf, Emerson College, Forest Row, Sussex (England), Agr. lic. B. Petersson, Järna (Schweden), und Dr. W. Schaumann, Bad Vilbel. Überarbeitete 3. Auflage. 303 Seiten mit 31 Fotos auf Tafeln und 19 Zeichn. Pp. mit Schutzumschlag DM 48,–

Ackerbau ohne Pflug
Voraussetzungen, Verfahren und Grenzen der Direktsaat im Körnerfruchtbau
Von Prof. Dr. G. Kahnt, S-Hohenheim. 128 Seiten mit 48 Abb. und 54 Tab. Pp. DM 36,– (Ulmer Fachbuch Acker- und Pflanzenbau)

Lucas' Anleitung zum Obstbau
Von Prof. Dr. F. Winter, Dr. H. Janssen, Dr. W. Kennel, Dr. H. Link, Dr. R. Silbereisen, Bavendorf, unter Mitarbeit von Ing. grad A. Mauch und Gartenbauing. (grad.) F. Scherr, Bavendorf. Völlig neubearbeitete 30. Auflage. 526 Seiten mit 204 Abb., 124 Farbtafeln und 79 Tab. Kst. DM 96,–

Weinbau
Ein Lehr- und Handbuch für Schule und Praxis
Begründet von Prof. Dr. E. Vogt. Durchgesehene 6. Aufl. herausgegeben von Prof. Dr. B. Götz, Staufen, unter Mitarbeit bekannter Fachleute. 452 Seiten mit 173 Abb. und 29 Tab. Kst. DM 58,–

Vegetation Mitteleuropas mit den Alpen
in ökologischer Sicht
Von Prof. Dr. H. Ellenberg, Göttingen. Verbesserte 3. Auflage. 989 Seiten mit 499 Abb. und 130 Tab. Ln. mit Schutzumschlag DM 120,–

Landschaftsbau
Von Prof. Dr. W. Volgmann, Nürtingen. 280 Seiten mit 100 Zeichn. und 7 Tab. Kst. DM 64,–

Zu beziehen durch den Buchhandel · Prospekte und Verlagsverzeichnis kostenlos

Verlag Eugen Ulmer · Postfach 70 05 61 · 7000 Stuttgart 70